実関数とフーリエ解析

実関数とフーリエ解析

高橋陽一郎

岩波書店

まえがき

　この本は岩波講座『現代数学の基礎』の2分冊「実関数と Fourier 解析 1, 2」を1巻にまとめたものであり，古典解析学の華であるとともに，現代数学を育んできた土壌のひとつでもある Fourier 解析の世界を紹介する．同時に，微分積分などの世界から，現代解析学への橋渡しとなることも意図している．

　前半の第1章から第4章では，Fourier 級数を，19世紀の古典数学の雰囲気を大切に考えて扱う．読者は，微分積分や線形代数を一通り学んでいることを想定し，第1章ではその主要な概念と，今後必要となる実関数についての事項をまとめてある．Fourier 級数のみを知りたい読者は第2章から読み始めていただきたい．

　後半の第5章から第8章では，Fourier 積分および Fourier 変換を扱う．ここでは，20世紀の現代的なスタイルの解析学への導入を意識している．例えば，関数空間における収束というスマートなとらえ方を用いることにより，Fourier 積分に関する各点収束などの(繊細で恐ろしく難しい)問題を回避し，その威力の恩恵を享受することになる．一方で，古典的な解析学から現代的な視点への切り換えに馴染むためには若干の時間が必要になるかもしれない．また，かなり複雑な計算手法や技巧を駆使した証明も現れる．もし読者が違和感を感じたときには，一休みするとよい．しばらくしてから次に読み始めるときには，わかりやすくなっているものである．

　第1章から第6章までは，数学を理解しようとするならばほぼ必須の事項を扱ったのに対して，第7,8章の位置づけは少し異なっている．Fourier 解析はさまざまな方向に発展する．第7章では，それらの発展の原形といえるものをいくつか紹介している．また，第8章では，例えば振動積分の漸近挙動のように，きわめて重要であり，また第6章までを読了した読者にとって

それほど難しくはないが，入門的な教科書では扱われることの少ない話題を各節で取り上げてみた．したがって，これらの章や節は，読者の興味に従って一気に読んでもよいし，将来必要になったときに立ち戻って参照してもよい．

なお，Fourier 解析の本を書くに当たって，おそらくすべての著者が悩むのは，Lebesgue 積分論の知識を仮定するか否かであろう．この本では，その知識なしで読めることを基本方針としている．しかし，第 4 章以下の内容に関しては，Riemann 積分論のみに依拠していては，煩雑あるいは難しくなりすぎる内容が多く，§5.2 で述べた "よい関数による近似" として積分を理解することにより，記述の簡明さを優先した．なお，第 7, 8 章の内容に関して，もし読者が舌足らず，尻切れトンボのような印象を抱かれるとすれば，それは筆者の力量不足，もしくは，Lebesgue 積分論に関するこのような方便の限界である．

2006 年 5 月

高橋陽一郎

理論の概要と目標

　すべての関数は波の重ね合わせで表現でき，これにより熱方程式をはじめ数多くの数理的な諸問題を解く（理論的な解明にとどまらず，具体的に方程式の解の数値まで求める）ことができる．

　これが19世紀初頭のFourierの主張であった．その主張はKelvin, Green, Stokes等々の人々に継承され，いわゆる「物理学に現れる偏微分方程式」で記述される波，熱，ポテンシャルなどの研究が展開し，今日，数理物理学と呼ばれる分野が独立する．数理工学もまた鉄道，電信，その他の時代の要請の中から成立していく．

　純粋数学の視点から見ても，Fourier級数やFourier積分は豊かな題材を提供し，新たな数学の展開を促すことになった．解析数論，調和解析，確率論，表現論，そして関数解析などはその直系の子孫であるといっても過言ではあるまい．例えば，この本の§3.1では，2, 3ページで記述できる美しい定理をいくつか拾ってみた．これらの断片だけからでも，Fourier解析の奥深さとその強力さを確信するに十分であろう．

　しかし，そこに至る過程で，Fourier級数や積分の収束の問題は，関数の連続性や収束性の概念，積分の定義等について，さらには実数や集合の概念について，深刻な問題を提起した．多項式や指数・対数関数，三角関数等の整関数あるいは解析関数を主たる対象とした18世紀数学の天才たちのおおらかな記述は19世紀のCauchyやDirichletたちの時代を境として，いわゆるε-δ論法を駆使する厳密な数学的記述に次第に置き換えられていく．その傾向は20世紀に入り，Cantorたちの時代以後，決定的なものとなった．

　よく，「ε-δ論法は難しい」といわれる．しかし，それ自身はやさしく簡明な記述法である．難しいのは連続性の概念そのものなのである．微分積分における整合性の追究とともに，Fourier級数の発見により提起された収束な

どの問題を解明する過程の中で，紆余曲折を経て，関数の連続性や収束の概念は今日見る形に熟成し，確立された．例えば，Fourier 級数の数値計算を通して発見された Gibbs の現象(§2.5)は，関数列の各点収束とそのグラフの収束との違いを認識させてくれる．また，§4.2 で述べたように，連続関数の最大点の全体は，孤立した点の集まりとは限らず，Cantor 集合となることもある．

これらによって，読者のもっている連続性や連結性に対する直観は修正を余儀なくさせられるかもしれない．しかし，このような Fourier 解析とその周辺の数学的諸事実に触れれば，ε-δ 論法がいかに頼りになる簡明な記述方法であるかが納得できることと思う．

また，すべての関数は波の重ね合わせで表現できると看破することから始まった Fourier 解析では，線形性が重要な役割を果たす．読者は抽象的な線形代数の諸概念が具体的な対象にどのように適用されているかを発見するとともに，裏返していえば，抽象的な概念が形成されることになった契機を垣間見ることと思う．

さて，本書の構成を述べておこう．

第1章は，微分積分，線形代数等のまとめと補足である．

第2章では，Fourier 級数論の基本的な定理を述べる．この本では省略したが，Fourier 級数の収束の問題は，1876 年に du Bois-Reymond が，1 点で発散する Fourier 級数をもつ連続関数の例を構成した時点で深刻なものとなり，その後，Kolmogorov によるいたるところ発散する Fourier 級数の例の構成などを経て，最終的には 1966 年 Carleson が，2 乗可積分な関数の Fourier 級数は(Lebesgue 積分論の意味で)ほとんどいたるところで収束することを示し，決着がついた．これらについては参考文献[3]，[4]，[9]などを見ていただきたい．

第3章では，Fourier 級数論の典型的な適用例を扱った．§3.1 は簡単に記述できる美しい諸定理を拾い，§3.2 は熱方程式，§3.3 は Dirichlet 問題と Poisson の公式，§3.4 では数列のたたみこみと酔歩(random walk)を学ぶ．また，§3.5 では，Fourier 級数論によって得られた結果を固有関数展開の視

点からまとめ，将来の学習の助けとなることを期した．§3.6 は，講座『現代数学への入門』で取り上げることのできなかった古典的直交多項式について触れた．

なお，2乗可積分関数全体 $L^2(\mathbb{T})$ 等については，§5.2 および第6章で少し詳しく述べる予定である．

第4章では，実関数についてのやや詳しい性質および Riemann–Stieltjes 積分を扱っている．§4.2 で述べた最良近似多項式に関する Chebyshev の結果は，数値解析などの世界ではよく知られたものであるが，（純粋）数学教育では欠落することが多いため，ここに述べておくことにした．

第5章では，微分積分に関して必要になる事柄を補足して，関数空間と不等式の意味，弱い意味での微分，特異積分などの概念を導入する．

第6章は，Fourier 積分と Fourier 変換について述べる．ここでは Lebesgue 積分論の知識を仮定せずに記述するための工夫として，まず，急減少関数の空間 $\mathcal{S}$ における Fourier 変換について述べ，より一般の関数空間に関しては，急減少関数による近似法を用いている．

第7章では，Fourier 変換の代表的な応用を取り上げる．まず，§7.1 では，Fourier 変換がうまく使える代表的な話題をいくつか拾ってみた．

Fourier 変換は関数論，微分方程式論と深いつながりがある．これらは，§7.2, §7.3 で展開される．また，Fourier 変換を応用して調べることのできる重要な変換の例についても最後の §7.4 で触れてある．

最終章の第8章では，より専門的なことを学習する際には必ず出合うことになるが，それぞれ専門書にしか述べられていないことの多い事柄のうちから，多くの読者に常識として是非知っていてほしいものを4つ選んで紹介している．例えば §8.4 に述べた Radon 変換は，ノーベル医学賞の授賞対象ともなり，現在では多くの大病院に設置され，身近になった CT スキャンの数学的原理である．ただし，この章では，厳密な証明は省略した箇所もあることに留意していただきたい．

微分積分，線形代数，微分方程式，関数論，そして Fourier 変換は，より高度な数学の修得のために必須であるとともに，これらを知っていさえすれ

ば，数学を応用できる場面は飛躍的に広がる．これらの内容の修得にはそれなりの努力が必要であろうが，本書によってそれぞれの読者にとって新たな地平が広がることを切望している．

目　次

まえがき v
理論の概要と目標 vii

第1章　収　　束 1

§1.1　数列と級数 1
§1.2　連続関数の収束 12
§1.3　積分の収束 20
§1.4　ベクトル空間と内積 27
§1.5　集合と距離 33
要　約 40
演習問題 41

第2章　Fourier 級数 43

§2.1　Fourier 級数と Fourier 係数 43
§2.2　Fourier 和の幾何学的な意味 48
§2.3　Dirichlet 核と Fejér 核 53
§2.4　Fourier 和の収束 58
§2.5　Gibbs の現象 63
§2.6　たたみこみ 69
§2.7　多次元の場合 74
要　約 77
演習問題 78

第3章　Fourier 級数の応用 ・・・・・・・・・・・・ 79

§3.1　いろいろな適用例 ・・・・・・・・・・・・・・ 79
(a)　デ–タ関数 ・・・・・・・・・・・・・・・・・・・ 80
(b)　一様分布定理 ・・・・・・・・・・・・・・・・・ 81
(c)　等周問題 ・・・・・・・・・・・・・・・・・・・・ 84
(d)　Szegö の定理 ・・・・・・・・・・・・・・・・・・ 88

§3.2　熱方程式 ・・・・・・・・・・・・・・・・・・・・ 92
(a)　熱方程式の導出 ・・・・・・・・・・・・・・・・ 92
(b)　円周上の熱方程式 ・・・・・・・・・・・・・・・ 93
(c)　区間上の熱方程式 ・・・・・・・・・・・・・・・ 97
(d)　地球の温度 ・・・・・・・・・・・・・・・・・・・ 100

§3.3　円板における Dirichlet 問題 ・・・・・・・・・ 102

§3.4　たたみこみと酔歩 ・・・・・・・・・・・・・・・ 109
(a)　数列のたたみこみ ・・・・・・・・・・・・・・・ 109
(b)　酔　歩 ・・・・・・・・・・・・・・・・・・・・・ 112
(c)　再 帰 性 ・・・・・・・・・・・・・・・・・・・・ 116
(d)　多次元の場合 ・・・・・・・・・・・・・・・・・ 118

§3.5　固有関数展開 ・・・・・・・・・・・・・・・・・・ 120
(a)　巡回群 $\mathbb{Z}/n\mathbb{Z}$ 上の Fourier 解析 ・・・・・・・ 121
(b)　正弦展開 ・・・・・・・・・・・・・・・・・・・・ 122
(c)　余弦展開 ・・・・・・・・・・・・・・・・・・・・ 125
(d)　境界値問題 ・・・・・・・・・・・・・・・・・・・ 126
(e)　微分作用素 d^2/dx^2 ・・・・・・・・・・・・・・ 128
(f)　固有値と固有関数 ・・・・・・・・・・・・・・・ 132

§3.6　直交多項式に関する Fourier 展開 ・・・・・・・ 133
(a)　直交多項式 ・・・・・・・・・・・・・・・・・・・ 133
(b)　直交多項式に関する Fourier 展開 ・・・・・・・ 137
(c)　直交多項式の零点 ・・・・・・・・・・・・・・・ 141
(d)　付記：古典的直交多項式のみたす微分方程式 ・・・ 144

要　約 ・・・・・・・・・・・・・・・・・・・・・・・・・ 146

演習問題 ･････････････････････････ *147*

第4章　実関数の性質(I) ･････････････ *149*

§4.1　凸関数，単調関数，有界変動関数 ･･････ *149*
（a）凸関数とその性質 ･･･････････････ *149*
（b）凸関数の表現 ･･･････････････････ *152*
（c）単調関数の連続点と不連続点 ･･･････ *154*
（d）右連続単調関数の分解 ･･･････････ *157*
（e）有界変動関数 ･･････････････････ *158*

§4.2　一様近似と多項式 ･･････････････ *160*
（a）Weierstrass の多項式近似定理 ･･････ *160*
（b）連続関数の最大点と最小点 ･･･････ *163*
（c）最良近似 ･･････････････････････ *167*

§4.3　Stieltjes 積分 ･･･････････････ *170*
（a）Riemann–Stieltjes 積分 ･････････ *170*
（b）Stieltjes 積分の性質 ･････････････ *173*
（c）部分積分の公式 ･･････････････････ *176*
（d）変数変換 ･･････････････････････ *178*
（e）一般化 ･･････････････････････ *179*

要　約 ･････････････････････････ *181*
演習問題 ･･･････････････････････ *182*

第5章　実関数の性質(II) ････････････ *183*

§5.1　積分と不等式 ･･･････････････ *183*
（a）Cauchy–Schwarz の不等式とその周辺 ･････ *183*
（b）Hölder の不等式と Minkowski の不等式 ････ *187*
（c）Gauss 積分と Hadamard の不等式 ･････ *189*
（d）不等式の利用 ････････････････ *191*

§5.2　関数空間 $L^p(\mathbb{R})$ ･･････････････ *194*

- (a) 空間 $L^p(\mathbb{R})$ の定義 · · · · · · · · · · · · · · · · · 194
- (b) Riemann–Lebesgue の定理 · · · · · · · · · · 195
- (c) 内積とノルム · 198
- (d) ノルムの評価 · 202

§5.3 微分を巡って · 204
- (a) Hardy 関数 · 204
- (b) L^p 微分 · 209
- (c) 弱い意味での微分 · · · · · · · · · · · · · · · · · 211
- (d) 分数階の微分 · 216

要　約 · 217

演習問題 · 218

第6章　Fourier 変換 · · · · · · · · · · · · · · · · · 219

§6.1 Fourier 積分 · 219
- (a) 事始め · 219
- (b) 熱方程式 · 222
- (c) Fourier 変換の一意性(広義積分として) · · · · · · 224

§6.2 急減少関数の Fourier 変換 · · · · · · · · · · · 227
- (a) 関数空間 $\mathcal{S}(\mathbb{R})$ · 227
- (b) $\mathcal{S}(\mathbb{R})$ における Fourier 変換 · · · · · · · · · · 228
- (c) 波の方程式 · 232
- (d) Hermite 多項式 · · · · · · · · · · · · · · · · · · · 234

§6.3 2乗可積分関数の Fourier 変換 · · · · · · · · 236
- (a) $L^2(\mathbb{R})$ と $\mathcal{S}(\mathbb{R})$ · · · · · · · · · · · · · · · · · · · 236
- (b) $L^2(\mathbb{R})$ における Fourier 変換 · · · · · · · · · 238
- (c) L^2 微分 · 240
- (d) 滑らかさと減衰の速さ · · · · · · · · · · · · · · 242
- (e) Hermite 展開と Fourier 変換 · · · · · · · · · · 243

§6.4 可積分関数の Fourier 変換 · · · · · · · · · · · 246
- (a) 関数空間 $L^1(\mathbb{R})$ · · · · · · · · · · · · · · · · · · 246

(b) $L^1(\mathbb{R})$ における Fourier 変換 · · · · · · · · · · *247*
(c) Fourier–Stieltjes 変換 · · · · · · · · · · *250*

§6.5 多次元の Fourier 積分 · · · · · · · · · · *251*

要　　約 · · · · · · · · · · · · · · · · *253*

演習問題 · · · · · · · · · · · · · · · · *254*

第7章　Fourier 変換の応用 · · · · · · · · · · *257*

§7.1 いろいろな適用例 · · · · · · · · · · · · *258*
(a) Poisson の和公式 · · · · · · · · · · · *258*
(b) 多次元の Poisson の和公式 · · · · · · · · · *260*
(c) Minkowski の定理 · · · · · · · · · · · *262*
(d) 中心極限定理 · · · · · · · · · · · · · *263*
(e) Bochner の定理 · · · · · · · · · · · · *267*
(f) 付記: 間隙級数 · · · · · · · · · · · · · *272*

§7.2 関数論と Fourier 変換 · · · · · · · · · · *277*
(a) 最大値原理と Phragmén–Lindelöf の定理 · · · · *278*
(b) Poisson–Jensen の公式 · · · · · · · · · · *280*
(c) Hardy の定理 · · · · · · · · · · · · · *282*
(d) Paley–Wiener の定理 · · · · · · · · · · *285*

§7.3 微分方程式と Fourier 変換 · · · · · · · · · *289*
(a) 球 面 波 · · · · · · · · · · · · · · · *289*
(b) Radon 変換と平面波 · · · · · · · · · · · *293*
(c) 定数係数線形微分作用素の表象 · · · · · · · · *296*
(d) 双曲型方程式の表象 · · · · · · · · · · · *298*
(e) $\mathbb{R}^n$ における熱半群 · · · · · · · · · · · *300*

§7.4 いろいろな変換 · · · · · · · · · · · · *306*
(a) Laplace 変換 · · · · · · · · · · · · · *306*
(b) Hilbert 変換と Cauchy の特異積分 · · · · · · · *309*
(c) Riesz ポテンシャル · · · · · · · · · · · *315*
(d) 付記: 群の上の Fourier 変換について · · · · · · *318*

要　約 ・・・・・・・・・・・・・・・・・・・・・ *321*

演習問題 ・・・・・・・・・・・・・・・・・・・・・ *321*

第8章　関連する話題 ・・・・・・・・・・・・・・・ *323*

§8.1　Hardy 空間 ・・・・・・・・・・・・・・・・ *323*
　（a）　上半平面上の Hardy 空間 ・・・・・・・・・・ *323*
　（b）　Hardy 関数の特徴付け ・・・・・・・・・・・ *326*
　（c）　単位円板上の Hardy 関数との関係 ・・・・・・ *329*

§8.2　分布関数の収束と Laplace 変換 ・・・・・・・ *331*
　（a）　分布関数の収束と Helly の選出定理 ・・・・・ *331*
　（b）　Bochner の定理 ・・・・・・・・・・・・・・ *335*
　（c）　中心極限定理（一般の場合） ・・・・・・・・・ *336*
　（d）　分布関数の Laplace 変換 ・・・・・・・・・・ *337*
　（e）　確率母関数とモーメント問題 ・・・・・・・・・ *340*
　（f）　Bernstein の定理と逆変換公式 ・・・・・・・・ *343*
　（g）　付記: Krein–Milman の端点表示定理 ・・・・・ *344*

§8.3　漸近挙動 ・・・・・・・・・・・・・・・・・・ *347*
　（a）　Stirling の公式 ・・・・・・・・・・・・・・・ *347*
　（b）　Laplace の方法 ・・・・・・・・・・・・・・・ *350*
　（c）　停留位相法 ・・・・・・・・・・・・・・・・・ *352*
　（d）　鞍点法 ・・・・・・・・・・・・・・・・・・・ *356*
　（e）　Abel 型定理と Tauber 型定理 ・・・・・・・・ *359*

§8.4　Radon 変換 ・・・・・・・・・・・・・・・・・ *363*
　（a）　$\mathbb{R}^n$ における Radon 変換 ・・・・・・・・・ *364*
　（b）　Radon 変換の逆変換 ・・・・・・・・・・・・ *369*
　（c）　エックス線変換 ・・・・・・・・・・・・・・・ *374*

要　約 ・・・・・・・・・・・・・・・・・・・・・ *378*

演習問題 ・・・・・・・・・・・・・・・・・・・・・ *378*

参考文献 ・・・・・・・・・・・・・・・・・・・ *381*
今後の学習のために ・・・・・・・・・・・・・ *383*
演習問題解答 ・・・・・・・・・・・・・・・・ *389*
索　引 ・・・・・・・・・・・・・・・・・・・ *399*

1 収束

 この章では，微分積分法や行列・行列式の計算は既知と仮定して，本書に必要な範囲で，収束の概念を中心に微分積分と線形代数の基本的な事項をまとめる．

 もし具体的なもの，有用性が明らかなことがらにしか興味がもてないならば，第 2 章から読み始めて，必要なときに本章に戻ればよい．

 また，もし本章が難しいと感じたならば，そして，物事をきちんと理解したいと思うならば，改めて，微分と積分，および，行列と行列式について復習することを勧める．

§1.1 数列と級数

 本書では，$\mathbb{R}^n$ や $\mathbb{C}^n$ の点を
$$a = (a_1, a_2, \cdots, a_n) = (a_i)_{1 \leq i \leq n}$$
と表すのに合わせて，数列を

(1.1) $$\alpha = (a_1, a_2, a_3, \cdots) = (a_n)_{n \geq 1}$$

と書き，実数列の全体を $\mathbb{R}^{\mathbb{N}}$，複素数列の全体を $\mathbb{C}^{\mathbb{N}}$ と表す．数列 α はまた，
$$\alpha(n) = a_n \quad (n \in \mathbb{N})$$
で定義される写像 (あるいは関数) $\alpha: \mathbb{N} \to \mathbb{R}$ または $\mathbb{C}$，と考えることもできる．

定義 1.1 複素数列 $\alpha = (a_n)_{n \geq 1}$ が複素数 a に**収束**(converge)するとは，任意に正数 ε が与えられたとき，ある自然数 N を選ぶと，

(1.2) $\qquad\qquad n \geq N \implies |a_n - a| \leq \varepsilon$

が成り立つことをいう．このとき，a を数列 α の**極限**(limit)といい，次のように表す．

$$a = \lim_{n \to \infty} a_n \quad \text{あるいは} \quad a_n \to a \quad (n \to \infty).$$

収束しない数列は**発散**(diverge)するという． □

上の定義 1.1 は次のようにいいかえてもよい．

(1.2′) 有限個の n を除いて，$|a_n - a| \leq \varepsilon$ が成り立つ．

数列 $\alpha = (a_n)_{n \geq 1}$ がある極限 a に収束するとき，α は**収束列**であるという．α が収束列ならば，**有界列**である．すなわち，

(1.3) 任意の n に対して $|a_n| \leq M$ をみたす正数 M が存在する．

また，複素数列 $(c_n)_{n \geq 1}$ が収束することは，その実部 $a_n = \operatorname{Re} c_n$，虚部 $b_n = \operatorname{Im} c_n$ がそれぞれ収束列であることと同値である．

極限は，複素数体 $\mathbb{C}$ の構造と整合的である．すなわち，

(1.4) $\quad\begin{cases} \lim_{n \to \infty} a_n = a, \; \lim_{n \to \infty} b_n = b \text{ のとき,} \\ \quad \lim_{n \to \infty}(a_n + b_n) = a + b, \quad \lim_{n \to \infty} a_n b_n = ab, \\ \quad a \neq 0 \text{ のとき, } \lim_{n \to \infty} 1/a_n = 1/a. \end{cases}$

また，実数列に限れば，極限は $\mathbb{R}$ における順序構造と整合的である：

(1.5) $\qquad a_n \leq b_n \quad (n \geq 1) \implies \lim_{n \to \infty} a_n \leq \lim_{n \to \infty} b_n.$

注意 狭義の不等号 $<$ は極限操作で必ずしも保たれない．例えば，$a_n = 1$, $b_n = 1 + n^{-1}$.

収束の定義により，次のような感覚的には明らかな事実に証明を与えることができる．

例 1.2 数列 $\alpha = (a_n)_{n \geq 1}$ が a に収束するとき，**Cesàro 平均**

(1.6) $\qquad\qquad b_n = \dfrac{1}{n} \sum_{k=1}^{n} a_k$

も $n \to \infty$ のとき同じ極限 a に収束する.

実際, まず, 正数 M を, 任意の n に対して
$$|a_n| \leqq M$$
が成り立つようにとり, 任意に与えられた正数 ε に対して, 自然数 N_1 を
$$n \geqq N_1 \implies |a_n - a| \leqq \varepsilon/2$$
となるように選ぶ. 次に, 自然数 N を十分大きく $N \geqq N_1$, $N \geqq 4MN_1/\varepsilon$ が成り立つように選べば, $n \geqq N$ のとき,

$$\begin{aligned}
|b_n - a| &= \left|\frac{1}{n}\sum_{k=1}^{n} a_k - a\right| = \left|\frac{1}{n}\sum_{k=1}^{n}(a_k - a)\right| \\
&\leqq \frac{1}{n}\sum_{k=1}^{n}|a_k - a| = \frac{1}{n}\sum_{k=1}^{N_1-1}|a_k - a| + \frac{1}{n}\sum_{k=N_1}^{n}|a_k - a| \\
&\leqq \frac{1}{n}N_1 \cdot 2M + \frac{1}{n}(n - N_1)\frac{\varepsilon}{2} \leqq \frac{\varepsilon}{2} + \frac{\varepsilon}{2} = \varepsilon.
\end{aligned}$$

ゆえに, $b_n \to a$ $(n \to \infty)$. □

数列が与えられたとき, 極限の存在は次の2つの場合には保証される.

定理 1.3 **有界な単調増大列**は収束する. すなわち, 実数列 $(a_n)_{n \geqq 1}$ に対して,
$$a_1 \leqq a_2 \leqq \cdots \leqq a_n \leqq a_{n+1} \leqq \cdots$$
が成り立ち, かつ, $a_n \leqq M$ $(n \geqq 1)$ をみたす正数 M があれば, $\lim_{n \to \infty} a_n$ が存在する. (この極限は, 上限 $\sup_{n \geqq 1} a_n$ に等しい.) □

定理 1.4 **Cauchy列**は収束する. すなわち, 数列 $(a_n)_{n \geqq 1}$ が次の条件をみたすならば, $\lim_{n \to \infty} a_n$ が存在する.

(1.7) $\begin{cases} \text{任意の正数 } \varepsilon \text{ に対して, ある自然数 } N \text{ を選ぶと,} \\ \quad n \geqq N, \, m \geqq N \implies |a_n - a_m| \leqq \varepsilon \\ \text{が成立する.} \end{cases}$

逆に, 収束列は Cauchy 列である. □

注意 1.5 上の2つの定理は互いに他から導くことができる. また, 実数の構

成法はいくつかあるが，いずれも上の2つの定理のどちらかを保証しやすい形で定式化されている．例えば，Dedekindの切断からは最初のものが容易に導かれる．

例 1.6 数列
$$a_n = \sum_{k=0}^{n} \frac{x^k}{k!} = 1 + x + \frac{x^2}{2} + \frac{x^3}{6} + \cdots + \frac{x^n}{n!} \quad (n \geq 0)$$
は，$x \geq 0$ のとき，有界単調増大列であり，また，すべての複素数 x に対して，Cauchy列である． □

数列 $(a_n)_{n \geq 1}$ に対して，その第 n 項までの和
$$(1.8) \qquad s_n = \sum_{k=1}^{n} a_k = a_1 + a_2 + \cdots + a_n$$
を項とする数列を考えることができる．

定義 1.7 形式的な和 $\sum_{n=1}^{\infty} a_n$ を**級数**(series)といい，数列 $(s_n)_{n \geq 1}$ が収束するとき，級数 $\sum_{n=1}^{\infty} a_n$ は収束するといい，同じ記号で極限値 $\lim_{n \to \infty} s_n$ も表す．すなわち，
$$\sum_{n=1}^{\infty} a_n = \lim_{n \to \infty} \sum_{k=1}^{n} a_k .$$
□

例 1.8 級数 $\sum_{n=0}^{\infty} r^n$ は，$|r| < 1$ のときに限り収束し，その値は $(1-r)^{-1}$ に等しい． □

級数の収束は，次の2つの場合に分けることができる．

（a） 絶対的(absolute)な収束(絶対収束)
（b） 相殺(そうさい，cancellation)による収束(相対収束)

絶対的な収束の判定条件の代表例を挙げておこう．

定理 1.9
（ i ） $a_n \geq 0 \, (n \geq 1)$ で，$s_n = a_1 + a_2 + \cdots + a_n \, (n \geq 1)$ が有界ならば，$\sum_{n=1}^{\infty} a_n$ は収束する．
（ ii ） $\sum_{n=1}^{\infty} |a_n|$ が収束するならば，$\sum_{n=1}^{\infty} a_n$ も収束する．
（iii） 不等式

$$|a_n| \leq b_n \quad (n \geq 1)$$

をみたす数列 $(b_n)_{n \geq 1}$ が存在し，$\sum_{n=1}^{\infty} b_n$ が収束すれば，$\sum_{n=1}^{\infty} a_n$ も収束する． □

注意

（i） $a_n \geq 0 \; (n \geq 1)$ が成り立つとき，$\sum_{n=1}^{\infty} a_n$ は**正項級数**(positive term series) といい，$\sum_{n=1}^{\infty} a_n$ が収束することを $\sum_{n=1}^{\infty} a_n < \infty$ と表すことがある．

（ii） $\sum_{n=1}^{\infty} |a_n|$ が収束するとき，$\sum_{n=1}^{\infty} a_n$ は**絶対収束**(absolutely converge)するという．

（iii） $|a_n| \leq b_n \; (n \geq 1)$ が成り立つとき，$\sum_{n=1}^{\infty} b_n$ は $\sum_{n=1}^{\infty} a_n$ の**優級数**(dominant, majorant)という．上の定理 1.9 の(iii)を**優収束定理**(dominated convergence theorem)という．

[証明] （i） $(s_n)_{n \geq 1}$ は，有界単調増大列となるから，収束する．
（ii） $m > n$, $n \to \infty$ のとき，

$$|s_m - s_n| = \left| \sum_{k=n+1}^{m} a_k \right| \leq \sum_{k=n+1}^{m} |a_k| = \sum_{k=1}^{m} |a_k| - \sum_{k=1}^{n} |a_k| \to 0.$$

よって，$(s_n)_{n \geq 1}$ は，Cauchy 列となるから，収束する．

（iii） $|s_m - s_n| = \left| \sum_{k=n+1}^{m} a_k \right| \leq \sum_{k=n+1}^{m} |a_k| \leq \sum_{k=n+1}^{m} |b_k|$ より明らか． ■

例 1.10 $p > 1$, $x \in \mathbb{R}$ のとき，

$$\sum_{n=1}^{\infty} \frac{\sin 2\pi n x}{n^p}$$

は絶対収束する． □

相殺による収束の代表例として，次のものがある．

定義 1.11 $(-1)^{n-1} a_n \geq 0 \; (n \geq 1)$ (または，$(-1)^n a_n \geq 0 \; (n \geq 1)$) が成り立つとき，$\sum_{n=1}^{\infty} a_n$ を**交項級数**(alternating series)または**交代級数**という． □

定理 1.12 交項級数 $\sum_{n=1}^{\infty} a_n$ は，$|a_n|$ が単調に減少して 0 に収束するならば，収束する．

[証明] $b_n = (-1)^{n-1}a_n \geq 0$ の場合に証明する. $s_n = \sum_{k=1}^{n} a_k = \sum_{k=1}^{n} (-1)^{k-1} b_k$, $b_n \geq b_{n+1} \geq 0$ より, 次の不等式が成り立つ.

$$s_1 \geq s_3 \geq \cdots \geq s_{2n-1} \geq s_{2n+1} \geq s_{2n} \geq s_{2n-2} \geq \cdots \geq s_4 \geq s_2.$$

よって, $(s_{2n-1})_{n \geq 1}, (s_{2n})_{n \geq 1}$ はそれぞれ極限をもつ. ところで, $s_{2n+1} - s_{2n} = a_{2n+1} \to 0 \ (n \to \infty)$ だから, この 2 つの極限は一致する. ゆえに, $(s_n)_{n \geq 1}$ はこの共通の極限に収束する. ∎

例 1.13 $f(x) = \sum_{n=1}^{\infty} (-1)^{n-1} \dfrac{x^n}{2n-1}$ は, $0 < x \leq 1$ のとき収束する. しかし, $\sum_{n=1}^{\infty} \dfrac{1}{n} = \infty$ だから, $x = -1$ のときは収束しない. (§2.4 で $f(1) = \pi/4$ が示される.) □

注意 1.14 （i） 級数 $\sum_{n=1}^{\infty} a_n$ が収束すれば, 当然, $a_n = \sum_{k=1}^{n} a_k - \sum_{k=1}^{n-1} a_k \to 0$.
（ii） 絶対収束と, 相殺による収束とを分けるものは次の事実である.
（a） 絶対収束する級数 $\sum_{n=1}^{\infty} a_n$ は, 各項を足す順序を入れ替えても, 同じ極限に収束する.
（b） 収束するが絶対収束しない級数 $\sum_{n=1}^{\infty} a_n \ (a_n \in \mathbb{R})$ においては, 各項を足す順序をうまく選べば, 任意の実数に収束する級数をつくることができる. また, 発散する級数をつくることもできる. (両側の級数の例 1.21 参照.)

したがって, 絶対収束する級数は, 安心して扱うことができ, いわば常識の世界にある. 一方, 相殺による収束は, 臨機応変に注意深く取り扱う必要があると同時に, 不思議な世界への入口ともなる.

2 つの数列 $(a_n)_{n \geq 1}, (b_n)_{n \geq 1}$ から得られる級数 $\sum_{n=1}^{\infty} a_n b_n$ の収束条件を考えよう.

定理 1.15
（i） $(a_n)_{n \geq 1}$ が有界な数列で, $\sum_{n=1}^{\infty} b_n$ が絶対収束するならば, $\sum_{n=1}^{\infty} a_n b_n$ も絶対収束する.
（ii） $p, q > 1, \ 1/p + 1/q = 1$ とする. もし $\sum_{n=1}^{\infty} |a_n|^p < \infty, \ \sum_{n=1}^{\infty} |b_n|^q < \infty$ ならば, $\sum_{n=1}^{\infty} a_n b_n$ は絶対収束する.

[証明] （i） $|a_n| \leq M \ (n \geq 1)$ とすれば, $|a_n b_n| \leq M |b_n| \ (n \geq 1)$. ところで,

$\sum_{n=1}^{\infty} M|b_n| < \infty$ だから，優収束定理より，$\sum_{n=1}^{\infty} a_n b_n$ は絶対収束する.

(ii) Hölder の不等式

$$\left|\sum_{k=1}^{n} x_k y_k\right| \leq \left(\sum_{k=1}^{n} |x_k|^p\right)^{1/p} \left(\sum_{k=1}^{n} |y_k|^q\right)^{1/q}$$

より，$\sum_{k=1}^{n} |a_k b_k| \leq \left(\sum_{k=1}^{\infty} |a_k|^p\right)^{1/p} \left(\sum_{k=1}^{\infty} |b_k|^q\right)^{1/q}$. よって $\sum_{n=1}^{\infty} a_n b_n$ は絶対収束する. ∎

問1 条件 $\sum_{k=1}^{n} |x_k|^p = \sum_{k=1}^{n} |y_k|^q = 1$ のもとで，$\left|\sum_{k=1}^{n} x_k y_k\right|$ の最大値を求めよ.

例1.16 ある $p>1$ に対して $\sum_{n=1}^{\infty} |a_n|^p < \infty$ ならば，級数 $\sum_{n=1}^{\infty} n^{-1} a_n$ は絶対収束する.

実際，$q = p/(p-1)$ とすると，$\sum_{n=1}^{\infty} |n^{-1} a_n| \leq \left(\sum_{n=1}^{\infty} n^{-q}\right)^{1/q} \left(\sum_{n=1}^{\infty} |a_n|^p\right)^{1/p} < \infty$. ∎

注意1.17 数列 $\alpha = (a_n)_{n \geq 1} \in \mathbb{C}^{\mathbb{N}}$ に対して，

$$\|\alpha\|_{\infty} = \sup_{n \geq 1} |a_n|, \quad \|\alpha\|_p = \left(\sum_{n=1}^{\infty} |a_n|^p\right)^{1/p} \quad (1 \leq p < \infty)$$

をそれぞれ，数列 α の**一様ノルム**，**p ノルム**という．上の証明から，
$p \geq 1, q \geq 1, 1/p + 1/q = 1$ のとき，

$$\|\alpha\|_p < \infty, \quad \|\beta\|_q < \infty \implies \sum_{n=1}^{\infty} |a_n b_n| \leq \|\alpha\|_p \|\beta\|_q$$

がわかる．ただし，$p=1$ のとき $q=\infty$，$p=\infty$ のとき $q=1$ とする．

しかし，これから考える Fourier 級数論においては，例えば，

$$\sum_{n=1}^{\infty} \frac{\cos 2\pi nx}{n}$$

などの級数の収束，発散が問題となる．これらの級数は絶対収束しそうではない．（少なくとも，$x \in \mathbb{Q}$ のときは確かである．$x \in \mathbb{R} \setminus \mathbb{Q}$ のときの証明は例1.19で与える.）一方，この級数は，

$x=0$ のとき，$\sum_{n=1}^{\infty} n^{-1}$ となるから，発散，

$x=1/2$ のとき，$\sum_{n=1}^{\infty}(-1)^n n^{-1}$ となるから，収束．

ともかく，一筋縄でいきそうにない．ここを突破したのが Abel であった．

定理 1.18（Abel の判定法） 数列 $(a_n)_{n\geq 1}, (b_n)_{n\geq 1}$ が次の 2 条件(a), (b) をみたすならば，$\sum_{n=1}^{\infty} a_n b_n$ は収束する．

（a） $\sum_{k=1}^{n} a_k \ (n\geq 1)$ は有界．

（b） $(b_n)_{n\geq 1}$ は実数列で，単調に 0 に収束する．

[証明] $A_n = \sum_{k=1}^{n} a_k \ (n\geq 1)$, $A_0 = 0$ とおくと，(a) より，ある正数 M が存在して，

$$|A_n| \leq M \quad (n\geq 1).$$

また，$a_n = A_n - A_{n-1} \ (n\geq 1)$ だから，

$$\sum_{n=1}^{N} a_n b_n = \sum_{n=1}^{N}(A_n - A_{n-1})b_n = \sum_{n=1}^{N} A_n b_n - \sum_{n=1}^{N} A_{n-1} b_n$$

$$= A_N b_N + \sum_{n=1}^{N-1} A_n (b_n - b_{n+1}).$$

ここで，(b) より，$\sum_{n=1}^{\infty} |b_n - b_{n+1}| = |b_1| < \infty$．よって，$\sum_{n=1}^{\infty} A_n(b_n - b_{n+1})$ は絶対収束する．ゆえに，$\lim_{N\to\infty} A_N b_N = 0$ より，$\sum_{n=1}^{\infty} a_n b_n$ は収束する． ∎

例 1.19 $a_n = \cos 2\pi n x$, $b_n = n^{-p} \ (p > 0)$ とすると，x が非整数のとき，

（a） $A_n = \sum_{k=1}^{n} \cos 2\pi k x = \dfrac{\sin(2n+1)\pi x - \sin \pi x}{\sin \pi x} \ (n\geq 1)$ は有界．

（b） $(b_n)_{n\geq 1}$ は単調減少列で，$\lim_{n\to\infty} b_n = 0$．

ゆえに，$x \notin \mathbb{Z}$ のとき，$\sum_{n=1}^{\infty} n^{-p} \cos 2\pi n x$ は収束する． □

注意 1.20 上の証明の中に現れた A_n を用いた変形を **Abel の変形** という．これは，$F' = f$ のときの部分積分の公式

$$\int_0^R f(x)g(x)dx = F(R)g(R) - F(0)g(0) - \int_0^R F(x)g'(x)dx$$

の離散版と考えることができる．なお，上の定理 1.18 は，条件(b)を次の(b')に置き換えても成立する．

（b'） $(b_n)_{n\geq 1}$ は複素数列で，$\sum_{n=1}^{\infty} |b_n - b_{n+1}| < \infty$, $\lim_{n\to\infty} b_n = 0$．

数列には，これまで扱ってきた片側無限列だけでなく，**両側無限列**
$$\alpha = (a_n)_{n \in \mathbb{Z}} = (\cdots, a_{-1}, a_0, a_1, a_2, \cdots)$$
もある．両側無限列の全体を $\mathbb{R}^{\mathbb{Z}}, \mathbb{C}^{\mathbb{Z}}$ などで表す．これに対応する級数を
$$\sum_{n \in \mathbb{Z}} a_n, \quad \sum_{n=-\infty}^{\infty} a_n$$
などと表し，極限 $\lim_{n,m \to \infty} \sum_{k=-m}^{n} a_k$ が存在するとき，この級数は収束するという．

級数 $\sum_{n=-\infty}^{\infty} a_n$ が収束することは，2つの級数 $\sum_{n=0}^{\infty} a_n, \sum_{n=1}^{\infty} a_{-n}$ が収束することと同値であり，このとき，次の等式が成り立つ．
$$\sum_{n=-\infty}^{\infty} a_n = \lim_{n,m \to \infty} \sum_{k=-m}^{n} a_k = \sum_{n=0}^{\infty} a_n + \sum_{n=1}^{\infty} a_{-n}.$$
したがって，両側の級数の収束は，2つの片側の級数の収束から判定できる．

しかし，絶対収束しない場合は，次のようなことも起こる．

例 1.21 $n \geq 1$ のとき，$a_n = (2n-1)^{-1}, a_{-n} = -(2n)^{-1}, a_0 = 0$ とすると，

(a) $\sum_{k=-n}^{n} a_k = 1 - \dfrac{1}{2} + \dfrac{1}{3} - \cdots + \dfrac{1}{2n-1} - \dfrac{1}{2n} \to \sum_{n=1}^{\infty} \dfrac{(-1)^{n-1}}{n} (= \log 2)$.

(b) $\sum_{n=1}^{\infty} a_n = -\sum_{n=1}^{\infty} a_{-n} = \infty$ だから，任意の実数 x が与えられたとき，2つの自然数
$$N_1 = \min\left\{n \,\middle|\, n \geq 1, \sum_{k=1}^{n} a_k > x\right\},$$
$$M_1 = \min\left\{m \,\middle|\, m \geq 1, \sum_{k=-m}^{N_1} a_k < x\right\}$$
が定まる．以下，帰納的に
$$N_{l+1} = \min\left\{n \,\middle|\, n \geq N_l, \sum_{k=-M_l}^{n} a_k > x\right\},$$
$$M_{l+1} = \min\left\{m \,\middle|\, m \geq M_l, \sum_{k=-m}^{N_{l+1}} a_k < x\right\}$$
として，2つの自然数の増大列 $(N_l)_{l \geq 1}, (M_l)_{l \geq 1}$ を定めることができる．このとき，$a_n \to 0 \ (n \to \pm\infty)$ だから，

$$\lim_{l \to \infty} \sum_{k=-M_l}^{M_l} a_k = x.$$
□

最後に,**2重級数**(double series) $\sum_{n,m=1}^{\infty} a_{nm}$ について触れておこう.

定義 1.22 2重級数 $\sum_{n,m=1}^{\infty} a_{nm}$ が収束するとは,ある複素数 S が存在して,任意に与えられた正数 ε に対して,$n, m \to \infty$ のとき,

$$|S_{nm} - S| \leqq \varepsilon \quad \text{ただし} \quad S_{nm} = \sum_{i=1}^{n} \sum_{j=1}^{m} a_{ij}$$

が成り立つことをいう.いいかえれば,任意の正数 ε に対して,ある自然数 N を選べば,

$$n \geqq N, \, m \geqq N \implies |S_{nm} - S| \leqq \varepsilon$$

が成り立つことをいう. □

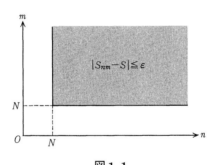

図1.1

2重級数についても絶対収束はやさしい.

定理 1.23

(ⅰ) $a_{nm} \geqq 0 \, (n, m \geqq 1)$ かつ $S_{nm} = \sum_{i=1}^{n} \sum_{j=1}^{m} a_{ij} \, (n, m \geqq 1)$ が有界ならば,$\sum_{n,m=1}^{\infty} a_{nm}$ は収束する.($\sum_{n,m=1}^{\infty} a_{nm}$ は S_{nm} の上限に等しい.)

(ⅱ) $\sum_{n,m=1}^{\infty} |a_{nm}|$ が収束すれば,$\sum_{n,m=1}^{\infty} a_{nm}$ も収束する.

(ⅲ) $|a_{nm}| \leqq b_{nm} \, (n, m \geqq 1)$ で,$\sum_{n,m=1}^{\infty} b_{nm}$ が収束すれば,$\sum_{n,m=1}^{\infty} a_{nm}$ も収束する.

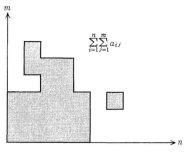

図 1.2

(iv) $\sum_{n,m=1}^{\infty} |a_{nm}|$ が収束するとき(このとき $\sum_{n,m=1}^{\infty} a_{nm}$ は**絶対収束**するという),次のことがいえる.

(a) 各 $n \geqq 1$ に対して,$s_n = \sum_{m=1}^{\infty} a_{nm}$ は収束する.

(b) $\sum_{n=1}^{\infty} s_n$ は収束し,$\sum_{n,m=1}^{\infty} a_{nm}$ に等しい.

(a') 各 $m \geqq 1$ に対して,$s'_m = \sum_{n=1}^{\infty} a_{nm}$ は収束する.

(b') $\sum_{m=1}^{\infty} s'_m$ は収束し,$\sum_{n,m=1}^{\infty} a_{nm}$ に等しい.

(c) 以上から,

$$\sum_{n=1}^{\infty} \left(\sum_{m=1}^{\infty} a_{nm} \right) = \sum_{m=1}^{\infty} \left(\sum_{n=1}^{\infty} a_{nm} \right) = \sum_{n,m=1}^{\infty} a_{nm}.$$
□

例 1.24

$$\sum_{n=2}^{\infty} \left(\sum_{m=2}^{\infty} \frac{1}{m^n} \right) = \sum_{m=2}^{\infty} \sum_{n=2}^{\infty} \frac{1}{m^n} = \sum_{m=2}^{\infty} \frac{1}{m(m-1)} = 1.$$
□

2 重級数 $\sum_{n,m=1}^{\infty} a_{nm}$ の相殺による収束のための条件は,大変に微妙なものになる.ここでは,次の例を挙げるにとどめる.

例 1.25

$$a_{mn} = \begin{cases} 1 & (n = m \geqq 1) \\ -1 & (n = m+1 \geqq 2) \\ 0 & (その他) \end{cases}$$

このとき，$\sum_{n=1}^{\infty} a_{nm} = a_{mm} + a_{m+1,m} = 1-1 = 0 \ (n \geqq 1)$, $\sum_{m=1}^{\infty} a_{1m} = 1$, $\sum_{m=1}^{\infty} a_{nm} = 0 \ (n \geqq 2)$. よって，

$$\sum_{m=1}^{\infty} \left(\sum_{n=1}^{\infty} a_{nm} \right) = 0, \quad \sum_{n=1}^{\infty} \left(\sum_{m=1}^{\infty} a_{nm} \right) = 1.$$

もちろん，$\sum_{n,m=1}^{\infty} |a_{nm}| = \infty$ で，$\sum_{n,m=1}^{\infty} a_{nm}$ は収束しない． □

§1.2 連続関数の収束

$\mathbb{R}$ の部分集合 D の上で定義された実数値または複素数値の関数をそれぞれ，$f: D \to \mathbb{R}$, $f: D \to \mathbb{C}$ のように表す．

定義 1.26 $f: D \to \mathbb{C}$, $a \in \mathbb{R}$, $c \in \mathbb{C}$ とする．次の条件が成り立つとき，c は f の $x \to a$ での**極限**といい，$\lim_{x \to a} f(x) = c$ または $f(x) \to c \ (x \to a)$ と表す．

(1.9) $\begin{cases} \text{任意に与えられた正数 } \varepsilon \text{ に対して，正数 } \delta \text{ を選べば,} \\ x \in D, \ |x-a| \leqq \delta \implies |f(x)-c| \leqq \varepsilon \\ \text{が成り立つ．} \end{cases}$

関数 f が $x \to a$ のとき極限をもつことを，f は $x \to a$ のとき**収束する**という．また，任意の正数 ε に対して，

$$x > M \implies |f(x)-c| \leqq \varepsilon$$

をみたす正数 M が選べるとき，f は $x \to \infty$ のとき極限 c をもつといい，$\lim_{x \to \infty} f(x) = c$ と表す．同様にして，$x \to -\infty$ のときの極限も定義される． □

例 1.27 $f(x) = (x+1)^p - x^p \ (x > 0)$ は $x \to \infty$ のとき，$p \leqq 1$ ならば収束し，$p > 1$ ならば発散する． □

上とまったく同様にして，$\mathbb{C}$ の部分集合あるいは $\mathbb{R}^n$, $\mathbb{C}^n$ の部分集合上の関数の極限が定義される．

前節で用いた Abel の変形を用いると，次の結果が得られる．

定理 1.28（Abel の定理） 級数 $\sum_{n=0}^{\infty} a_n$ が収束し，その値が A のとき，べ

§1.2 連続関数の収束 —— 13

キ級数 $\sum_{n=0}^{\infty} a_n z^n$ は $|z|<1$ のとき絶対収束し，$|z|<1$, $z\to 1$ のとき，

$$f(z) \to A = \sum_{n=0}^{\infty} a_n.$$

[証明] $A_n = \sum_{k=0}^{n} a_k$, $A_{-1}=0$ とおくと，$A_n \to A$ $(n\to\infty)$. このとき，$(A_n)_{n\geq 0}$ は有界列だから，$|A_n|\leq M$ $(n\geq 0)$ をみたす正数 M が存在する．とくに，$|a_n|=|A_n-A_{n-1}|\leq 2M$. よって，$|z|<1$ のとき，

$$\sum_{n=0}^{\infty} |a_n z^n| \leq \sum_{n=0}^{\infty} 2M|z|^n = \frac{2M}{1-|z|} < \infty.$$

したがって，ベキ級数 $f(z)$ は $|z|<1$ のとき絶対収束する．

さて，Abel の変形を用いると，次の等式がわかる．

$$f(z)-A = (1-z)\sum_{n=0}^{\infty} (A_n-A)z^n \quad (|z|<1).$$

実際，$N\geq 1$ のとき，

$$\sum_{n=0}^{N} a_n z^n = \sum_{n=0}^{N} (A_n-A_{n-1})z^n = \sum_{n=0}^{N} A_n z^n - \sum_{n=1}^{N} A_{n-1}z^n$$

$$= A_N z^N + \sum_{n=0}^{N-1} A_n(z^n - z^{n+1})$$

$$= A_N z^N + \sum_{n=0}^{N-1} A(z^n - z^{n+1}) + \sum_{n=0}^{N-1} (A_n-A)(z^n-z^{n+1})$$

$$= A + (1-z)\sum_{n=0}^{N-1} (A_n-A)z^n.$$

ここで，任意に与えられた正数 ε に対して，まず，

$$n \geq N \implies |A_n - A| \leq \varepsilon/2$$

をみたす自然数 N を選び，次に，正数 δ を $2MN\delta \leq \varepsilon/2$ となるように選ぶと，$|z|<1$, $|1-z|\leq \delta$ のとき

$$|f(z)-A| \leq |1-z| \sum_{n=0}^{\infty} |A_n-A||z|^n$$

$$= |1-z| \sum_{n=0}^{N-1} |A_n-A||z|^n + |1-z| \sum_{n=N}^{\infty} |A_n-A||z|^n$$

$$\leqq |1-z| \sum_{n=0}^{N-1} 2M|z|^n + |1-z| \sum_{n=N}^{\infty} (\varepsilon/2)|z|^n$$

$$\leqq |1-z|2MN + \varepsilon|z|^N/2 \leqq \varepsilon/2 + \varepsilon/2 = \varepsilon.$$

つまり，$|z|<1$, $|1-z| \leqq \delta \implies |f(z)-A| \leqq \varepsilon$. ゆえに，$\lim_{z \to 1} f(z) = A$. ∎

例 1.29

（1） 交項級数 $1 - \dfrac{1}{2} + \dfrac{1}{3} - \dfrac{1}{4} + \dfrac{1}{5} - \cdots$ は収束し，$\sum_{n=1}^{\infty} \dfrac{(-1)^{n-1}}{n} z^n = \log(1+z)$ ($|z|<1$) だから，

$$\sum_{n=1}^{\infty} \frac{(-1)^{n-1}}{n} = 1 - \frac{1}{2} + \frac{1}{3} - \frac{1}{4} + \cdots = \log 2.$$

（2） 交項級数 $1 - \dfrac{1}{3} + \dfrac{1}{5} - \dfrac{1}{7} + \dfrac{1}{9} - \cdots$ は収束し，$\sum_{n=1}^{\infty} \dfrac{(-1)^{n-1}}{2n+1} z^{2n+1} = \arctan z$ ($|z|<1$) だから，

$$\sum_{n=1}^{\infty} \frac{(-1)^{n-1}}{2n-1} = 1 - \frac{1}{3} + \frac{1}{5} - \frac{1}{7} + \cdots = \arctan 1 = \frac{\pi}{4}.$$

（3） $\sum_{n=0}^{\infty} (-1)^n z^n = (1+z)^{-1} \to \dfrac{1}{2}$ ($z \to 1$) であるが，次式は意味を失う．

$$\sum_{n=0}^{\infty} (-1)^n = 1 - 1 + 1 - 1 + \cdots = \frac{1}{2}.$$
∎

復習を続けよう．以下，$D \subset \mathbb{R}$ とする．（$D \subset \mathbb{C}$ あるいは $D \subset \mathbb{R}^n$, $D \subset \mathbb{C}^n$ でも同様．）

定義 1.30 $f: D \to \mathbb{C}$, $a \in D$ とする．もし $x \to a$ のとき $f(x) \to f(a)$ ならば，関数 f は a で連続であるという．また，もし D の各点 x で f が連続ならば，f は D 上で連続であるという． ∎

定義 1.31 D 上の関数 f_n ($n \geqq 1$) に対して，D の各点 x で極限 $\lim_{n \to \infty} f_n(x)$ が存在するとき，関数列 $(f_n)_{n \geqq 1}$ は D 上で**各点収束**(pointwise converge)する，あるいは，**単純収束**(simple converge)するという． ∎

注意 1.32 $f: D \to \mathbb{C}$ が点 $a \in D$ で連続ならば，f は a で点列連続，つまり，
$$x_n \in D, \lim_{n \to \infty} x_n = a \implies \lim_{n \to \infty} f(x_n) = f(a)$$
が成り立つ．また，逆もいえる．（証明は背理法による．）

連続関数に関する最も基本的な定理は次の 2 つである．

§1.2 連続関数の収束 —— 15

定理 1.33 I が区間で，$f\colon I\to\mathbb{C}$ が連続ならば，像 $f(I)$ は連結である．
□

系 1.34（中間値の定理） $f\colon [a,b]\to\mathbb{R}$ が連続ならば，両端での値 $f(a)$ と $f(b)$ の間の任意の値 γ に対して，$f(c)=\gamma$ をみたす点 $c\in(a,b)$ が存在する．
□

定理 1.35（最大値の定理） 有界閉区間上の実数値連続関数は最大値をもつ．より一般に，$\mathbb{R}^n$ の有界閉集合 K 上の連続関数は最大値をもつ． □

例 1.36 一般に集合 A の定義関数を 1_A と書く．すなわち，

$$1_A(x) = \begin{cases} 1 & (x\in A) \\ 0 & (x\notin A) \end{cases}$$

（a） 集合 A が閉区間 $[a,b]$ のとき，点 x と A の距離を $d(x,A)$ として，

$$f_n(x) = \begin{cases} 1 & (x\in[a,b]) \\ 1-nd(x,A) & (x\in[a-1/n,a)\cup(b,b+1/n]) \\ 0 & (\text{その他}) \end{cases}$$

とすると，関数列 $(f_n)_{n\geq 1}$ は単調減少で，定義関数 $1_{[a,b]}$ に各点収束し，
$$0\leq 1_{[a,b]}(x)\leq f_n(x)\leq 1.$$
（b） 集合 A が開区間 (a,b) のとき，定義関数 $1_{(a,b)}$ に各点収束し，かつ，
$$0\leq g_n(x)\leq 1_{(a,b)}(x)\leq 1$$
をみたす単調増加な連続関数列 $(g_n)_{n\geq 1}$ が存在する． □

注意 1.37 一般に $\mathbb{R}^n$ や $\mathbb{C}^n$ でも，A が閉集合ならば，定義関数 1_A は，有界で単調減少な連続関数列の各点収束に関する極限（**単純極限**という）となり，A が開集合ならば，単調増大する連続関数列の単純極限となる．（実は逆もいえる！）

定義 1.38 関数列 $f_n\colon D\to\mathbb{C}$ $(n\geq 1)$ が関数 $f\colon D\to\mathbb{C}$ に**一様収束**するとは，
$$\|f_n-f\|\to 0 \quad (n\to\infty),$$

ただし，$\|f_n - f\| = \sup_{x \in D} |f_n(x) - f(x)|$

が成り立つことをいう．このとき，f は $(f_n)_{n \geq 1}$ の**一様極限**であるという．□
一様収束は連続性と相性がよい．

定理 1.39 連続関数列の一様極限は連続関数である．

［証明］ $f_n : D \to \mathbb{C}$ は連続で，$\lim_{n \to \infty} \|f_n - f\| = 0$ とする．D の任意の点 x と任意の正数 ε が与えられたとき，まず，
$$n \geq N \implies \|f_n - f\| \leq \varepsilon/3$$
が成り立つように自然数 N を選び，次に，
$$y \in D, \ |y - x| \leq \delta \implies |f_N(y) - f_N(x)| \leq \varepsilon/3$$
をみたす正数 δ を選ぶと，$y \in D, \ |y - x| \leq \delta$ のとき，
$$\begin{aligned}
|f(y) - f(x)| &\leq |f(y) - f_N(y)| + |f_N(y) - f_N(x)| + |f_N(x) - f(x)| \\
&\leq \|f - f_N\| + |f_N(y) - f_N(x)| + \|f_N - f\| \\
&\leq \varepsilon/3 + \varepsilon/3 + \varepsilon/3 = \varepsilon.
\end{aligned}$$
ゆえに，f は点 x で連続である． ■

例 1.40 $|a| < 1, \ b \in \mathbb{R}$ のとき，$f(x) = \sum_{n=1}^{\infty} a^n \cos(b^n x)$ は $\mathbb{R}$ 上の連続関数である． □

上の定理 1.39 より，例えば次のような一様収束の判定法が示される．

定理 1.41（Weierstrass の M テスト） 有界区間 (a, b) 上の連続関数の列 $(u_n(x))_{n \geq 1}$ に対して，
$$|u_n(x)| \leq M_n \ (a < x < b, \ n \geq 1), \quad \sum_{n=1}^{\infty} M_n < \infty$$
をみたす定数の列 $(M_n)_{n \geq 1}$ が存在すれば，$\sum_{n=1}^{\infty} u_n(x)$ は一様収束する． □

例 1.42 $f(x) = \sum_{n=1}^{\infty} n^{-2} \cos 2\pi n x$ は連続関数である．実際，$M_n = n^{-2}$． □
一様収束はまた，有界閉区間上の積分と極限の交換を保証する．

それを述べる前に，区間 $[a, b]$ 上の Riemann 積分の定義を復習しておこう．
有界な関数 $f : [a, b] \to \mathbb{R}$ に対して，分割 $\Delta : x_0 = a < x_1 < \cdots < x_n = b$ と $f_i \in f[x_{i-1}, x_i] = \{f(x) \mid x_{i-1} \leq x \leq x_i\} \ (1 \leq i \leq n)$ が与えられたとき，

$$S = \sum_{i=1}^{n} f_i \Delta x_i \quad \text{ただし,} \quad \Delta x_i = x_i - x_{i-1}$$

を **Riemann 和** といい，分割の刻み幅 $\mathrm{mesh}(\Delta) = \max_{1 \leq i \leq n} \Delta x_i \to 0$ のとき，($f_i \in f[x_{i-1}, x_i]$ の選び方によらずに) S が収束するならば，その極限を f の $[a, b]$ 上の(Riemann)**積分**といい，

$$\int_a^b f(x)dx$$

と表す．また，このとき，f は $[a, b]$ 上で **Riemann 積分可能**であるという．

定理 1.43 有界閉区間上の任意の連続関数は Riemann 積分可能である．
□

不連続な関数でも，次の場合は Riemann 積分可能なことが明らかである．

定義 1.44 $f: [a, b] \to \mathbb{C}$ が**区分的に連続**(piecewise continuous)であるとは，ある分割 $\Delta: x_0 = a < x_1 < x_2 < \cdots < x_n = b$ に対して次の条件が成り立つことをいう．

(a) $x \neq x_i$ ($0 \leq i \leq n$) ならば，f は点 x で連続．
(b) 各 $1 \leq i \leq n$ に対して，右極限 $f(x_{i-1}+0)$ および左極限 $f(x_i-0)$ が存在する．
□

定理 1.45 有界閉区間 $[a, b]$ 上で積分可能な関数の列 $(f_n)_{n \geq 1}$ が関数 f に一様収束すれば，

$$\lim_{n \to \infty} \int_a^b f_n(x)dx = \int_a^b f(x)dx.$$

[証明] $\left| \int_a^b f(x)dx - \int_a^b f_n(x)dx \right| \leq (b-a)\|f_n - f\|$ より明らか． ■

例 1.46 $|x| < 1$ のとき，

$$\arctan x = \int_0^x (1+t^2)^{-1} dt = \int_0^x \sum_{n=0}^{\infty} (-1)^n t^{2n} dt$$
$$= \sum_{n=0}^{\infty} (-1)^n x^{2n+1}/(2n+1).$$
□

注意 1.47 極限関数の連続性を保証するだけならば，**広義一様収束**(uniform convergence in the wider sense)(**コンパクト一様収束**(uniform convergence on compact sets))がいえれば十分である．すなわち，連続関数列 $(f_n)_{n\geq 1}$ が定義域 D に含まれる任意の有界閉集合 K 上で一様収束するならば，極限 $f = \lim_{n\to\infty} f_n$ は D 上で連続である．

有界閉区間上では，多項式は一様極限に関して連続関数全体の中で稠密である（§4.2 参照）．

定理 1.48（Weierstrass の多項式近似定理）　有界閉区間 $[a,b]$ 上の任意の連続関数 f は多項式の列 $(P_n)_{n\geq 1}$ の一様極限である．

［証明］　例えば，高橋陽一郎『微分と積分2』(岩波書店)を見よ． ∎

例 1.49　区間 $[-1,1]$ 上の任意の連続関数は，Chebyshev(Tchebyshev)多項式 $T_n(x) = \cos n\theta$ $(x = \cos\theta)$ の線形結合によって，必要なだけ一様近似できる． □

一様収束の概念は微分とも馴染む．

定義 1.50　関数 $f: [a,b] \to \mathbb{C}$ が点 $c \in [a,b]$ において**微分可能**(differentiable)とは，$x \in [a,b]$ で $x \to c$ のとき，
$$f(x) - f(c) - \gamma(x-c) = o(|x-c|)$$
が成り立つことをいい，γ を f の c における微分係数といい，
$$\gamma = f'(c), \quad \frac{df}{dx}(c), \quad Df(c)$$
などと表す．また，$[a,b]$ の各点 x で微分可能なとき，$[a,b]$ で微分可能といい，$f'(x)$ を x の関数と考えて，f の**導関数**(derivative)という． □

定理 1.51　関数 $f_n: [a,b] \to \mathbb{C}$ が連続な導関数 f'_n をもち，f_n が f に，f'_n が g に一様収束するならば，f も C^1 級で，$f' = g$ が成り立つ．

［証明］　任意の $x \in [a,b]$ に対して，
$$f_n(x) - f_n(a) = \int_a^x f'_n(t)dt \to \int_a^x g(t)dt \quad (n \to \infty).$$
一方，$f_n(x) - f_n(a) \to f(x) - f(a)$．よって，
$$f(x) - f(a) = \int_a^x g(t)dt.$$

§1.2 連続関数の収束 —— 19

最後に，関数のグラフとその極限について触れておこう．

(a) 有界な関数 $f:[a,b]\to\mathbb{C}$ が連続であることと，f のグラフ
$$G_f = \{(x,f(x)) \mid a \leqq x \leqq b\}$$
が閉集合であることとは同値である．

実際，f が連続ならば，$x_n \to x$ のとき，$f(x_n) \to f(x)$．したがって，$(x_n, f(x_n))$ が収束列ならば，その極限は再び $(x,f(x))$ の形となる．すなわち，G_f は閉集合である．

逆に，f のグラフ G_f が有界閉集合ならば，$x_n \to x$ のとき，$(x_n, f(x_n))$ は G_f の点だから，その極限も G_f の点である．よって，その極限は $(x,f(x))$ であり，$f(x_n) \to f(x)$ が示された．

(b) グラフの極限と極限のグラフは一般には異なる．例えば，例 1.36 (a)において，定義関数 $1_{[a,b]}$ に各点収束する連続関数列 $(f_n)_{n\geqq 1}$ について，そのグラフ G_{f_n} の極限は図 1.3(a)に示した折れ線になり，$1_{[a,b]}$ のグラフと異なる．

同様に，魔女の帽子（図 1.3(b)）

$$f_n(x) = \begin{cases} 1-n|x-n^{-1}| & (0 \leqq x \leqq 2n^{-1}) \\ 0 & (x \geqq 2n^{-1}) \end{cases}$$

を考えると，f_n は定数関数 $f=0$ に各点収束するが，
$$\lim_{n\to\infty} G_{f_n} = \{(0,y) \mid 0 \leqq y \leqq 1\} \cup \{(x,0) \mid x \geqq 0\} \supsetneq G_f = \{(x,0) \mid x \geqq 0\}.$$

(c) $f_n:[a,b]\to\mathbb{C}$ が f に一様収束すれば，グラフ G_{f_n} は G_f に収束する．（2つの閉集合 F_1, F_2 の距離を次で定め，この距離に関する収束を考える．この距離を **Hausdorff 距離** という：

$$d(F_1, F_2) = \sup_{x_1 \in F_1} d(x_1, F_2) + \sup_{x_2 \in F_2} d(x_2, F_1).$$

ただし，$d(x,F) = \sup_{y \in F} d(x,y).$）

(d) 定理 1.51 は，連続関数の全体の中で，微分のグラフ $\{(f,f') \mid f:[a,b] \to \mathbb{C}$ は C^1 級$\}$ が一様収束に関して閉集合となることを示している．

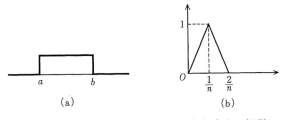

図1.3 (a) グラフ G_{f_n} の極限 (b) 魔女の帽子

§1.3 積分の収束

定義 1.52 (a,b) を開区間とする．$f:(a,b)\to\mathbb{C}$ が**広義積分可能**とは，
(a) (a,b) に含まれる任意の有界閉区間 $[a',b']$ 上で f は積分可能で，
(b) $\int_{a'}^{b'} f(x)dx$ は $a'\to a$, $b'\to b$ のとき収束する
ことをいう．このとき，その極限値を f の (a,b) 上での**広義積分**という．

$$\int_a^b f(x)dx = \lim_{\substack{a'\to a\\ b'\to b}} \int_{a'}^{b'} f(x)dx.$$

ここで，(a,b) は無限区間 $(-\infty,\infty)$ でも，半無限区間 $(c,\infty),(-\infty,c)$ でもよい． □

級数のときと同様に，$\int_a^b |f(x)|dx$ が収束するとき，$\int_a^b f(x)dx$ は**絶対収束**する，あるいは，$f(x)$ は (a,b) 上で**絶対可積分**であるという．

半開区間についても，同様のことばづかいをする．

例 1.53 $f(x)=x^p$ は $p>-1$ のとき $(0,1]$ 上で絶対可積分で，$\int_{0+}^{1} x^p dx = (p+1)^{-1}$, $p<-1$ のとき $[1,\infty)$ 上で絶対可積分で，$\int_1^\infty x^p dx = (1+p)^{-1}$．また，$f(x)=x^{-1}|\log x|^q$ は，$q>-1$ のとき $(0,1]$ 上で絶対可積分，$q<-1$ のとき $[1,\infty)$ 上で絶対可積分である． □

定理 1.54 $f:(a,b)\to\mathbb{C}$ に対して，(a,b) 上で絶対可積分な関数 φ で，
$$|f(x)|\leqq \varphi(x) \quad (a<x<b)$$
をみたすものが存在すれば，f は (a,b) 上で広義積分可能である．

[証明] $a<a'<a''<b''<b'<b$ のとき，

$$\left|\int_{a'}^{b'} f - \int_{a''}^{b''} f\right| = \left|\left(\int_{b''}^{b'} + \int_{a'}^{a''}\right)f\right| \leq \left(\int_{b''}^{b'} + \int_{a'}^{a''}\right)|f| \leq \left(\int_{b''}^{b'} + \int_{a'}^{a''}\right)\varphi$$
$$= \int_{a'}^{b'} \varphi - \int_{a''}^{b''} \varphi \to 0 \quad (a', a'' \to a \text{ かつ } b', b'' \to b)$$

となるから，$\int_a^b f$ は収束する． ∎

注意 上では $\int_{a'}^{b'} f(x)dx$ を $\int_{a'}^{b'} f$ などと略記した．なお，上の定理 1.54 は，**積分の比較定理**と呼ばれることがある．

例 1.55 $f: [1, \infty) \to \mathbb{C}$ が連続で，ある $\delta > 0$ に対して，
$$f(x) = O(x^{-1-\delta}) \quad (x \to \infty)$$
ならば，f は $[1, \infty)$ 上で絶対可積分である．また，$f: (0, 1] \to \mathbb{C}$ が連続で，ある $\delta > 0$ に対して，
$$f(x) = O(x^{-1+\delta}) \quad (x \to \infty)$$
ならば，f は $(0, 1]$ 上で絶対可積分である． □

注意 1.56 ここで，Landau の記号を思い出しておこう．
（a） $f(x) = O(g(x)) \; (x \to a) \iff x \to a$ のとき，$f(x)/g(x)$ が有界にとどまる．
（b） $f(x) = o(g(x)) \; (x \to a) \iff x \to a$ のとき，$f(x)/g(x) \to 0$.

級数のときと同様，絶対収束しないが，相殺により収束する場合がある．

定理 1.57 $f, g: [1, \infty) \to \mathbb{R}$ に対して，次の 2 条件が成り立てば，積分
$$\int_1^\infty f(x)g(x)dx$$
は収束する．
（a） $F(x) = \int_1^x f \; (x \geq 1)$ は有界である：ある正数 M に対して，$|F(x)| \leq M \; (x \geq 1)$.
（b） g は連続微分可能で，$g'(x) \leq 0$，かつ，$\lim_{x \to \infty} g(x) = 0$.

[証明] 部分積分の公式により，

$$\int_1^R f(x)g(x)dx = F(R)g(R) - \int_1^R F(x)g'(x)dx.$$

ここで，$\lim_{R\to\infty} F(R)g(R) = 0$. また，$\int_1^R |F(x)g'(x)|dx \leqq M \int_1^R |g'(x)|dx = M\int_1^R -g'(x)dx = M(g(1)-g(R)) \leqq Mg(1)$. よって，$F(x)g'(x)$ は $[1,\infty)$ 上で絶対可積分． ∎

例 1.58 $p > 0$ のとき，$\int_1^\infty x^{-p}\sin x\,dx$ は収束する． □

注意 1.59 上の定理は，条件(b)を次の条件(b')に置き換えても成立する．

(b') g は非負実数値の単調減少関数で，$\lim_{x\to\infty} g(x) = 0$.

証明は積分に関する中間値の定理の一形を用いればできるが，この場合は直接，部分積分を用いた証明もできる．

次に，積分と極限の交換の話に移ろう．

定理 1.60 f_n ($n \geqq 1$) および f が開区間 (a,b) 上で広義積分可能で，(a,b) に含まれる任意の有界閉区間 $[a',b']$ 上で一様に
$$\lim_{n\to\infty} f_n(x) = f(x)$$
とする．このとき，もし，f_n ($n \geqq 1$) と f を押さえこむ非負実数値関数 φ で広義積分可能なものが存在すれば，すなわち，
$$|f_n(x)| \leqq \varphi(x)\ (n \geqq 1), \quad |f(x)| \leqq \varphi(x), \quad \int_a^b \varphi(x)dx < \infty$$
が成り立つならば，広義積分と極限の順序交換ができて，
$$\lim_{n\to\infty} \int_a^b f_n(x)dx = \int_a^b f(x)dx.$$
□

注意 1.61 上の定理を，**優収束定理**といい，上の $\varphi(x)$ は f_n ($n \geqq 1$) の**優関数** (majorizing function)ということがある．押さえこみの条件は煩しいが落とすとのできないものであり，次のような反例がある．

例 1.62 $f_n(x) = f_0(x-n)$ ($x \geqq 0$, $n \geqq 1$) とする．ただし

§1.3 積分の収束 —— 23

$$f_0(x) = \begin{cases} 1-|1-x| & (0 \leqq x \leqq 2) \\ 0 & (x \geqq 2) . \end{cases}$$

このとき，$\int_0^\infty f_n = \int_0^\infty f_0 = 1$. 任意の $R>0$ に対して，$n > R+1$ ならば，$f_n(x) = 0$ $(0 \leqq x \leqq R)$ だから，f_n は有界閉区間 $[0, R]$ 上で一様に $f \equiv 0$ に収束する．よって，

$$\lim_{n \to \infty} \int_0^\infty f_n = 1 \neq \int_0^\infty \lim_{n \to \infty} f_n = 0 .$$

この例では，$\sup_{n \geqq 1} |f_n(x)| = f_0(x - 2[x/2])$ ($[t]$ は t の整数部分)となり，積分が有限な優関数は存在しない．（実際，$f_n > 0$ となる部分が ∞ に逃げてしまう．）

[証明] $[a', b']$ が (a, b) に含まれる有界閉区間ならば，

$$\left| \int_a^b f - \int_{a'}^{b'} f \right| = \left| \int_{b'}^b f + \int_a^{a'} f \right| \leqq \int_{b'}^b |f| + \int_a^{a'} |f|$$
$$\leqq \int_{b'}^b \varphi + \int_a^{a'} \varphi = \int_a^b \varphi - \int_{a'}^{b'} \varphi .$$

同様にして，

$$\left| \int_a^b f_n - \int_{a'}^{b'} f_n \right| \leqq \int_a^b \varphi - \int_{a'}^{b'} \varphi .$$

一方，仮定の前半から，

$$\lim_{n \to \infty} \int_{a'}^{b'} f_n = \int_{a'}^{b'} f .$$

よって，任意に正数 ε が与えられたとき，閉区間 $[a', b']$ を

$$\int_a^b \varphi - \int_{a'}^{b'} \varphi \leqq \varepsilon/3$$

が成り立つように選び，次に自然数 N を

$$n \geqq N \implies \left| \int_{a'}^{b'} f_n - \int_{a'}^{b'} f \right| \leqq \varepsilon/3$$

が成り立つように選べば，$n \geqq N$ のとき，

$$\left|\int_a^b f_n - \int_a^b f\right| \leq \left|\int_a^b f_n - \int_{a'}^{b'} f_n\right| + \left|\int_{a'}^{b'} f_n - \int_{a'}^{b'} f\right| + \left|\int_{a'}^{b'} f - \int_a^b f\right| \leq \varepsilon.$$

ゆえに，結論を得る． ∎

例 1.63 $|t|<1$ のとき，

$$\sum_{n=0}^{\infty} \frac{t^n}{n!} \int_0^{\infty} x^n e^{-x} dx = \int_0^{\infty} \sum_{n=0}^{\infty} \frac{t^n}{n!} x^n e^{-x} dx = \int_0^{\infty} e^{-(1-t)x} dx = \frac{1}{1-t} = \sum_{n=0}^{\infty} t^n$$

より，$\int_0^{\infty} x^n e^{-x} dx = n!$． □

関数の連続性と点列連続性は同値ゆえ，定理 1.60 より次のことがわかる．

定理 1.64 $F(x,t)$ が $\{(x,t) \mid a<x<b,\ c\leq t\leq d\}$ 上で定義された連続関数で，t について連続な偏導関数 $\dfrac{\partial F}{\partial t}(x,t)$ をもち，すべての (x,t) に対して

$$|F(x,t)| \leq \varphi(x), \quad \left|\frac{\partial F}{\partial t}(x,t)\right| \leq \varphi(x)$$

をみたす広義積分可能な関数 $\varphi:(a,b)\to[0,\infty)$ が存在するならば，関数

$$f(t) = \int_a^b F(x,t)dx$$

は t について連続微分可能で，次の等式が成り立つ：

$$f'(t) = \int_a^b \frac{\partial F}{\partial t}(x,t)dx.$$

［証明］ 1° 比較定理より，まず，各 t に対して積分 $\int_a^b \dfrac{\partial F}{\partial t}(x,t)dx$ は収束する．その値を $g(t)$ とすると，再び比較定理より，$t_n \to t$ のとき，$g(t_n) \to g(t)$．よって，g は連続関数である．また，同様に，f も連続関数である．

2° $[a',b']$ が (a,b) に含まれる有界閉区間のとき，

$$\left|f(t) - \int_{a'}^{b'} F(x,t)dx\right| \leq \int_a^b \varphi - \int_{a'}^{b'} \varphi,$$

$$\left|g(t) - \int_{a'}^{b'} \frac{\partial F}{\partial t}(x,t)dx\right| \leq \int_a^b \varphi - \int_{a'}^{b'} \varphi.$$

また，

$$\int_{a'}^{b'} F(x,t_2)dx - \int_{a'}^{b'} F(x,t_1)dx = \int_{t_1}^{t_2} dt \int_{a'}^{b'} \frac{\partial F}{\partial t}(x,t)dx.$$

よって,（前定理 1.60 の証明と同様にして）

$$\int_{a}^{b} F(x,t_2)dx - \int_{a}^{b} F(x,t_1)dx = \int_{t_1}^{t_2} dt \int_{a}^{b} \frac{\partial F}{\partial t}(x,t)dx,$$

すなわち,$f(t_2)-f(t_1) = \int_{t_1}^{t_2} g(t)dt$. ゆえに, f は微分可能で, $f' = g$. ∎

定理 1.65 $f(x,t)$ が $\{(x,t) \mid a < x < b, \ c \leq t \leq d\}$ 上で定義された連続関数で,

$$|f(x,t)| \leq \varphi(x) \quad (a < x < b, \ c \leq t \leq d)$$

が成り立てば,

$$\int_{c}^{d} dt \int_{a}^{b} f(x,t)dx = \int_{a}^{b} dx \int_{c}^{d} f(x,t)dt.$$

[証明] 上の定理 1.64 と同様.（各自試みよ.） ∎

注意 1.66 以上のような比較定理あるいは優収束定理とその帰結を総称して, **押さえこみの原理**という.

例 1.67 $a, b > 0$, $I(a,b) = \int_{0}^{\infty} \exp(-a^2 x^2 - b^2 x^{-2})dx$ のとき,

$I(a,0) = \sqrt{\pi/2}\, a^{-1}$,

$I(a,b) = a^{-1} \int_{0}^{\infty} \exp(-t^2 - a^2 b^2 t^{-2})dt = a^{-1} I(1, ab)$.

b で偏微分して, $y = 1/x$ と変数変換すると,

$$\frac{\partial I}{\partial b}(1,b) = -2b \int_{0}^{\infty} x^{-2} \exp(-x^2 - b^2 x^{-2})dx$$

$$= -2b \int_{0}^{\infty} \exp(-y^{-2} - b^2 y^2)dy$$

$$= -2bI(b,1) = -2I(1,b).$$

よって, $I(1,b) = e^{-2(b-b_0)} I(1, b_0)$ $(b \geq b_0 > 0)$. ゆえに, $b_0 \to 0$ として,

$$\int_{0}^{+\infty} \exp(-a^2 x^2 - b^2 x^{-2})dx = \frac{1}{a}\sqrt{\frac{\pi}{2}} e^{-2ab}.$$

($b \geq b_0 > 0$ のとき,$\varphi(x) = b_0^{-1} \left(\sup_{t>0} t^{-1} e^{-t^{-1}} \right) e^{-x^2} = b_0^{-1} e^{-1} e^{-x^2}$ とすればよい.)
上の積分は熱方程式の基本解の Laplace 変換を求める際に現れる:
$$\int_0^\infty e^{-\lambda t} \frac{1}{\sqrt{2\pi t}} e^{-x^2/2t} dt = e^{-\sqrt{2\lambda}} \quad (\lambda > 0).$$
□

最後に,Fejér の定理(§2.1)などの証明の際に基本となる着想を例で紹介しておこう.

例 1.68 関数 $f_n : \mathbb{R} \to \mathbb{R}$ を,
$$f_n(x) = \begin{cases} n(1 - n|x|) & (|x| \leq n^{-1}) \\ 0 & (|x| > n^{-1}) \end{cases}$$
で定めると,任意の連続関数 $g : \mathbb{R} \to \mathbb{C}$ に対して,次の等式が成り立つ:
$$\lim_{n \to \infty} \int_{-\infty}^{+\infty} f_n(x) g(x) dx = g(0).$$

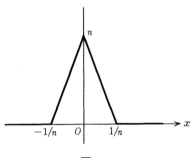

図 1.4

実際,$f_n(x) \geq 0 \ (x \in \mathbb{R})$, $f_n(x) = 0 \ (|x| > n^{-1})$, $\int_{-\infty}^{+\infty} f_n(x) dx = 1$ より,
$$\left| \int_{-\infty}^{+\infty} f_n(x) g(x) dx - g(0) \right| = \left| \int_{-\infty}^{+\infty} f_n(x) (g(x) - g(0)) dx \right|$$
$$\leq \int_{-\infty}^{+\infty} f_n(x) |g(x) - g(0)| dx = \int_{-1/n}^{1/n} f_n(x) |g(x) - g(0)| dx$$
$$\leq \int_{-1/n}^{1/n} f_n(x) dx \max_{|x| \leq 1/n} |g(x) - g(0)| = \max_{|x| \leq 1/n} |g(x) - g(0)| \to 0 \quad (n \to \infty).$$
□

§1.4 ベクトル空間と内積

ベクトル空間(vector space) V とは,和と定数倍が定義された集合で,次の条件をみたすものである.

(a) 和に関して,可換性 ($u+v=v+u$),結合則 $((u+v)+w=u+(v+w))$ が成り立ち,零ベクトル 0 をもち ($0+u=u+0$),各 $u \in V$ に対して,$u+(-u)=0$ となる元 $-u$ がある.

(b) 定数倍に関して,結合則 ($\lambda(\mu u)=(\lambda\mu)u$),分配則 ($\lambda(u+v)=\lambda u+\lambda v$, $\lambda u+\mu u=(\lambda+\mu)u$) が成り立つ.とくに,$-u=(-1)u$.

その定数を実数にとるとき,V は**実ベクトル空間**,複素数にとるとき,**複素ベクトル空間**といい,それぞれの場合,**係数体**(field of scalars)は $\mathbb{R}, \mathbb{C}$ であるという.

例1.69 数ベクトル空間 $\mathbb{R}^n$ は実ベクトル空間,$\mathbb{C}^n$ は複素ベクトル空間である. □

ベクトル空間 V の元 $e_1, e_2, \cdots, e_n$ をとるとき,もし V の任意の元 u に対して,定数 $x_1, x_2, \cdots, x_n$ が存在して,

(1.10) $$u = x_1 e_1 + x_2 e_2 + \cdots + x_n e_n = \sum_{i=1}^{n} x_i e_i$$

と書けるならば,$\{e_1, e_2, \cdots, e_n\}$ はベクトル空間 V を**張る**という.また,(1.10)の形に書ける u を $e_1, e_2, \cdots, e_n$ の**線形結合**(linear combination)という.

例1.70 r 次以下の多項式の全体 $\{c_0+c_1 x+c_2 x^2+\cdots+c_r x^r \mid c_0, c_1, \cdots, c_r は定数\}$ は $r+1$ 個の元 $1, x, x^2, \cdots, x^r$ によって張られる. □

V を張る部分集合 $E=\{e_1, e_2, \cdots, e_n\}$ が**極小**であるとき,すなわち,その任意の真部分集合 $\{e_{i_1}, e_{i_2}, \cdots, e_{i_m}\}$ ($m<n$) はもはや V を張らないとき,V の**基底**(basis)という.[*1]

ベクトル $e_1, e_2, \cdots, e_n$ が V の基底ならば,次のことが成り立つ.

[*1] $e_1, e_2, \cdots, e_n$ の並べ方の順序をこめて基底ということが多い.また,後に定義するもう1つの基底の概念と区別するため代数的基底ともいう.

(1.11)
$$c_1, c_2, \cdots, c_n \text{ が定数で} \\ \sum_{i=1}^{n} c_i e_i = c_1 e_1 + c_2 e_2 + \cdots + c_n e_n = 0 \Bigg\} \Longrightarrow c_1 = c_2 = \cdots = c_n = 0.$$

実際,$c_i \neq 0$ となるものがあれば,e_i は e_j $(j \neq i)$ の線形結合で書けてしまうから,$\{e_1, e_2, \cdots, e_n\}$ の極小性に反する.

一般に,V の部分集合 E は,その任意の有限個の元 $e_1, e_2, \cdots, e_n$ に対して(1.10)が成り立つとき,**線形独立**(linearly independent)であるという.

例 1.71 $\sin \pi x, \sin 2\pi x, \cdots, \sin 2\pi nx$ は,区間 $[0,1]$ 上の連続関数全体がつくるベクトル空間の中で,線形独立である.実際,
$$\int_0^1 \sin 2mx \Big(\sum_{k=1}^{n} c_k \sin 2\pi kx \Big) dx = \frac{1}{2} c_m \quad (1 \leqq m \leqq n)$$
だから,$\sum_{k=1}^{n} c_k \sin 2\pi kx = 0$ ならば $c_1 = c_2 = \cdots = c_n = 0$. □

ベクトル空間 V の部分集合 E が線形独立なとき,E が基底でなければ,E の元の線形結合で書けない元がある.このとき,E にこの元を付け加えても線形独立な集合となる.

1つの元 e_1 からなる集合 E_1 から出発して,このような操作を有限回繰り返すと基底 E が得られるとき,ベクトル空間は**有限次元**であるという.また,基底 E の元の個数 n を V の**次元**(dimension)といい,$\dim V = n$ と書く.次元は基底の選び方によらない数である.(証明は省略.)

なお,ベクトル空間 V は,有限次元でないとき,**無限次元**であるといい,$\dim V = \infty$ と表す.

例 1.72 r 次以下の複素係数の多項式の全体を V とすると,複素ベクトル空間としては,$\{1, x, x^2, \cdots, x^r\}$ が基底となるから,次元は $r+1$ である.また,V を実ベクトル空間と考えれば,$\{1, \sqrt{-1}, x, \sqrt{-1}\,x, \cdots, x^r, \sqrt{-1}\,x^r\}$ が基底となるから,次元は $2(r+1)$ である.これを区別するためには次のように表す:
$$\dim_{\mathbb{C}} V = r+1, \quad \dim_{\mathbb{R}} V = 2(r+1).$$
□

具体的な計算においては,基底をいかにうまく選ぶかが肝要である.

例題 1.73 実数 $a_0 < a_1 < \cdots < a_n$ と複素数 $c_0, c_1, \cdots, c_n$ が与えられたとき,
$$P(a_i) = c_i \quad (0 \leqq i \leqq n)$$
をみたす n 次多項式 $P(x)$ を求めよ.

[解] n 次多項式 $E_i(x)$ を
$$E_i(x) = \prod_{\substack{j=0 \\ j \neq i}}^{n} \frac{x - a_j}{a_i - a_j} \quad (0 \leqq i \leqq n)$$
で定めると,
$$E_i(a_i) = 1, \quad E_i(a_j) = 0 \quad (j \neq i).$$
よって求める多項式は
$$P(x) = \sum_{i=0}^{n} c_i E_i(x)$$
である. ∎

注意 1.74 この $P(x)$ の表示を **Lagrange の補間**(interpolation)**公式**という.

ベクトル空間 V 上で定義された関数 f に対して,
$$f(\lambda u + \mu v) = \lambda f(u) + \mu f(v)$$
が成り立つとき, f は V 上の**線形形式**(linear form)であるという.

例 1.75

(1) $\mathbb{R}^n \ni x = (x_i)_{1 \leqq i \leqq n},\ y = (y_i)_{1 \leqq i \leqq n}$ の内積
$$\langle x, y \rangle = \sum_{i=1}^{n} x_i y_i$$
は, x についても y についても線形形式である.

(2) 区間 $[0, 1]$ 上の連続関数の全体を V とし, $u, v \in V$ に対して,
$$\langle u, v \rangle = \int_0^1 u(t) v(t) dt$$
とおけば, u, v についてそれぞれ線形形式である. ∎

一般に, $V \times V$ 上の関数 $f(u, v) = \langle u, v \rangle$ は, u, v についてそれぞれ線形形式であるとき, **双線形形式**(bilinear form)という.

上の例 1.75 の双線形形式は,さらに,次の性質をみたす.
(a) $\langle u,v \rangle = \langle v,u \rangle$ (対称性)
(b) $\langle u,u \rangle \geq 0$, $\langle u,u \rangle = 0 \iff u=0$ (正定値性)

定義 1.76 実ベクトル空間 V 上で定義され,実数に値をとる双線形形式 $\langle u,v \rangle$ は,上の性質(a),(b)をみたすとき,V 上の**内積**(inner product)であるという.また,内積が与えられたベクトル空間を**内積空間**といい,
$$\|u\| = (\langle u,u \rangle)^{1/2}$$
を $u \in V$ の**ノルム**(norm)という. □

複素ベクトル空間 V において,V の各元 u,v に対して複素数 $\langle u,v \rangle$ が対応して,上の(b)と
(a') $\langle u,v \rangle = \overline{\langle v,u \rangle}$ (歪対称性)
をみたし,$\langle u,v \rangle$ が,v をとめるごとに,u について線形であるとき,$\langle u,v \rangle$ を **Hermite 内積**という.また,Hermite 内積が与えられた複素ベクトル空間を **Hermite 内積空間**といい,$\|u\| = (\langle u,u \rangle)^{1/2}$ を $u \in V$ のノルムという.

注意 1.77
(1) 内積あるいは Hermite 内積から定めたノルムは次の性質をもつ:
$$|\langle u,v \rangle| \leq \|u\|\|v\|.$$
(2) 2つのベクトル u,v は,
$$\langle u,v \rangle = 0$$
のとき,直交する(あるいは垂直である)という.もし $u_1, u_2, \cdots, u_n$ が V の基底ならば,次のようにして,
$$\langle e_i, e_i \rangle = 1, \quad \langle e_i, e_j \rangle = 0 \quad (i \neq j)$$
をみたす基底 $e_1, e_2, \cdots, e_n$ をつくることができる.このような基底を**正規直交基底**(orthonormal basis)という.
$1°$ $e_1 = \|u_1\|^{-1} u_1$.
$2°$ $v_k = u_k - \langle u_k, e_1 \rangle e_1 - \cdots - \langle u_k, e_{k-1} \rangle e_{k-1}$ として,$e_k = \|v_k\|^{-1} v_k$ $(2 \leq k \leq n)$.
(もし,$v_k = 0$ となれば,$u_1, \cdots, u_n$ が基底であることに矛盾する.)この手順を **Schmidt の正規直交化**という.

例 1.78 r 次以下の多項式全体を V とし,$1, x, \cdots, x^r$ を内積

$$\langle u, v \rangle = \frac{1}{\pi} \int_{-1}^{1} u(x)v(x) \frac{dx}{\sqrt{1-x^2}}$$

に関して正規直交化すると $1, \sqrt{2}x, \sqrt{2}(2x^2-1), \cdots$ となる.一般に $\sqrt{2}T_k(x)$ ($k \geqq 1$) となる.ただし,

$$T_n(x) = \cos n\theta \quad (x = \cos \theta) \quad \text{(Chebyshev 多項式)}. \qquad \square$$

正規直交化は,一般に,線形独立な集合に対して定義することができる.その結果 $e_1, e_2, \cdots$ は**正規直交系**(orthonormal set)であるという.

例題 1.79 $e_1, e_2, \cdots, e_m$ がベクトル空間 V の正規直交系であるとき,$u \in V$ に対して,次の関数を最小化せよ:

$$f(x) = \|u - x_1 e_1 - x_2 e_2 - \cdots - x_n e_n\|.$$

[解]

$$\begin{aligned}
f(x)^2 &= \left\langle u - \sum_{i=1}^{n} x_i e_i, \ u - \sum_{i=1}^{n} x_i e_i \right\rangle \\
&= \left\langle u, \ u - \sum_{i=1}^{n} x_i e_i \right\rangle - \left\langle x_1 e_1, \ u - \sum_{i=1}^{n} x_i e_i \right\rangle - \cdots - \left\langle x_n e_n, \ u - \sum_{i=1}^{n} x_i e_i \right\rangle \\
&= \langle u, u \rangle - \sum_{i=1}^{n} x_i \langle u, e_i \rangle - \sum_{j=1}^{n} x_j \left(\langle e_j, u \rangle - \sum_{i=1}^{n} x_i \langle e_j, e_i \rangle \right) \\
&= \langle u, u \rangle - 2 \sum_{i=1}^{n} \langle u, e_i \rangle x_i + \sum_{i=1}^{n} x_i^2 \\
&= \sum_{i=1}^{n} (x_i - \langle u, e_i \rangle)^2 + \langle u, u \rangle - \sum_{i=1}^{n} \langle u, e_i \rangle^2 \\
&\geqq 0.
\end{aligned}$$

よって,$f(x)$ は $x_i = \langle u, e_i \rangle$ $(1 \leqq i \leqq n)$ のとき,最小値 $\left(\|u\|^2 - \sum_{i=1}^{n} \langle u, e_i \rangle^2 \right)^{1/2}$ をとる. ∎

注意 1.80 例題 1.79 の証明は簡単ではあったが,不等式

$$\|u\|^2 \geqq \sum_{i=1}^{n} \langle u, e_i \rangle^2$$

は大切である.また,上の結論は次のようにいいかえることができる.

$$\|u - x_1 e_1 - x_2 e_2 - \cdots - x_n e_n\| = \min$$
$$\iff \langle u - x_1 e_1 - \cdots - x_n e_n, e_i \rangle = 0 \quad (1 \leq i \leq n)$$
$$\iff \sum_{i=1}^{n} x_i e_i \text{ は } \{e_1, \cdots, e_n\} \text{ の張る部分空間への } u \text{ の直交射影}$$

例 1.81 $\ell^2 = \left\{ x = (x_n)_{n \geq 1} \;\middle|\; x_n \in \mathbb{C}, \sum_{n=1}^{\infty} |x_n|^2 < \infty \right\}$ において,
$$\langle x, y \rangle = \sum_{n=1}^{\infty} x_n \overline{y_n}$$
は Hermite 内積であり,
$$e_i = (\overbrace{0, 0, \cdots, 0}^{i-1}, 1, 0, \cdots) \quad (i \geq 1)$$
とおくと,
$$\min_{c_1, \cdots, c_n} \left\| x - \sum_{i=1}^{n} c_i e_i \right\| = \left(\sum_{i=n+1}^{\infty} |x_i|^2 \right)^{1/2}. \qquad \square$$

上の例 1.81 のベクトル e_n $(n \geq 1)$ は ℓ^2 の中で線形独立である. しかし, これらの線形結合で表されるベクトル x は, (線形結合は有限和ゆえ)有限個の成分を除けば残りの成分はすべて 0 となる. したがって, e_n $(n \geq 1)$ は(代数的)基底ではない.

一方, 上の例では, 任意の x に対して, 次のことがいえる.

(1.12) $$\lim_{n \to \infty} \min_{c_1, \cdots, c_n} \left\| x - \sum_{i=1}^{n} c_i e_i \right\| = 0.$$

一般に, (Hermite)内積空間 V において, e_n $(n \geq 1)$ は, 線形独立で, 任意の $x \in V$ に対して(1.12)が成り立つとき, **位相的基底**であるという. さらに, 上の例のように,
$$\|e_i\| = \langle e_i, e_i \rangle^{1/2} = 1, \quad \langle e_i, e_j \rangle = 0 \quad (i \neq j)$$
が成り立つとき, e_n $(n \geq 1)$ を**正規直交基底**あるいは**完全正規直交系**という.

注意 1.82 e_n $(n \geq 1)$ が正規直交系のときは,
$$\min_{c_1, \cdots, c_n} \left\| x - \sum_{i=1}^{n} c_i e_i \right\| = \left\| x - \sum_{i=1}^{n} \langle x, e_i \rangle e_i \right\|$$

$$= \left(\|x\| - \sum_{i=1}^{n} |\langle x, e_i \rangle|^2\right)^{1/2}$$

となるから，e_n ($n \geq 1$) が正規直交基底であることは，

$$\|x\|^2 = \sum_{n=1}^{\infty} |\langle x, e_i \rangle|^2$$

が成り立つことと同値である．次章では，$e_n(x) = e^{2\pi i n x}$ ($n \in \mathbb{Z}$) が，区間 $[0, 1]$ 上の連続関数のつくる内積空間（前出の例 1.75）において正規直交基底であることが示される．

§1.5 集合と距離

まず，集合と写像についての用語と記号をまとめておこう．

記号 $\mathbb{N}, \mathbb{Z}, \mathbb{Q}, \mathbb{R}, \mathbb{C}$ はそれぞれ，自然数，整数，有理数，実数，複素数の全体を表す．また，空集合は $\emptyset$ で表す．

2つの集合 A, B に対して，それらの和集合，共通集合，差集合，直積集合をそれぞれ，$A \cup B$, $A \cap B$, $A \setminus B$, $A \times B$ と書く．すなわち，

$$A \cup B = \{x \mid x \in A, \text{ または, } x \in B\},$$
$$A \cap B = \{x \mid x \in A, \text{ かつ, } x \in B\},$$
$$A \setminus B = \{x \mid x \in A, \text{ かつ, } x \notin B\},$$
$$A \times B = \{(a, b) \mid a \in A, b \in B\}.$$

また，全体集合がわかっている場合，集合 A の補集合を A^c と書く．

一般に，集合の族 A_λ ($\lambda \in \Lambda$) に対して，それらの**和集合**，**共通集合**をそれぞれ次のように表す．

$$\bigcup_{\lambda \in \Lambda} A_\lambda = \{x \mid \text{ある } \lambda \in \Lambda \text{ に対して, } x \in A_\lambda\},$$
$$\bigcap_{\lambda \in \Lambda} A_\lambda = \{x \mid \text{任意の } \lambda \in \Lambda \text{ に対して, } x \in A_\lambda\}.$$

また，各 $\lambda \in \Lambda$ に対して A_λ の元 a_λ を選ぶことができること（選択公理）を仮定して，このような組 $(a_\lambda)_{\lambda \in \Lambda}$ の全体を

$$\prod_{\lambda \in \Lambda} A_\lambda$$

と書き，集合の族 A_λ $(\lambda \in \Lambda)$ の**直積集合**という．

とくに，$A_\lambda = A$ の場合，直積集合 $\prod_{\lambda \in \Lambda} A_\lambda$ は A^Λ と表す．直積集合 A^Λ の元 $(a_\lambda)_{\lambda \in \Lambda}$ $(a_\lambda \in A)$ は，

$$f(\lambda) = a_\lambda$$

で定義される写像 $f: \Lambda \to A$ と同一視することができる．（本来，記号 A^Λ は，写像 $f: \Lambda \to A$ の全体を表す記号である．）

定義 1.83 集合 X から Y への写像 f は，X の f による像 $f(X)$ が Y と一致するとき，**上への写像**あるいは**全射**であるといい，次の性質をもつとき，**1対1の写像**あるいは**単射**であるという：

$$f(x) = f(x') \implies x = x'.$$

また，全射かつ単射であることを，略して，**全単射**であるという． □

例 1.84 $f(x) = \exp(2\pi\sqrt{-1}\,x)$ は $\mathbb{R}$ から単位円周 $S = \{z \in \mathbb{C}; |z| = 1\}$ への全射である．また，f を区間 $[0,1)$（一般に，t を実数として区間 $[t, t+1)$）から S への写像と見れば，全単射である． □

写像 $f: X \to Y$ が与えられたとき，$f(x) = f(y)$ のことを $x \sim y$ で表すことにすると，次の性質が成り立つ．

(a) $x \sim x$.
(b) $x \sim y \implies y \sim x$.
(c) $x \sim y, y \sim z \implies x \sim z$.

一般に，集合 X の任意の2つの元 x, y に対して定義された関係 $\sim$ は，上の(a)-(c)をみたすとき，**同値関係**という．また，$x \in X$ に対して，集合

$$[x] = \{y \in X \mid y \sim x\}$$

を x の**同値類**という．

例 1.85 $\mathbb{R}$ の元 x, y に対して，

$$x \sim y \iff x - y \in \mathbb{Z}$$

によって，関係 $\sim$ を定めれば，$\sim$ は同値関係である． □

同値関係 $\sim$ が与えられたとき，それに関する同値類全体のつくる集合

$$\{[x]; x \in X\}$$

を考えることができる.これを X の同値関係 $\sim$ による**商空間**という.

例 1.86 上の例 1.85 の同値関係による商空間を $\mathbb{R}/\mathbb{Z}$ で表すと,$\mathbb{R}/\mathbb{Z}$ は単位円周 S と同一視できる. □

一般に,上の例の同値関係を成分ごとに一斉に適用すると,$\mathbb{R}^n$ の元の間の同値関係が定まる.この同値関係による $\mathbb{R}^n$ の商空間を n 次元**トーラス**(torus)と呼び,

$$\mathbb{T}^n = \mathbb{R}^n/\mathbb{Z}^n$$

と表す.とくに,$n=1$ のときは,肩付きの添え字を略して次のようにも書く.

$$\mathbb{T} = \mathbb{R}/\mathbb{Z} = \{[x] = x+\mathbb{Z}; x \in \mathbb{R}\}$$
$$= \{[x] = x+\mathbb{Z}; x \in [0,1)\}.$$

注意 1.87 $\mathbb{R}$ 上の関数 f が周期関数で,周期 1 をもつとき,すなわち,

$$f(x) = f(x+n) \quad (n \in \mathbb{Z})$$

が成り立つとき,f はトーラス $\mathbb{T}$(あるいは円周 S)上の関数と見ることができる.逆に,$\mathbb{T}$(あるいは S)上の関数 F が与えられたとき,$\mathbb{R}$ 上の周期関数 f を定めることもできる.この f を F の**持ち上げ**(lift)という.

次に,距離空間についてまとめよう.

定義 1.88 X を集合とする.$d\colon X \times X \to [0,\infty)$ が次の 3 条件をみたすとき,d を X 上の**距離**という.

(a) $d(x,y) = 0 \iff x = y$.
(b) $d(x,y) = d(y,x)$.
(c) $d(x,y) \leqq d(x,z) + d(z,y)$.

また,距離 d が与えられたとき,空間 X を**距離空間**といい,距離を明示するときは,(X,d) と表す.(条件 (b), (c) のみをみたすとき,**擬距離**ということがある.) □

例 1.89 Euclid 空間 (X,d):

$$X = \mathbb{R}^n, \quad d(x,y) = |x-y| = \Big(\sum_{i=1}^n (x_i - y_i)^2\Big)^{1/2}.$$

もちろん，この距離を，$\mathbb{Q}^n$ 上に制限したものは，$\mathbb{Q}^n$ 上の距離である． □

定義 1.90 (X, d) を距離空間とする．X の点 $x_1, x_2, \cdots, x$ に対して，
$$\lim_{n \to \infty} d(x_n, x) = 0$$
が成り立つとき，点列 $(x_n)_{n \geq 1}$ は x に**収束**する，あるいは，**極限** x をもつといい，
$$\lim_{n \to \infty} x_n = x \quad \text{または} \quad x_n \to x \quad (n \to \infty)$$
と表す．また，X の部分集合 F は，F の点からなる任意の収束列の極限が F の点となるとき，**閉集合**といい，閉集合の補集合を**開集合**という． □

注意 1.91 X の部分集合 U が開集合であることは，次のことと同値である：U の任意の点 x に対して，ある正数 r が存在して，中心が x で半径 r の閉球 $B_r(x) = \{y\,;\, d(y,x) \leq r\}$ は U に含まれる．

定義 1.92 距離空間 (X, d) から (Y, d') への写像 $f : X \to Y$ は，X の任意の収束列 $(x_n)_{n \geq 1}$ に対して，Y の点列 $(f(x_n))_{n \geq 1}$ も収束するとき，**点列連続**であるという．また，任意の Y の開集合 U の逆像 $f^{-1}(U)$ が X の開集合であるとき，f は**連続**であるという． □

注意 1.93 距離空間においては，写像の点列連続性と連続性は同値である．

定義 1.94 X の点列 $(x_n)_{n \geq 1}$ は，
$$\lim_{n, m \to \infty} d(x_n, x_m) = 0$$
が成り立つとき，**Cauchy 列**であるという．また，距離空間 (X, d) は，任意の Cauchy 列が X の点に収束するとき，**完備**であるという． □

例 1.89 で，$(\mathbb{R}^n, d)$ は完備距離空間であるが，$(\mathbb{Q}^n, d)$ は完備でない．

距離空間にはいろいろなものがある．

例 1.95

(1) $X = \{(x_1, x_2)\,;\, x_1^2 + x_2^2 < 1\}$,

$$d(x,y) = \begin{cases} |x-y| & (x,y \text{ が同じ直径上にあるとき}) \\ |x|+|y| & (\text{そうでないとき}) \end{cases}$$

（2） $X = \{(x_1,x_2); |x_1| \leq a, |x_2| \leq b\}$,
$$d(x,y) = \begin{cases} |x_2-y_2| & (x_1 = y_1 \text{ のとき}) \\ |x_2|+|x_1-y_1|+|y_2| & (\text{そうでないとき}) \end{cases}$$

（このような交通網をもつ国はどこだろうか？）

（3） X を集合として，
$$d(x,x) = 0, \quad d(x,y) = 1 \quad (x \neq y).$$
これを**離散距離**という．

（4） $X = \{0,1\}^{\mathbb{N}} = \{x = (x_n)_{n \geq 1}; x_n \in \{0,1\}\}$,
$$d(x,y) = 2^{-n} \quad \text{ただし，} n = \inf\{k \geq 1; x_k \neq y_k\}. \qquad \square$$

上の例において，ある点列が点 x に収束するとき，(1)の場合，$x \neq 0$ ならば，その点列は最終的には，点 x を通る直径に沿って，x に近づく．(2)でもこれに似た状況が生ずる．(3)では，その点列が最終的には点列 $x, x, x, \cdots$ となる場合に限り，x に収束し得る．(4)の場合，X は 0 と 1 からなる数列の空間であり，この距離に関して収束することと，各座標(あるいは各項)が収束することとは，同値である．

これらの例ではいずれも，Cauchy 列は収束する．

注意 1.96

（1） 一般に，V がベクトル空間のとき，V 上の非負実数値関数 $\|x\|$ は，次の条件をみたすとき，ノルムという．
 (a) $\|x\| = 0 \iff x = 0$.
 (b) $\|cx\| = |c|\|x\|$.
 (c) $\|x+y\| \leq \|x\| + \|y\|$.
ノルムが与えられたベクトル空間を**ノルム空間**といい，ノルムを明示したいときは，$(V, |\cdot|)$ と表す．$\|x\|$ がノルムのとき，$d(x,y) = \|x-y\|$ は距離となる．

（2） $\mathbb{R}^n$ 上のノルムとしては，例 1.89 の $\|x\|$ の他にも次のものがある．

$$|x|_\infty = \max_{1\leq i\leq n} |x_i|, \quad |x-y|_1 = \sum_{i=1}^n |x_i|.$$

より一般に，$p \geq 1$ として，
$$|x-y|_p = \left(\sum_{i=1}^n |x_i|^p\right)^{1/p}.$$

このとき，次の不等式が成り立つ．
$$|x|_\infty \leq |x|_p \leq |x|_1 \leq n|x|_\infty.$$

したがって，これらから定まる距離のどれかについて Cauchy 列ならば，他のどの距離についても Cauchy 列である．

ゆえに，上の例 1.95(1)–(4) は完備な距離空間である．さらに，(3) を除くと，どの場合でも，任意の点列は収束部分列を含む．いいかえれば，これらの空間は (点列) コンパクトである．一方，(3) は点列コンパクトでない．

本書で重要なのは，空間 X が連続関数からなる空間の場合である．一般に，$\mathcal{C}(X,Y)$ によって，空間 X から空間 Y への連続な写像の全体のつくる空間を表す．例えば，$\mathcal{C}([a,b],\mathbb{R})$ は区間 $[a,b]$ 上の実数値連続関数の全体であり，$\mathcal{C}(\mathbb{R}^n,\mathbb{C})$ は $\mathbb{R}^n$ 上の複素数値連続関数の全体である．

例 1.97 $X = \mathcal{C}([a,b],\mathbb{R})$ または $\mathcal{C}([a,b],\mathbb{C})$,
$$\|x\|_\infty = \max\{|x(t)|\,;\, t \in [a,b]\}$$
とすると，これは完備なノルム空間である．

実際，関数列 x_n が距離 $d(x,y) = \|x-y\|$ に関して Cauchy 列であれば，各点 $t \in [a,b]$ に対して $x_n(t)$ は Cauchy 列となる．その極限を x_t とおくと，
$$\max\{|x_n(t)-x_t|\,;\, t \in [a,b]\} \to 0$$
が成り立つから，$x(t) = x_t$ で関数 x を定めれば，これは連続関数である．ゆえに，この関数列 x_n は関数 x に一様収束する． □

例 1.98 $X = \mathcal{C}([a,b],\mathbb{C})$,
$$\|x-y\|_2 = \left(\int_a^b |x(t)-y(t)|^2 dt\right)^{1/2}$$
とすると，これはノルム空間となるが，完備ではない．

実際，$c = (a+b)/2$, $h = (b-a)/2$ として，

§1.5 集合と距離 —— 39

$$x_n(t) = \begin{cases} 0 & (x < c - 2^{-n}h) \\ (x-c+2^{-n}h)2^n & (c-2^{-n}h \leqq x < c) \\ 1 & (x \geqq c) \end{cases}$$

とおくと，容易にわかるように，

$$\|x_m - x_n\|_2^2 = \int_a^b |x_m(t) - x_n(t)|^2 dt$$
$$= \int_{c-2^{-n}h}^{c-2^{-m}h} 2^{2n}(x-c+2^{-n})^2 dx$$
$$+ \int_{c-2^{-m}h}^c (2^n(x-c+2^{-n}h) - 2^m(x-c+2^{-m}h^2))dx \to 0.$$

一方で，

$$\lim_{n \to \infty} x_n(t) = \begin{cases} 0 & (x < c) \\ 1 & (x \geqq c) \end{cases}$$

この極限関数は，連続関数ではない． □

関数空間においては，有界な閉集合はコンパクトとは限らない．実際，有界な閉集合から，収束部分列をもたない点列を取り出すことができる．

例 1.99 2乗求和可能な数列の空間 ℓ^2 において，例 1.81 のベクトル e_1, $e_2, \cdots$ および 0 からなる集合を B とすると，

$$x \in B \implies \|x\|_2 \leqq 1.$$

また，成分ごとに考えれば，点列 $(e_n)_{n \geqq 1}$ の極限は 0 である．しかし，

$$\|e_n - 0\|_2 = 1$$

となり，ノルムに関しては，(e_n) は 0 に収束しない． □

連続関数の空間において，コンパクト性の判定条件を与えるのが，次の **Ascoli–Arzelà の定理**である．

定理 1.100 K を $\mathbb{R}^n$ の有界閉集合とする．K の連続関数の全体 $\mathcal{C}(K, \mathbb{C})$ の部分集合 F が以下の 2 条件をみたすならば，F に属する任意の関数列 f_n $(n \geqq 1)$ から，一様収束する部分列 f_{n_j} $(j \geqq 1)$ を選び出せる．

(a) (一様有界性) $\sup_{f \in F} \|f\| < \infty$.

(b) (等連続性) 任意の $x \in K$ に対して,
$$\lim_{y \to x} \sup_{f \in F} |f(y) - f(x)| = 0.$$

□

注意 1.101
(1) 上の2条件は, F が閉集合であることは保証しない.
(2) この定理の証明に通常用いられる対角線論法はそれ自身興味深いものであるが, ここでは, 証明は省略する.

《 要 約 》

1.1 目標

§1.1 数列および級数の収束の概念の理解とその判定方法. とくに, 絶対収束と相対収束(相殺による収束)の違いの理解, また, 優級数や Abel の変形等の手法の習熟.

§1.2 関数の連続性および関数列の収束の概念の理解とその判定方法. とくに, 一様収束と各点収束(単純収束)の違いの理解, また, Weierstrass の M テスト, Abel の定理などの手法の習熟.

§1.3 積分(広義積分を含む)の概念の理解とその収束の判定および積分と極限の交換の判定方法(優収束定理など).

§1.4 ベクトル空間とその基底, 内積・Hermite 内積と正規直交基底の概念の理解.

§1.5 集合と写像および距離空間に関する基本的な概念の理解.

1.2 主な用語

§1.1 数列の収束・発散, Cauchy 列, 有界単調増大列, 級数の収束(絶対収束, 相対収束), 正項級数, 優級数, 優収束定理, 交項(交代)級数, Abel の判定法・変形, 両側無限列, 2重級数

§1.2 極限と収束, Abel の定理, 各点(単純)収束, 中間値の定理, 最大値の定理, 一様収束, Weierstrass の M テスト, Riemann 和, Riemann 積分可能, 区分的に連続, 広義一様収束, Weierstrass の多項式近似定理, 微分可能, 導関数, 関数のグラフ, Hausdorff 距離

§1.3 広義積分可能，絶対可積分，比較定理，Landau の記号，積分と極限の交換，優収束定理，押さえこみの原理

§1.4 ベクトル空間，係数体，線形結合，基底，線形独立，次元，Lagrange の補間公式，双線形形式，内積・Hermite 内積，歪対称，Hermite 内積空間，正規直交基底，Schmidt の直交化，正規直交系，位相的基底，正規直交基底(完全正規直交系)

§1.5 和集合，共通集合，直積集合，全射(上への写像)，単射(1 対 1 の写像)，全単射，同値関係・同値類，商空間，トーラス，距離空間，極限，開集合・閉集合，点列連続・連続，Cauchy 列，完備性，離散距離，ノルム，連続関数の空間 $\mathcal{C}([a,b], \mathbb{C})$

―――――― 演習問題 ――――――

1.1 数列 $(a_n)_{n \geq 0}$ が次の条件をみたせば Cauchy 列であることを示せ．

$$\sum_{n=1}^{\infty} |a_n - a_{n-1}| < \infty.$$

1.2 無限積 $\prod_{n=1}^{\infty}(1+a_n)$ は級数 $\sum_{n=1}^{\infty} \log(1+a_n)$ が[絶対]収束するとき，[絶対]収束するという．

無限積 $\prod_{n=1}^{\infty}(1-x^2/n^2)$ はすべての実数 x に対して絶対収束し，x について連続な関数を定めることを示せ．(実は，$\sin \pi x / \pi x$ に等しい．)

1.3 $\alpha > 1$ のとき，次の級数は実数 x についての C^1 級関数を定めることを示せ．

$$\sum_{n=1}^{\infty} \frac{\sin nx}{n^{\alpha}}.$$

Fourier 級数

 この章では，円周上の関数について Fourier 級数の概念を導入し，その収束の問題の重要さを認識し，基本的な諸性質を学ぶことを目標とする．

 Fourier 級数の収束に関してここで扱うものは古典的な Fejér の定理と Dirichlet の定理にとどめるが，§2.5 で述べる Gibbs の現象は数値計算において発見されたものであり，数学史上，関数列の収束の意味を深く精確に考える契機となったものである．

 なお，より一般的な意味での Fourier 級数は §3.5–3.6 で扱う．

§2.1 Fourier 級数と Fourier 係数

 以下，円周 $\mathbb{T}=\mathbb{R}/\mathbb{Z}$ は必要に応じて長さ 1 の区間と同一視し，$i=\sqrt{-1}$ と書く．

 関数 $f: \mathbb{T} \to \mathbb{C}$ に対して，積分

$$(2.1) \qquad c_n = \int_{\mathbb{T}} f(t)e^{-2\pi i n t}dt = \int_0^1 f(t)e^{-2\pi i n t}dt \quad (n \in \mathbb{Z})$$

が存在するとき，c_n を f の **Fourier 係数**といい，形式的に

$$(2.2) \qquad f(t) \sim \sum_{n \in \mathbb{Z}} c_n e^{2\pi i n t}$$

と表して，これを関数 f の **Fourier 展開**という．また，この右辺の形の級

数を **Fourier 級数**という.

Fourier 展開(2.2)は $e^{2\pi i nt} = \cos 2\pi nt + i\sin 2\pi nt$ を用いて,

$$(2.2') \qquad f(t) \sim a_0 + \sum_{n=1}^{\infty}(a_n \cos 2\pi nt + b_n \sin 2\pi nt)$$

の形に表すこともある. ここで,

$$(2.3) \quad a_0 = c_0, \quad a_n = (c_n + c_{-n})/2, \quad b_n = (c_n - c_{-n})/2i \quad (n \geqq 1).$$

とくに, f が実数値関数のときは, すべての n に対して,

$$(2.4) \qquad a_n \in \mathbb{R},\ b_n \in \mathbb{R} \quad \text{あるいは} \quad c_{-n} = \overline{c_n}$$

が成り立つ. もちろん, 逆もいえる. ただし, $\bar{c}$ は c の複素共役である.

以下, 関数 f の Fourier 係数を $c_n = \widehat{f}(n)$ と書く.

Fourier 係数に関して最も重要なことは, 微分との関係である.

定理 2.1 連続関数 $f\colon \mathbb{T} \to \mathbb{C}$ が連続な導関数 f' をもつならば,

$$(2.5) \qquad \widehat{f'}(n) = 2\pi in \widehat{f}(n) \quad (n \in \mathbb{Z}).$$

[証明] 部分積分を用いる. ($f\colon \mathbb{T} \to \mathbb{C}$ を区間 $[0,1]$ 上の関数と考えれば) $f(0) = f(1)$ だから,

$$\widehat{f'}(n) = \int_0^1 f'(x) e^{-2\pi inx} dx = [f(x) e^{-2\pi inx}]_0^1 + 2\pi in \int_0^1 f(x) e^{-2\pi inx} dx$$
$$= 0 + 2\pi in \widehat{f}(n) = 2\pi in \widehat{f}(n). \qquad \blacksquare$$

等式(2.5)は, Fourier 係数をとると, 微分演算が掛け算 $2\pi in\cdot$ に化けることを示している.

これを利用すると, 形式的に偏微分方程式を解くことができる.

例 2.2 周期的境界条件のもとでの熱方程式の初期値問題

$$(2.6) \qquad \begin{cases} \dfrac{\partial u}{\partial t} = \dfrac{\partial^2 u}{\partial x^2} & (t>0,\ x\in\mathbb{R}) \\ u(0,x) = f(x) & (0 \leqq x \leqq 1) \\ u(t,x+1) = u(t,x) & (t>0,\ x\in\mathbb{R}) \end{cases}$$

の解 $u(t,x)$ の Fourier 展開は形式的には, 次のようになる.

$$(2.7) \qquad u(t,x) \sim \sum_{n\in\mathbb{Z}} \widehat{f}(n) e^{-4\pi^2 n^2 t} e^{2\pi inx}.$$

実際，
$$c_n(t) = \int_0^1 u(t,x)e^{-2\pi inx}dx$$
として，形式的に積分記号下の微分を実行できるとすれば，
$$\begin{aligned}\frac{dc_n}{dt}(t) &= \int_0^1 \frac{\partial u}{\partial t}(t,x)e^{-2\pi inx}dx \\ &= \int_0^1 \frac{\partial^2 u}{\partial x^2}(t,x)e^{-2\pi inx}dx \\ &= -2\pi in \int_0^1 \frac{\partial u}{\partial x}(t,x)e^{-2\pi inx}dx \\ &= (-2\pi in)^2 \int_0^1 u(t,x)e^{-2\pi inx}dx\,.\end{aligned}$$
よって，
$$\frac{dc_n}{dt}(t) = -4\pi^2 n^2 c_n(t)\,.$$
$c_n(0) = \widehat{f}(n)$ より，Fourier 係数 $c_n(t)$ を求めれば，
$$c_n(t) = \widehat{f}(n)e^{-4\pi^2 n^2 t}\,.$$
□

J.-B.-J. Fourier は 1822 年公刊の『熱の解析的理論』において，上の例のような展開が一般的に成り立つこと，つまり，形式的な記号 ~ は等号 = であることを主張し，それを利用して，熱伝導の理論を展開して見せた．

この主張を正しいと認めれば，波やポテンシャルの方程式
$$\frac{\partial^2 u}{\partial t^2} = c^2 \Delta u\,,$$
$$\Delta u = -f$$
なども，様々の境界条件のもとで解くことができ，19 世紀に古典的な数理物理学が開花することになった．

一方で，次のように魅力的な等式も得られる．

例 2.3 関数 $h: \mathbb{T} \to \mathbb{R}$ を次式で定める：

$$h(x) = \begin{cases} \dfrac{1}{2} - x & (0 < x < 1) \\ 0 & (x = 0, 1) \end{cases}.$$

これを**鋸歯関数**(saw function)という．このとき，$n \neq 0$ ならば，

$$\widehat{h}(n) = \int_0^1 \left(\frac{1}{2} - x\right) e^{-2\pi i n x} dx$$

$$= \left(\frac{1}{2} - x\right) \frac{e^{-2\pi i n x}}{-2\pi i n}\bigg|_0^1 - \frac{1}{2\pi i n} \int_0^1 e^{-2\pi i n x} dx$$

$$= \frac{1}{2\pi i n}.$$

また，$\widehat{h}(0) = \int_0^1 \left(\dfrac{1}{2} - x\right) dx = 0$. したがって，

$$(2.8) \qquad \frac{1}{2} - x \sim \sum_{n \neq 0} \frac{e^{2\pi i n x}}{2\pi i n} = \sum_{n=1}^\infty \frac{\sin 2\pi n x}{\pi n}.$$

ここで等式の成立を認めれば，とくに $x = 1/4$ として，

$$(2.8') \qquad \frac{\pi}{4} = \sum_{n=0}^\infty \frac{(-1)^n}{2n+1} = 1 - \frac{1}{3} - \frac{1}{5} + \frac{1}{7} - \frac{1}{9} + \cdots.$$

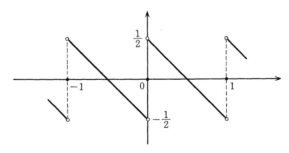

図 2.1 鋸歯関数

上の例と同様にして，$f(x) = |x - 1/2|$ を考えると，Fourier 展開は，

$$(2.9) \qquad \left|x - \frac{1}{2}\right| \sim \frac{1}{4} + \sum_{k=0}^\infty \frac{2\cos 2\pi(2k+1)x}{\pi^2(2k+1)^2}$$

となり，$x = 0$ とおくと，次の等式が導かれる：

$$
(2.10) \qquad \frac{\pi^2}{8} = \sum_{k=0}^{\infty} \frac{1}{(2k+1)^2}.
$$

さらに, $\sum_{n=1}^{\infty} n^{-2} = \sum_{k=0}^{\infty} (2k+1)^{-2} + \sum_{k=1}^{\infty} 4^{-1} k^2$ より, ゼータ関数 $\zeta(s) = \sum_{n=1}^{\infty} n^{-s}$ の $s=2$ における値

$$
(2.11) \qquad \zeta(2) = \sum_{n=1}^{\infty} \frac{1}{n^2} = \frac{\pi^2}{6}
$$

が得られる. (簡単な関数 f を選ぶと, $\zeta(4), \zeta(6)$ などの特殊値も同様にして求めることができる.)

実は, 上の等式(2.8)-(2.11)は正しく, また, 最初の例2.2も, 少なくとも $f: [0,1] \to \mathbb{R}$ が連続ならば正しい.

Fourier 級数が威力を発揮する場面は数多く, それに応じた諸問題もやがて登場してくるが, この段階で問題となることを整理しておこう.

（I） 偏微分方程式の解法の視点からはまず次のことが問題となる.

Fourier 係数 $\widehat{f}(n)$ $(n \in \mathbb{Z})$ から関数 f は復元可能か？

（II） 上述の等式は魅力的であったが, 各点での収束が問題である.

等式 $f(t) = \sum_{n \in \mathbb{Z}} \widehat{f}(n) e^{2\pi i n t}$ は成立するか？

いいかえれば,

$$
(2.12) \qquad S_n(f, t) = \sum_{k=-n}^{n} \widehat{f}(k) e^{2\pi i k t}
$$

とおくとき,

$\lim_{n \to \infty} S_n(f, t)$ は存在するか？

存在したとして, $f(t)$ に等しいか？

次節以下, まず, (2.12)で定義される Fourier 和 $S_n(f, t)$ の幾何学的意味を明らかにした後, これらの問題点を念頭において話を進めていく.

注意 2.4 級数 $\sum_{n \in \mathbb{Z}} \widehat{f}(n) e^{2\pi i n t}$ の収束というときには, 本来であれば, $S_{n,m}(f, t) = \sum_{k=-m}^{n} \widehat{f}(k) e^{2\pi i k t}$ の $n, m \to \infty$ のときの収束を証明するべきであるが, 記述の煩しさと比較して得るところが少ないので, 本書では $S_n(f, t) = S_{n,n}(f, t)$ を扱う.

§2.2　Fourier 和の幾何学的な意味

以下，簡単のため，

(2.13) $$e_n(t) = e^{2\pi i n t} \quad (t \in \mathbb{T},\ n \in \mathbb{Z})$$

と書く．これらの関数の線形結合で表される関数 $p(t)$ を**三角多項式**と呼び，

(2.14) $$\mathcal{P}_n = \left\{ p(t) = \sum_{k=-n}^{n} c_k e_k(t) \ \middle|\ c_k \in \mathbb{C}\ (|k| \leqq n) \right\}$$

と書くことにする．また，連続関数 $f \colon \mathbb{T} \to \mathbb{C}$ の全体を $\mathcal{C}(\mathbb{T})$ と表し，$f, g \in \mathcal{C}(\mathbb{T})$ に対して，

(2.15) $$\langle f, g \rangle = \int_{\mathbb{T}} f(t) \overline{g(t)} dt$$

と書くことにすると，$f \in \mathcal{C}(\mathbb{T})$ の Fourier 係数 $\widehat{f}(n)$ は

(2.16) $$\widehat{f}(n) = \langle f, e_n \rangle \quad (n \in \mathbb{Z})$$

と表すことができる．

補題 2.5　三角多項式 $p \in \mathcal{P}_n$ に対して，次の等式が成り立つ：

(2.17) $$p(t) = \sum_{k=-n}^{n} \widehat{p}(k) e_k(t) \quad (t \in \mathbb{T}).$$

[証明]　まず，$n, m \in \mathbb{Z}$ のとき，

(2.18) $$\langle e_n, e_m \rangle = \int_0^1 e^{2\pi i n t} e^{-2\pi i m t} dt = \begin{cases} 1 & (n = m) \\ 0 & (n \neq m) \end{cases}$$

に注意しよう．したがって，$p(t) = \sum_{k=-n}^{n} c_k e_k(t)$ のとき，

$$\widehat{p}(m) = \langle p, e_m \rangle = \int_0^1 \sum_{k=-n}^{n} c_k e^{2\pi i k t} e^{-2\pi i m t} dt = c_m \quad (m \in \mathbb{Z}),$$

ゆえに，$p(t) = \sum_{k=-n}^{n} \widehat{p}(k) e_k(t)$ が成り立つ．　∎

注意 2.6　上の (2.15) で定めた $\langle\,,\,\rangle$ は次の性質をもつ．
(a)　$\langle f, g \rangle$ は，g を固定するとき，f について線形である：
$$\langle \lambda f_1 + \mu f_2, g \rangle = \lambda \langle f_1, g \rangle + \mu \langle f_2, g \rangle \quad (\lambda, \mu \in \mathbb{C};\ f_1, f_2, g \in \mathcal{C}(\mathbb{T})).$$

(b) $\langle g, f \rangle = \overline{\langle f, g \rangle}$.
(c) $\langle f, f \rangle \geqq 0$. また，$\langle f, f \rangle = 0 \iff f = 0$ (つまり，$f(t) \equiv 0$).

一般に，(a)-(c)をみたすとき，ベクトル空間 V の元 f, g に対して定義された複素数値関数 $\langle f, g \rangle$ を **Hermite 内積** という．なお，このとき，
(a') $\langle f, g \rangle$ は，f を固定するとき，g について反線形(anti-linear)である：
$$\langle f, \lambda g_1 + \mu g_2 \rangle = \overline{\lambda} \langle f, g_1 \rangle + \overline{\mu} \langle f, g_2 \rangle \quad (\lambda, \mu \in \mathbb{C}; f, g_1, g_2 \in \mathcal{C}(\mathbb{T})).$$

上の証明で用いた関係式(2.18)は基本的で，今後もしばしば用いることになる．一般に，$e_n \ (n \in \mathbb{Z})$ は，(2.18)をみたすとき，**正規直交系**であるという．

有限次元の内積空間との類比から，$f \in \mathcal{C}(\mathbb{T})$ の Fourier 和

(2.19) $$S_n(f, t) = \sum_{k=-n}^{n} \widehat{f}(k) e^{2\pi i k t} = \sum_{k=-n}^{n} \langle f, e_k \rangle e_k(t)$$

は f の部分空間 $\mathcal{P}_n$ への直交射影と予想される．以下，

(2.20) $$\|f\|_2 = (\langle f, f \rangle)^{1/2} = \left(\int_{\mathbb{T}} |f(t)|^2 dt \right)^{1/2}$$

と書き，f の $\boldsymbol{L^2}$ **ノルム** という．（これは数列空間での ℓ^2 ノルムの類比である．）

注意 2.7
(1) 一般に，Hermite 内積 $\langle \cdot, \cdot \rangle$ からノルム $\|\cdot\|$ を定めると，不等式
(2.21) $$|\langle f, g \rangle| \leqq \|f\| \|g\|$$
が成り立つ．実際，展開して計算してみればわかるように，
(2.22) $$\|f + g\|^2 = \|f\|^2 + 2 \operatorname{Re}\langle f, g \rangle + \|g\|^2$$
が成り立つから，任意の $\lambda \in \mathbb{C}$ に対して，
$$\|\lambda f + g\|^2 = |\lambda|^2 \|f\|^2 + 2 \operatorname{Re}(\lambda \langle f, g \rangle) + \|g\|^2.$$
したがって，$\lambda = x e^{i\theta} \ (x, \theta \in \mathbb{R})$ として偏角 θ をうまく選べば，不等式
$$\|f\|^2 x^2 + 2|\langle f, g \rangle| x + \|g\|^2 \geqq 0$$
が得られる．よって，判別式より，$|\langle f, g \rangle|^2 \leqq \|f\|^2 \|g\|^2$.
(2) (2.21)と(2.22)より，三角不等式
(2.23) $$\|f + g\| \leqq \|f\| + \|g\|$$

が導かれる．また，(2.22)を $g, -g, ig, -ig$ に適用することにより，

$$\langle f,g\rangle = \frac{1}{4}(\|f+g\|^2 - \|f-g\|^2) - \frac{i}{4}(\|f+ig\|^2 - \|f-ig\|^2)$$

として，ノルムから Hermite 内積が復元される．もちろん，中線定理

(2.24) $$\|f+g\|^2 + \|f-g\|^2 = 2(\|f\|^2 + \|g\|^2)$$

も成り立つ．

定理 2.8 任意の $f \in \mathcal{C}(\mathbb{T})$ と非負整数 n に対して，次式が成り立つ．

(2.25) $$\|f\|_2 \geq \sum_{k=-n}^{n} |\widehat{f}(k)|^2 = \|S_n(f,\cdot)\|_2^2 .$$

(2.26) $$\min_{p \in \mathcal{P}_n} \|f-p\|_2 = \|f - S_n(f,\cdot)\|_2 = (\|f\|_2^2 - \|S_n(f,\cdot)\|_2^2)^{1/2} .$$

さらに，$|m| > n$ ならば，

(2.27) $$\langle f - S_n f, e_m \rangle = 0 .$$

[証明] $c_{-n}, \cdots, c_n \in \mathbb{C}$ のとき，Hermite 内積の性質より，

$$\left\| f - \sum_{k=-n}^{n} c_k e_k \right\|_2^2$$
$$= \left\langle f - \sum_{k=-n}^{n} c_k e_k, f - \sum_{j=-n}^{n} c_j e_j \right\rangle$$
$$= \left\langle f - \sum_{k=-n}^{n} c_k e_k, f \right\rangle - \sum_{j=-n}^{n} \overline{c_j} \left\langle f - \sum_{k=-n}^{n} c_k e_k, e_j \right\rangle$$
$$= \langle f, f \rangle - \sum_{k=-n}^{n} c_k \langle e_k, f \rangle - \sum_{j=-n}^{n} \overline{c_j} \langle f, e_j \rangle + \sum_{j=-n}^{n} \sum_{k=-n}^{n} \overline{c_j} c_k \langle e_k, e_j \rangle$$
$$= \langle f, f \rangle - \sum_{k=-n}^{n} c_k \overline{\langle f, e_k \rangle} - \sum_{k=-n}^{n} \overline{c_k} \langle f, e_k \rangle + \sum_{k=-n}^{n} |c_k|^2$$
$$= \sum_{k=-n}^{n} |c_k - \langle f, e_k \rangle|^2 + \langle f, f \rangle - \sum_{k=-n}^{n} |\langle f, e_k \rangle|^2 .$$

よって，

$$\min_{c_{-n}, \cdots, c_n} \left\| f - \sum_{k=-n}^{n} c_k e_k \right\|_2^2 = \|f\|^2 - \sum_{k=-n}^{n} |\langle f, e_k \rangle|^2$$

であり，最小点は $c_k = \langle f, e_k \rangle$ ($|k| \leq n$) である．つまり，

$$\min_{p \in \mathcal{P}_n} \|f - p\|_2^2 = \|f - S_n(f, \cdot)\|_2^2 = \|f\|^2 - \sum_{k=-n}^{n} |\langle f, e_k \rangle|^2.$$

ゆえに(2.26)が成り立ち，また，左辺は非負ゆえ，不等式(2.25)も正しい．■

上の定理2.8から，Fourier 和 $S_n(f, \cdot)$ は，"n 次" 以下の三角多項式の張る部分空間への f の直交射影として特徴づけられることがわかった．さらに，次の定理がいえる．

定理 2.9 (Bessel の不等式) Bessel の不等式任意の $f \in \mathcal{C}(\mathbb{T})$ に対して次の不等式が成り立つ．

(2.28) $$\sum_{n \in \mathbb{Z}} |\widehat{f}(n)|^2 \leq \|f\|_2^2 = \int_{\mathbb{T}} |f(t)|^2 dt.$$

[証明] 上で示した(2.21)より，$\sum_{k=-n}^{n} |\widehat{f}(k)|^2 \leq \|f\|_2^2$ だから，明らか． ■

注意 2.10 関数 f の Fourier 係数のつくる両側無限列を

$$\widehat{f} = (\widehat{f}(n))_{n \in \mathbb{Z}} = (\cdots, \widehat{f}(-1), \widehat{f}(0), \widehat{f}(1), \cdots)$$

で表すことにすると，Bessel の不等式(2.28)は次のことを示している．

(2.29) $$f \in \mathcal{C}(\mathbb{T}) \Longrightarrow \widehat{f} \in \ell^2(\mathbb{Z}) = \left\{ (x_n)_{n \in \mathbb{Z}} \,\middle|\, \sum_{n \in \mathbb{Z}} |x_n|^2 < \infty \right\}.$$

注意 2.11 ここまでは簡単のため，$f \in \mathcal{C}(\mathbb{T})$ と仮定して話を進めてきたが，上の議論に必要なことは，Fourier 係数 $\widehat{f}(n)$ が定義できることと $f(t)$ や $|f(t)|^2$ の積分の収束だけである．したがって，とくに，Bessel の不等式は，f が区分的に連続な関数のときにも成り立つ．

次節以後，Fourier 級数の収束を関数 f に関するしかるべき条件のもとで証明していくが，Fourier 係数の方に条件を課すとその収束が明らかになる場合がある．

補題 2.12 $\gamma = (c_n)_{n \in \mathbb{Z}} \in \ell^1(\mathbb{Z})$ のとき，つまり，$c_n \in \mathbb{C}$ ($n \in \mathbb{Z}$)，$\sum_{n \in \mathbb{Z}} |c_n| < \infty$ のとき，

(2.30) $$f(t) = \sum_{n \in \mathbb{Z}} c_n e_n(t) \quad (t \in \mathbb{T})$$

は $\mathbb{T}$ 上の連続関数であり，その Fourier 係数は
$$c_n = \langle f, e_n \rangle \quad (n \in \mathbb{Z}).$$
［証明］ $|e_n(t)| = |e^{2\pi i n t}| = 1$ より，(2.30)は一様収束する．したがって，$f \in \mathcal{C}(\mathbb{T})$，かつ，各 $n \in \mathbb{Z}$ に対して，
$$\langle f, e_n \rangle = \lim_{m \to \infty} \int_{\mathbb{T}} \Big(\sum_{n=-m}^{m} c_n e_m(t) \Big) \overline{e_n(t)} dt = c_n.$$
■

例 2.13 $c_0 = 1/4$, $c_{2n} = 0$, $c_{2k+1} = c_{-2k-1} = \pi^{-2}(2k+1)^{-2}$ のとき，$\sum_{n \in \mathbb{Z}} |c_n| < \infty$ より，
$$f(t) = \sum_{n \in \mathbb{Z}} c_n e_n(t) = \frac{1}{4} + \sum_{k=0}^{\infty} \frac{2\cos 2\pi(2k+1)t}{\pi^2(2k+1)^2}$$
は $\mathbb{T}$ 上の連続関数である．（§2.1 の(2.9)式を参照せよ．しかし，今はまだ，$f(t) = |t - 1/2|$ とは主張できないから，$\zeta(2) = \pi^2/6$ が証明できたわけではない．） □

今後，$\mathbb{T}$ 上で r 回連続微分可能な複素数値関数の全体を $\mathcal{C}^r(\mathbb{T})$ で表す．
前節の定理 2.1 として示したように，
$$f \in \mathcal{C}^1(\mathbb{T}) \implies \widehat{f'}(n) = 2\pi i n \widehat{f}(n).$$
よって，一般に $r \geq 1$ のとき，次のことが成り立つ．
(2.31) $\quad f \in \mathcal{C}^r(\mathbb{T}) \implies \widehat{f^{(r)}}(n) = (2\pi i n)^r \widehat{f}(n).$
これを裏返していえば，次のことがいえる．

補題 2.14 $f \in \mathcal{C}^r(\mathbb{T})$ ならば，$\widehat{f}(n) = O(|n|^{-r})$ $(|n| \to \infty)$．

［証明］ $f \in \mathcal{C}^r(\mathbb{T})$ ならば，r 次の導関数 $f^{(r)}$ が存在して，連続だから，
$$|\widehat{f^{(r)}}(n)| = \Big| \int_{\mathbb{T}} f^{(r)}(t) e^{-2\pi i n t} dt \Big| \leq \int_{\mathbb{T}} |f^{(r)}(t)| dt \leq \max_{t \in \mathbb{T}} |f^{(r)}(t)| < \infty.$$
ゆえに，$|\widehat{f}(n)| \leq (2\pi n)^{-r} |\widehat{f^{(r)}}(n)| = O(|n|^{-r})$ $(|n| \to \infty)$．■

逆に，（少し弱い結果であるが，）次のことが成り立つ．

補題 2.15 自然数 r に対して，複素数列 $(c_n)_{n \in \mathbb{Z}}$ が条件
(2.32) $\quad \sum_{n \in \mathbb{Z}} |n|^r |c_n| < \infty$

をみたせば，$f(t) = \sum_{n \in \mathbb{Z}} c_n e^{2\pi i n t}$ は C^r 級である．

[証明] $u_n(t) = c_n e^{2\pi i n t}$ とおくと，$n \neq 0$ のとき，
$$\max\{|u_n(t)|, |u_n'(t)|, \cdots, |u_n^{(r)}(t)|\} \leq |n|^r |c_n|.$$
よって，優収束定理(Weierstrass の M テスト)より明らか． ∎

§2.3 Dirichlet 核と Fejér 核

われわれの目標は，何らかの意味で $\lim_{n \to \infty} S_n(f, t) = f(t)$ を示すことである．そこで，Fourier 和 $S_n(f, t)$ を書き直しておこう．

$$\begin{aligned}
S_n(f, t) &= \sum_{k=-n}^{n} \widehat{f}(k) e_k(t) \\
&= \sum_{k=-n}^{n} \left(\int_{\mathbb{T}} f(s) \overline{e_k(s)} ds \right) e_k(t) \\
&= \int_{\mathbb{T}} f(s) \left(\sum_{k=-n}^{n} \overline{e_k(s)} e_k(t) \right) ds \\
&= \int_{\mathbb{T}} f(s) \left(\sum_{k=-n}^{n} e_k(t-s) \right) ds.
\end{aligned}$$

ここに現れた関数

$$(2.33) \qquad D_n(t) = \sum_{k=-n}^{n} e_k(t) \quad (t \in \mathbb{T})$$

を **Dirichlet 核**という．

これを用いれば，Fourier 和は次のように書ける．

$$(2.34) \qquad S_n(f, t) = \int_{\mathbb{T}} D_n(t-s) f(s) ds \quad (t \in \mathbb{T}).$$

補題 2.16

(i) $D_n(0) = 2n+1$, $D_n(-t) = D_n(t)$.

(ii) $t \in \mathbb{T}$, $t \neq 0$ のとき，
$$D_n(t) = \frac{\sin(2n+1)\pi t}{\sin \pi t}.$$

(iii) $\int_{\mathbb{T}} D_n(t)dt = 1$.

[証明] (i), (iii) は定義式(2.33)より明らか。(ii)は、

$$\sum_{k=-n}^{n} e^{2\pi ikt} = \frac{e^{2\pi i(n+1)t} - e^{-2\pi int}}{e^{2\pi it} - 1} = \frac{e^{\pi i(2n+1)t} - e^{-\pi i(2n+1)t}}{e^{\pi it} - e^{-\pi it}}$$

より従う. ∎

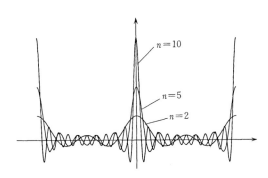

図 2.2 Dirichlet 核 ($n = 2, 5, 10$)

注意 2.17 図 2.2 に与えた Dirichlet 核は,補題 2.16(ii)の関数形で見るよりも,定義式(2.33)に戻って,余弦波の重ね合わせ

$$\sum_{k=-n}^{n} e^{2\pi ikt} = 1 + 2\sum_{k=1}^{n} \cos 2\pi kt$$

と見る方が理解しやすい. しかし,その波打ち方はかなりのもので,不等式

$$(2.35) \qquad \int_{\mathbb{T}} |D_n(t)|dt \geq \frac{4}{\pi} \sum_{k=1}^{n} \frac{1}{k} \geq \frac{4}{\pi} \log n \to \infty \quad (n \to \infty)$$

が成り立つ. 実際,$|\sin x| \leq x$ ($x \geq 0$) に着目して変形すると,

$$\int_{\mathbb{T}} |D_n(t)|dt = \int_{-1/2}^{1/2} \left|\frac{\sin(2n+1)\pi t}{\sin \pi t}\right| dt = \int_{0}^{1/2} \left|\frac{\sin(2n+1)\pi t}{\sin \pi t}\right| dt$$

$$\geq \frac{2}{\pi} \int_{0}^{1/2} \frac{|\sin(2n+1)\pi t|}{t} dt = \frac{2}{\pi} \int_{0}^{(n+1/2)\pi} |\sin x| \frac{dx}{x}$$

$$\geq \frac{2}{\pi} \sum_{k=1}^{n} \int_{(k-1)\pi}^{k\pi} |\sin x| \frac{dx}{x}$$

$$\geq \frac{2}{\pi} \sum_{k=1}^{n} \frac{1}{k} \int_{(k-1)\pi}^{k\pi} |\sin x| dx = \frac{4}{\pi} \sum_{k=1}^{n} \frac{1}{k}.$$

§2.3 Dirichlet 核と Fejér 核 —— 55

波打ち方が激しくて御しにくいのならば均(なら)せばよい.そこで,

(2.36) $$\sigma_n(f,t) = \frac{1}{n+1} \sum_{m=0}^{n} S_m(f,t)$$

を考えよう.これを **Fejér 和**といい,対応する Dirichlet 核の Cesàro 平均

(2.37) $$F_n(t) = \frac{1}{n+1} \sum_{m=0}^{n} D_m(t) = \frac{1}{n+1} \sum_{m=0}^{n} \sum_{k=-m}^{m} e_k(t)$$

は **Fejér 核**と呼ばれる.

補題 2.18
(ⅰ) 任意の $t \in \mathbb{T}$ に対して,$F_n(t) \geq 0$.
(ⅱ) $F_n(0) = n+1$ で,$F_n(-t) = F_n(t)$.
(ⅲ) $t \in \mathbb{T}$, $t \neq 0$ のとき,
$$F_n(t) = \frac{1}{n+1} \left(\frac{\sin(n+1)\pi t}{\sin \pi t} \right)^2.$$
(ⅳ) $\int_{\mathbb{T}} F_n(t) dt = 1$.

[証明] まず,定義 (2.33) より,(ⅳ) は明らか.また,
$$\sum_{m=0}^{n} \sum_{k=-m}^{m} e_k(t) = \sum_{k=-n}^{n} \sum_{m=|k|}^{n} e_k(t) = \sum_{k=-n}^{n} (n+1-|k|) e_k(t)$$

ここで,$e_p(t) \overline{e_q(t)} = e_{p-q}(t)$ に着目すると,

(2.38) $$\sum_{k=-n}^{n} (n+1-|k|) e_k(t) = \left| \sum_{p=0}^{n} e_p(t) \right|^2.$$

よって,(ⅰ) を得る.さらに,(ⅱ) も明らかとなる.ところで,
$$\left| \sum_{p=0}^{n} e^{2\pi i p t} \right|^2 = \left| \frac{e^{2\pi i (n+1)t} - 1}{e^{2\pi i t} - 1} \right|^2 = \left(\frac{\sin(n+1)\pi t}{\sin \pi t} \right)^2$$

であるから,(ⅲ) を得る.∎

注意 2.19 上の補題 2.18 の (ⅰ), (ⅳ) は,$F_n(x)$ が確率分布の密度関数となることを示している.また,図 2.3 から予想でき,この補題の (ⅲ) から容易にわかるように,

(2.39) $$t \neq 0 \implies \lim_{n \to \infty} F_n(t) = 0.$$

これから,$n \to \infty$ のときの極限では,$t = 0$ となる確率が 1 になることが予想で

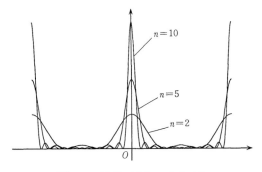

図 2.3　Fejér 核 $(n=2, 5, 10)$

きる.（ここでもし Weierstrass の多項式近似定理の Bernstein による証明（例えば, 高橋陽一郎『微分と積分 2』(岩波書店)§2.2 参照）を想起した読者があれば, 次の定理の証明は自分で試みることを勧めたい.）

定理 2.20（Fejér の定理）　$f \in \mathcal{C}(\mathbb{T})$ ならば, Fejér 和 $\sigma_n(f, \cdot)$ は $n \to \infty$ のとき, f に一様収束する. また, f が Riemann 積分可能であり, 点 t で連続ならば, $\lim_{n \to \infty} \sigma_n(f, t) = f(t)$.

[証明]　1°　補題 2.18 の(iv) より, 任意の $t \in \mathbb{T}$ に対して,

$$(2.40) \quad \sigma_n(f, t) - f(t) = \int_{\mathbb{T}} F_n(s) f(t-s) ds - f(t)$$

$$= \int_{\mathbb{T}} F_n(s)(f(t-s) - f(t)) ds.$$

この右辺の積分を, $0 < \delta < 1/2$ として, $|s| > \delta$ 上での積分 $I_1(t)$ と $|s| \leq \delta$ 上での積分 $I_2(t)$ に分ける.

2°　$|s| > \delta$ 上での積分は, f の有界性を利用して, 次のように評価できる. $\mathbb{T}$ 上で $|f(t)| \leq M$ とすると,

$$|I_1(t)| = \left| \int_{|s| > \delta} F_n(s)(f(t-s) - f(s)) ds \right|$$

$$\leq \int_{|s| > \delta} F_n(s) |f(t-s) - f(s)| ds$$

$$\leqq 2M \int_{|s|>\delta} F_n(s)ds$$
$$= \frac{2M}{n+1} \int_{|s|>\delta} \left(\frac{\sin \pi(2n+1)s}{\sin \pi s}\right)^2 ds$$
$$\leqq \frac{2M}{n+1} \int_{|s|>\delta} \frac{1}{(\sin \pi \delta)^2} ds \leqq \frac{2M}{(n+1)(\sin \pi \delta)^2}.$$

3° $|s|\leqq \delta$ 上での積分は,f の連続性より,次のように評価できる.
f の t における振幅を $\omega(\delta) = \max_{|s|\leqq \delta}|f(t-s)-f(t)|$ とすると,

$$|I_2(t)| = \left|\int_{|s|\leqq \delta} F_n(s)(f(t-s)-f(s))ds\right|$$
$$\leqq \int_{|s|\leqq \delta} F_n(s)|f(t-s)-f(t)|ds$$
$$\leqq \omega(\delta) \int_{|s|\leqq \delta} F_n(s)ds \leqq \omega(\delta).$$

4° 任意に正数 ε が与えられたとき,まず,$\omega(\delta)\leqq \varepsilon/2$ をみたす正数 δ を選び,次に,$2M(N+1)^{-1}(\sin \pi \delta)^{-2} \leqq \varepsilon/2$ をみたす自然数 N を選べば,$n\geqq N$ のとき,
$$|\sigma_n(f,t)-f(t)| = |I_1(t)+I_2(t)| \leqq |I_1(t)|+|I_2(t)|$$
$$\leqq 2M(n+1)^{-1}(\sin \pi \delta)^{-2} + \omega(\delta) \leqq \varepsilon/2+\varepsilon/2 = \varepsilon.$$
ゆえに,$\lim_{n\to\infty} \sigma_n(f,t) = f(t)$.

5° $f\in C(\mathbb{T})$ のときは,f の一様連続性より,
$$\widetilde{\omega}(\delta) = \max_{t\in \mathbb{T}} \max_{|s|\leqq \delta}|f(t-s)-f(t)| \to 0 \quad (\delta \to 0).$$

よって,3°,4° において $\omega(\delta)$ を $\widetilde{\omega}(\delta)$ に置き換えると,t によらない評価が得られて,
$$\|\sigma_n(f,\cdot)-f\|_\infty = \max_{t\in \mathbb{T}}|\sigma_n(f,t)-f(t)| \to 0 \quad (n\to \infty),$$
つまり,$\sigma_n(f,\cdot)$ が f に一様収束することがわかる. ∎

上で証明した Fejér の定理により,§2.1 の問題(I)は解決した.すなわち,連続関数 f は,その Fourier 係数 $\widehat{f}(n)$ ($n\in\mathbb{Z}$) を知れば,復元できる.

これを現代風にいえば，次のようになる．

関数 f に，f の Fourier 係数 $\hat{f}(n)$ $(n\in\mathbb{Z})$ を対応させる写像を $\hat{}$ で表すと，

系 2.21 線形写像 $\hat{}$ は $\mathcal{C}(\mathbb{T})$ から $\ell^2(\mathbb{Z})$ への単射である． □

§2.4 Fourier 和の収束

Fourier 和 $S_n(f,t)$ は Dirichlet 核 D_n の振舞いがあまりよくないために扱いにくかった．それならば，関数 f にその責任を分担させればよい．

定理 2.22

(i) (Dirichlet の定理) $f\in\mathcal{C}^1(\mathbb{T})$ のとき，Fourier 和 $S_n(f,\cdot)$ は f に一様収束する．

(ii) より精密化すると，$p\geqq 1$，$f\in\mathcal{C}^p(\mathbb{T})$ のとき，
$$\lim_{n\to\infty} n^{p-1/2}\|S_n(f,\cdot)-f\|_\infty = 0.$$

[証明] 1° 補題 2.16 の (iii) より，
$$S_n(f,t)-f(t) = \int_\mathbb{T} D_n(s)f(t-s)ds - f(t)$$
$$= \int_\mathbb{T} D_n(s)(f(t-s)-f(t))ds$$
$$= \int_\mathbb{T} \frac{f(t-s)-f(t)}{\sin\pi s}\sin(2n+1)\pi s\, ds.$$

2° 少し巧妙な変形を用いる．まず t を固定して
$$g_t(s) = \frac{f(t-s)-f(t)}{\sin\pi s}$$
とおくと，$f\in\mathcal{C}^1(\mathbb{T})$ のとき，$\lim_{s\to 0} g_t(s) = -f'(t)/\pi$ だから，$g_t\in\mathcal{C}(\mathbb{T})$．また，
$$\frac{f(t-s)-f(t)}{\sin\pi s}\sin(2n+1)\pi s = g_t(s)\sin(2n+1)\pi s$$
$$= \frac{g_t(s)e^{\pi is}e^{2n\pi is} - g_t(s)e^{-\pi is}e^{-2n\pi is}}{2i}.$$

3° よって，$g_t^\pm(s) = g_t(s)e^{\pm\pi is}$ とおくと，

$$S_n(f,t) - f(t) = (2i)^{-1}\left(\widehat{g_t^+}(n) - \widehat{g_t^-}(-n)\right)$$

ここで，Bessel の不等式(定理 2.9)を用いると，

$$\sum_{n \in \mathbb{Z}} \left|\widehat{g_t^\pm}(n)\right|^2 \leqq \|g_t^\pm\|_2^2 = \|g_t\|_2^2 < \infty.$$

とくに，$\widehat{g_t^\pm}(n) \to \infty \ (n \to \pm\infty)$ となるから，各 $t \in \mathbb{T}$ に対して
$$S_n(f,t) - f(t) \to 0 \quad (n \to \infty).$$

4° $m > n$ のとき，等式 $\widehat{f'}(n) = 2\pi i k \widehat{f}(k)$ を用いると，

$$|S_m(f,t) - S_n(f,t)| = \left|\sum_{m > |k| \geqq n} \widehat{f}(k) e_k(t)\right|$$

$$\leqq \sum_{|k| > n} |\widehat{f}(k)| = \sum_{|k| > n} |2\pi k|^{-1} |\widehat{f'}(k)|$$

$$\leqq \left(\sum_{|k| > n} (2\pi k)^{-2}\right)^{1/2} \left(\sum_{|k| > n} |\widehat{f'}(k)|^2\right)^{1/2}$$

$$\leqq 2\pi (2n^{-1})^{1/2} \left(\sum_{|k| > n} |\widehat{f'}(k)|^2\right)^{1/2}.$$

よって，$m \to \infty$ とすると，

$$|f(t) - S_n(f,t)| \leqq 2^{3/2} \pi n^{-1/2} \left(\sum_{|k| > n} |\widehat{f'}(k)|^2\right)^{1/2}.$$

ゆえに，

$$n^{1/2} \|f - S_n(f,\cdot)\|_\infty \leqq 2^{3/2} \pi \left(\sum_{|k| > n} |\widehat{f'}(k)|^2\right)^{1/2} \to 0 \quad (n \to \infty).$$

5° $p \geqq 2$ のときは，$\sum_{k > n} k^{-2p} = O(n^{1-2p}) \ (n \to \infty)$ を用いて，

$$\sum_{|k| > n} |\widehat{f}(k)| = \sum_{|k| > n} |2\pi k|^{-p} |\widehat{f^{(p)}}(k)|$$

を評価すればよい。∎

Fourier 和 $S_n(f,t)$ が $f(t)$ に一様収束することから，次の等式が得られる．

定理 2.23 $f \in \mathcal{C}^1(\mathbb{T})$ のとき，

$$(2.41) \qquad \sum_{n\in\mathbb{Z}}\left|\widehat{f}(n)\right|^2 = \|f\|_2^2 = \int_{\mathbb{T}}|f(t)|^2 dt.$$

この等式を **Parseval の等式** という．(実は，この仮定は緩めることができて，f が2乗可積分ならば，この等式は成り立つ．)

[証明] 定理2.9より，

$$\|f - S_n(f,\cdot)\|_2^2 = \int_{\mathbb{T}}|f(t)-S_n(f,t)|^2 dt = \|f\|_2^2 - \sum_{|k|\le n}\left|\widehat{f}(k)\right|^2$$

であった．ところで，

$$\|f-S_n(f,\cdot)\|_2 \le \|f-S_n(f,\cdot)\|_\infty$$

だから，

$$\|f\|_2^2 = \lim_{n\to\infty}\sum_{|k|\le n}\left|\widehat{f}(k)\right|^2 = \sum_{k\in\mathbb{Z}}\left|\widehat{f}(k)\right|^2. \qquad \blacksquare$$

しかし，§2.1 で述べた魅力的な等式の場合，関数 f は $\mathcal{C}^1$ 級ではなく，区分的に $\mathcal{C}^1$ 級であった．

注意2.24 定理2.22(i)は，f が連続関数で，かつ，区分的に $\mathcal{C}^1$ 級のときにも成り立つ．実際，上の証明中で $\mathcal{C}^1$ 級という仮定を用いたのは，

(a) 等式 $\widehat{f'}(n) = 2\pi in\widehat{f}(n)$ $(n\in\mathbb{Z})$

(b) $g_t \in \mathcal{C}(\mathbb{T})$ (したがって，Parseval の等式が成り立つ．)

の証明のためのみである．ところで，(a)は部分積分で示され，部分積分の公式は，連続かつ区分的に $\mathcal{C}^1$ 級の場合にも成り立つ．後に，Parseval の等式は，区分的に連続な関数に対しても成り立つことがわかる．

次に，区分的に $\mathcal{C}^1$ 級の関数について考えてみよう．

このようなとき，まず，最も簡単で極端な例を調べるとよい．そこで，

$$(2.42) \qquad h(x) = \begin{cases} \dfrac{1}{2} - x & (0 < x < 1) \\ 0 & (x = 0, 1) \end{cases}$$

を考えると，§2.1で求めたように，鋸歯関数 h の Fourier 係数は，

$$\widehat{h}(n) = \begin{cases} 0 & (n=0) \\ \dfrac{1}{2\pi in} & (n \neq 0). \end{cases}$$

したがって, Fourier 和は,

$$S_n(h,t) = \sum_{0<|k|\leq n} \frac{e^{2\pi ikt}}{2\pi ik} = \sum_{k=1}^{n} \frac{\sin 2\pi kt}{\pi k}.$$

とくに, $S_n(h,0)=0$. $0<t<1$ のときは Abel の変形が利用できて,

$$f_n(t) = \sum_{k=1}^{n} \sin 2\pi kt = \frac{\cos \pi t - \cos(2n+1)\pi t}{2\sin \pi t}$$

とおくと,

$$S_n(h,t) = \sum_{k=1}^{n} \frac{f_k(t) - f_{k-1}(t)}{\pi k} = \sum_{k=1}^{n} \frac{f_k(t)}{\pi k} - \sum_{k=1}^{n} \frac{f_{k-1}(t)}{\pi k}$$
$$= \frac{f_n(t)}{\pi n} + \sum_{k=1}^{n} \frac{1}{\pi}\left(\frac{1}{k} - \frac{1}{k+1}\right) f_k(t) = \frac{f_n(t)}{\pi n} + \sum_{k=1}^{n} \frac{f_k(t)}{\pi k(k+1)}$$

となる. ここで,

$$|f_k(t)| \leq \frac{1}{|\sin \pi t|} \quad (0<t<1), \quad \sum_{k=1}^{\infty} \frac{1}{k(k+1)} = 1 < \infty$$

だから, 優収束定理より, $S_n(h,t)$ は $n\to\infty$ のとき収束する. ところで, Fejér 和 $\sigma_n(h,t)$ は, h の連続点 t においては $h(t)$ に収束するから,

$$\lim_{n\to\infty} S_n(h,t) = \lim_{n\to\infty} \sigma_n(h,t) = h(t) = \frac{1}{2} - t \quad (0<t<1).$$

ゆえに, 次のことが示された.

補題 2.25 (2.42)で定めた関数 $h\colon \mathbb{T} \to \mathbb{R}$ に対して, Fourier 和 $S_n(h,t)$ は各点 t で $h(t)$ に収束する. すなわち,

$$(2.43) \qquad \sum_{n=1}^{\infty} \frac{\sin n\pi t}{n\pi} = h(t) = \begin{cases} 1/2 - t & (0<t<1) \\ 0 & (t=0). \end{cases}$$

□

注意 2.26 上の補題により, §2.1 で述べた等式

$$\frac{\pi}{4} = 1 - \frac{1}{3} + \frac{1}{5} - \frac{1}{7} + \cdots$$

の証明は完成した.

一般の区分的に C^1 級の関数を扱うとき,上の h の $t=0$ における跳び幅が,
$$h(0+0) = 1/2, \quad h(0-0) = h(1-0) = -1/2$$
より,
$$h(0+0) - h(0-0) = 1$$
であることが有効に利用できる.以下,
$$h_s(t) = h(t-s)$$
と書くと,h_s は $t=s$ で跳び幅 1 をもつ区分的に C^1 級の関数である.

定理 2.27 (Dirichlet) $f: \mathbb{T} \to \mathbb{C}$ が区分的に C^1 級ならば,
(i) f の連続点 t において,
$$\lim_{n \to \infty} S_n(f, t) = f(t).$$
(ii) f の不連続点 t においては,
$$\lim_{n \to \infty} S_n(f, t) = \frac{1}{2}(f(t+0) + f(t-0)).$$

[証明] 仮定より,有限個の点 $t_1, t_2, \cdots, t_m \in \mathbb{T}$ と $J_1, J_2, \cdots, J_m \in \mathbb{C}$ が存在し,

$$(2.44) \quad g(t) = \begin{cases} f(t) - \sum_{j=1}^{m} J_j h_{t_j}(t) & t \neq t_j \ (1 \leqq j \leqq m) \\ \dfrac{1}{2}(f(t_j+0) + f(t_j-0)) & t = t_j \ (1 \leqq j \leqq m) \end{cases}$$

とおくと,g は連続関数で,区分的に C^1 級になる.ここで,もちろん,
$$J_j = f(t_j+0) - f(t_j-0).$$
ところで,注意 2.24 により,各点 $t \in \mathbb{T}$ で,
$$\lim_{n \to \infty} S_n(g, t) = g(t).$$
よって,

$$\lim_{n\to\infty} S_n(f,t) = \lim_{n\to\infty}\left\{ S_n(g,t) + \sum_{j=1}^{m} J_j S_n(h_{t_j}, t)\right\}$$
$$= g(t) + \sum_{j=1}^{m} J_j h_{t_j}(t).$$

この右辺は，$t \neq t_j$ ($1 \leq j \leq m$) ならば，$f(t)$ に等しく，また，$t = t_j$ のとき，

$$g(t_j) = \frac{1}{2}(f(t_j+0) + f(t_j-0))$$

に等しい． ∎

§2.5 Gibbs の現象

前節で鋸歯関数 $h(t)$ の Fourier 和 $S_n(h,t)$ は各点 t で収束することを示した：

(2.45) $$S_n(h,t) = \sum_{k=1}^{n} \frac{\sin 2\pi kt}{\pi k} \to h(t) \quad (n \to \infty).$$

しかし，そのグラフを描いてみると（図 2.4），不連続点 $t=0$ の前後にギザギザが現れて，$S_n(h,t)$ のグラフは $h(t)$ のグラフに収束しないように見える．実際，以下の議論からわかるように，このギザギザは最後まで残り，グラフは $n \to \infty$ のとき収束しない．これを **Gibbs の現象** という．

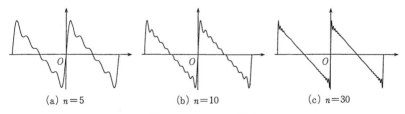

(a) $n=5$ (b) $n=10$ (c) $n=30$

図 **2.4** Gibbs の現象

これを確かめてみよう．Fourier 和と h との差を考えると，

(2.46)
$$S_n(h,t) - h(t) = \int_{\mathbb{T}} D_n(s) h(t-s) ds - h(t) = \int_{\mathbb{T}} D_n(s)[h(t-s) - h(t)] ds.$$

ここで, $0 < t < 1/2$ とすると, $h(t) = 1/2 - t$. また,

$$h(t-s) = \begin{cases} 1/2 - (t-s) & (-1/2 < s < t < 1/2) \\ -1/2 - (t-s) & (-1/2 < t < s < 1/2) \end{cases}$$

だから,

$$h(t-s) - h(t) = \begin{cases} s & (-1/2 < s < t < 1/2) \\ s-1 & (-1/2 < t < s < 1/2) \end{cases}$$

したがって, (2.46)の最右辺の積分は, 次式に等しい.

$$\int_{-1/2}^{t} s D_n(s) ds + \int_{t}^{1/2} (s-1) D_n(s) ds = \int_{-1/2}^{1/2} s D_n(s) ds - \int_{t}^{1/2} D_n(s) ds$$
$$= -\int_{t}^{1/2} D_n(s) ds = -\frac{1}{2} + \int_{0}^{t} D_n(s) ds.$$

(ここで, $D_n(-s) = D_n(s)$, $\int_{-1/2}^{1/2} D_n(s) ds = 1$ を用いた.) よって,

(2.47) $$S_n(h,t) - h(t) = -\frac{1}{2} + \int_{0}^{t} D_n(s) ds \quad (0 < t < 1/2).$$

このとき,

$$\frac{d}{dt}(S_n(h,t) - h(t)) = D_n(t) = \frac{\sin(2n+1)\pi t}{\sin \pi t}$$

より, $S_n(h,t) - h(t)$ ($0 < t < 1/2$) の最大点を求めると, $t = (2n+1)^{-1}$. よって,

(2.48)
$$\max_{0 < t < 1/2} \{S_n(h,t) - h(t)\} + 1/2 = \int_{0}^{\frac{1}{2n+1}} D_n(s) ds = \int_{0}^{\frac{1}{2n+1}} \frac{\sin(2n+1)\pi t}{\sin \pi t} dt$$

$$= \int_0^\pi \frac{\sin x}{(2n+1)\pi \sin \dfrac{x}{2n+1}} dx.$$

ここで，$\lim_{m\to\infty} m\sin(x/m) = x$ だから，次のことが期待できる．

補題 2.28 $n \to \infty$ のとき，

(2.49) $$\int_0^\pi \frac{\sin x\, dx}{(2n+1)\sin \dfrac{x}{2n+1}} \to \int_0^\pi \frac{\sin x}{x} dx.$$

[証明] まず，次の不等式に着目する．

(2.50) $0 < x < \pi < m$ のとき，$\dfrac{x}{m} \geqq \sin \dfrac{x}{m} \geqq \dfrac{x}{m} - \dfrac{1}{3}\left(\dfrac{x}{m}\right)^3 > 0.$

これから，

$$\int_0^\pi \frac{\sin x}{x} dx \leqq \int_0^\pi \frac{\sin x}{m \sin \dfrac{x}{m}} dx \leqq \int_0^\pi \frac{\sin x}{x\left(1 - \dfrac{x^2}{3m^2}\right)} dx$$

$$\leqq \frac{1}{1 - \dfrac{\pi^2}{3m^2}} \int_0^\pi \frac{\sin x}{x} dx.$$

よって，(2.49)を得る． ∎

上の補題 2.28 より，次の結論が得られる．

(2.51) $$\max_{t\in\mathbb{T}}\{S_n(h,t) - h(t)\} = -\frac{1}{2} + \frac{1}{\pi}\int_0^\pi \frac{\sin x}{x} dx.$$

注意 2.29 上の議論を少し見直せば次のこともわかる．

(2.52) $$\max_{t\in\mathbb{T}} S_n(h,t) = \frac{1}{\pi}\int_0^\pi \frac{\sin x}{x} dx.$$

もちろん，$S_n(h,0) = 0$ で，$S_n(h,-t) = -S_n(h,t) = 0$ だから，$S_n(h,t)$ の最小値の絶対値も(2.52)の値に等しく，最小点は $t = -(2n+1)^{-1}$ である．したがって，$S_n(h,t)$ のグラフは $n \to \infty$ のとき，関数 h のグラフに，原点を中点とする垂直な線分を付け加えたものになる．この線分の長さは

(2.53) $$\frac{2}{\pi}\int_0^\pi \frac{\sin x}{x}dx = 1.17\cdots > 1.17$$
であり，h の $t=0$ での跳び幅 1 より約 17% も大きい．

なお，(2.53) の近似値を求めるには Taylor 展開を用いて
$$\frac{2}{\pi}\int_0^\pi \frac{\sin x}{x}dx = \frac{2}{\pi}\int_0^\pi \sum_{n=0}^\infty \frac{(-1)^n x^{2n}}{(2n+1)!}dx$$
$$= \frac{2}{\pi}\sum_{n=0}^\infty \frac{(-1)^n \pi^{2n+1}}{(2n+1)\cdot(2n+1)!} = \frac{1}{2} - \frac{\pi^2}{9} + \frac{\pi^4}{300} - \cdots$$
の $n=4$ までを計算すればよい．($\pi = 3.14 < \sqrt{10}$ かつ $\pi^2 \fallingdotseq 10$ に注意すると手計算も可能である．)

Gibbs の現象の話はここまでとし，補題 2.28 に関連した補足をしておこう．

定理 2.30 $f \in \mathcal{C}(\mathbb{T})$ のとき，t について一様に，
(2.54) $$S_n(f,t) - \int_{-1/2}^{1/2} \frac{\sin(2n+1)\pi s}{\pi s} f(t-s) ds = O\left(\frac{1}{\sqrt{n}}\right) \quad (n \to \infty).$$

[証明] いま
$$g(s) = \begin{cases} \dfrac{1}{\sin \pi s} - \dfrac{1}{\pi s} & (0 < |s| \leqq 1/2) \\ 0 & (s = 0) \end{cases}$$
とおくと，g は，$s=0$ をこめて，連続微分可能な関数であり，
(2.55) $$S_n(f,t) - \int_{-1/2}^{1/2} \frac{\sin(2n+1)\pi s}{\pi s} f(t-s) ds = \int_{-1/2}^{1/2} g(s) \sin(2n+1)\pi s f(t-s) ds.$$
ここで，
(2.56) $$g_t^\pm(s) = g(s) f(t-s) e^{\pm \pi i s}$$
とおいて，前節の定理 2.22 の証明で用いた手法を再び用いると，(2.55) の右辺は，

§2.5 Gibbsの現象 —— 67

$$\frac{1}{2i}\left\{\int_{-1/2}^{1/2}g_t^+(s)e^{2\pi ins}ds - \int_{-1/2}^{1/2}g_t^-(s)e^{-2\pi ins}ds\right\} = \frac{\widehat{g_t^+}(-n)-\widehat{g_t^-}(n)}{2i}$$

と変形され，$n\to\infty$ のとき，$O(n^{-1/2})$ であることがわかる． ∎

上の定理2.30を用いると，Fourier 和 $S_n(f,t)$ の収束の問題は，積分

(2.57) $$I_\lambda(t) = \int_{-1/2}^{1/2}\frac{\sin\lambda\pi s}{\pi s}f(t-s)ds$$

の $\lambda\to\infty$ のときの収束の問題に帰着されることがわかる．

さて，もし，f が C^1 級ならば，

$$k(t) = \int_0^t \frac{\sin\pi s}{\pi s}ds = \frac{1}{\pi}\int_0^{\pi t}\frac{\sin x}{x}dx$$

とおいて，部分積分を実行できて，

(2.58) $$I_\lambda(t) = \int_{-1/2}^{1/2}\lambda k'(\lambda s)f(t-s)ds$$
$$= k(\lambda s)f(t-s)\big|_{s=-1/2}^{1/2} + \int_{-1/2}^{1/2}k(\lambda s)f'(t-s)ds.$$

ところで，

$$k(t) = \frac{1}{\pi}\int_0^{\pi t}\frac{\sin x}{x}dx \to \frac{1}{\pi}\int_0^{\infty}\frac{\sin x}{x}dx = \frac{1}{2} \quad (t\to\infty),$$
$$k(t) = -k(|t|) \to -\frac{1}{2} \quad (t\to -\infty)$$

だから，(2.58)の右辺の第1項は

$$k(\lambda s)f(t-s)\big|_{s=-1/2}^{1/2} \to f(t-1/2) \quad (\lambda\to\infty).$$

また，第2項は，少し注意が必要だが，次の補題2.31からわかるように，

$$\int_{-1/2}^{1/2}k(\lambda s)f'(t-s)ds \to \int_0^{1/2}\frac{1}{2}f'(t-s)ds + \int_{-1/2}^{0}-\frac{1}{2}f'(t-s)ds$$
$$= f(t) - f(t-1/2) \quad (\lambda\to\infty).$$

ゆえに，

(2.59) $$I_\lambda(t) \to f(t) \quad (\lambda\to\infty).$$

とくに，$\lambda=2n+1$，$n\to\infty$ とすれば，Dirichletの定理(定理2.22(i))の別証

明が，部分積分に直接訴えることによって，得られたことになる．

補題 2.31 $k: \mathbb{R} \to \mathbb{C}$ が有界連続関数で，$x \to \pm\infty$ のとき極限

(2.60) $\quad k(\infty) = \lim_{x \to \infty} k(x), \quad k(-\infty) = \lim_{x \to -\infty} k(x)$

をもつならば，任意の有界閉区間 $[a,b]$ $(a<0<b)$ 上の連続関数 g に対して，

(2.61) $\quad \lim_{\lambda \to \infty} \int_a^b k(\lambda x)g(x)dx = k(\infty)\int_0^b g(x)dx + k(-\infty)\int_a^0 g(x)dx$.

[証明] 正数 ε が任意に与えられたとき，

1° 正数 δ を十分に小さくとれば，

$$\left|\int_{-\delta}^{\delta} k(\lambda x)g(x)dx\right| \leqq 2\delta \|k\|_\infty \|g\|_\infty \leqq \varepsilon/6,$$

$$\left|k(\infty)\int_0^\delta g(x)dx + k(-\infty)\int_{-\delta}^0 g(x)dx\right| \leqq 2\delta \|k\|_\infty \|g\|_\infty \leqq \varepsilon/6.$$

2° $R>0$ を十分に大きく選べば，$\lambda > R$ のとき，

$$\left|\int_\delta^b k(\lambda x)g(x)dx - k(\infty)\int_\delta^b g(x)dx\right| \leqq \int_\delta^b |k(\lambda x) - k(\infty)||g(x)|dx$$
$$\leqq (b-\delta)\|g\|_\infty \sup_{x>\delta R}|k(x)-k(\infty)| \leqq \varepsilon/3,$$

かつ，

$$\left|\int_a^{-\delta} k(\lambda x)g(x)dx - k(-\infty)\int_a^{-\delta} g(x)dx\right|$$
$$\leqq \int_a^{-\delta} |k(\lambda x) - k(-\infty)||g(x)|dx$$
$$\leqq (|a|-\delta)\|g\|_\infty \sup_{x<-\delta R}|k(x)-k(-\infty)| \leqq \varepsilon/3.$$

ゆえに，1°, 2° をあわせると，任意の正数 ε に対して正数 R が存在して，

$$\lambda > R \implies \left|\int_a^b k(\lambda x)g(x)dx - k(\infty)\int_0^b g(x)dx - k(-\infty)\int_a^0 g(x)dx\right| \leqq \varepsilon.$$

つまり，(2.60)が成り立つ． ∎

§2.6 たたみこみ

この節では，前節までに現れた論法を整理し，若干の拡張を行なう．
まず，これまでに繰り返し現れた特別な形の積分に記号を導入する．

定義 2.32 $f, g \in \mathcal{C}(\mathbb{T})$ に対して，$\mathbb{T}$ 上の関数

$$(2.62) \qquad f*g(t) = \int_{\mathbb{T}} f(t-s)g(s)ds$$

を f と g の**たたみこみ**(または**たたみこみ積**)という．関数 f, g が連続でなくても右辺の積分が意味をもつときは(2.62)でたたみこみ $f*g$ を定める． □

たたみこみの基本的な性質を調べておこう．

補題 2.33 $f, g, h \in \mathcal{C}(\mathbb{T})$ のとき，
(ⅰ) $g*f = f*g$．
(ⅱ) $c \in \mathbb{C}$ に対して，$(cf)*g = f*(cg) = c(f*g)$．
(ⅲ) $(f+g)*h = f*h + g*h$．

[証明] (ⅰ) 積分変数を $u = t-s$ と変換すれば，

$$f*g(t) = \int_{\mathbb{T}} f(t-s)g(s)ds = \int_{\mathbb{T}} f(u)g(t-u)du = g*f(t).$$

(ⅱ)

$$\int_{\mathbb{T}} cf(t-s) \cdot g(s)ds = \int_{\mathbb{T}} f(t-s) \cdot cg(s)ds = c\int_{\mathbb{T}} f(t-s)g(s)ds.$$

(ⅲ)も(ⅱ)と同様に，積分の線形性からの帰結である． ■

注意 2.34 補題 2.33(ⅰ)–(ⅲ)は，$\mathcal{C}(\mathbb{T})$ が $*$ に関して環であることを示している．

例 2.35 $f \in \mathcal{C}(\mathbb{T})$ で P が三角多項式のとき，$f*P$ も三角多項式である．
□

上の補題 2.33 は簡単のため連続関数について述べたが，Riemann 積分の意味で(さらには，Lebesgue 積分の意味でも)可積分な関数に対しても成り立つ．以下でも同様である．

今後,関数 $f\colon \mathbb{T}\to\mathbb{C}$ に対して,$|f(t)|_p$ が可積分なことを $f\in L^p(\mathbb{T})$ と表し,

(2.63) $$\|f\|_p = \int_\mathbb{T} |f(t)|_p dt$$

と書く.($|f(t)|$ は広義の可積分関数であってもよい.)$f\in L^1(\mathbb{T})$ ならば,もちろん Fourier 係数 $\hat{f}(n)$ が定義できる.

定理 2.36 $f,g\in L^1(\mathbb{T})$ のとき,$f*g\in L^1(\mathbb{T})$ で,

(2.64) $\quad\|f*g\|_1 \leqq \|f\|_1\|g\|_1,$

(2.65) $\quad\widehat{f*g}(n) = \hat{f}(n)\hat{g}(n).$

[証明] $|f(t-s)g(s)|$ について,

$$\int_\mathbb{T}\int_\mathbb{T} |f(t-s)g(s)|dsdt = \int_\mathbb{T}\left(\int_\mathbb{T} |f(t-s)|dt\right)|g(s)|ds$$
$$= \int_\mathbb{T}\left(\int_\mathbb{T} |f(t)|dt\right)|g(s)|ds$$
$$= \|f\|_1\|g\|_1 < \infty.$$

よって,$f*g(t) = \int_\mathbb{T} f(t-s)g(s)ds$ は可積分で,

$$\|f*g\|_1 = \int_\mathbb{T} |f*g(t)|dt \leqq \int_\mathbb{T}\left(\int_\mathbb{T} |f(t-s)g(s)|ds\right) = \|f\|_1\|g\|_1.$$

次に,$|f(t-s)g(s)e^{-2\pi int}| = |f(t-s)g(s)|$ が可積分だから,

$$\widehat{f*g}(n) = \int_\mathbb{T} f*g(t)e^{-2\pi int}dt = \int_\mathbb{T}\left(\int_\mathbb{T} f(t-s)g(s)ds\right)e^{-2\pi int}dt$$
$$= \int_\mathbb{T}\left(\int_\mathbb{T} f(t-s)e^{-2\pi int}g(s)dt\right)ds$$
$$= \int_\mathbb{T} \hat{f}(n)e^{-2\pi ins}g(s)ds = \hat{f}(n)\hat{g}(n).$$

∎

注意 2.37 $f,g\in L^2(\mathbb{T})$ のとき,Schwarz の不等式より,

$$|f*g(t)| \leqq \int_\mathbb{T} |f(t-s)g(s)|ds$$
$$\leqq \left(\int_\mathbb{T} |f(t-s)|^2 ds\right)^{1/2}\left(\int_\mathbb{T} |g(s)|^2 ds\right)^{1/2} = \|f\|_2\|g\|_2$$

だから，$f*g(t)$ は有界関数である．また，Hölder の不等式
$$\left|\int f(x)g(x)dx\right| \leq \left(\int |f(x)|^p dx\right)^{1/p} \left(\int |g(x)|^q dx\right)^{1/q} \quad \left(\frac{1}{p}+\frac{1}{q}=1\right)$$
を用いれば，$f \in L^p(\mathbb{T})$, $g \in L^q(\mathbb{T})$, $1/p+1/q=1$ のとき，$f*g$ は有界関数であることがわかる．

たたみこみについて，次の性質も大切である．

定理 2.38 $f \in \mathcal{C}^1(\mathbb{T})$, $g \in L^1(\mathbb{T})$ のとき，$f*g \in \mathcal{C}^1(\mathbb{T})$ で，
$$(f*g)' = f'*g.$$

[証明] $0 \leq s \leq 1$ に対して，区間 $[0,s)$ の定義関数を χ_s とすると，$f', g, \chi_s \in L^1(\mathbb{T})$ だから，
$$\chi_s * (f'*g) = (\chi_s * f')*g.$$
ところで，
$$\chi_s * f'(t) = \int_{\mathbb{T}} \chi_s(r) f'(t-r) dr = \int_0^s f'(t-r) dr = f(t) - f(t-s).$$
よって，
$$(2.66) \qquad (\chi_s * f') * g(t) = f*g(t) - f*g(t-s).$$
同様にして，
$$(2.67) \quad \chi_s * (f'*g)(t) = \int_0^s f'*g(t-r) dr = \int_{t-s}^t f'*g(r) dr.$$
上の $(2.66), (2.67)$ において，$t=1$ とおき，$1-s$ を改めて t とおけば，
$$f*g(1) - f*g(t) = \int_t^1 f'*g(r) dr.$$
ゆえに，$f*g(t)$ は t について微分可能で，$(f*g)'(t) = f'*g(t)$. ∎

注意 2.39 上の証明を少し手直しすれば，次のような拡張もできる．

f が微分可能で，$f' \in L^1(\mathbb{T})$ かつ $g \in L^1(\mathbb{T})$ のとき，$f*g$ も微分可能で，$(f*g)' = f'*g$.

さて，$f \in L^1(\mathbb{T})$ のときは

(2.68) $\quad |\widehat{f}(n)| = \left|\int_{\mathbb{T}} f(t)e^{-2\pi int}dt\right| \leqq \int_{\mathbb{T}} |f(t)|dt = \|f\|_1$

だから，Fourier 係数 $\widehat{f}(n)$ $(n \in \mathbb{Z})$ は有界である．では，$|n| \to \infty$ のとき，$\widehat{f}(n) \to 0$ は $(f \in \mathcal{C}(\mathbb{T})$ などの場合と同様に$)$成り立つだろうか．答は正しい．しかし，次の定理の証明に用いる論法には初めて出合う読者も多いことだろう．

定理 2.40 (Riemann–Lebesgue の定理) $f \in L^1(\mathbb{T})$ のとき，
(2.69) $\qquad\qquad\qquad \widehat{f}(n) \to 0 \quad (n \to \pm\infty)$.

[証明] まず，簡単な関数に対して(2.69)を示し，次第に一般の場合に拡張する．

$1°$ f が区間 $I = [a,b]$ (または，$(a,b), (a,b], [a,b))$ の定義関数の場合：

$$\widehat{f}(n) = \int_a^b e^{-2\pi ins}ds = \frac{e^{-2\pi inb} - e^{-2\pi ina}}{-2\pi in} \to 0 \quad (n \to \pm\infty).$$

$2°$ f が単関数の場合：単関数とは，区間の定義関数の有限個の線形結合のことだから，積分の線形性と $1°$ より明らか．

$3°$ f が有界で，Riemann 積分可能な場合：このとき，f は単関数の列 s_k $(k \geqq 1)$ で一様近似でき，
$$|\widehat{f}(n) - \widehat{s_k}(n)| \leqq \|f - s_k\|_\infty$$
だから，任意に正数 ε が与えられたとき，まず $k \geqq 1$ を
$$\|f - s_k\| \leqq \varepsilon/2$$
が成り立つように選び，次に自然数 N を十分大きく
$$|n| > N \implies |\widehat{s_k}(n)| \leqq \varepsilon/2$$
が成り立つようにとれば，
$$|n| > N \implies |\widehat{f}(n)| \leqq |\widehat{f}(n) - \widehat{s_k}(n)| + |\widehat{s_k}(n)| \leqq \varepsilon/2 + \varepsilon/2 \leqq \varepsilon.$$
ゆえに，(2.69)が成り立つ．

$4°$ f が一般で，広義積分可能な場合：正数 M をとり，f を $\pm M$ で切り捨てた関数

(2.70) $$f_M(t) = \begin{cases} f(t) & (|f(t)| \leq M \text{ のとき}) \\ 0 & (|f(t)| > M \text{ のとき}) \end{cases}$$

を考えると，

(2.71) $\|f_M\|_1 \leq \|f\|_1, \quad \|f - f_M\|_1 \to 0 \quad (M \to \infty).$

このとき，

$$|\widehat{f}(n)| \leq |\widehat{f}(n) - \widehat{f_M}(n)| + |\widehat{f_M}(n)| \leq \|f - f_M\|_1 + |\widehat{f_M}(n)|$$

だから，3° と同様の論法が使えて，(2.69) が示される． ∎

注意 2.41

(1) 本書の範囲を超えるが，f が Lebesgue 積分可能な場合も，上の証明はほとんどそのまま通用して，(2.69) が証明される．

(2) $f \in \mathcal{C}(\mathbb{T})$ の場合には，次のように考えて，証明を与えることもできる．区間 $[0,1)$ を n 等分して部分区間 $[k/n, (k+1)/n)$ $(0 \leq k < n)$ 上での積分

$$\int_{k/n}^{(k+1)/n} f(t) e^{-2\pi i n t} dt = \frac{1}{n} \int_0^1 f\left(\frac{k+x}{n}\right) e^{-2\pi i x} dx$$

を眺めると，

$$\delta_n := \max_{0 \leq k < n} \max_{0 \leq x \leq 1} \left| f\left(\frac{k+x}{n}\right) - f\left(\frac{k}{n}\right) \right| \to 0 \quad (n \to \infty)$$

だから，

$$\left| \int_{k/n}^{(k+1)/n} f(t) e^{-2\pi i n t} dt \right| = \left| \frac{1}{n} \int_0^1 \left\{ f\left(\frac{k+x}{n}\right) - f\left(\frac{k}{n}\right) \right\} e^{-2\pi i x} dx \right|$$

$$\leq \frac{1}{n} \delta_n.$$

よって，$|\widehat{f}(n)| \leq \delta_n \to 0 \ (n \to \infty)$．$n \to -\infty$ の場合もまったく同様．

(3) 上の(2)の論法は，$e^{-2\pi i t}$ でなくても，一般の連続な周期関数 $p: \mathbb{R} \to \mathbb{C}$ に対して適用できて，$\overline{p} = \dfrac{1}{b-a} \int_a^b p(x) dx$ として，

(2.72) $f \in \mathcal{C}([a,b]) \implies \int_a^b f(x) p(nx) dx \to \overline{p} \int_a^b f(x) dx$

がいえる．このような事実は，**速い変数 nx による平均化**と呼ばれている．（もちろん，定理 2.40 の証明の論法を用いれば，f が広義積分可能のとき，(2.72) がいえる．）

上で用いた論法は色々な場面で用いることができる．例えば，

補題 2.42 $f \in L^1(\mathbb{T})$, $s \in \mathbb{T}$ に対して，
$$(2.73) \qquad f_s(t) = f(t-s)$$
とおくと，
$$(2.74) \qquad \|f_s - f\|_1 \to 0 \quad (s \to 0).$$

［証明］　まず $\|f_s\|_1 = \|f\|_1$ に注意しておく．これによって，簡単でよい関数による近似が保証される．

次に，f が区間 $I = [a,b]$ の定義関数とすると，$s > 0$ が小さいとき，
$$|f_s(t) - f(t)| = \begin{cases} 1 & (a \leqq t < a+s,\ b < t \leqq b+s) \\ 0 & (その他). \end{cases}$$

よって，$\|f_s - f\|_1 = 2s \to 0$ $(s \to 0)$．$s < 0$ のときも同様．

したがって，f が単関数のときも (2.74) が成り立ち，ゆえに，$f \in L^1(\mathbb{T})$ のときも (2.74) が成り立つことが，定理 2.40 の証明と同様にしていえる．∎

定理 2.43　$f, g \in L^1(\mathbb{T})$ で，f または g が有界ならば，たたみこみ $f * g$ は連続関数である．

［証明］　$|g(t)| \leqq M$ $(t \in \mathbb{T})$ と仮定する．$s, t \in \mathbb{T}$ のとき，
$$f * g(t+s) = f_{-s} * g(t)$$
だから，
$$|f * g(t+s) - f * g(t)| = |(f_{-s} - f) * g(t)|$$
$$\leqq \int_{\mathbb{T}} |f_{-s}(u) - f(u)|\,|g(t-u)|\,du$$
$$\leqq M \int_{\mathbb{T}} |f_{-s}(u) - f(u)|\,du = M\|f_{-s} - f\|_1.$$

よって，$f * g(t+s) \to f * g(t)$ $(s \to 0)$． ∎

§2.7　多次元の場合

m 変数の場合，$f(t) = f(t_1, t_2, \cdots, t_m)$ $(t = (t_1, t_2, \cdots, t_m) \in \mathbb{T}^m)$ の Fourier 係

数は，$n = (n_1, n_2, \cdots, n_m) \in \mathbb{Z}^m$ として

(2.75) $$\widehat{f}(n) = \int_{\mathbb{T}^m} f(t)\overline{e_n(t)}dt$$

で与えられる．ただし，

(2.76) $$e_n(t) = e_{n_1}(t_1)e_{n_2}(t_2)\cdots e_{n_m}(t_m) = \exp\left(2\pi i \sum_{j=1}^m n_j t_j\right).$$

1次元のときと同じように，$|f(t)|^p$ が $\mathbb{T}^m$ 上で(広義)可積分のとき，$f \in L^p(\mathbb{T}^m)$ と表し，

(2.77) $$\|f\|_p = \int_{\mathbb{T}^m} |f(t)|^p dt$$

と書く．もし $f \in L^1(\mathbb{T}^m)$ ならば，Fubini の定理によって，Fourier 係数は，

(2.78) $$\widehat{f}(n) = \int_{\mathbb{T}} dt_1 \int_{\mathbb{T}} dt_2 \cdots \int_{\mathbb{T}} f(t_1, t_2, \cdots, t_m)\overline{e_{n_1}(t_1)}\,\overline{e_{n_2}(t_2)}\cdots\overline{e_{n_m}(t_m)}dt_m$$

と累次積分で表される．よって，$\widehat{f}(n) = \widehat{f}(n_1, n_2, \cdots, n_m)$ は，各変数 $t_1, t_2, \cdots, t_m$ について順次(1次元の場合の)Fourier 係数を計算すれば，求まる．

1次元の場合と同様に，

$$S_N(f, t) = \sum_{n_1=-N}^{N} \cdots \sum_{n_m=-N}^{N} \widehat{f}(n)e_n(t),$$

$$\langle f, g \rangle = \int_{\mathbb{T}^m} f(t)\overline{g(t)}dt, \quad \|f\|_2 = (\langle f, f \rangle)^{1/2}$$

とすると，次の定理が成り立つ．

定理 2.44 $f \in \mathcal{C}(\mathbb{T})$ のとき，

(i)
$$\min_{\{c_n\}} \left\| f - \sum_{n_1=-N}^{N} \cdots \sum_{n_m=-N}^{N} c_n e_n \right\|_2^2 = \|f\|_2^2 - \sum_{n_1=-N}^{N} \cdots \sum_{n_m=-N}^{N} |\widehat{f}(n)|^2.$$

(ii)
$$\|f\|_2 = \left(\sum_{n \in \mathbb{Z}^m} |\widehat{f}(n)|^2\right)^{1/2}.$$

［証明］ (i)は，内積の性質と e_n ($n \in \mathbb{Z}$) の正規直交性のみからわかる．

(ii) 簡単のため，$m = 2$ のときに示す．
$$f_{t_1}(t_2) = f(t_1, t_2) \quad (t_1, t_2 \in \mathbb{T})$$
とおくと，$f_{t_1} \in \mathcal{C}(\mathbb{T})$．したがって，
$$\int_\mathbb{T} |f_{t_1}(t_2)|^2 dt_2 = \sum_{n_2 \in \mathbb{Z}} |\widehat{f_{t_1}}(n_2)|^2 .$$
ここで，$g_{n_2}(t_1) = \widehat{f_{t_1}}(n_2)$ とおくと，$g_{n_2} \in \mathcal{C}(\mathbb{T})$．よって，
$$\int_\mathbb{T} |\widehat{f_{t_1}}(n_2)|^2 dt_1 = \int_\mathbb{T} |g_{n_2}(t_1)|^2 dt_1 = \sum_{n_1 \in \mathbb{Z}} |\widehat{g_{n_2}}(n_1)|^2 .$$
ところで，$n = (n_1, n_2)$ とすると，
$$\begin{aligned}\widehat{g_{n_2}}(n_1) &= \int_\mathbb{T} g_{n_2}(t_1) \overline{e_{n_1}(t_1)} dt_1 \\ &= \int_\mathbb{T} \Big\{ \int_\mathbb{T} f(t_1, t_2) \overline{e_{n_2}(t_2)} dt_2 \Big\} e_{n_1}(t_1) dt_1 \\ &= \int_{\mathbb{T}^2} f(t) \overline{e_n(t)} dt = \widehat{f}(n) .\end{aligned}$$
ゆえに，
$$\begin{aligned}\|f\|_2^2 &= \int_{\mathbb{T}^2} |f(t)| dt = \int_\mathbb{T} \Big\{ \int_\mathbb{T} |f_{t_1}(t_2)|^2 dt_2 \Big\} dt_1 \\ &= \int_\mathbb{T} \sum_{n_2 \in \mathbb{Z}} |\widehat{f_{t_1}}(n_2)|^2 dt_1 = \sum_{n_2 \in \mathbb{Z}} \int_\mathbb{T} |\widehat{f_{t_1}}(n_2)|^2 dt_1 \\ &= \sum_{n_2 \in \mathbb{Z}} \sum_{n_1 \in \mathbb{Z}} |\widehat{f}(n_1, n_2)|^2 = \sum_{n \in \mathbb{Z}^2} |\widehat{f}(n)|^2 .\end{aligned}$$ ∎

上と同様の論法で，1次元の場合の諸結果が一般化できる．例えば，

定理 2.45 $f \in \mathcal{C}^m(\mathbb{T}^m)$ のとき，$t \in \mathbb{T}^m$ に関して一様に
$$\sum_{n_1 = -N}^{N} \cdots \sum_{n_m = -N}^{N} \widehat{f}(n) e_n(t) \to f(t) \quad (N \to \infty) .$$
□

注意 2.46 1次元トーラス $\mathbb{T}$ の場合と異なり，多次元では，標準的な格子 $\mathbb{Z}^m$ 以外にも，"斜交する" 格子を考えることができる．例えば，
$$L = \{n_1(1, 0) + n_2(a, b) \mid n = (n_1, n_2) \in \mathbb{Z}^2\} \subset \mathbb{R}^2 \quad (a, b \in \mathbb{R}, b > 0) .$$
この格子 L に対して，
$$L^* = \{\omega' \in \mathbb{R}^2 \mid \omega \in L \Longrightarrow \langle \omega, \omega' \rangle \in \mathbb{Z}\}$$

を，L の双対格子という．少し計算すればわかるように，
$$L^* = \{m_1(1, -a/b) + m_2(0, 1/b) \mid m = (m_1, m_2) \in \mathbb{Z}^2\}$$
と表される．ここで，$l^* \in L^*$ に対して
$$e_{l^*}(x) = \exp 2\pi i \langle l^*, x \rangle \quad (x \in \mathbb{R}^2)$$
とおけば，任意の $l \in L$ に対して，
$$e_{l^*}(x+l) = e_{l^*}(x).$$
したがって，e_{l^*} は "斜交したトーラス" $T = \mathbb{R}^2/L$ 上の関数と考えることができて，
$$\int_T e_{l^*}(t)\overline{e_{m^*}(t)} dt = \begin{cases} 0 & (l^*, m^* \in L^*, \ l^* \neq m^*) \\ \text{Area}(T) & (l^* = m^* \in L^*) \end{cases}$$
そこで，
$$\widehat{f}(l^*) = \text{Area}(T)^{-1} \int_T f(t)\overline{e_{l^*}(t)} dt \quad (l^* \in L^*)$$
を Fourier 係数と考えれば，標準的なトーラス $\mathbb{T}^2 = \mathbb{R}^2/\mathbb{Z}^2$ の場合とまったく同様に Fourier 級数論を展開することができて，とくに Plancherel の等式は
$$\|f\|_2^2 = \int_\mathbb{T} |f(t)|^2 dt = \text{Area}(T) \sum_{l^* \in L^*} |\widehat{f}(l^*)|^2$$
となる．

《要約》

2.1 目標

§2.1 Fourier 係数と Fourier 級数の定義とその意義.

§2.2 Fourier 和が直交射影であること，Bessel 不等式の導出.

§2.3 Dirichlet 核と Fejér 核の意味，Fejér 核の性質と Fejér の定理の証明．とくに，連続関数の Fourier 係数の一意性.

§2.4 Dirichlet 核の性質と Dirichlet の定理の証明および Parseval の等式の導出．とくに，区分的に連続微分可能な関数の Fourier 和の各点収束.

§2.5 Gibbs の現象の理解(関数列の各点収束とそのグラフの収束の相違).

§2.6 数列のたたみこみの概念の理解，Fourier 係数 $\widehat{f}(n)$ の $n \to \infty$ での挙動.

§2.7 多次元への拡張もほぼ同様にできること.
 2.2 主な用語
§2.1 Fourier 係数 $\hat{f}(n)$, Fourier 展開・級数, 導関数の Fourier 係数, 熱方程式, 鋸歯関数
§2.2 三角多項式, 正規直交系, L^2 ノルム, Bessel の不等式
§2.3 Dirichlet 核 $D_n(t)$, Fejér 核 $F_n(t)$, Fejér 和, Fejér の定理
§2.4 Dirichlet の定理, Parseval の等式
§2.5 Gibbs の現象
§2.6 たたみこみ(積), Riemann–Lebesgue の定理, 速い変数による平均化
§2.7 Fourier 係数 $\hat{f}(n_1,\cdots,n_m)$

──────── 演習問題 ────────

2.1 等式 $\sum\limits_{n=1}^{\infty} n^{-4} = \pi^4/90$ を証明せよ.

2.2 $Q_n \in \mathcal{C}(\mathbb{T})$ を次式で定める.

$$Q_n(t) = C_n^{-1}(1+\cos 2\pi t)^n, \quad C_n = \int_{\mathbb{T}}(1+\cos 2\pi t)^n dt$$

このとき, 任意の $f \in \mathcal{C}(\mathbb{T})$ に対して, 次のことを示せ.
(1) $P_n(t) = Q_n * f(t)$ は三角多項式.
(2) $\max\limits_{t \in \mathbb{T}} |f(t) - Q_n(t)| \to 0 \ (n \to \infty)$.

2.3 $f \in \mathcal{C}^1([a,b])$ が $f(a) = f(b) = 0$ をみたすとき, 次の不等式を示せ.

$$\int_a^b |f(x)|^2 dx \leq \frac{(b-a)^2}{\pi^2} \int_a^b |f'(x)|^2 dx.$$

また, 定数 $\pi^{-2}(b-a)^2$ は最良であることを示せ. (Wirtinger の不等式)(ヒント: $a=0, b=1/2$ の場合に帰着させ, $\mathbb{T}$ 上の奇関数に拡張せよ.)

Fourier 級数の応用 3

　この章では，第2章で準備した基礎知識をもとにして Fourier 級数論を具体的に展開する．

　§§3.1–3.4 の内容はほぼ独立に読むことができる．

　§3.5 は，より抽象的な取り扱いへの橋渡しを意図しており，§3.6 は古典的な直交多項式について紹介する．

　なお，この章では，2乗可積分関数の空間 $L^2(\mathbb{T})$ 等は Riemann 積分の意味で理解してよいが，Lebesgue 積分を学んだ後で読み直せば，その意味でも理解できるように記述した．そのために読みにくくなった部分もあるかもしれないことを読者にお断りしておく．

§3.1　いろいろな適用例

　この節では，Fourier 級数を利用して証明された深く美しい定理をいくつか紹介する．

　最初は恒等式に関するもの，第2は極限で成り立つ等式，第3は変分問題であり，最後のものは $L^2(\mathbb{T})$ の幾何学を応用した最小化問題である．

　なお，Fourier 級数を用いた不等式の証明の例は第2章の演習問題にある．

　いずれも20世紀初頭までに得られた古典的な結果であるが，それだけに，その背景とその後の発展は，少なくとも1冊の分厚い本が書けるほどの深さ

と広がりをもつ．しかし，それを理解するためには，数学の様々な分野の追究するものの理解および数学と物理学の基礎知識が必要となるので，ここでは，その断片を垣間見るに留めることにする．

(a) テータ関数

定義 3.1 次の級数で定義される関数 $\theta(t)$ を**テータ関数**(theta function)という．

$$(3.1) \qquad \theta(t) = \sum_{n=-\infty}^{+\infty} \exp(-\pi n^2 t) \quad (t > 0).$$
□

この関数は，数論，熱方程式の理論，楕円関数論，統計力学など様々な局面で自然に現れてくるが，反転 $t \mapsto t^{-1}$ に関して次のような対称性をもつ．

定理 3.2（Jacobi の等式(Jacobi's identity)） $t > 0$ のとき，

$$(3.2) \qquad \theta(t) = t^{-1/2} \theta(t^{-1}).$$

［証明］ 1° $t > 0$ を固定して，

$$(3.3) \qquad f(x) = \sum_{m=-\infty}^{\infty} \exp(-(x-m)^2/2t)$$

を考える．この級数は，$|m| \geq 2,\ 0 \leq x \leq 1$ ならば

$$\exp(-(x-m)^2/2t) \leq \exp(-m^2/4t)$$

が成り立つから，$0 \leq x \leq 1$ について一様収束している．したがって，f は連続な周期関数で，その周期は 1 である．

2° $f \in \mathcal{C}(\mathbb{T})$ と見て Fourier 係数を求めると，$\exp(2\pi ik) = 1\ (k \in \mathbb{Z})$ より，

$$\begin{aligned}
\widehat{f}(n) &= \sum_{m=-\infty}^{\infty} \int_0^1 \exp\left\{-\frac{(x-m)^2}{2t} - 2\pi inx\right\} dx \\
&= \sum_{m=-\infty}^{\infty} \int_{-m}^{-m+1} \exp\left(-\frac{x^2}{2t} - 2\pi inx\right) dx \\
&= \int_{-\infty}^{\infty} \exp\left(-\frac{x^2}{2t} - 2\pi inx\right) dx \\
&= \sqrt{2\pi t}\, \exp(-2\pi^2 n^2 t).
\end{aligned}$$

(最後の積分値の計算法については,下の注意を参照のこと.)

3° この係数 $\hat{f}(n)$ は $|n|\to\infty$ のとき急減少するから,Fourier 級数は収束して,

(3.4)
$$f(x) = \sum_{m=-\infty}^{\infty} \exp\left(-\frac{(x-m)^2}{2t}\right) = \sum_{n=-\infty}^{+\infty} \sqrt{2\pi t}\,\exp(-2\pi^2 n^2 t)\exp(2\pi inx)$$

が成り立つ.よって,t を $t/2\pi$ に置き換えて,$x=0$ とおけば,結論(3.2)を得る. ∎

注意 3.3 上の 2° の積分値の計算法は何通りもある.例えば,

(a) $I = \int_{-\infty}^{\infty} e^{-ax}\cos bx\,dx$, $J = \int_{-\infty}^{\infty} e^{-ax}\sin bx\,dx$ $(a,b>0)$ の間の関係式を部分積分より導く.

(b) $\int_{-\infty}^{\infty} \exp(-x^2/2t - 2\pi inx)dx = \int_{-\infty}^{\infty} \exp\{-(x+2\pi int)^2/2t - 2\pi^2 n^2 t\}dx$ と変形して複素関数論を用いる.

(c) $F(y) = \int_{-\infty}^{\infty} \exp(-x^2/2t - 2\pi ixy)dx$ に対して積分記号下の微分ができることを確かめて,$F'(y) = -4\pi^2 ytF(y)$ を導く.

いずれにしても,次の積分値は必要となる.

$$\left(\int_{-\infty}^{\infty}\exp(-x^2/2t)dx\right)^2 = \int_{-\infty}^{\infty}\exp(-x^2/2t)dx\int_{-\infty}^{\infty}\exp(-y^2/2t)dy$$
$$= \int_{\mathbb{R}^2}\exp(-(x^2+y^2)/2)dxdy$$
$$= \int_0^{\infty}\int_0^{2\pi}\exp(-r^2/2)r\,dr\,d\theta = 2\pi.$$

(b) 一様分布定理

α を無理数として,$0 \leqq x < 1$ に対して,数列

(3.5) $\qquad x_0 = x,\quad x_1 = \{x+\alpha\},\quad x_2 = \{x+2\alpha\},\quad \cdots\cdots$

を考える.ただし,

$$\{x\} = (x\text{ の小数部分}) = x - [x].$$

このとき,次のことが成り立つ.(数列(3.5)は $[0,1)$ 上に**一様分布**(uniform distribution)するという.)

定理 3.4 (Weyl の一様分布定理,1916) α を無理数とし,任意の $0 \leqq x <$

1に対して数列 $(x_n)_{n \geq 0}$ を(3.5)で定める. このとき,

(ⅰ) 任意の $0 \leq a < b \leq 1$ に対して,

(3.6) $$\lim_{n \to \infty} \frac{\#\{k \mid 0 \leq k < n,\ a \leq x_k < b\}}{n} = b - a.$$

(ⅱ) 任意の $f \in \mathcal{C}(\mathbb{T})$ に対して,

(3.7) $$\lim_{n \to \infty} \frac{1}{n} \sum_{k=0}^{n-1} f(x_k) = \int_\mathbb{T} f(\xi) d\xi.$$

[証明] 最初に(ⅱ)を証明する.

まず, $f(t) = e_m(t) = \exp(2\pi i m t)$ のとき,
$$f(x_k) = f(x + k\alpha) = f(x)(f(\alpha))^k$$
であり, α が無理数ゆえ $m \neq 0$ ならば, $|f(\alpha)| = 1$, $f(\alpha) \neq 1$ だから
$$\frac{1}{n} \sum_{k=0}^{n-1} f(x_k) = f(x) \cdot \frac{1}{n} \sum_{k=0}^{n-1} f(\alpha)^k = f(x) \frac{1}{n} \frac{f(\alpha)^n - 1}{f(\alpha) - 1} \to 0 \quad (n \to \infty).$$

また, $m = 0$ ならば, $f(t) \equiv 1$ より, (3.7)が成り立つ.

次に, $f(t)$ が三角多項式 $\sum_{m=-l}^{l} c_m e_m(t)$ の場合,
$$\lim_{n \to \infty} \frac{1}{n} \sum_{k=0}^{n-1} f(x_k) = c_0 = \int_\mathbb{T} f(t) dt.$$

一般に, $f \in \mathcal{C}(\mathbb{T})$ のとき, 任意の正数 ε に対して
$$\|f - p\|_\infty < \varepsilon$$
をみたす三角多項式 p が存在するから,
$$\left| \frac{1}{n} \sum_{k=0}^{n-1} f(x_k) - \int_\mathbb{T} f(t) dt \right|$$
$$\leq \left| \frac{1}{n} \sum_{k=0}^{n-1} (f(x_k) - p(x_k)) \right| + \left| \frac{1}{n} \sum_{k=0}^{n-1} p(x_k) - \int_\mathbb{T} p(t) dt \right| + \left| \int_\mathbb{T} (p(t) - f(t)) dt \right|$$
$$\leq \|f - p\|_\infty + \left| \frac{1}{n} \sum_{k=0}^{n-1} p(x_k) - \int_\mathbb{T} p(t) dt \right| + \|f - p\|_\infty$$
$$\to 2\|f - p\|_\infty < \varepsilon \quad (n \to \infty).$$

正数 ε は任意だったから, (3.7)が成り立つ.

次に(ⅰ)を示そう. 任意の正数 ε に対して, $f_+, f_- \in \mathcal{C}(\mathbb{T})$ を,

$$0 \leqq f_- \leqq f_+ \leqq 1, \quad f_+(t) = 1 \ (t \in [a,b)), \quad f_-(t) = 0 \ (t \notin [a,b)),$$
$$\int_{\mathbb{T}} (f_+ - f_-) dt \leqq \varepsilon$$

をみたすようにとれるから(図 3.1 参照),
$$\frac{1}{n} \sum_{k=0}^{n-1} f_-(x_k) \leqq \frac{\sharp\{k \mid 0 \leqq k < n, \ a \leqq x_k < b\}}{n} \leqq \frac{1}{n} \sum_{k=0}^{n-1} f_+(x_k).$$

よって,$n \to \infty$ とすれば,
$$b - a - \varepsilon \leqq \int_{\mathbb{T}} f_- dt \leqq \liminf_{n \to \infty} \frac{\sharp\{k \mid 0 \leqq k < n, \ a \leqq x_k < b\}}{n}$$
$$\leqq \limsup_{n \to \infty} \frac{\sharp\{k \mid 0 \leqq k < n, \ a \leqq x_k < b\}}{n}$$
$$\leqq \int_{\mathbb{T}} f_+ dt \leqq b - a + \varepsilon.$$

$\varepsilon > 0$ は任意だったから,この上極限と下極限は一致して,$b-a$ に等しい. ∎

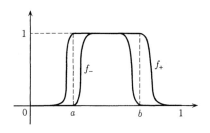

図 3.1

注意 3.5 統計力学を基礎付けようとすると,長時間平均は相平均に等しいというエルゴード仮説(ergodic hypothesis)の問題に遭遇する. Weyl の一様分布定理は,この仮説が検証された最初の例であり,もともとは,2 次元トーラス $\mathbb{T}^2$ 上の質点の慣性運動

(3.8) $\quad (x,y) \in \mathbb{T}^2 \mapsto (x+\omega_1 t, y+\omega_2 t) \in \mathbb{T}^2 \quad (t \in \mathbb{R})$

について,速度の成分比 $\alpha = \omega_1/\omega_2$ が無理数ならば,$F \in \mathcal{C}(\mathbb{T}^2)$ のとき,

(3.9) $\quad \displaystyle\lim_{T \to \infty} \frac{1}{T} \int_0^T F(x+\omega_1 t, y+\omega_2 t) dt = \iint_{\mathbb{T}^2} F(\xi, \eta) d\xi d\eta$

が成り立つことを示すことが目的であった．(3.9)を示してみよう．

$$\int_{k\omega_2^{-1}}^{(k+1)\omega_2^{-1}} F(x+\omega_1 t, y+\omega_2 t)dt = \int_0^{\omega_2^{-1}} F(x_k+\omega_1 t, y+\omega_2 t)dt$$

だから，$y \in \mathbb{T}$ を固定して，

$$f(x) = \int_0^{\omega_2^{-1}} F(x+\omega_1 t, y+\omega_2 t)dt$$

とおけば，上の定理の記号 x_k をそのまま用いて，

$$\int_0^T F(x+\omega_1 t, y+\omega_2 t)dt = \sum_{k=0}^{[T\omega_2]-1} f(x_k) + \int_{[T\omega_2]\omega_2^{-1}}^T F(x_{[T\omega_2]}+\omega_1 t, y+\omega_2 t)dt.$$

すると，

$$\lim_{T\to\infty} \frac{1}{T} \sum_{k=0}^{[T\omega_2]-1} f(x_k) = \lim_{T\to\infty} \frac{[T\omega_2]}{T} \frac{1}{[T\omega_2]} \sum_{k=0}^{[T\omega_2]-1} f(x_k)$$

$$= \omega_2 \int_0^1 f(\xi)d\xi$$

$$= \omega_2 \int_0^1 \int_0^{\omega_2^{-1}} F(\xi+\omega_1 t, y+\omega_2 t)dtd\xi$$

$$= \omega_2 \int_0^{\omega_2^{-1}} \int_0^1 F(\xi+\omega_1 t, y+\omega_2 t)d\xi dt$$

$$= \omega_2 \int_0^{\omega_2^{-1}} \int_0^1 F(\xi, y+\omega_2 t)d\xi dt$$

$$= \int_0^1 \int_0^1 F(\xi,\eta)d\xi d\eta.$$

また，

$$\left| \frac{1}{T} \int_{[T\omega_2]\omega_2^{-1}}^T F(x_{[t\omega_2]}+\omega_1 t, y+\omega_2 t)dt \right| \leq \frac{1}{\omega_2 T} \|F\|_\infty \to 0 \quad (T\to\infty).$$

ゆえに，(3.9)が成り立つ．

なお，$\alpha = \omega_1/\omega_2$ が有理数ならば，(3.8)は周期運動である．これに対して，α が無理数の場合は**準周期運動**(quasi-periodic)という．

（c）等周問題

次の問題を考えてみよう．

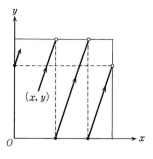

図 **3.2** $\mathbb{T}^2$ 上の準周期運動

「平面上で,周の長さ L が与えられたとき,面積 A が最大となる図形を求めよ.」

直観的に,答は円の場合で,半径を r とすると,
$$L = 2\pi r, \quad A = \pi r^2 = L^2/4\pi$$
であり,他の平面領域 D の場合,不等式

(3.10) $$4\pi A \leqq L^2$$

が成り立つことが予想できる.この不等式(3.10)を**等周不等式**(isoperimetric inequality)という.

この問題は古代ギリシャ数学までさかのぼることができ,面積最大の図形の存在を仮定すれば初等幾何学的にそれが円であることも証明できるが,問題の核心は,その存在にあった(高橋陽一郎『力学と微分方程式』(岩波書店)§5.1 参照).そして,存在の問題を定式化するためには,閉曲線とその長さ,平面領域の面積の概念を整理しておく必要がある.

定義 3.6

(i) C が平面上の**閉曲線**(closed curve)であるとは,写像 $\varphi : [0,1] \to \mathbb{R}^2$ の像で,

(a) φ は 1 対 1,連続,かつ,$\varphi(0) = \varphi(1)$,

(b) $a \leqq t_1 < t_2 \leqq b \implies \varphi(t_1) \neq \varphi(t_2)$.

((a)より,$\varphi \in \mathcal{C}(\mathbb{T})$ と考えるのが自然である.)

(ii) C が長さ L をもつとは,$\dot\varphi_1, \dot\varphi_2 \in L^1(\mathbb{T})$ が存在して,$\varphi(t) = (\varphi_1(t),$

$\varphi_2(t))$ と書くとき,

(3.11) $\qquad \varphi_i(t) = \varphi_i(0) + \int_0^t \dot{\varphi}_i(s)ds \quad (0 \leqq t \leqq 1),$

(3.12) $\qquad L = \int_0^1 (\dot{\varphi}_1(t)^2 + \dot{\varphi}_2(t)^2)^{1/2} dt < \infty.$

(iii) C が囲む領域の面積 A は,

(3.13) $\qquad A = \dfrac{1}{2}\int_0^1 (\varphi_1(t)\dot{\varphi}_2(t) - \varphi_2(t)\dot{\varphi}_1(t))dt.$ □

注意 3.7

（1） 一般に，長さをもつ曲線 C が (3.11) のように表示できるとき，連続関数 P, Q に対して微分形式 $P\,dx + Q\,dy$ の線積分は定義されて，

$$\int_C (P\,dx + Q\,dy) = \int_0^1 \{P(\varphi(t))\dot{\varphi}_1(t) + Q(\varphi(t))\dot{\varphi}_2(t)\}dt$$

となる.

（2） 弧長 $s = \int_0^t (\dot{\varphi}_1(t)^2 + \dot{\varphi}_2(t)^2)^{1/2} dt$ を助変数にとり直すことによって，
$$\dot{\varphi}_1(t)^2 + \dot{\varphi}_2(t)^2 \equiv 1$$
と仮定しても一般性を失わない.

（3） 定義 3.6(iii) は，本来は，一般的な面積と線積分の定義に基づいた定理と呼ぶべきものであろうが，これに着目し，弧長表示を用いることが，以下の証明のポイントである.

以上の定式化のもとに，等周問題の答を定理として述べることができる.

定理 3.8 長さ L をもつ閉曲線 C に囲まれた平面領域 D の面積の最大値は
$$A = L^2/4\pi$$
で，これを実現するのは C が円周の場合に限る.

［証明］ （Hurwitz, 1901）C の弧長表示を

$$x(s) = a_0 + \sum_{n=1}^{\infty} \{a_n \cos(2\pi ns/L) + b_n \sin(2\pi ns/L)\}$$
$$y(s) = c_0 + \sum_{n=1}^{\infty} \{c_n \cos(2\pi ns/L) + d_n \sin(2\pi ns/L)\}$$
$(0 \leqq s \leqq L)$

$(a_n, b_n, c_n, d_n \in \mathbb{R})$ とすると,$x'(s)^2 + y'(s)^2 = 1$ より,

$$L = \int_0^L (x'(s)^2 + y'(s)^2) ds = \frac{4\pi^2}{L^2} \sum_{n=1}^{\infty} n^2(a_n^2 + b_n^2 + c_n^2 + d_n^2).$$

一方, C の囲む面積を求めると,

$$A = \frac{1}{2}\int_0^L (x(s)y'(s) - y(s)x'(s))ds = \frac{2\pi}{L} \sum_{n=1}^{\infty} n(b_n c_n - a_n d_n).$$

よって,

(3.14)
$$L^2 - 4\pi A = \frac{4\pi^2}{L} \sum_{n=1}^{\infty} \{n^2(a_n^2 + b_n^2 + c_n^2 + d_n^2) - 2n(b_n c_n - a_n d_n)\}$$
$$= \frac{4\pi^2}{L} \sum_{n=1}^{\infty} \{n\{(a_n - d_n)^2 + (b_n - c_n)^2\} + (n^2 - n)(a_n^2 + b_n^2 + c_n^2 + d_n^2)\}$$
$$\geqq 0.$$

ここで等号が成り立つのは,

$$a_1 - d_1 = b_1 - c_1 = 0, \quad a_n = b_n = c_n = d_n = 0 \quad (n \geqq 2)$$

の場合に限り, このとき,

$$\begin{cases} x(s) = a_0 + a_1 \cos(2\pi ns/L) + b_1 \sin(2\pi ns/L), \\ y(s) = c_0 + b_1 \cos(2\pi ns/L) - a_1 \sin(2\pi ns/L) \end{cases}$$

より, C は円である. ∎

付記 上の証明は A. Hurwitz の論文 Sur le problème des isopérimètres, *Comptes Rendus*, **132** (1901), pp. 401–403 にある. これに関して, Courant–Hilbert の『数理物理学の方法』第 1 巻の引用には誤りがあり, 引用されている Hurwitz の論文 (1902 年)では, 凸閉曲線の場合を扱い, 接線と x 軸のなす角 θ によって曲線を助変数表示し(現代流にいえば, Gauss 写像), 曲率 ρ の Fourier 展開

を用いて上の事実を証明している．さらに，次のような不等式も示している．

(3.15) $$\frac{1}{2\pi}\int_0^{2\pi}\rho(\theta)^2 d\theta \geqq \left(\frac{L}{2\pi}\right)^2.$$

ここでも等号が成立するのは，円の場合に限る．

(d) Szegö の定理

次の定理は証明を見る前に，しばし鑑賞してほしい．

定理 3.9（Szegö, 1920） $f \in L^1(\mathbb{T})$, $f \geqq 0$, $f \not\equiv 0$ のとき，

(3.16) $$\inf_p \frac{1}{2\pi}\int_0^{2\pi}|p(\theta)|^2 f(\theta)d\theta = \exp\left(\frac{1}{2\pi}\int_0^{2\pi}\log f(\theta)d\theta\right).$$

ただし，下限は，定数項が1の任意の三角多項式

(3.17) $$p(\theta) = 1 + c_1 e^{i\theta} + c_2 e^{2i\theta} + \cdots + c_n e^{ni\theta}$$

についてとる．なお，右辺に現れる積分の値は $-\infty$ も許すことにする（$+\infty$ に発散することはない）． □

証明に入る前に，ほとんど明らかな事実を指摘しておこう．

補題 3.10 2乗可積分な関数の空間 $L^2(\mathbb{T})$ の2つの部分空間 H_+, H_- を

$$H_+ = \{f \in L^2(\mathbb{T}) \mid \widehat{f}(n) = 0 \ (n \leqq -1)\},$$
$$H_- = \{f \in L^2(\mathbb{T}) \mid \widehat{f}(n) = 0 \ (n \geqq 1)\}$$

で定める．このとき，

$$f \in H_+, \ g \in H_- \implies \langle f, g \rangle = \int_\mathbb{T} f(x)g(x)dx = \widehat{f}(0)\widehat{g}(0).$$ □

証明は明らかであるので略す．

［定理 3.9 の証明］ ここでは，$f \in \mathcal{C}^2(\mathbb{T})$, $f > 0$ の場合のみ証明する．このとき，

$$g(\theta) = \log f(\theta)$$

とおくと，$g \in \mathcal{C}^2(\mathbb{T})$ だから，g のFourier級数は絶対収束して，

$$g(\theta) = \sum_{n=-\infty}^{+\infty} \widehat{g}(n)e^{in\theta} \quad \text{ただし}, \quad \widehat{g}(n) = \frac{1}{2\pi} \int_0^{2\pi} g(\theta)e^{-in\theta} d\theta.$$

ここで,

(3.18) $$g_+(\theta) = \sum_{n \geq 1} \widehat{g}(n)e^{in\theta}$$

とおくと, $g(\theta)$ は実数値関数だから,

$$\overline{g_+(\theta)} = \sum_{n \leq -1} \widehat{g}(n)e^{in\theta}, \quad g(\theta) = g_+(\theta) + \overline{g_+(\theta)} + \widehat{g}(0).$$

よって,

(3.19) $$h(\theta) = \exp(\widehat{g}(0)/2 + g_+(\theta))$$

とおくと,

(3.20) $$f(\theta) = |h(\theta)|^2.$$

また, $h(\theta)$ は

$$h(\theta) = \exp(\widehat{g}(0)/2)\left(1 + \sum_{n \geq 1} a_n e^{in\theta}\right)$$

の形に展開できるから,

(3.21) $$\widehat{h}(0) = \frac{1}{2\pi} \int_0^{2\pi} h(\theta) d\theta = \exp(\widehat{g}(0)/2).$$

そして, 三角多項式 p の形 (3.17) より,

(3.22) $$\frac{1}{2\pi} \int_0^{2\pi} p(\theta)h(\theta) d\theta = \frac{1}{2\pi} \int_0^{2\pi} h(\theta) d\theta = \widehat{h}(0).$$

以上から,

(3.23)

$$\frac{1}{2\pi} \int_0^{2\pi} |p(\theta)|^2 f(\theta) d\theta$$
$$= \frac{1}{2\pi} \int_0^{2\pi} |p(\theta)h(\theta)|^2 d\theta$$
$$= \frac{1}{2\pi} \int_0^{2\pi} |p(\theta)h(\theta) - \widehat{h}(0)|^2 d\theta + |\widehat{h}(0)|^2$$

$$= \frac{1}{2\pi}\int_0^{2\pi}\left|p(\theta)-\frac{\widehat{h}(0)}{h(\theta)}\right|^2 f(\theta)d\theta + \exp\left(\frac{1}{2\pi}\int_0^{2\pi}\log f(\theta)d\theta\right).$$

ところで,

$$\frac{\widehat{h}(0)}{h(\theta)} = \exp\left(-\sum_{n\geq 1}\widehat{g}(n)e^{in\theta}\right)$$

だから, この関数も $\widehat{h}(0)/h(\theta) = 1 + \sum_{n\geq 1} b_n e^{in\theta}$ の形に展開でき,

(3.24) $$\inf_p \frac{1}{2\pi}\int_0^{2\pi}\left|p(\theta)-\frac{\widehat{h}(0)}{h(\theta)}\right|^2 f(\theta)d\theta$$

$$\leq \|f\|_\infty \inf_p \frac{1}{2\pi}\int_0^{2\pi}\left|p(\theta)-\frac{\widehat{h}(0)}{h(\theta)}\right|^2 d\theta$$

$$\leq \|f\|_\infty \inf_p \left\{\sum_{k=1}^n |c_k - b_k|^2 + \sum_{k>n}|b_k|^2\right\} = 0.$$

ゆえに, (3.23), (3.24)より(3.16)が成り立つ. ∎

注意 3.11 一般の $f\in L^1(\mathbb{T})$ の場合の証明は, §2.6 で述べた原理「簡単なよい関数から順次 …」に従って, 順次近似していけばでき, それほど難しくはないがここでは割愛する.

付記. 上で述べた Szegö の定理は, 以下のような問題の研究につながる.
一般に, $c_n \in \mathbb{C}$, $c_{-n}=\overline{c_n}$ $(n\in\mathbb{Z})$ のとき, 行列

(3.25) $$T_n = (c_{j-k})_{0\leq j,k\leq n} \quad (n\geq 0)$$

を **Toeplitz 行列**という. とくに, $f(\theta)$ を非負実数値の可積分関数として,

(3.26) $$c_n = \widehat{f}(n) = \frac{1}{2\pi}\int_0^{2\pi}f(\theta)e^{-in\theta}d\theta$$

の場合を考えてみよう. このとき, 行列 T_n に付随する2次形式は,

(3.27) $$T_n(f; x_0, x_1, \cdots, x_n) = \sum_{0\leq j,k\leq n} c_{j-k}x_j \overline{x_k} \quad (x_j \in \mathbb{C})$$

$$= \frac{1}{2\pi}\int_0^{2\pi}f(\theta)|x_0 + x_1 e^{i\theta} + \cdots + x_n e^{in\theta}|^2 d\theta$$

と書けるから, 正定値である. これを Toeplitz 形式という. また, 行列式

(3.28) $$D_n(f) = \det(\widehat{f}(j-k))_{0\leq j,k\leq n} \quad (n\geq 0)$$

を **Toeplitz 行列式**という．このとき，少し工夫して，(j,k) 成分を

$$\widehat{f}(j-k) = \frac{1}{2\pi}\int_0^{2\pi} f(\theta_j)e^{-i(j-k)\theta_j}d\theta_j$$

と書き直しておいてから，行列式の線形性を用いれば，

$$D_n(f) = \left(\frac{1}{2\pi}\right)^{n+1}\int_0^{2\pi}\cdots\int_0^{2\pi} f(\theta_0)\cdots f(\theta_n)\det(e^{-i(j-k)\theta_j})_{0\leq j,k\leq n}d\theta_0\cdots d\theta_n.$$

ここで現れる van der Monde 行列式が差積で表されること，および，右辺の積分が $\theta_0,\cdots,\theta_n$ について対称であること,を利用すれば，次の等式が得られる．
(3.29)

$$D_n(f) = \frac{1}{(n+1)!}\left(\frac{1}{2\pi}\right)^{n+1}\int_0^{2\pi}\cdots\int_0^{2\pi} f(\theta_0)\cdots f(\theta_n)\prod_{0\leq j,k\leq n}|e^{i\theta_j}-e^{i\theta_k}|^2 d\theta_0\cdots d\theta_n.$$

補題 3.12 $(a_{jk})_{0\leq j,k\leq n}$ が正定値 Hermite 行列のとき，

(3.30) $$\min_{\substack{x_0=1 \\ x_1,\cdots,x_n \in \mathbb{C}}}\sum_{0\leq j,k\leq n} a_{jk}x_j\overline{x}_k = \frac{\det(a_{jk})_{0\leq j,k\leq n}}{\det(a_{jk})_{1\leq j,k\leq n}}.$$

[証明] $\widetilde{A}=(a_{jk})_{0\leq j,k\leq n}$, $A=(a_{jk})_{1\leq j,k\leq n}$, $a=(a_{j0})_{1\leq j\leq n}$, $x=(x_j)_{1\leq j\leq n}$ として，Hermite 内積を $\langle\cdot,\cdot\rangle$ で表すと，$x_0=1$ のとき，

$$\sum_{0\leq j,k\leq n} a_{jk}x_j\overline{x}_k = a_{00} + \langle a,x\rangle + \langle x,a\rangle + \langle Ax,x\rangle$$
$$= \langle A(x-A^{-1}a),\ x-A^{-1}a\rangle + a_{00} - \langle A^{-1}a,a\rangle$$
$$\geq a_{00} - \langle A^{-1}a,a\rangle.$$

よって，(3.30) の左辺は，$a_{00}-\langle A^{-1}a,a\rangle$ に等しい．

一方，E を $n\times n$ の単位行列，$\overline{a}_j$ を成分とする縦ベクトルを a^* とすると，

$$\begin{pmatrix} 1 & {}^t 0 \\ 0 & A^{-1}\end{pmatrix}\begin{pmatrix} a_{00} & a^* \\ a & A\end{pmatrix}\begin{pmatrix} 1 & {}^t 0 \\ -a & E\end{pmatrix}$$
$$=\begin{pmatrix} a_{00} & a^* \\ A^{-1}a & E\end{pmatrix}\begin{pmatrix} 1 & {}^t 0 \\ -A^{-1}a & E\end{pmatrix}=\begin{pmatrix} a_{00}-a^*A^{-1}a & a^*E \\ 0 & E\end{pmatrix}.$$

よって，両辺の行列式をとれば，

$$\det A^{-1}\det\widetilde{A} = a_{00}-a^*A^{-1}a = a_{00}-\langle A^{-1}a,a\rangle.$$

ゆえに，(3.30) の右辺も $a_{00}-\langle A^{-1}a,a\rangle$ に等しい． ∎

さて，

(3.31) $\quad \mu_n(f) = \min_{x_1,\cdots,x_n \in \mathbb{C}} \dfrac{1}{2\pi} \displaystyle\int_0^{2\pi} f(\theta)|1+x_1 e^{i\theta}+\cdots+x_n e^{in\theta}|^2 d\theta$

とおけば，上の補題 3.12 より，

(3.32) $\quad\quad\quad\quad\quad\quad\quad \mu_n(f) = D_n(f)/D_{n-1}(f).$

ここで，上の $\mu_n(f)$ の定義より明らかなように，

(3.33) $\quad\quad\quad\quad\quad \mu_0(f) \geqq \mu_1(f) \geqq \cdots \geqq \mu_n(f) \geqq \cdots \geqq 0.$

ゆえに，収束列とその Cesàro 平均の極限の関係から，Toeplitz 行列式に対する次の漸近公式が得られる．

(3.34) $\quad \lim_{n\to\infty} \dfrac{1}{n+1}\log D_n(f) = \lim_{n\to\infty} \mu_n(f) = \exp\Big(\dfrac{1}{2\pi}\displaystyle\int_0^{2\pi}\log f(\theta)d\theta\Big).$

§3.2　熱方程式

Fourier に敬意を表して，やはり熱方程式の話から系統的な記述を始めよう．

(a)　熱方程式の導出

1 次元の熱方程式

(3.35) $\quad\quad\quad\quad\quad\quad\quad \dfrac{\partial u}{\partial t} = \dfrac{1}{2}\dfrac{\partial^2 u}{\partial x^2}$

は，Newton の法則「熱流は温度勾配に比例する」に基づいて次のように導出される．

この経験則によると，小区間 $[a,b]$ から短時間 τ の間に流出する熱量は，

$$-C\Big[\dfrac{\partial u}{\partial x}\Big]_a^b \tau \quad (C \text{ は定数})$$

となる．一方，この熱量は，この区間内での平均温度低下率と区間の長さの積に比例するから，比例定数(つまり比熱)を C' とすれば，

$$C'\Big(-\dfrac{\partial u}{\partial t}\Big)(b-a)\tau = -C\Big[\dfrac{\partial u}{\partial x}\Big]_a^b \tau.$$

よって，$b-a \to 0$ として，$\partial u/\partial t = (C/C')\dfrac{\partial^2 u}{\partial x^2}$ を得る．

(b) 円周上の熱方程式

§2.1 で形式的に調べたように，

(3.36) $$u(t,x) = \sum_{n \in \mathbb{Z}} c_n(t) e_n(x) \quad (e_n(x) = e^{2\pi i n x})$$

が円周 $0 \leqq x < 1$ 上の熱方程式の初期値問題

(3.37) $$\frac{\partial u}{\partial t} = \frac{1}{2}\frac{\partial^2 u}{\partial x^2} \quad (t > 0,\ 0 \leqq x < 1), \quad u(0,x) = f(x)$$

の解であれば，$dc_n/dt = -2\pi^2 n^2 c_n$ となるから，

$$u(t,x) = \sum_{n \in \mathbb{Z}} \widehat{f}(n) \exp(-2\pi^2 n^2 t) e_n(x)$$
$$= \sum_{n \in \mathbb{Z}} \int_{\mathbb{T}} f(y) \exp(-2\pi^2 n^2 t) e_n(x)\overline{e_n(y)} dy.$$

ここで，$e_n(x)\overline{e_n(y)} = e_n(x-y)$ だから，

(3.38) $$p(t,x) = \sum_{n \in \mathbb{Z}} \exp(-2\pi^2 n^2 t) e_n(x) \quad (t > 0,\ x \in \mathbb{T})$$

とおくと，解 $u(t,x)$ は次式で与えられることになる．

(3.39) $$u(t,\cdot) = p(t,\cdot) * f,$$

つまり，

$$u(t,x) = \int_{\mathbb{T}} p(t,x-y) f(y) dy.$$

すぐ下で確かめるように，(3.38) は $\mathcal{C}^\infty$ 級関数 $p(t,x)$ を定める．これを (3.37) に対する**熱核**(heat kernel) という．

補題 3.13

(i) $p \in \mathcal{C}^\infty((0,\infty) \times \mathbb{T})$．

(ii) $\int_{\mathbb{T}} p(t,x) dx = 1$．

[証明] (3.38) の右辺の各項の絶対値は $\exp(-2\pi^2 n^2 t)$ で，これは $n \in \mathbb{Z}$ について求和可能だから，優収束定理より，(3.38) の右辺は任意の $t_0 > 0$ に

対して $t > t_0$, $x \in \mathbb{R}$ について一様収束する．したがって，$p \in \mathcal{C}((0,\infty) \times \mathbb{T})$．
さらに，$k, m \geqq 0$ のとき，

$$\left|\left(\frac{\partial}{\partial t}\right)^k \left(\frac{\partial}{\partial x}\right)^m (\exp(-2n^2\pi^2 t)e_n(x))\right|$$
$$= |(-2n^2\pi^2)^k (2\pi i n)^m \exp(-2n^2\pi^2 t)e_n(x)|$$
$$\leqq (2\pi^2)^k (2\pi)^m n^{2k+m} \exp(-2n^2\pi^2 t)$$

であり，この右辺も n について求和可能．よって，p は t, x について好きな回数だけ微分できる．(ii)は(3.38)を項別積分すれば明らか. ∎

円周上の熱核 p はまた熱方程式の**基本解**または**素解**ともいう．その理由は，$u = p * f$ が初期値問題(3.37)の解を与えるからであるが，(3.37)の第2式に正確な意味を与える必要がある．まず，次のことがいえる．

補題 3.14 $f \in \mathcal{C}^2(\mathbb{T})$ のとき，u を(3.39)で定めると，

(3.40) $\qquad \|u(t, \cdot) - f\|_\infty \to 0 \quad (t \to 0)$.

[証明] $f \in \mathcal{C}^2(\mathbb{T})$ のとき，$\widehat{f''}(n) = (2\pi i n)^2 \widehat{f}(n)$ で，$f(x) = \sum_{n \in \mathbb{Z}} \widehat{f}(n) e_n(x)$ だから，

$$|u(t,x) - f(x)| = \left|\sum_{n \in \mathbb{Z}} (1 - \exp(-2n^2\pi^2 t))\widehat{f}(n) e_n(x)\right|$$
$$\leqq \sum_{\substack{n \in \mathbb{Z} \\ n \neq 0}} \frac{1 - \exp(-2n^2\pi^2 t)}{2n^2\pi^2} \left|\widehat{f''}(n)\right|.$$

ここで，$\sum_{n=1}^\infty n^{-2} < \infty$ で，

$$n^{-2}(1 - \exp(-2n^2\pi^2 t)) \begin{cases} \to 0 & (t \to 0) \\ \leqq n^{-2} & (n \geqq 1) \end{cases}$$

だから，

$$\|u(t,\cdot) - f\|_\infty = \max_x |u(t,x) - f(x)| \to 0 \quad (t \to 0). \qquad \blacksquare$$

以上の観察をもとに，形式的に求めた解を次の意味で正当化できる．

定理 3.15 $f \in \mathcal{C}(\mathbb{T})$ のとき，初期値問題

(a) $\quad \dfrac{\partial u}{\partial t} = \dfrac{1}{2} \dfrac{\partial^2 u}{\partial x^2} \quad (t > 0, \ 0 \leqq x < 1)$

（b） $\lim_{t \to 0} \|u - f\|_\infty = \lim_{t \to 0} \max_x |u(t,x) - f(x)| = 0$
（c） $u \in \mathcal{C}^\infty((0,\infty) \times \mathbb{T})$

の解 u はただ 1 つで，(3.39) で与えられる．

[証明] まず $f \in \mathcal{C}^2(\mathbb{T})$ のとき，補題 3.13 より，$u = p * f$ は(c)を，また補題 3.14 より，u は(b)をみたすことがわかる．ところで，(3.38) の右辺の各項は熱方程式の解だから，u は(a)もみたす．

一般の $f \in \mathcal{C}(\mathbb{T})$ についても，$u = p * f$ が(a), (c)をみたすことは明らかである．(b)を，$f_n \in \mathcal{C}^2(\mathbb{T})$ による近似という方針で証明しよう．そのためには，近似を保証する評価を準備しておく必要がある．

補題 3.16 任意の $f \in \mathcal{C}(\mathbb{T})$ に対して，$t > 0$ のとき，
$$(3.41) \qquad \|p(t,\cdot) * f\|_\infty \leq \|f\|_\infty$$
（物理としては，熱は拡散するものだから，(3.41) は納得しやすい．） □

この補題を仮定して，定理 3.15 の証明を完成させよう．

$f_n \in \mathcal{C}(\mathbb{T})$ を $\|f - f_n\|_\infty \to 0$ となるように選ぶ．（例えば，f_n として三角多項式をとればよい．）すると，

$$\|p(t,\cdot) * f - f\|_\infty \leq \|p(t,\cdot) * (f - f_n)\|_\infty + \|p(t,\cdot) * f_n - f_n\|_\infty + \|f_n - f\|_\infty$$
$$\leq 2\|f - f_n\|_\infty + \|p(t,\cdot) * f_n - f_n\|_\infty$$
$$\to 2\|f - f_n\|_\infty \quad (t \to 0)$$
$$\to 0 \quad (n \to \infty).$$

ゆえに，$\|p(t,\cdot) * f - f\|_\infty \to 0 \ (t \to 0)$． ∎

[補題 3.16 の証明] (3.41) を示すためには，熱核 $p(t,x)$ の次の性質を用いる．

（a） 任意の $t > 0$, $x \in \mathbb{T}$ に対して，$p(t,x) > 0$．
（b） $\int_\mathbb{T} p(t,x) dx = 1$.

実際，(a), (b) を用いれば，

$$\left| \int_\mathbb{T} p(t, x-y) f(y) dy \right| \leq \int_\mathbb{T} p(t, x-y) |f(y)| dy$$
$$\leq \|f\|_\infty \int_\mathbb{T} p(t, x-y) dy = \|f\|_\infty.$$

さて，(b)はすでに示したので，(a)を証明しよう．そのためには，
 (c) $f = \lim_{t \to 0} u(t,\cdot) \geq 0 \Longrightarrow u(t,x) \geq 0$（正値保存性）
を，$f \in C^2(\mathbb{T})$ として，示せばよい．実際，もし $p(t_0, x_0) < 0$ となる $t_0 > 0$, $x_0 > 0$ が存在すれば，$f \in C(\mathbb{T})$ を，$f(x_0) = 1$, $0 \leq f \leq 1$，かつ，$I = \{x \mid p(t_0, x) < 0\}$ の外で $f = 0$ となるように選べる．すると，$u(t_0, \cdot) = p(t_0, \cdot) * f < 0$ となり，(c)に矛盾する．

最後に，(c)を示そう．背理法を用いる．$u(t_0, x_0) < 0$ となる $t_0 > 0$, $x_0 \in \mathbb{T}$ があったとする．このとき，（天下り的であるが）$\alpha > 0$ として，
$$v(t,x) = e^{-\alpha t} u(t,x)$$
を考えると，$v(0+, x) = f(x) \geq 0$ で，$v(t_0, x_0) < 0$．そこで，$0 < t \leq t_0$, $x \in \mathbb{T}$ での v の最小点を (t_1, x_1) とすると，
$$\frac{\partial v}{\partial t}(t_1, x_1) \leq 0, \quad \frac{\partial^2 v}{\partial x^2}(t_1, x_1) \geq 0, \quad v(t_1, x_1) < 0.$$
よって，
$$0 \geq \frac{\partial v}{\partial t}(t_1, x_1) = e^{-\alpha t_1} \frac{\partial u}{\partial t}(t_1, x_1) - \alpha e^{-\alpha t} u(t_1, x_1)$$
$$= \frac{1}{2} e^{-\alpha t_1} \frac{\partial^2 u}{\partial x^2}(t_1, x_1) - \alpha v(t_1, x_1)$$
$$\geq -\alpha v(t_1, x_1) > 0.$$
これは矛盾である．ゆえに，(c)が成り立つ．∎

注意 3.17 上の証明は少々大変であったが，Fourier 級数や熱方程式を扱う際に必要な典型的な考え方がいくつも現れていて応用も広い．とくに(c)の証明のような論法は**最大値原理**と呼ばれている．しかし，§3.1(a)ですでに実行した計算結果を用いると，以下のような別証明もできる．

 1° §3.1(a)の計算結果より，
(3.42) $\qquad p(t,x) = \sum_{n \in \mathbb{Z}} \exp(-2\pi^2 n^2 t) e_n(x) = \sum_{m \in \mathbb{Z}} g(t, x-m)$.

ただし，
(3.43) $\qquad\qquad g(t,x) = (2\pi t)^{-1/2} \exp(-x^2/2t)$.

2° $g(t,x)$ は以下の性質をみたす.

(3.44) $\qquad g(t,x) \geqq 0, \quad \int_{\mathbb{R}} g(t,x)dx = 1 \quad (t>0, \ x \in \mathbb{R})$,

(3.45) $\qquad \dfrac{\partial g}{\partial t} = \dfrac{1}{2}\dfrac{\partial^2 g}{\partial x^2} \quad (t>0, \ x \in \mathbb{R})$.

さらに,任意の正数 δ に対して,

(3.46) $\qquad \max\limits_{|x|>\delta} g(t,x) \to 0 \quad (t \to 0)$,

(3.47) $\qquad \int_{|x|>\delta} g(t,x)dx \to 0 \quad (t \to 0)$.

3° 補題 3.13 (とその証明) で示したように,(3.42) およびそれを微分して得られる式は一様収束し,したがって,積分記号下での微分ができるから,$u = p * f$ は熱方程式の解である.

4° g の性質 (3.44), (3.45) より,任意の $f \in C(\mathbb{T})$ に対して,
$$\|p(t,\cdot) * f - f\|_\infty \to 0 \quad (t \to 0).$$

(c) 区間上の熱方程式

簡単のため区間は $(0,1)$ とし,熱方程式の初期値問題

(3.48)
$$\dfrac{\partial u}{\partial t} = \dfrac{1}{2}\dfrac{\partial^2 u}{\partial x^2} \quad (t>0, \ 0<x<1), \quad \|u(t,\cdot) - f\|_\infty \to 0 \quad (t \to 0)$$

を考える.ただし,**Dirichlet 境界条件**と呼ばれる次の境界条件をおく.

(3.49) $\qquad u(t,0) = u(t,1) = 0 \quad (t>0)$.

もちろん,初期値も同じ条件 $f(0) = f(1)$ をみたす連続関数とする.

この問題の解は,$u(t,x)$ に直接 Fourier 級数論を適用し,境界条件 (3.49) を考慮して求めることもできるが,次の対応に着目すると,円周上の場合に帰着することができる.

$$\text{区間 } [0,1] \text{ 上の } f(0) = f(1) \text{ をみたす関数 } f$$
$$\longleftrightarrow \text{円周 } -1 \leqq x < 1 \text{ 上の奇関数 } \widetilde{f}$$

実際,

$$(3.50) \qquad \widetilde{f}(x) = \begin{cases} f(x) & (0 \leq x < 1) \\ -f(-x) & (-1 \leq x < 0) \end{cases}$$

により,f から $\widetilde{f}$ が定まり,円周 $-1 \leq x < 1$ 上の奇関数 $\widetilde{f}$ を $0 \leq x \leq 1$ に制限すれば,$\widetilde{f}(0) = -\widetilde{f}(0)$, $\widetilde{f}(-1) = -\widetilde{f}(1) = -\widetilde{f}(-1)$ より,$f(0) = f(1) = 0$ となる.これは,**Kelvin の鏡映原理**と呼ばれているものの 1 つである.

ゆえに,Dirichlet 境界条件(3.49)のもとでの初期値問題(3.48)は長さ 2 の円周上で

$$(3.51) \qquad \frac{\partial u}{\partial t} = \frac{1}{2} \frac{\partial^2 u}{\partial x^2} \quad (t > 0), \quad \|u(t,\cdot) - f\|_\infty \to 0 \quad (t \to 0)$$

を奇関数に制限して考えればよい.

ところで,周期 2 の関数の場合の(3.35)の基本解を $\widetilde{p}(t,x)$ $(t > 0,\ -1 \leq x < 1)$ とすると,

$$\widetilde{p}(t,x) = \sum_{m \in \mathbb{Z}} g(t, x - 2m), \quad g(t,x) = (2\pi t)^{-1/2} \exp(-x^2/2t).$$

また,$\widetilde{f}: [-1,1] \to \mathbb{C}$ が奇関数で,$0 \leq x < 1$ のとき,

$$\begin{aligned}
\widetilde{p}(t,\cdot) * \widetilde{f}(x) &= \int_{-1}^{1} \widetilde{p}(t, x-y) \widetilde{f}(y) dy \\
&= \int_0^1 \widetilde{p}(t, x-y) \widetilde{f}(y) dy + \int_{-1}^0 \widetilde{p}(t, x-y) \widetilde{f}(y) dy \\
&= \int_0^1 \widetilde{p}(t, x-y) \widetilde{f}(y) dy + \int_0^1 \widetilde{p}(t, x+y) \widetilde{f}(-y) dy \\
&= \int_0^1 (\widetilde{p}(t, x-y) - \widetilde{p}(t, x+y)) f(y) dy.
\end{aligned}$$

また,$-x$ での値は

$$\begin{aligned}
\widetilde{p}(t,\cdot) * \widetilde{f}(-x) &= \int_{-1}^{1} \widetilde{p}(t, -x-y) \widetilde{f}(y) dy = \int_1^{-1} \widetilde{p}(t, -x+y)(-\widetilde{f}(y)) dy \\
&= -\int_{-1}^{1} \widetilde{p}(t, -x+y) \widetilde{f}(y) dy = -\int_{-1}^{1} \widetilde{p}(t, x-y) \widetilde{f}(y) dy \\
&= -\widetilde{p}(t,\cdot) * \widetilde{f}(x)
\end{aligned}$$

となるから，$\widetilde{p}(t,\cdot)*\widetilde{f}$ は自動的に奇関数となる．

ゆえに，

(3.52) $\qquad q(t,x,y) = \widetilde{p}(t,x-y) - \widetilde{p}(t,x+y)$

とおくと，

(3.53) $\qquad u(t,x) = \int_0^1 q(t,x,y)f(y)dy$

は，$f(0)=f(1)=0$ のとき，我々の問題(3.48), (3.49)の解を与えることになる．

以上から，((b)と同様の議論をすれば)次の結果が得られる．

定理 3.18 Dirichlet 境界条件(3.49)のもとでの熱方程式(3.48)の解 u で，$u \in \mathcal{C}^\infty((0,\infty)\times(0,1))$ をみたすものはただ1つ存在し，$q(t,x,y)$ を(3.52)で定めれば，u は(3.53)で与えられる．この (t,x,y) の関数 $q(t,x,y)$ を Dirichlet 境界条件のもとでの**素解**あるいは**熱核**という． □

注意 3.19 単位円周 $0 \leq x < 1$ の場合の熱核 $p(t,x)$ を用いて，円周 $-1 \leq x < 1$ の場合の熱核 $\widetilde{p}$ を表せば，

(3.54) $\qquad \widetilde{p}(t,x) = p(t/4, x/2)/2$

となる．

したがって，

$$\widetilde{p}(t,x) = \sum_{n\in\mathbb{Z}} \exp(-\pi^2 n^2 t/2) e_n(x/2)/2$$
$$= 1/2 + \sum_{n=1}^\infty \exp(-\pi^2 n^2 t/2) \cos n\pi x \quad (-1 \leq x < 1)$$

より，Dirichlet 境界条件のもとでの素解 $q(t,x,y)$ は次のように書ける．

(3.55) $\quad q(t,x,y) = \widetilde{p}(t,x-y) - \widetilde{p}(t,x+y)$
$$= \sum_{n=1}^\infty \exp(-\pi^2 n^2 t/2)\{\cos n\pi(x-y) - \cos n\pi(x+y)\}$$
$$= 2\sum_{n=1}^\infty \exp(-\pi^2 n^2 t/2) \sin n\pi x \sin n\pi y.$$

また，$p(t,x) = \sum g(t,x-m)$ から素解を計算すると，次のようにも表される．

(3.56)
$$q(t,x,y) = \sum_{m \in \mathbb{Z}} (2\pi t)^{-1/2} \{\exp(-(x-y-2m)^2/2t) - \exp(-(x+y-2m)^2/2t)\}.$$

最後に，**Neumann 境界条件**

(3.57)
$$\frac{\partial u}{\partial x}(t,0) = \frac{\partial u}{\partial x}(t,1) = 0$$

のもとでの熱方程式の初期値問題について触れておこう．

この場合に Kelvin の見出した鏡映原理は次のようになる．

(3.58)   区間 $[0,1]$ 上の $f'(0) = f'(1)$ をみたす関数 f
   $\longleftrightarrow$ 円周 $-1 \leqq x < 1$ 上の偶関数 $\tilde{f}$

実際，$\tilde{f}(x) = f(|x|)$ ($-1 \leqq x \leqq 1$) とおけばよい．よって，次のことがいえる．

定理 3.20 Neumann 境界条件のもとでの区間 $[0,1]$ 上の熱方程式の素解は

$$p(t,x,y) = \sum_{m \in \mathbb{Z}} (g(t,x-y-2m) + g(t,x+y-2m))$$
$$= \sum_{n=0}^{\infty} \exp(-2\pi n^2 t) \sqrt{2} \cos \pi nx \cdot \sqrt{2} \cos \pi ny$$

で与えられる． □

(d) 地球の温度

地球の年齢の最初の推定値は約 1 億年で，Kelvin 卿により，熱方程式による地球の温度の冷却の速さと，岩石標本からの熱伝導率と融点の測定値をもとに求められたという．

ここでは Sommerfeld に従い，地表からの深さ x の地点における時刻 t での温度 $u(t,x)$ を考えてみよう．簡単のため，地表の温度

(3.59) $$u(t,0) = f(t)$$

は(年単位で考えて)周期 1 をもつ連続な周期関数として，u は熱方程式

(3.60) $$\frac{\partial u}{\partial t} = \frac{1}{2}\frac{\partial^2 u}{\partial x^2} \quad (t>0,\ 0<x<\infty)$$

に従うものとする。

この問題では，t についての Fourier 展開を用いて，

$$u(t,x) = \sum_{n\in\mathbb{Z}} c_n(x) e^{2\pi i n t}$$

と仮定すると，Fourier 係数

$$c_n(x) = \int_0^1 u(t,x) e^{-2\pi i n t} dt \quad (n\in\mathbb{Z})$$

は方程式(3.60)より，常微分方程式の初期値問題

$$\frac{d^2 c_n}{dx^2} = \int_0^1 \frac{\partial^2 u}{\partial x^2}(t,x) e^{-2\pi i n t} dt = 2\int_0^1 \frac{\partial u}{\partial x}(t,x) e^{-2\pi i n t} dt = 4\pi i n c_n,$$

$$c_n(+0) = \lim_{x\to 0} c_n(x) = \widehat{f}(n) = \int_0^1 f(t) e^{-2\pi i n t} dt$$

の解である。さらに，$\lim_{x\to\infty} u(t,x) = \text{const.}$ と仮定して，$\lim_{x\to\infty} c_n(x) = 0$ $(n\neq 0)$ と要請すると，

$$c_n(x) = \widehat{f}(n)\exp\{-\sqrt{2\pi|n|}\,x(1+i\,\mathrm{sgn}\,n)\}.$$

($\mathrm{sgn}\,x$ は x の符号。) よって，

(3.61)
$$u(t,x) = \sum_{n\in\mathbb{Z}} \widehat{f}(n)\exp(-\sqrt{2\pi|n|}\,x)\exp\{2\pi i n(t-x/\sqrt{2\pi|n|})\}.$$

この級数(3.61)の収束の問題は，$\exp(-\sqrt{2\pi|n|}\,x)$ という減衰項があり，それほど難しくないので，その証明は読者に委ねることにして，この解の意味を述べよう。

上の(3.61)では，周期的な運動を表現する絶対値 1 の項

$$\exp 2\pi i n(t - x/\sqrt{2\pi|n|})$$

に，遅れ $x/\sqrt{2\pi|n|}$ が出現している。とくに，$f(t) = \sin 2\pi t$ の場合を例にとれば，

$$u(t,x) = e^{-\sqrt{2\pi}x} \sin 2\pi\left(t - \frac{x}{\sqrt{2\pi}}\right)$$

であり，$x = \sqrt{\pi/2}$ の深さでは，温度変化の周期は地表と完全にずれて，夏冬が逆転しており，さらに，温度変化の大きさは，$e^{-\pi} \fallingdotseq 0.04$ とわずかなものになっている．

したがって，適切な深さの地下貯蔵庫の温度は 1 年中ほぼ一定である．

§3.3　円板における Dirichlet 問題

一般に，領域 D の境界 ∂D 上に実数値関数 f が与えられたとき，方程式

$$\begin{cases} \Delta u = 0 & (D \text{ 内で}) \\ u = f & (\partial D \text{ 上で}) \end{cases}$$

を **Dirichlet の境界値問題**，略して，Dirichlet 問題という．とくに，D が平面領域の場合には，この問題は，境界 ∂D 上で f に等しく，D で

$$\frac{\partial^2 u}{\partial x^2} + \frac{\partial^2 u}{\partial y^2} = 0$$

をみたす関数，つまり，調和関数 u を求めよ，という問題である．

とくに，D として単位円板

$$D = \{z \in \mathbb{C} \mid |z| < 1\}$$

を考えると，その境界は円周で，

$$\partial D = \{e^{i\theta} \mid 0 \leqq \theta < 2\pi\}$$

となり，$\mathbb{T}$ と同一視することができる．以下，この場合を考えよう．

まず，単位円周上の関数 f の Fourier 級数は各点 θ で収束して，

(3.62) $$f(\theta) = \sum_{n \in \mathbb{Z}} c_n e^{in\theta} \quad (0 \leqq \theta < 2\pi)$$

と表される場合を考える．このとき，Abel の定理 1.18 の応用から，ベキ級数

§3.3 円板における Dirichlet 問題

(3.63) $$\begin{cases} F_+(z) = \sum_{n=0}^{\infty} c_n z^n \\ F_-(z) = \sum_{n=1}^{\infty} \overline{c_{-n}} z^n \end{cases}$$

はともに D 上の解析関数となり,

(3.64) $$\begin{cases} \lim_{r \to 1-0} F_+(re^{i\theta}) = \sum_{n=0}^{\infty} c_n e^{in\theta} \\ \lim_{r \to 1-0} F_-(re^{i\theta}) = \overline{\sum_{n=1}^{\infty} \overline{c_{-n}} e^{in\theta}} = \sum_{n=1}^{\infty} c_{-n} e^{-in\theta} \end{cases}$$

が成り立つ.

ところで, 解析関数 $F(z)$, $z = x+iy$, の実部を $U(x,y)$, 虚部を $V(x,y)$ とすれば, Cauchy–Riemann の関係

$$\frac{\partial U}{\partial x} = \frac{\partial V}{\partial y}, \quad \frac{\partial U}{\partial y} = -\frac{\partial V}{\partial x}$$

より,

$$\Delta U = \frac{\partial^2 U}{\partial x^2} + \frac{\partial^2 U}{\partial y^2} = \frac{\partial}{\partial x}\left(\frac{\partial U}{\partial x}\right) + \frac{\partial}{\partial y}\left(\frac{\partial U}{\partial y}\right)$$
$$= \frac{\partial}{\partial x}\left(\frac{\partial U}{\partial x}\right) - \frac{\partial}{\partial y}\left(\frac{\partial V}{\partial x}\right) = \frac{\partial}{\partial x}\left(\frac{\partial U}{\partial x}\right) - \frac{\partial}{\partial x}\left(\frac{\partial V}{\partial y}\right) = 0.$$

同様に, $\Delta V = 0$, つまり, U, V はともに(実)調和関数である.

したがって,
$$u_+(x,y) = \operatorname{Re} F_+(z), \quad v_+(x,y) = \operatorname{Im} F_+(z)$$
$$u_-(x,y) = \operatorname{Re} F_-(z), \quad v_-(x,y) = -\operatorname{Im} F_-(z)$$

とおけば, u_+, v_+, u_-, v_- はすべて D 上の調和関数となる.

さらに, (3.64)より, $x+iy = re^{i\theta}$ で, $r \to 1-0$ のとき,

$$u_+(x,y) + iv_+(x,y) \to \sum_{n=0}^{\infty} c_n e^{in\theta},$$
$$u_-(x,y) + iv_-(x,y) \to \sum_{n=1}^{\infty} c_{-n} e^{-in\theta},$$

したがって,
$$u(x,y) = u_+(x,y) + u_-(x,y),$$

104────第3章　Fourier 級数の応用

$$v(x,y) = v_+(x,y) + v_-(x,y)$$

とおけば，$x+iy = re^{i\theta}$ で，$r \to 1-0$ のとき，

$$u(x,y) + iv(x,y) \to f(\theta).$$

ゆえに，$f(\theta)$ は実数値だから，次のことがいえる．

(3.65) $\quad u(r\cos\theta, r\sin\theta) \to f(\theta) \quad (r \to 1-0),$

(3.66) $\quad v(r\cos\theta, r\sin\theta) \to 0 \quad (r \to 1-0).$

これを一般化するために，u を f により直接に表示してみよう．まず，

$$c_n = \frac{1}{2\pi}\int_0^{2\pi} f(\theta) e^{-in\theta} d\theta = \overline{c_{-n}}$$

より，

$$F_+(re^{i\theta}) = \sum_{n=0}^{\infty} r^n e^{in\theta} \frac{1}{2\pi}\int_0^{2\pi} f(\varphi) e^{-in\varphi} d\varphi$$
$$= \frac{1}{2\pi}\int_0^{2\pi} f(\varphi) \frac{1}{1-re^{i(\theta-\varphi)}} d\varphi.$$

よって，両辺の実部をとれば，

$$u_+(r\cos\theta, r\sin\theta) = \frac{1}{2\pi}\int_0^{2\pi} f(\varphi) \frac{1-r\cos(\theta-\varphi)}{1+r^2-2r\cos(\theta-\varphi)} d\varphi.$$

同様にして，

$$F_-(re^{i\theta}) = \sum_{n=1}^{\infty} r^n e^{in\theta} \frac{1}{2\pi}\int_0^{2\pi} f(\varphi) e^{-in\varphi} d\varphi$$
$$= \frac{1}{2\pi}\int_0^{2\pi} f(\varphi) \left\{ \frac{1}{1-re^{i(\theta-\varphi)}} - 1 \right\} d\varphi$$

より，

$$u_-(r\cos\theta, r\sin\theta) = \frac{1}{2\pi}\int_0^{2\pi} f(\varphi) \left\{ \frac{1-r\cos(\theta-\varphi)}{1+r^2-2r\cos(\theta-\varphi)} - 1 \right\} d\varphi.$$

したがって，

$$u(r\cos\theta, r\sin\theta) = \frac{1}{2\pi}\int_0^{2\pi} f(\varphi) \frac{1-r^2}{1+r^2-2r\cos(\theta-\varphi)} d\varphi.$$

§3.3 円板における Dirichlet 問題 — 105

定義 3.21 次の関数を **Poisson 核**(Poisson kernel) という.

$$(3.67) \quad P_r(\theta) = \frac{1-r^2}{1-2r\cos\theta+r^2} \quad (0 \leqq r < 1,\ 0 \leqq \theta < 2\pi).$$

□

補題 3.22

(i) f が連続関数のとき,円周上で一様に
$$P_r * f \to f \quad (r \to 1).$$

(ii) f が点 θ で連続なとき,
$$P_r * f(\theta) \to f(\theta) \quad (r \to 1).$$

[証明] §2.3 で用いた論法を使う.まず,次の 3 つの性質を確かめよう.

(a) 任意の θ に対して,$P_r(\theta) \geqq 0$.
(b) $\dfrac{1}{2\pi}\displaystyle\int_{-\pi}^{\pi} P_r(\theta)d\theta = 1$.
(c) 任意の正数 δ に対して,

$$\max_{\delta \leqq |\theta| \leqq \pi} P_r(\theta) = P_r(\delta) \to 0 \quad (r \to 1).$$

(a)は(3.67)の形より明らか.(c)もすぐにわかる.(b)は直接に積分計算してもよいが,上述の $P_r(\theta)$ のつくり方より,

$$(3.68) \qquad P_r(\theta) = \mathrm{Re}\left(\sum_{n \in \mathbb{Z}} r^{|n|} e^{in\theta}\right)$$

がわかるから項別積分より明らか.

さて,3 つの性質(a), (b), (c)が成り立てば,後は Fejér 核の場合と同様で,

$$|P_r * f(\theta) - f(\theta)|$$
$$= \left|\frac{1}{2\pi}\int_{-\pi}^{\pi} P_r(\varphi)(f(\theta-\varphi) - f(\varphi))d\varphi\right|$$
$$\leqq \frac{1}{2\pi}\int_{|\varphi| \leqq \delta} P_r(\varphi)|f(\theta-\varphi) - f(\theta)|d\varphi$$
$$\quad + \frac{1}{2\pi}\int_{\delta < |\varphi| \leqq \pi} P_r(\varphi)|f(\theta-\varphi) - f(\theta)|d\varphi$$
$$\leqq \frac{1}{2\pi}\int_{|\varphi| \leqq \delta} P_r(\varphi)d\varphi \max_{|\varphi| \leqq \delta}|f(\theta-\varphi) - f(\theta)| + \frac{1}{2\pi}\int_{\delta < |\varphi| \leqq \pi} P_r(\varphi)d\varphi \cdot 2\|f\|_\infty$$

$$\leq \max_{|\varphi|\leq \delta}|f(\theta-\varphi)-f(\theta)|+2\|f\|_\infty \max_{\delta<|\varphi|\leq \pi}P_r(\varphi).$$

ゆえに，f が点 θ で連続とすれば(ii)を得，また f が円周上で連続ならば，一様連続だから，(i)を得る．   ▫

以上から，Dirichlet 問題に関して次の結果が導かれる．

定理 3.23 円周上の連続関数 f に対して，次の条件をみたす関数 u がただ 1 つ存在する．

(a) u は単位開円板 $\{(x,y)\mid x^2+y^2<1\}$ 上で C^2 級で，
$$\Delta u = \frac{\partial^2 u}{\partial x^2}+\frac{\partial^2 u}{\partial y^2}=0.$$

(b)
$$\sup_{\substack{|\varphi-\theta|\leq \delta \\ 1-\delta \leq r<1}}|u(r\cos\theta,r\sin\theta)-f(\varphi)|\to 0 \quad (\delta\to 0).$$
▫

注意 3.24 上の議論から予想され，以下で証明するように，この唯一の解は
$$u(x,y)=P_r * f(\theta)=\frac{1}{2\pi}\int_0^{2\pi}\frac{1-r^2}{1-2r\cos(\theta-\varphi)+r^2}f(\varphi)d\varphi$$
$$(x=r\cos\theta,\ y=r\sin\theta)$$

と表される．これを **Poisson の公式**(Poisson's formula)という．

[証明] 1° まず一意性を示そう．u_1,u_2 がともに(a),(b)をみたす C^2 級関数ならば，$v=u_1-u_2$ も C^2 級関数で，$\Delta v=0$，そして，$f=0$ として(b)が成り立つ．

もし $v\equiv 0$ でなければ，$v(x_0,y_0)\neq 0$ となる点がある．$v(x_0,y_0)<0$ と仮定しよう．（そうでなければ $-v$ を考えよ．）いま，$\alpha\neq 0$ として，
$$w(x,y)=v(x,y)e^{\alpha x}$$
とおき，w の D での最小点を (x_1,y_1) とする．このとき，
$$\frac{\partial w}{\partial x}(x_1,y_1)=0,\quad \frac{\partial^2 w}{\partial x^2}(x_1,y_1)\leq 0,$$

§3.3 円板における Dirichlet 問題

$$\frac{\partial w}{\partial y}(x_1,y_1)=0, \quad \frac{\partial^2 w}{\partial y^2}(x_1,y_1)\leqq 0.$$

ところで，
$$\frac{\partial w}{\partial x}=\alpha w+e^{\alpha x}\frac{\partial v}{\partial x},$$
$$\frac{\partial^2 w}{\partial x^2}=\alpha^2 w+2\alpha e^{\alpha x}\frac{\partial v}{\partial x}+e^{\alpha x}\frac{\partial^2 v}{\partial x^2},$$
$$\frac{\partial^2 w}{\partial y^2}=e^{\alpha x}\frac{\partial^2 v}{\partial y^2}$$

だから，点 (x_1,y_1) において，
$$0\geqq \frac{\partial^2 v}{\partial y^2}+\frac{\partial^2 v}{\partial x^2}+2\alpha\frac{\partial v}{\partial x}+\alpha^2 v$$
$$=0+2\alpha\cdot(-\alpha v)+\alpha^2 v=-\alpha^2 v>0.$$

これは矛盾．

ゆえに，$v\equiv 0$. つまり，$u_1\equiv u_2$.

2° あとは，$u(x,y)=P_r*f(\theta)$ $(x=r\cos\theta,\ y=r\sin\theta)$ が(a),(b)をみたすことを示せばよい．

(a)を示そう．$0\leqq r<1$ のとき，
$$\frac{\partial}{\partial r}P_r(\theta)=\frac{\partial}{\partial r}\sum r^{|n|}e^{in\theta}=\sum |n|r^{|n|-1}e^{in\theta},$$
$$\frac{\partial^2}{\partial r^2}P_r(\theta)=\sum |n|(|n|-1)r^{|n|-2}e^{in\theta},$$
$$\frac{\partial^2}{\partial \theta^2}P_r(\theta)=\sum (in)^2 r^{|n|}e^{in\theta}=-r^2\sum n^2 r^{|n|-2}e^{in\theta}$$

より
$$\Delta P_r(\theta)=\left(\frac{\partial^2}{\partial r^2}+\frac{1}{r}\frac{\partial}{\partial r}+\frac{1}{r^2}\frac{\partial^2}{\partial \theta^2}\right)P_r(\theta)=0.$$

また，上の偏導関数の形から，これらは $0\leqq r<1$ のとき絶対収束して，
$$\Delta(P_r*f(\theta))=(\Delta P_r)*f(\theta)=0.$$

(b)を示そう．補題 3.22 より，

$$\sup_{1-\delta \leqq r < 1} |u(r\cos\theta, r\sin\theta) - f(\theta)| \to 0 \quad (\delta \to 0).$$

一方，f は一様連続だから，$\sup_{|\theta-\varphi|\leqq\delta} |f(\theta)-f(\varphi)| \to 0$ $(\delta \to 0)$．ゆえに(b)．∎

注意 3.25 上の定理 3.23 を読み替えると，次のようにいえる．

f が円周上の連続関数のとき，その Fourier 級数の Abel 和

$$(3.69) \qquad \sum_{n \in \mathbb{Z}} r^{|n|} \widehat{f}(n) e^{in\theta}$$

は $r \to 1-0$ のとき，収束する．

この本では調和関数との関係を示すために，Poisson 核と Poisson の公式を，第2章では述べずに，本章で述べたが，これは Fejér の定理の代替物となり得て，これから Fourier 係数の一意性を導くことができる．歴史的にも，必要に応じて Cesarò 和と Abel 和を使い分けて Fourier 級数に関する様々な結果が得られてきた．なお，さらに工夫した求和法もいろいろあり，例えば次の和 (3.70) は de la Vallée Poussin 和と呼ばれていて，f が Riemann 積分可能で，$|\widehat{f}(n)| \leqq C/|r|$ (C は定数) が成り立つだけで収束することが知られている．

$$(3.70) \quad \sigma_{n,m}(f,t) = \frac{1}{m-n}\{(m+1)\sigma_m(f,t) - (n+1)\sigma_n(f,t)\}$$
$$= \sum_{k=-m}^{m} \max\left\{1, \frac{m+1-|k|}{m-n}\right\} \widehat{f}(k) e_k(t) \quad (m > n \geqq 1).$$

なお，これらの求和法については Zygmund の本に詳しい．

注意 3.26 定理 3.23 の証明の 1° の部分を少し見直せば，次のことがわかる．
調和関数に対する最大値原理：
 (a) 領域 D 上の調和関数は極大点も極小点ももたない．
 (b) 有界な領域 D 上で調和で，その境界 ∂D までこめて $\overline{D}$ 上で連続な関数は，境界 ∂D 上で最大最小をとる．

上述の 1° と同様の論法は，§3.2(a) でも，解の一意性を証明するために用いた．この種の方法は**最大値原理の方法**と総称され，簡単であるがきわめて強力である．(例えば，この 1° の部分を Green の定理を用いて証明する場合，

$$0 = \iint_D v \Delta v \, dx dy = -\iint_D |\nabla v|^2 dx dy + \int_{\partial D} v \frac{\partial v}{\partial n} ds$$

において，$v=0$ より右辺の第2項も 0 となることがいえれば，$|\nabla v|=0$ より，

$v = \mathrm{const.} = 0$ がいえる.しかし,そのためには,法線微分 $\partial v/\partial n$ の有界性を仮定するか,もしくは,$\partial v/\partial n$ の挙動を詳しく調べておく必要がある.

§3.4 たたみこみと酔歩

(a) 数列のたたみこみ

両側無限数列
$$\alpha = (a_n)_{n \in \mathbb{Z}} = (\cdots, a_{-1}, a_0, a_1, a_2, \cdots)$$
に対しても,たたみこみの概念が定義され,$\mathbb{T}$ 上の関数のたたみこみと,一部を除いて,類似の結果が得られる.

実数 $p \geqq 1$ に対して,数列 $\alpha = (a_n)_{n \in \mathbb{Z}}$ の絶対値の p 乗の和が有限のとき,

(3.71) $$\|\alpha\|_p = \left(\sum_{n \in \mathbb{Z}} |a_n|^p \right)^{1/p}$$

と書き,α の p ノルムといい,$\alpha \in \ell^p(\mathbb{Z})$ と表す.また,α が有界列のとき,

(3.71′) $$\|\alpha\|_\infty = \sup_{n \in \mathbb{Z}} |a_n|$$

を α の一様ノルムあるいは ∞ ノルムといい,$\alpha \in \ell^\infty(\mathbb{Z})$ と表す.さらに,$n \to \pm\infty$ でともに収束する数列の全体を $c(\mathbb{Z})$,とくに,$n \to \pm\infty$ で 0 に収束する数列の全体を $c_0(\mathbb{Z})$ と表すこともある.

2つの数列 $\alpha = (a_n)$, $\beta = (b_n)$ に対して,無限和

(3.72) $$c_n = \sum_{m=-\infty}^{\infty} a_{n-m} b_m \quad (n \in \mathbb{Z})$$

がすべて絶対収束するとき,この数列 $\gamma = (c_n)$ を $\gamma = \alpha * \beta$ と表し,α と β のたたみこみという.

数列のたたみこみは,$\mathbb{T}$ 上の関数のたたみこみと同様の性質をもつ.

補題 3.27 $\alpha, \beta \in \ell^1(\mathbb{Z})$ ならば,$\alpha * \beta \in \ell^1(\mathbb{Z})$ で,$\|\alpha * \beta\|_1 \leqq \|\alpha\|_1 \|\beta\|_1$.

[証明]
$$\sum_{n=-\infty}^{\infty} \sum_{m=-\infty}^{\infty} |a_{n-m}| |b_m| = \sum_{m=-\infty}^{\infty} \sum_{n=-\infty}^{\infty} |a_{n-m}| |b_m|$$

$$= \sum_{m=-\infty}^{\infty} \sum_{k=-\infty}^{\infty} |a_k| \, |b_m| = \|\alpha\|_1 \|\beta\|_1$$

だから, $\sum_{n=-\infty}^{\infty} \left| \sum_{m=-\infty}^{\infty} a_{n-m} b_m \right| \leq \|\alpha\|_1 \|\beta\|_1.$

注意 3.28 $\alpha \in \ell^p(\mathbb{Z})$, $\beta \in \ell^q(\mathbb{Z})$, $1/p + 1/q = 1$ ならば, たたみこみ $\alpha * \beta$ は定義され, 有界列となる. 一般に, $1/p + 1/q = 1$, $\alpha \in \ell^p(\mathbb{Z})$, $\beta \in \ell^q(\mathbb{Z})$ ならば,

(3.73) $$\|\alpha * \beta\|_1 \leq \|\alpha\|_p \|\beta\|_q.$$

以下, 必要に応じて, 数列 $\alpha = (a_n)$ の第 n 成分を $a_n = \alpha(n)$ と表す.

例 3.29

(1) 数列 ε を,

(3.74) $$\varepsilon(0) = 1, \quad \varepsilon(n) = 0 \quad (n \neq 0)$$

で定めると, 任意の数列 α に対して,

(3.75) $$\alpha * \varepsilon = \varepsilon * \alpha = \alpha.$$

つまり, ε はたたみこみ積 $*$ に関する単位元である. したがって, ベクトル空間 $\ell^1(\mathbb{Z})$ は, $*$ に関して, 単位元をもつ可換環となる.

(2) 数列 σ を,

$$\sigma(n) = \begin{cases} 1 & (n = \pm 1) \\ 0 & (その他) \end{cases}$$

で定め, これを $\sigma = (\cdots, 0, 0, 1, \overset{\cdot}{0}, 1, 0, 0, \cdots)$ と表すと,

$$\sigma * \sigma = (\cdots, 0, 0, 1, 0, \overset{\cdot}{2}, 0, 1, 0, 0, \cdots),$$
$$\sigma * \sigma * \sigma = (\cdots, 0, 1, 0, 3, \overset{\cdot}{0}, 3, 0, 1, 0, \cdots).$$

一般に, 数列 $\alpha \in \ell^1(\mathbb{Z})$ に対して

(3.76) $$\underbrace{\alpha * \cdots * \alpha}_{m} = \alpha^{*m} \, (m \geq 1), \quad \alpha^{*0} = \varepsilon$$

と書くことにして, σ^{*m} を計算すると, 二項係数が現れて,

$$
(3.77) \qquad \sigma^{*m}(n) = \begin{cases} \begin{pmatrix} m \\ \dfrac{n+m}{2} \end{pmatrix} & (n+m \in 2\mathbb{Z}) \\ 0 & (\text{その他}). \end{cases}
$$
□

数列 $\alpha \in \ell^1(\mathbb{Z})$ に対して,

$$
(3.78) \qquad \widehat{\alpha}(\theta) = \sum_{n \in \mathbb{Z}} \alpha(n) e^{in\theta} \quad (0 \leq \theta < 2\pi)
$$

と書くことにする. 例えば, $\widehat{\sigma}(\theta) = 2\cos\theta$.

補題 3.30
(i) $\alpha \in \ell^1(\mathbb{Z})$ のとき, $\widehat{\alpha}(\theta)$ は円周 $0 \leq \theta < 2\pi$ 上の連続関数である.
(ii) $\alpha, \beta \in \ell^1(\mathbb{Z})$ のとき,
$$\widehat{\alpha * \beta}(\theta) = \widehat{\alpha}(\theta)\widehat{\beta}(\theta).$$

[証明] (i) $|\alpha(n)e^{i\theta}| \leq |\alpha(n)|$, $\|\alpha\|_1 = \sum |\alpha(n)| < \infty$ だから, 優収束定理より, $\widehat{\alpha}(\theta)$ の連続性がわかる.

(ii)
$$
\begin{aligned}
\sum_n \alpha * \beta(n) e^{in\theta} &= \sum_n \left(\sum_m \alpha(n-m)\beta(m) e^{i(n-m)\theta} e^{im\theta} \right) \\
&= \sum_m \left(\sum_n \alpha(n-m) e^{i(n-m)\theta} \right) \beta(m) e^{im\theta} \\
&= \sum_m \widehat{\alpha}(\theta) \beta(m) e^{im\theta} = \widehat{\alpha}(\theta)\widehat{\beta}(\theta).
\end{aligned}
$$
∎

例 3.31 数列 $\alpha \in \ell^1(\mathbb{Z})$ に対して, 数列 $\text{Exp}\,\alpha$ を
$$
(3.79) \qquad \text{Exp}\,\alpha = \sum_{m=0}^{\infty} \frac{1}{m!} \alpha^{*m} = \varepsilon + \alpha + \frac{1}{2}\alpha * \alpha + \frac{1}{3!}\alpha * \alpha * \alpha + \cdots
$$
で定めると,
$$
(3.80) \qquad \widehat{\text{Exp}\,\alpha}(\theta) = \sum_{m=0}^{\infty} \frac{1}{m!} \widehat{\alpha^{*m}}(\theta) = \sum_{m=0}^{\infty} \frac{1}{m!} \widehat{\alpha}(\theta)^m
$$
$$
= \exp \widehat{\alpha}(\theta),
$$
$$
\frac{d}{dt} \text{Exp}\,t\alpha = (\text{Exp}\,t\alpha) * \alpha = \alpha * (\text{Exp}\,t\alpha).
$$

さらに, $\alpha, \beta \in \ell^1(\mathbb{Z})$ のとき,

(3.81) $\qquad\qquad (\mathrm{Exp}\,\alpha) * (\mathrm{Exp}\,\beta) = \mathrm{Exp}(\alpha+\beta).$

また, $\alpha \in \ell^1(\mathbb{Z})$, $\|\alpha\|_1 < 1$ のとき, 数列 $\mathrm{Log}(\varepsilon+\alpha)$ を,

(3.82)
$$\mathrm{Log}(\varepsilon+\alpha) = \sum_{m=1}^{\infty} \frac{(-1)^{m-1}}{m}\alpha^{*m} = \alpha - \frac{1}{2}\alpha*\alpha + \frac{1}{3}\alpha*\alpha*\alpha - \cdots$$

で定めると, $|\widehat{\alpha}(\theta)| \leqq \|\alpha\|_1 < 1$ より, 次のことがいえる.

(3.83) $\quad \widehat{\mathrm{Log}(\varepsilon+\alpha)}(\theta) = \sum_{m=1}^{\infty}\frac{(-1)^{m-1}}{m}\widehat{\alpha^{*m}}(\theta) = \sum_{m=1}^{\infty}\frac{(-1)^{m-1}}{m}\widehat{\alpha}(\theta)^m$
$$= \log(1+\widehat{\alpha}(\theta)).$$
□

(b) 酔　　歩

定義 3.32 数列 $p \in \ell^1(\mathbb{Z})$ が次の性質をもつとき, **確率列**ということにする.

(a) すべての n に対して, $p(n) \geqq 0$.

(b) $\sum_{n \in \mathbb{Z}} p(n) = 1$. □

確率列 p に対しては, その分布が

(3.84) $\qquad\qquad P(X=n) = p(n) \quad (n \in \mathbb{Z})$

で与えられる確率変数 X を考えることができる.

補題 3.33 X, Y が整数値確率変数で, 互いに独立なとき, その分布をそれぞれ $p, q \in \ell^1(\mathbb{Z})$ とすると, $X+Y$ の分布は $p*q$ である. すなわち,

(3.85) $\qquad\qquad P(X+Y=n) = p*q(n) \quad (n \in \mathbb{Z}).$

［証明］ まず, $P(X+Y=n) = \sum_{m \in \mathbb{Z}} P(X=m, Y=n-m)$. ところで, X, Y が独立とは $P(X=m, Y=l) = P(X=m)P(Y=l)$ が任意の m, l に対して成立することだから,

$$P(X+Y=n) = \sum_{m \in \mathbb{Z}} P(X=m)P(Y=n-m)$$
$$= \sum_{m \in \mathbb{Z}} p(m)q(n-m) = p*q(n).$$
∎

定義 3.34 $X_1, X_2, \cdots$ が互いに独立で,同じ分布

$$P(X_n = 1) = P(X_n = -1) = \frac{1}{2}$$

に従うとき,確率変数列

(3.86) $\quad \begin{cases} S_0 = 0, \ S_1 = X_1, \ S_2 = X_1 + X_2, \cdots \\ S_n = X_1 + X_2 + \cdots + X_n, \cdots \end{cases}$

を**公平な酔歩**という.また,$p_1 + p_{-1} = 1$, $p_1 \neq p_{-1}$ で,

(3.87) $\quad P(X_n = 1) = p_1, \quad P(X_n = -1) = p_{-1}$

のとき**不公平な酔歩**という.さらに,一般の場合を考えて,$X_1, X_2, \cdots$ が互いに独立で同分布のとき,(3.86)を**酔歩**(random walk)ということも多い.□

系 3.35 X_n ($n \geq 1$) の分布が $p \in \ell^1(\mathbb{Z})$ で与えられる一般の酔歩に対して,
(3.88) $\quad P(S_n = m) = p^{*n}(m)$.

[証明] 補題 3.33 より,帰納法を用いればよい. ∎

一般に,分布 p に従う整数値確率変数 X に対して,
(3.89) $\quad \sum |n| p(n) < \infty$

のとき,X は平均(または期待値)をもつといい,
(3.90) $\quad E[X] = \sum n p(n)$

と書いて,この値を X の平均あるいは分布 p の平均という.一般に $k \in \mathbb{N}$ に対して,X^k が平均をもつとき,$E[X^k]$ を **k 次モーメント**(または**積率**)という.

補題 3.36 分布 p に従う整数値確率変数 X が k 次モーメントをもつとき,$\widehat{p}(\theta)$ は C^k 級関数で,

(3.91) $\quad \dfrac{d^k \widehat{p}}{d\theta^k}(0) = i^k E[X^k] \quad (k \geq 1)$.

なお,$\widehat{p}(\theta)$ を確率分布 p あるいは確率変数 X の**特性関数**(characteristic function)ということがある.

[証明] 仮定より,$\sum |n|^k p(n) < \infty$ だから,形式的に $\widehat{p}(\theta)$ を k 回微分した式

$$\sum p(n)(in)^k e^{in\theta}$$

は絶対収束する.さらに,この収束は θ について一様である.ゆえに,$\widehat{p}(\theta)$ は連続な k 次導関数をもち,

$$\frac{d^k \widehat{p}}{d\theta^k}(\theta) = \sum p(n)(in)^k e^{in\theta}.$$

とくに,$\theta=0$ とすれば,$E[X^k] = \sum n^k p(n)$ だから,(3.91) を得る. ∎

補題 3.37 X_n ($n \geq 1$) が独立で,同じ分布 p に従うとき,

(ⅰ) p が平均 μ をもてば,$E[S_n] = n\mu$.

(ⅱ) p が 2 次モーメント μ_2 をもてば,
$$E[S_n^2] = n\mu_2 + n(n-1)\mu^2.$$

とくに,平均が $\mu = 0$ ならば,
$$E[S_n^2] = n\mu_2.$$

[証明] それぞれの場合,S_n が平均,2 次モーメントをもつことは明らかであろう.さて,$\widehat{p}(\theta)$ が C^k 級のとき,$\widehat{p^{*n}}(\theta) = \widehat{p}(\theta)^n$ も C^k 級であるから,(ⅰ)の場合,$(\widehat{p}(\theta)^n)'|_{\theta=0} = n\widehat{p}(0)^{n-1}\widehat{p}'(0) = n\widehat{p}'(0) = in\mu$.

また,(ⅱ)は
$$(\widehat{p}(\theta)^n)'' = (n\widehat{p}(\theta)^{n-1}\widehat{p}'(\theta))'$$
$$= n\widehat{p}(\theta)^{n-1}\widehat{p}''(\theta) + n(n-1)\widehat{p}(\theta)^{n-2}\widehat{p}'(\theta)^2$$

よりわかる. ∎

上の補題より,
$$E[(S_n - n\mu)^2] = n\sigma^2 \quad \text{ただし,} \quad \sigma^2 = \mu_2 - \mu^2 \, (\text{分散}).$$

よって,$\mu \neq 0$ ならば,S_n は平均 $n\mu$,分散 $(\sqrt{n}\sigma)^2$ をもつから,μ の正負に応じて $S_n \to \pm\infty$ となることが想像される.これに対して,$\mu = 0$ ならば,何回も $S_n = 0$ となると予想することができる.

定理 3.38 酔歩 S_n の分布は次式で与えられる.

(3.92) $\quad P(S_n = k) = \dfrac{1}{2\pi}\displaystyle\int_0^{2\pi} \widehat{p}(\theta)^n e^{-ik\theta} d\theta \quad (n \geq 0, \, k \in \mathbb{Z}).$

とくに,

(3.93) $$P(S_n = 0) = \frac{1}{2\pi} \int_0^{2\pi} \widehat{p}(\theta)^n d\theta \quad (n \geqq 0)$$

で,

(3.94) $$\sum_{n=0}^{\infty} P(S_n = 0) = \frac{1}{2\pi} \int_0^{2\pi} \frac{d\theta}{1 - \widehat{p}(\theta)}.$$

(これを **Polyaの公式**ということがある.) ただし, (3.94)では両辺とも ∞ のこともあり得る.

[証明] $\widehat{p}(\theta)$ は連続関数で,

$$\widehat{p}(\theta)^n = \sum_{k \in \mathbb{Z}} P(S_n = k) e^{ik\theta}$$

だから, (3.92)は明らか. また, $0 < r < 1$ ならば明らかに,

$$\sum_{n=0}^{\infty} r^n P(S_n = 0) = \frac{1}{2\pi} \int_0^{2\pi} \frac{d\theta}{1 - r\widehat{p}(\theta)}.$$

ここで, $r \to 1$ とすると, 左辺は単調に $\sum_{n=0}^{\infty} P(S_n = 0)$ に収束または発散するから, $\infty = \infty$ を許せば, 等式(3.94)が成り立つ. ∎

例 3.39 公平な酔歩の場合,

(3.95) $$\widehat{p}(\theta) = \frac{1}{2} e^{i\theta} + \frac{1}{2} e^{-i\theta} = \cos\theta.$$

したがって,

(3.96) $$\sum_{n=0}^{\infty} P(S_n = 0) = \frac{1}{2\pi} \int_0^{2\pi} \frac{d\theta}{1 - \cos\theta}.$$

ところで, $|\theta|$ が十分小さいとき

$$\theta^2/4 \leqq 1 - \cos\theta \leqq \theta^2/2$$

が成り立つから, 上の広義積分は発散する. よって,

(3.97) $$\sum_{n=0}^{\infty} P(S_n = 0) = \infty.$$

つまり, $\mathbb{Z}$ 上の酔歩が原点 0 に戻ってくる回数の期待値は無限大である. ∎

(c) 再帰性

ここでは，次の問題を考える．

酔歩は原点に無限回戻ってくるか？

いいかえれば，

$\{n \mid S_n = 0\}$ は無限集合か？

定義 3.40 酔歩は，原点に無限回戻ってくるとき，**再帰的**(recurrent) といい，有限回しか戻らないとき，**非再帰的**(あるいは**過渡的**, transient) という． □

ここで，以下のような確率論らしい考察を用いる．

酔歩 S_n が何回原点に戻るかを考えよう．k 回以上原点に戻る確率は

(3.98) $\qquad r_k = P(\sharp\{n \mid n > 0,\ S_n = 0\} \geqq k)$

である．とくに，$r_1 = r$ とおくと，$1-r$ は酔歩が原点にまったく戻らない確率である．

補題 3.41 任意の $k \geqq 1$ に対して，

(3.99) $\qquad\qquad\qquad r_k = r^k.$

[証明] 初めて $S_n = 0$ となる時刻 $(n > 0)$ を T_1 とすると，

$$r = r_1 = P(T_1 < \infty) = \sum_{n_1 \geqq 1} P(T_1 = n_1)$$

であり，$k \geqq 2$ のとき

$$\begin{aligned}
r_k &= \sum_{n_1 \geqq 1} P(T_1 = n_1,\ \sharp\{n \mid n > n_1,\ S_n = 0\} \geqq k-1) \\
&= \sum_{n_1 \geqq 1} P(T_1 = n_1) P(\sharp\{n \mid n > 0,\ S_n = 0\} \geqq k-1) \\
&= P(T_1 < \infty) P(\sharp\{n \mid n > 0,\ S_n = 0\} \geqq k-1) \\
&= r r_{k-1}.
\end{aligned}$$

ゆえに，$r_k = r^k\ (k \geqq 1)$． ■

注意 3.42 上の r_k の漸化式を導く式変形の 2 行目では次のことを用いている．

ある時刻 n_1 で $S_{n_1} = 0$ となれば，n_1 の値が何であれ，それ以後の酔歩の動きは，あらためて酔歩を始めたと考えても同じである．

このような性質は **Markov** 性と呼ばれている.

系 3.43

（i） 任意の $k \geqq 1$ に対して,
$$P(\sharp\{n \mid n > 0,\ S_n = 0\} = k) = r^k(1-r) \quad (k \geqq 0).$$

（ii） $0 \leqq r < 1$ のとき,

(3.100) $\begin{cases} P(\sharp\{n \mid n > 0,\ S_n = 0\} < \infty) = 1 \\ \sum\limits_{n=0}^{\infty} P(S_n = 0) < \infty. \end{cases}$

（iii） $r = 1$ のとき,

(3.101) $\begin{cases} P(\sharp\{n \mid n > 0,\ S_n = 0\} = \infty) = 1 \\ \sum\limits_{n=0}^{\infty} P(S_n = 0) = \infty. \end{cases}$

［証明］ （i）は上の補題より明らか.

（ii）の最初の式は,（i）と等比級数の和に関する公式より明らか. 後半も明らかであろうが, 念のためていねいに書いておくと, まず,
$$\sharp\{n \mid n > 0,\ S_n = 0\} = \sum_{n=1}^{\infty} 1(S_n = 0)$$
と書けることに着目する. ただし,
$$1(S_n = 0) = \begin{cases} 1 & (S_n = 0 \text{ のとき}) \\ 0 & (その他). \end{cases}$$
すると,
$$\sum_{n=1}^{\infty} P(S_n = 0) = E\Big[\sum_{n=1}^{\infty} 1(S_n = 0)\Big] = \sum_{k \geqq 1} kr^k(1-r) < \infty.$$

（iii） $r = 1$ のとき, 任意の $k \geqq 1$ に対して $r_k = 1$ だから,
$$P(\sharp\{n \mid n > 0,\ S_n = 0\} = \infty) = \lim_{k \to \infty} P(\sharp\{n \mid n > 0,\ S_n = 0\} \geqq k) = 1.$$
すると,

$$\sum_{n=1}^{\infty} P(S_n = 0) = E[\sharp\{n \mid n > 0,\ S_n = 0\}] = \infty.$$

以上の確率論的考察と，その前に述べた Fourier 級数論の結果をあわせると，

定理 3.44（Polya） $\mathbb{Z}$ 上の公平な酔歩は再帰的である． □

(d) 多次元の場合

多次元の場合もたたみこみは定義され，同様の性質をもつ．

まず，次元が m のときも，$1 \leq p \leq \infty$ に対して

(3.102) $\qquad \ell^p(\mathbb{Z}) = \{\alpha = (\alpha_n)_{n \in \mathbb{Z}^m} \mid \|\alpha\|_p < \infty\}$

とする．ただし，$\|\cdot\|_p$ は p ノルムとする：

(3.103) $\qquad \|\alpha\|_p = \left(\sum_{n \in \mathbb{Z}^m} |\alpha_n|^p \right)^{1/p}.$

補題 3.45

（ i ） $\alpha, \beta \in \ell^1(\mathbb{Z}^m)$ のとき，各 $n \in \mathbb{Z}^d$ に対して

(3.104) $\qquad \alpha * \beta(n) = \sum_{k \in \mathbb{Z}^m} \alpha(k) \beta(n-k)$

は絶対収束し，$\alpha * \beta \in \ell^1(\mathbb{Z}^m)$．

（ ii ） $\alpha \in \ell^1(\mathbb{Z}^m)$ のとき，

(3.105) $\qquad \widehat{\alpha}(t) = \sum_{n \in \mathbb{Z}} \alpha(n) e_n(t) \quad (t \in \mathbb{T}^m)$

により，$\widehat{\alpha} \colon \mathbb{T}^m \to \mathbb{C}$ を定めれば，$\widehat{\alpha} \in \mathcal{C}(\mathbb{T}^m)$ で，

(3.106) $\qquad \|\widehat{\alpha}\|_\infty \leq \|\alpha\|_1.$

（iii） $\alpha, \beta \in \ell^1(\mathbb{Z}^m)$ ならば，

(3.107) $\qquad \widehat{\alpha * \beta}(t) = \alpha(t)\beta(t) \quad (t \in \mathbb{T}^m).$ □

また，$\mathbb{Z}^d$ 上の酔歩 $(S_n)_{n \geq 0}$ も，$p \in \ell^1(\mathbb{Z}^m)$ で，条件

(3.108) $\qquad p(n) \geq 0\ (n \geq 0),\quad \sum_{n \in \mathbb{Z}^d} p(n) = 1$

をみたすものを 1 つ与えれば，まったく同様に定義される．とくに，

$$(3.109) \quad p(n) = \begin{cases} (2m)^{-1} & (|n| = |n_1| + |n_2| + \cdots + |n_m| = 1 \text{ のとき}) \\ 0 & (\text{その他の場合}) \end{cases}$$

をとったとき，**公平な酔歩**という．

定理 3.46（Polya） $\mathbb{Z}^m$ 上の公平な酔歩は，

（i） $m \leq 2$ ならば，再帰的であり，

（ii） $m > 2$ ならば，非再帰的である．

［証明］ まず，$\theta = (\theta_1, \theta_2, \cdots, \theta_m)$ のとき，

$$\widehat{p}(\theta) = \sum_{n \in \mathbb{Z}^m} p(n) e^{i\langle n, \theta \rangle} = \frac{1}{m} \sum_{j=1}^{m} \cos \theta_j.$$

一方，(c) と同様の議論を用いれば，

$$(3.110) \quad \sum_{n=0}^{\infty} P(S_n = 0) = \left(\frac{1}{2\pi}\right)^m \int_{-\pi}^{\pi} \cdots \int_{-\pi}^{\pi} \frac{d\theta_1 \cdots d\theta_m}{1 - \widehat{p}(\theta)}.$$

ところで，$\widehat{p}(\theta) = 1$ となるのは原点に限り，原点の近くでは，

$$(3.111) \quad 1 - \widehat{p}(\theta) = \frac{1}{m} \sum_{j=1}^{m} (1 - \cos \theta_j) \begin{cases} \leq \dfrac{1}{2m} \sum_{j=1}^{m} \theta_j^2 \\ \geq \dfrac{1}{4m} \sum_{j=1}^{m} \theta_j^2. \end{cases}$$

そこで，

$$\rho = \left(\sum_{j=1}^{m} \theta_j^2\right)^{1/2}$$

とおき，$\rho \leq \delta$ の範囲で(3.111)が成り立つとして，上の(3.110)の右辺の積分を評価すると，まず $m = 2$ のとき，

$$\left(\frac{1}{2\pi}\right)^2 \int_{-\pi}^{\pi} \int_{-\pi}^{\pi} \frac{d\theta_1 d\theta_2}{1 - \widehat{p}(\theta)} \geq \left(\frac{1}{2\pi}\right)^2 \int_0^{\delta} \frac{2m \cdot 2\pi \rho \, d\rho}{\rho^2} = \infty,$$

一方，$m \geq 3$ のときは，

$$\int_0^{\delta} \frac{\rho^{m-1} d\rho}{\rho^2} = \int_0^{\delta} \rho^{m-3} d\rho < \infty$$

となるから，

$$\left(\frac{1}{2\pi}\right)^m \int_{-\pi}^{\pi}\cdots\int_{-\pi}^{\pi}\frac{d\theta_1\cdots d\theta_m}{1-\widehat{p}(\theta)} < \infty.$$

したがって,

(3.112) $$\sum_{n=0}^{\infty} P(S_n = 0) \begin{cases} = \infty & (m \leqq 2) \\ < \infty & (m > 2). \end{cases}$$

ゆえに, (c)と同様の確率論を用いれば,

(3.113) $$P(\sharp\{n \mid S_n = 0\} = \infty) = \begin{cases} 1 & (m \leqq 2) \\ 0 & (m > 2). \end{cases}$$

(教訓: 宇宙飛行士は飲酒してはならない.)

注意 3.47 次元 m は整数であるのに, 場合分けを $m \leqq 2$ と $m > 2$ として, $m \leqq 2$ と $m \geqq 3$ と書かなかったのは次の理由による. 曲率が負の世界(例えば, 非コンパクトな Riemann 面)でも公平な酔歩に相当するものを考えることができ, この場合は次元 $m=2$ でも非再帰的である(角谷静夫). つまり, $m=2$ が再帰性と非再帰性を分ける境い目であり, $m=2$ のときは考える空間の幾何に応じて, どちらの場合も起こり得る.

§3.5 固有関数展開

円周上の Fourier 級数展開

(3.114) $$f(x) \sim \sum_{n \in \mathbb{Z}} \widehat{f}(n) e_n(x), \quad e_n(x) = e^{2\pi i n x}$$

において, $e_n'(x) = 2\pi i n e_n(x)$ あるいは,

(3.115) $$\frac{d^2}{dx^2} e_{\pm n}(x) = -(2\pi n)^2 e_{\pm n}(x) \quad (n = 0, 1, 2, \cdots)$$

であった. (3.115)は, 行列における固有値問題の一般化と見ることができ, $e_{\pm n}$ は微分作用素 d^2/dx^2 に関する固有値 $-(2\pi n)^2$ の固有関数という. このような見方の可能性は Fourier 自身も気が付いており, 後に Sturm, Liouville

たちにより一般化される.

以下,簡単な行列の場合から始めて,正弦展開,余弦展開と呼ばれるものをこの視点から整理する.

(a) 巡回群 $\mathbb{Z}/n\mathbb{Z}$ 上の Fourier 解析

実対称行列あるいは Hermite 行列 $A=(a_{jk})_{1\leq j,k\leq n}$ に対しては,固有値問題

(3.116) $$Au = \lambda u$$

は,(重複を許して) n 個の実固有値 $\lambda_1, \lambda_2, \cdots, \lambda_n$ と固有ベクトル $e^{(1)}, e^{(2)}, \cdots, e^{(n)}$ をもち,任意のベクトル u は,

(3.117) $$u = \sum_{j=1}^{n} c_j e^{(j)}$$

の形に分解される.この表示を用いると,A の作用は

(3.118) $$Au = \sum_{j=1}^{n} \lambda_j c_j e^{(j)}$$

となり,右辺の係数で見れば,固有値 λ_j を掛ける操作となる.

とくに,$A = (a_{jk})$ が巡回的,つまり,

(3.119) $$a_{jk} = a(j-k) \quad \text{ただし,} \quad a(j\pm n) = a(j)$$

の場合は,円周上の Fourier 級数の話と類似の極端に簡単な場合となる.

まず,整数を法 (mod) n で考えたものを $\mathbb{Z}/n\mathbb{Z}$ と表す.したがって $\mathbb{Z}/n\mathbb{Z}$ は集合 $\{0, 1, 2, \cdots, n-1\}$ で代表することができ,その加法は次のようになる.

$$i+j \equiv k \pmod{n} \iff i+j-k \in n\mathbb{Z} = \{0, \pm n, \pm 2n, \cdots\}.$$

このとき,n 個の単位ベクトル $e^{(0)} = (e_j^{(0)})_{0\leq j<n}, \cdots, e^{(n-1)} = (e_j^{(n-1)})_{0\leq j<n}$ を

$$e^{(k)} = n^{-1/2} \exp(2\pi ikj/n) = n^{-1/2}(\exp 2\pi ik/n)^j$$

で定めれば,行列 A が巡回的で,その成分が (3.119) で与えられるとき,

$$(Ae^{(k)})_j = \sum_{m=0}^{n-1} a(j-m) e_m^{(k)}$$

$$= n^{-1/2} \sum_{m=0}^{n-1} a(j-m) \exp(2\pi ikm/n)$$

$$= n^{-1/2} \sum_{l=0}^{n-1} a(l) \exp(2\pi i k l/n) \exp(2\pi i k j/n) \quad (0 \le j < n).$$

よって，$\alpha_k = \sum_{l=0}^{n-1} a(l) \exp(2\pi i k l/n)$ とおくと，
$$Ae^{(k)} = \alpha_k e^{(k)} \quad (0 \le k < n).$$

このとき，ベクトル $u = (u_j)_{0 \le j < n} \in \mathbb{C}^n$ に対して，

(3.120) $$\widehat{u}(k) = \langle u, e^{(k)} \rangle = \sum_{j=0}^{n-1} u_j \overline{e_j^{(k)}}$$

を u の Fourier 係数と考えれば，

(3.121) $$u_j = \sum_{k=0}^{n-1} \widehat{u}(k) e_j^{(k)} = \frac{1}{\sqrt{n}} \sum_{k=0}^{n-1} \widehat{u}(k) e^{2\pi i k j/n}$$

は Fourier 級数に対応する(ただし，有限和)．そして，

(3.122) $$\widehat{Au}(k) = \alpha_k \widehat{u}(k).$$

これは，

(3.123) $$(Au)_j = \sum_{m=0}^{n-1} a(j-m) e_m^{(k)}$$

がたたみこみであることの反映である．

(b) 正弦展開

Dirichlet 境界条件

(3.124) $$f(0) = f(1) = 0$$

のもとで固有値問題

(3.125) $$\frac{d^2 f}{dx^2} = \lambda f \quad (0 \le x \le 1)$$

を解けば，固有値は $\lambda = -(\pi n)^2$ $(n = 1, 2, \cdots)$ で固有関数は
$$f(x) = C \sin \pi n x$$

である．この関数 f を
$$\|f\|_2 = \left(\int_0^1 |f(x)|^2 dx \right)^{1/2} = 1$$

となるように規格化すれば，固有関数として，

$$\text{(3.126)} \qquad f_n(x) = \sqrt{2}\sin\pi nx \quad (n=1,2,\cdots)$$

が得られる.

定理 3.48

(i) $f \in \mathcal{C}^1[0,1]$ が Dirichlet 境界条件(3.124)をみたせば,

$$\text{(3.127)} \qquad f(x) = \sum_{n=1}^{\infty} \langle f, f_n \rangle f_n(x) \quad \text{(一様収束).}$$

つまり,

$$f(x) = \sum_{n=1}^{\infty} 2\left(\int_0^1 f(y)\sin\pi ny\,dy\right)\sin\pi nx.$$

(ii) 任意の 2 乗可積分関数 $f:[0,1] \to \mathbb{C}$ に対して

$$\text{(3.128)} \qquad \left\|f - \sum_{n=1}^{N} \langle f, f_n \rangle f_n \right\|_2 \to 0 \quad (N \to \infty).$$

ただし,

$$\text{(3.129)} \qquad \langle f, g \rangle = \int_0^1 f(x)\overline{g(x)}\,dx.$$

□

注意 3.49

(1) 2 乗可積分関数の全体を $L^2[0,1]$ として, 上の結論(3.128)を

$$\text{(3.130)} \qquad f = \sum_{n=1}^{\infty} \langle f, f_n \rangle f_n \in L^2[0,1]$$

と表し, L^2 の意味で f は $\sum_{n=1}^{\infty} \langle f, f_n \rangle f_n$ に等しいということがある.

(2) 上の定理は, $f_n\,(n \geqq 1)$ が上述の境界値問題の固有関数であることのみを用いて証明できるものであるが, 以下では歴史に従って, Kelvin の鏡映原理を用いた証明を与える.

例 3.50 $f(x) \equiv 1$ を考えると,

$$\sqrt{2}\int_0^1 \sin n\pi x\,dx = \sqrt{2}\,(-n\pi)^{-1}\cos n\pi x\bigr|_0^1 = \sqrt{2}\,(n\pi)^{-1}(1-(-1)^n)$$

$$= \begin{cases} 2\sqrt{2}\,(n\pi)^{-1} & (n \text{ が奇数のとき}) \\ 0 & (n \text{ が偶数のとき}). \end{cases}$$

よって，まず，L^2 の意味で次式が成り立つことがわかる：

$$(3.131) \qquad 1 = \sum_{n=1}^{\infty} \frac{2\sin(2n-1)\pi x}{(2n-1)\pi}.$$

ところで，(3.131)の右辺は $0 < x < 1$ のとき各点収束しているから，(3.131) は $0 < x < 1$ に対して通常の意味での等式となる．($x = 0, 1$ では，右辺は 0 となるから等号は成立しない．) □

[定理 3.48 の証明] (i) 境界条件(3.124)をみたす C^2 級関数 f に対して，

$$(3.132) \qquad \tilde{f}(t) = \begin{cases} f(2t) & (0 \leq t \leq 1/2) \\ -f(-2t) & (-1/2 \leq t < 0) \end{cases}$$

とおけば，$\tilde{f}$ は円周上の C^1 級関数となる．よって，$\tilde{f}$ の Fourier 級数は $\tilde{f}$ に一様収束する．ところで，

$$\begin{aligned}
\widehat{\tilde{f}}(n) &= \int_{-1/2}^{1/2} \tilde{f}(t) e^{-2\pi i n t} dt \\
&= \int_{0}^{1/2} f(2t) e^{-2\pi i n t} dt - \int_{-1/2}^{0} f(-2t) e^{-2\pi i n t} dt \\
&= \frac{1}{2} \int_{0}^{1} f(x) e^{-\pi i n x} dx - \frac{1}{2} \int_{0}^{1} f(x) e^{\pi i n x} dx \\
&= -i \int_{0}^{1} f(x) \sin \pi n x \, dx.
\end{aligned}$$

とくに，$\widehat{\tilde{f}}(-n) = -\widehat{\tilde{f}}(n)$ だから，$0 \leq x = 2t \leq 1$ のとき，

$$\begin{aligned}
\sum_{n \in \mathbb{Z}} \widehat{\tilde{f}}(n) e^{2\pi i n t} &= \sum_{n=1}^{\infty} \widehat{\tilde{f}}(n) (e^{2\pi i n t} - e^{-2\pi i n t}) \\
&= \sum_{n=1}^{\infty} 2 \Big(\int_{0}^{1} f(y) \sin \pi n y \, dy \Big) \sin \pi n x \\
&= \sum_{n=1}^{\infty} \langle f, f_n \rangle f_n(x).
\end{aligned}$$

ゆえに，$f(x) = \tilde{f}(2t) = \sum_{n=1}^{\infty} \langle f, f_n \rangle f_n(x)$ で，この収束は一様収束である．

(ii) 2 乗可積分関数 $f: [0,1] \to \mathbb{C}$ に対して，上と同様に(3.132)によって，円周上の奇関数 $\tilde{f}$ を定義することができる．ところで，(i)と同様の計算から，$\tilde{f}$ が奇関数のとき，

$$\sum_{n=-N}^{N} \widehat{\widetilde{f}}(n) e^{2\pi i n t} = \sum_{n=1}^{N} \widehat{\widetilde{f}}(n)(e^{2\pi i n t} - e^{-2\pi i n t})$$

$$= \sum_{n=1}^{N} \langle f, f_n \rangle f_n(2t) \quad (-1/2 \leqq t < 1/2)$$

も奇関数となり,

$$\int_0^1 \left| \widetilde{f}(t) - \sum_{n=-N}^{N} \widehat{\widetilde{f}}(n) e^{2\pi i n t} \right|^2 dt$$

$$= 2 \int_0^{1/2} \left| \widetilde{f}(t) - \sum_{n=-N}^{N} \widehat{\widetilde{f}}(n) e^{2\pi i n t} \right|^2 dt$$

$$= \int_0^1 \left| f(x) - \sum_{n=-N}^{N} \widehat{\widetilde{f}}(n) e^{\pi i n x} \right|^2 dx.$$

よって,円周上の Fourier 級数の結果から(3.128)が従う. ∎

(c) 余弦展開

Neumann 境界条件

(3.133) $\qquad f'(0) = f'(1) = 0$

のもとで,固有値問題(3.125)を解けば,固有値は $\lambda = -(\pi n)^2$ $(n = 0, 1, 2, \cdots)$ で,正規化された固有関数は

(3.134) $\qquad f_0(x) = 1, \quad f_n(x) = \sqrt{2} \cos \pi n x \quad (n \geqq 1)$

となる.

このとき,次のことが成り立つ.

定理 3.51

(i) $f \in \mathcal{C}^1[0,1]$ が Neumann 境界条件(3.133)をみたせば,

(3.135) $\qquad f(x) = \sum_{n=0}^{\infty} \langle f, f_n \rangle f_n(x) \quad (\text{一様収束}).$

つまり,

$$f(x) = \int_0^1 f(y) dy + \sum_{n=0}^{\infty} 2 \Big(\int_0^1 f(y) \cos \pi n y \, dy \Big) \cos \pi n x.$$

(ii) 任意の2乗可積分関数 $f : [0,1] \to \mathbb{C}$ に対して,

$$(3.136) \qquad f = \sum_{n=0}^{\infty} \langle f, f_n \rangle f_n \in L^2[0,1].$$

[証明] 次の形の Kelvin の鏡映原理を用いる.
$f \in \mathcal{C}^1[0,1]$ が Neumann 境界条件(3.133)をみたすとき,
$$\tilde{f}(2t) = f(2|t|) \quad (-1/2 \leqq t \leqq 1/2)$$
とおけば, $\tilde{f}$ は円周上の $\mathcal{C}^1$ 級の偶関数である.
証明の他の部分は, 前の定理 3.48 とまったく同様である. ∎

(d) 境界値問題

連続関数 $f: [0,1] \to \mathbb{C}$ が与えられたとき, 常微分方程式の境界値問題

$$(3.137) \qquad \frac{d^2u}{dx^2} + f = 0 \quad (0 < x < 1), \quad u(0) = u(1) = 0$$

を考えてみよう.(この境界条件 $u(0) = u(1) = 0$ は Dirichlet 境界条件という.)

まず復習をしよう. 一般に, 境界値問題

$$(3.138)$$
$$Lu = \frac{d^2u}{dx^2} + p(x)\frac{du}{dx} + q(x)u = -f \quad (a < x < b), \quad u(0) = u(1) = 0$$

は, 以下のように構成される関数 $G(x,y)$ が存在すれば, ただ1つの解をもち,

$$(3.139) \qquad u(x) = \int_a^b G(x,y) f(y) dy$$

と表現される. この関数 G を境界値問題(3.138)の **Green 関数**という.

まず, 常微分方程式の初期値問題

$$(3.140) \qquad \begin{cases} Lu_1 = 0, & u_1(a) = 0, \; u_1'(a) = 1, \\ Lu_2 = 0, & u_2(b) = 0, \; u_2'(b) = 1 \end{cases}$$

の解を u_1, u_2 とすると, Wronski 行列式

§3.5 固有関数展開 ── 127

$$W = \begin{vmatrix} u_1 & u_2 \\ u_1' & u_2' \end{vmatrix}$$

の値は x によらず一定である．したがって，$W \neq 0$ ならば，関数 $G(x,y)$ を

$$G(x,y) = \begin{cases} -W^{-1}u_1(x)u_2(y) & (a \leq x \leq y \leq b) \\ -W^{-1}u_2(x)u_1(y) & (a \leq y \leq x \leq b) \end{cases}$$

で定めることができ，微分を計算すればただちにわかるように，(3.140)で $u(x)$ を定めれば，(3.139)の解となる．また，もし $W=0$ ならば，Green 関数は存在せず，(3.139)を任意の f に対して解くことはできない．

上に挙げた例(3.137)の場合，

$$u_1(x) = x, \quad u_2(x) = x-1, \quad W = 1$$

だから，

(3.141)
$$G(x,y) = \begin{cases} x(1-y) & (0 \leq x \leq y \leq 1) \\ y(1-x) & (0 \leq y \leq x \leq 1) \end{cases} = \min\{x,y\}\min\{1-x,1-y\}$$

となり，これを用いて解 u は(3.139)により与えられる．

ところで，(3.137)は正弦展開を用いて解くこともできる．
実際，$f_n(x) = \sqrt{2}\sin \pi nx$ $(n \geq 1)$ として

$$f = \sum_{n=1}^{\infty} \langle f, f_n \rangle f_n \in L^2[0,1].$$

ところで，u が C^2 級で，$u(0) = u(1) = 0$ をみたせば，

$$\begin{aligned}
\langle u'', f_n \rangle &= \sqrt{2}\int_0^1 u''(x)\sin \pi nx\, dx \\
&= \sqrt{2}u'(x)\sin \pi nx\Big|_0^1 - \pi n \int_0^1 u'(x)\cos \pi nx\, dx \\
&= 0 - \pi n u(x)\cos \pi nx\Big|_0^1 - (\pi n)^2 \int_0^1 u(x)\sin \pi nx\, dx \\
&= -(\pi n)^2 \langle u, f_n \rangle.
\end{aligned}$$

よって，u が(3.137)の解ならば，L^2 の意味で次式が成り立つ．

$$(3.142) \qquad u = -\sum_{n=1}^{\infty} (\pi n)^{-2} \langle f, f_n \rangle f_n$$

ここで,

$$(3.143) \qquad |\langle f, f_n \rangle| \leqq \|f\|_2 \|f_n\|_2 = \|f\|_2, \quad \max_{0 \leqq x \leqq 1} |f_n(x)| = \sqrt{2}.$$

そして,$\sum_{n=1}^{\infty} n^{-2} < \infty$ だから,(3.142)の右辺は一様収束.よって,(3.137)の解は

$$\begin{aligned}(3.144) \quad u(x) &= -\sum_{n=1}^{\infty} (\pi n)^{-2} \langle f, f_n \rangle f_n(x) \\ &= -\sum_{n=1}^{\infty} 2(\pi n)^{-2} \left(\int_0^1 f(y) \sin \pi n y \, dy \right) \sin \pi n x\end{aligned}$$

で与えられる.

注意 3.52 (3.144)より,Green 関数の展開式

$$G(x,y) = \min\{x,y\} \min\{1-x, 1-y\} = 2 \sum_{n=1}^{\infty} (\pi n)^{-2} \sin \pi n x \sin \pi n y$$

が得られる.

ところで,f が連続でなくても,2乗可積分であれば評価式(3.143)は成り立ち,したがって,(3.144)も一様収束する.このとき,もはや $u(x)$ は C^2 級とは限らないが,これを(3.137)の一般化された意味での解と考えることはできないだろうか.

これを正当化するために,次項のように定義をしよう.

(e) 微分作用素 d^2/dx^2

定義 3.53 $f:[0,1]\to\mathbb{C}$ が C^1 級関数で,Dirichlet 境界条件

$$(3.145) \qquad f(0) = f(1) = 0$$

をみたし,ある $g \in L^2[0,1]$ に対して

$$(3.146) \qquad f'(x) = f'(0) + \int_0^x g(y) dy \quad (0 \leqq x \leqq 1)$$

が成り立つとき，

(3.147) $$\Delta f = g$$

と書く．そして，このような関数 f の全体を Δ の定義域と呼び，$\mathrm{Dom}(\Delta)$ と表す．なお，微分作用素 $\Delta\colon \mathrm{Dom}(\Delta) \to L^2[0,1]$ は誤解のおそれのないときは，通常と同じ記号 d^2/dx^2 で表す． □

例 3.54 f, g を

$$f(x) = \begin{cases} (x-1/2)x/2 & (0 \leq x \leq 1/2) \\ (x-1/2)(1-x)/2 & (1/2 < x \leq 1) \end{cases}$$

$$g(x) = \begin{cases} 1 & (0 \leq x \leq 1/2) \\ -1 & (1/2 < x \leq 1) \end{cases}$$

で定めると，

$$f'(x) = \begin{cases} x - 1/4 & (0 \leq x \leq 1/2) \\ 1 - x - 1/4 & (1/2 < x \leq 1) \end{cases}$$

とくに，$f'(0) = -1/4$ となるから，(3.146) が成り立つ．よって，$\Delta f = g$． □

上の定義から，$f \in \mathrm{Dom}(\Delta)$ のとき，$f(0) = 0$ より，

$$f(x) = f'(0)x + \int_0^x \int_0^{x_1} g(y) dy dx_1$$
$$= f'(0)x + \int_0^x (x-y) g(y) dy$$

と表され，$f(1) = 0$ より，

$$f'(0) + \int_0^1 (1-y) g(y) dy = 0$$

となるから，$g = \Delta f$ から，f は次のように一意的に定まる．

$$f'(x) = \int_0^x g(y) dy - \int_0^1 (1-y) g(y) dy,$$
$$f(x) = \int_0^x (x-y) g(y) dy - x \int_0^1 (1-y) g(y) dy$$

$$= -\int_0^x y(1-x)g(y)dy - \int_x^1 x(1-y)g(y)dy.$$

つまり，(3.141)で定めた Green 関数 $G(x,y)$ を用いて積分作用素 G を

(3.148) $$Gg(x) = \int_0^1 G(x,y)g(y)dy \quad (g \in L^2[0,1])$$

により定めれば，次のことが成り立つ．

(3.149) $f \in \text{Dom}(\Delta)$, $\Delta f = g \implies g \in L^2[0,1]$, $Gg = -f$.

定義 3.55 積分作用素 G を微分作用素 Δ の **Green 作用素**といい，関数 $G(x,y)$ は **Green 核**ともいう． □

上の(3.149)の逆もいえる．

定理 3.56 $g \in L^2[0,1]$ で $f = Gg$ のとき，$f \in \text{Dom}(\Delta)$ で，$\Delta f = -g$. つまり，

(3.150) $$L^2[0,1] \text{ 上で，} \Delta G = -I.$$

[証明] まず，$g \in L^2[0,1]$ より，

$$\int_0^1 |G(x,y)g(y)|dy \leqq \left(\int_0^1 |G(x,y)|^2 dy\right)^{1/2} \left(\int_0^1 |g(y)|^2 dy\right)^{1/2} < \infty.$$

したがって，各点 x で $f(x) = Gg(x)$ が定まり，さらに，

$$\|f\|_2^2 = \int_0^1 \left|\int_0^1 G(x,y)g(y)dy\right|^2 dx$$
$$\leqq \int_0^1 \left(\int_0^1 |G(x,y)|^2 dy\right)\left(\int_0^1 |g(y)|^2 dy\right)dx$$
$$\leqq \int_0^1 \left(\int_0^1 |G(x,y)|^2 dy\right)\|g\|_2^2 dx$$
$$= \|g\|_2^2 \int_0^1\int_0^1 |G(x,y)|^2 dxdy < \infty.$$

次に，

$$f(x) = \int_0^1 G(x,y)g(y)dy$$
$$= \int_0^x y(1-x)g(y)dy + \int_x^1 x(1-y)g(y)dy$$

より，f は微分可能で，
$$f'(x) = x(1-x)g(x) - \int_0^x yg(y)dy - x(1-x)g(x) + \int_x^1 (1-y)g(y)dy$$
$$= -\int_0^x yg(y)dy + \int_x^1 (1-y)g(y)dy$$
$$= -\int_0^1 yg(y)dy + \int_x^1 g(y)dy = \int_0^1 (1-y)g(y)dy - \int_0^x g(y)dy.$$

よって，$f \in \mathrm{Dom}(\Delta)$ で，$\Delta f = -g$. ∎

これらの作用素 Δ, G のもつ顕著な性質は，内積

(3.151) $$\langle f, g \rangle = \int_0^1 f(x)\overline{g(x)}dx$$

に関する対称性である．

定理 3.57

（ i ） $f, g \in \mathrm{Dom}(\Delta)$ のとき，

(3.152) $$\langle \Delta f, g \rangle = \langle f, \Delta g \rangle.$$

（ ii ） $f, g \in L^2[0,1]$ のとき，

(3.153) $$\langle Gf, g \rangle = \langle f, Gg \rangle.$$

[証明] （ i ）
$$\langle \Delta f, g \rangle = \int_0^1 \Delta f(x)\overline{g(x)}dx = \int_0^1 \Delta f(x)\left(\int_0^x \overline{g'(y)}dy\right)dx$$
$$= \int_0^1 \left(\int_y^1 \Delta f(x)dx\right)\overline{g'(y)}dy$$
$$= -\int_0^1 f'(y)\overline{g'(y)}dy = -\langle f', g' \rangle.$$

よって，$\langle \Delta f, g \rangle = -\langle f', g' \rangle = -\overline{\langle g', f' \rangle} = \overline{\langle \Delta g, f \rangle} = \langle f, \Delta g \rangle$.

（ ii ）まず，Schwarz の不等式から，
$$\int_0^1 \int_0^1 |G(x,y)f(x)g(y)|dxdy$$
$$= \int_0^1 \int_0^1 |G(x,y)| \cdot |f(x)g(y)|dxdy$$
$$\leq \left(\int_0^1 \int_0^1 |G(x,y)|^2 dxdy\right)^{1/2} \left(\int_0^1 \int_0^1 |f(x)|^2 |g(y)|^2 dxdy\right)^{1/2}.$$

よって，積分の順序交換は保証されて，$G(x,y) = G(y,x) = \overline{G(y,x)}$ だから，

$$\int_0^1 Gf(x)\overline{g(x)}dx = \int_0^1 \left(\int_0^1 G(x,y)f(y)dy\right)\overline{g(x)}dx$$

$$= \int_0^1 \left(\int_0^1 G(x,y)\overline{g(x)}dx\right)f(y)dy$$

$$= \int_0^1 \overline{Gg(y)}f(y)dy.$$

つまり，$\langle Gf, g \rangle = \langle f, Gg \rangle$. ∎

（f） 固有値と固有関数

定義 3.58 $f \in \mathrm{Dom}(\Delta)$, $f \neq 0$ に対して，$\lambda \in \mathbb{C}$ で，
$$\Delta f = \lambda f$$
をみたすものがあれば，f を微分作用素 Δ の**固有関数**，λ を**固有値**という．

積分作用素に対しても同様に，
$$g \in L^2[0,1], \quad g \neq 0, \quad Gg = \mu g$$
のとき，g を G の**固有関数**，μ を**固有値**という． □

定理 3.59

（ⅰ） Δ の固有値はすべて負の実数である．

（ⅱ） G の固有値もすべて実数である．

[証明] （ⅰ） $f \in \mathrm{Dom}(\Delta)$, $\Delta f = \lambda f$, $f \neq 0$ とすると，

$$\lambda \langle f, f \rangle = \langle \Delta f, f \rangle = -\langle f', f' \rangle$$
$$= \langle f, \Delta f \rangle = \overline{\langle \Delta f, f \rangle} = \overline{\lambda} \langle f, f \rangle$$

より，$\lambda = \overline{\lambda} \in \mathbb{R}$ かつ，$\lambda = -\|f'\|^2/\|f\|^2 \leq 0$. もし $\lambda = 0$ とすると，$\|f'\|^2 = 0$ より，f' は定数関数．すると，境界条件より $f(x) \equiv 0$ となり矛盾．ゆえに，$\lambda < 0$.

（ⅱ） $g \in L^2[0,1]$, $Gg = \mu g$ ならば，（ⅰ）と同様に，

$$\mu \|g\|^2 = \langle Gg, g \rangle = \langle g, Gg \rangle = \overline{\langle Gg, g \rangle} = \overline{\mu} \|g\|^2$$

より，$\mu = \overline{\mu} \in \mathbb{R}$. ∎

注意 3.60 定理 3.56 より，$Gg = \mu g$ ならば，$g = -\Delta Gg = -\mu \Delta g$ となるから，

$-\mu^{-1}$ は Δ の固有値である.また逆に,$\Delta f = \lambda f$ ならば,$f = -G\Delta f = -\lambda G f$ となるから,$-\lambda^{-1}$ は G の固有値である.

以下,固有値を,上の定義に従って,具体的に求めてみよう.
f が Δ の固有関数で,λ がその固有値ならば,f は C^1 級関数で,
$$f'(x) = f'(0) + \lambda \int_0^x f(y) dy.$$
この右辺は x について微分可能だから,f は C^2 級で,
$$f''(x) = \lambda f(x), \quad f(0) = f(1) = 0.$$
したがって,$\lambda = -(\pi n)^2$ $(n = 1, 2, \cdots)$ で,$f(x) = C \sin n\pi x$ (C は定数).
つまり,Δ の固有値は,ふつうの微分 d^2/dx^2 の場合と同じで,
$$\lambda_n = -(\pi n)^2 \quad (n = 1, 2, \cdots)$$
であり,G の固有値は
$$\mu_n = (\pi n)^{-2} \quad (n = 1, 2, \cdots).$$
対応する固有関数はただ1つで,L^2 ノルムが1になるように規格化すれば,
$$f_n(x) = \sqrt{2} \sin n\pi x \quad (n = 1, 2, \cdots).$$
注意 3.61 次の定理はこの形から計算してもわかるが,下の証明の方が明快であり,将来の一般化に道を拓く.

定理 3.62 $n \neq m$ のとき,$\langle f_n, f_m \rangle = 0$.
[証明] $\Delta f = \lambda f$, $\Delta g = \mu g$, $\|f\| = \|g\| = 1$ とすると,$\mu \in \mathbb{R}$ だから,
$$\lambda \langle f, g \rangle = \langle \Delta f, g \rangle = \langle f, \Delta g \rangle = \mu \langle f, g \rangle.$$
よって,$\lambda \neq \mu$ ならば,$\langle f, g \rangle = 0$. ∎

§3.6 直交多項式に関する Fourier 展開

(a) 直交多項式

Hermite 多項式,Chebyshev 多項式,Legendre 多項式,その他の人名を冠して呼ばれている個性豊かな n 次多項式 $(n \geq 0)$ の系列がある.

ここでは，一般的な直交多項式の定義から始めよう．

まず，区間 $I = (a, b)$ とその上の正の実数値関数 w をとる．関数 w は区間 I 上で(広義)可積分，つまり

$$(3.154) \qquad M_0 = \int_I w(x)dx < \infty$$

とし，さらに，すべての自然数 n に対して，$|x|^n w(x)$ も区間 I 上で(広義)可積分と仮定して，n 次モーメント(積率)を

$$(3.155) \qquad M_n = \int_I x^n w(x)dx$$

とおく．以下，$w: I \to (0, \infty)$ を**重み関数**(weight function)と呼ぶ．

このとき，単項式列

$$1,\ x,\ x^2,\ x^3,\ \cdots$$

から，重み付きの内積

$$\langle f, g \rangle = \langle f, g \rangle_w = \int_I f(x)g(x)w(x)dx$$

に関する Gram–Schmidt の直交化により，順次，次のような n 次実多項式列 $P_n(x)$ $(n \geqq 0)$ を作ることができる．

$$(3.156) \qquad \deg P_n = n,$$

$$(3.157) \qquad \langle P_n, P_m \rangle = 0 \quad (n \neq m),$$

$$(3.157') \qquad \|P_n\|^2 = \langle P_n, P_n \rangle = 1.$$

実際，$P_0(x) \equiv M_0^{-1/2}$ として，帰納的に，

$$(3.158) \qquad P_n(x) = \mu_n \Big\{ x^n - \sum_{k=0}^{n} \langle x^n, P_k(x) \rangle P_k(x) \Big\} \quad (n \geqq 1)$$

と定めればよい．ただし，μ_n は条件(3.157')よりきまる正定数とする．

定義 3.63 上の n 次実多項式 $P_n(x)$ $(n \geqq 0)$ を区間 I 上の重み w に関する**正規化された直交多項式**という．(一般には，正規化されていなくても直交多項式という．) □

§3.6 直交多項式に関する Fourier 展開 —— *135*

定理 3.64
（ⅰ） $P_n(x)$ は $n-1$ 次以下の任意の多項式 $Q(x)$ と直交する：
(3.159) $\qquad \deg Q < n \implies \langle P_n, Q \rangle = 0$.
（ⅱ） 定数 λ_n, α_n が存在して，$P_n(x)$ は次の漸化式をみたす：
(3.160) $\qquad \lambda_n P_{n+1} = (x - \alpha_n) P_n - \lambda_{n-1} P_{n-1}$.

[証明] （ⅰ） P_n の定義(3.158)より，各単項式 x^n は $P_0, \cdots, P_n$ の線形結合で書けるから，(3.157)より明らか．

（ⅱ） $xP_n(x)$ は $n+1$ 次多項式だから，定数 $c_0, \cdots, c_{n+1}$ により，
$$xP_n(x) = c_{n+1} P_{n+1}(x) + c_n P_n(x) + c_{n-1} P_{n-1}(x) + \cdots + c_0 P_0(x)$$
と書ける．このとき x^{n+1} の係数を比較すると $c_{n+1} = \mu_n / \mu_{n+1}$．また(ⅰ)より，
$$c_m = \langle xP_n, P_m \rangle = \langle P_n, xP_m \rangle = 0 \quad (m = 0, 1, \cdots, n-2),$$
$$c_{n-1} = \langle xP_n, P_{n-1} \rangle = \langle P_n, xP_{n-1} \rangle = \langle P_n, \mu_{n-1} x^n \rangle = \mu_{n-1} / \mu_n.$$
よって，$n \geq 0$ に対して，
(3.161) $\qquad \lambda_n = \mu_n / \mu_{n+1}, \quad \alpha_n = c_n = \langle xP_n, P_n \rangle$
とおけば，(3.160)が成り立つ． ∎

注意 3.65
（1） 上の定理の(ⅰ)は，最初に与えた作り方にかかわらず，直交多項式 P_n が2条件(3.159)と(3.157')から一意的にきまることを示している．

（2） 区間 $I = (a, b)$ が有界ならば，定数 λ_n, α_n $(n \geq 0)$ はともに有界列で，
(3.162) $\qquad 0 < \lambda_n \leq c, \quad \|\alpha\| \leq c \quad (c = \max\{|a|, |b|\})$
が成り立つ．実際，明らかに $\lambda_n > 0$ であり，Schwarz の不等式より，
$$\lambda_n^2 = (\langle xP_n, P_{n+1} \rangle)^2 = \left(\int_a^b xP_n(x) P_{n+1}(x) w(x) dx \right)^2$$
$$\leq \left(\int_a^b x^2 P_n(x)^2 w(x) dx \right) \left(\int_a^b P_{n+1}(x)^2 w(x) dx \right)$$
$$\leq c^2 \left(\int_a^b P_n(x)^2 w(x) dx \right) \left(\int_a^b P_{n+1}(x)^2 w(x) dx \right)$$
$$= c^2.$$
また，α_n についても同様に Schwarz の不等式を用いればよい．

上の定理の漸化式(3.160)より，次の恒等式が導かれる．

定理 3.66（Christoffel–Darboux の公式）

(3.163) $$K_n(x,y) = \sum_{k=0}^{n} P_k(x)P_k(y)$$

とおくと，λ_n を前定理 3.64 の定数として

(3.164) $$K_n(x,y) = \lambda_n \frac{P_{n+1}(x)P_n(y) - P_n(x)P_{n+1}(y)}{x-y}.$$

とくに，$y \to x$ とすれば，

(3.165) $$\sum_{k=0}^{n} P_k(x)^2 = \lambda_n \{P'_{n+1}(x)P_n(x) - P'_n(x)P_{n+1}(y)\}$$

[証明]　(3.160) より，
$$\lambda_n\{P_{n+1}(x)P_n(y) - P_n(x)P_{n+1}(y)\}$$
$$= \{(x-\alpha_n)P_n(x) - \lambda_{n-1}P_{n-1}(x)\}P_n(y)$$
$$\quad - P_n(x)\{(y-\alpha_n)P_n(y) - \lambda_{n-1}P_{n-1}(y)\}$$
$$= (x-y)P_n(x)P_n(y) + \lambda_{n-1}\{P_n(x)P_{n-1}(y) - P_{n-1}(x)P_n(y)\}.$$

そして，
$$\lambda_0\{P_1(x)P_0(y) - P_0(x)P_1(y)\} = P_0(x)P_0(y)$$

だから，(3.164) が成り立つ．(3.165) は明らか．∎

注意 3.67　一般的な注意をしておこう．

(1) 3 項間の線形な漸化式
$$u_{n+1} = a_n u_n + b_{n-1} u_{n-1} \quad (n = 1, 2, \cdots)$$

があれば，$v_n = u_{n+1}/u_n$ は漸化式 $v_n = a_n + b_n/v_{n-1}$ をみたすから，

$$v_n = a_n + \cfrac{b_n}{a_{n-1} + \cfrac{b_{n-1}}{a_{n-2} + \cdots}}$$

と連分数展開される．実は直交多項式の源の 1 つは連分数展開の研究にある．

(2) 線形独立な関数 $f_0, f_1, f_2, \cdots$ から，内積 $\langle\ ,\ \rangle$ に関する Gram–Schmidt の直交化によって，正規直交系 $\phi_0, \phi_1, \phi_2, \cdots$ を作るとき，次のように Gram 行列式 D_n を用いて表示ができる．
$$\phi_n(x) = (D_n D_{n-1})^{1/2} D_n(x) \quad (n = 0, 1, \cdots).$$

ここで，

§3.6 直交多項式に関する Fourier 展開

$$D_n(x) = \det \begin{pmatrix} \langle f_0, f_0 \rangle & \langle f_0, f_1 \rangle & \langle f_0, f_2 \rangle & \cdots & \langle f_0, f_n \rangle \\ \langle f_1, f_0 \rangle & \langle f_1, f_1 \rangle & \langle f_1, f_2 \rangle & \cdots & \langle f_1, f_n \rangle \\ \cdots\cdots\cdots\cdots\cdots\cdots\cdots\cdots\cdots\cdots\cdots\cdots\cdots\cdots \\ \langle f_{n-1}, f_0 \rangle & \langle f_{n-1}, f_1 \rangle & \langle f_{n-1}, f_2 \rangle & \cdots & \langle f_{n-1}, f_n \rangle \\ f_0(x) & f_1(x) & f_2(x) & \cdots & f_n(x) \end{pmatrix},$$

$D_n = \det(\langle f_i, f_j \rangle)_{i,j=0,1,\cdots,n}$

である. とくに, 直交多項式の場合, 最終行以外の各成分はモーメントとなり,

$$\langle f_i, f_j \rangle = M_{i+j} = \int_a^b x^{i+j} w(x) dx.$$

(b) 直交多項式に関する Fourier 展開

直交多項式に関しても Fourier 和や Fourier 級数を考えることができる.

以下, 重み関数 w に関して2乗可積分な関数の全体を L^2 と略記して, $f \in L^2$ に対して,

(3.166) $$\|f\| = \int_a^b |f(x)|^2 w(x) dx$$

と書く.

定義 3.68 $f \in L^2$ のとき,

(3.167) $$\widehat{f}(n) = \int_a^b f(x) P_n(x) w(x) dx$$

と書き, 直交多項式系 P_n に関する f の **Fourier 係数**といい,

(3.168) $$S_n(f, x) = \sum_{k=0}^{n} \widehat{f}(k) P_k(x) \quad (n \geq 0)$$

を f の **Fourier 和**, (形式的な)級数

(3.169) $$\sum_{n=0}^{\infty} \widehat{f}(n) P_n(x)$$

を f の **Fourier 級数**という. □

次のことは, 今や簡単な演習問題であろう.

定理 3.69

(i) $S_n(f, x)$ は f の L^2 における n 次以下の多項式のなす部分空間への直交射影である. とくに,

┌─ 表: 古典的直交多項式 ─────────────────────

(1) Legendre 多項式 $P_n(x)$: $I = [-1,1]$, $w(x) \equiv 1$.
$$P_n(x) = \frac{1}{2^n n!} \frac{d^n}{dx^n}(x^2-1)^n = \sum_{r=0}^{[n/2]} \frac{(2n-2r)!}{2^n r!(n-r)!(n-2r)!} x^{n-2r}.$$
微分方程式 $(1-x^2)y'' - 2xy' + n(n+1)y = 0$
母関数 $\sum_{n=0}^{\infty} t^n P_n(x) = (1-2tx+t^2)^{-1/2}$
正規化 $\left(n+\dfrac{1}{2}\right)^{-1/2} P_n(x)$

(2) Chebyshev 多項式 $T_n(x)$: $I=(-1,1)$, $w(x) = (1-x^2)^{-1/2}$.
第 2 種の Chebyshev 多項式 $U_n(x)$: $I=(-1,1)$, $w(x) = (1-x^2)^{1/2}$.
$$T_0(x) = 1, \quad T_n(x) = \cos n\theta \quad (n \geq 1),$$
$$U_n(x) = \sin n\theta \quad (n \geq 1) \quad \text{ただし, } x = \cos\theta.$$
微分方程式 $(1-x^2)y'' - xy' + n^2 y = 0$, $(1-x^2)y'' - 3xy' + n(n+2)y = 0$.
母関数 $\dfrac{1-t^2}{1-2tx+t^2} = T_0(x) + 2\sum_{n=1}^{\infty} t^n T_n(x)$
漸化式 $T_{n+1} - 2xT_n + T_{n-1} = 0$, $U_{n+1} - 2xU_n + U_{n-1} = 0$
正規化 $\pi^{-1/2} T_0$, $(\pi/2)^{1/2} T_n$, $(\pi/2)^{1/2} U_n$ $(n \geq 1)$

(3) Jacobi 多項式 $P_n(x;\alpha,\beta)$: $I=(-1,1)$, $w(x) = (1-x)^\alpha(1+x)^\beta$ $(\alpha,\beta > -1)$.
微分方程式 $(1-x^2)y'' + [\beta-\alpha-(\alpha+\beta+2)x]y' + n(n+\alpha+\beta+1) = 0$
とくに, $\alpha=\beta$ のときは, Gegenbauer 多項式と呼ばれ, (1), (2)はさらにその特別な場合で, 次のようになる. (正規化定数は省略.)
$$P_n(x) = P_n(x;0,0),$$
$$T_n(x) = P_n(x;-1/2,-1/2),$$
$$U_n(x) = P_n(x;1/2,1/2).$$

(4) Hermite 多項式 $H_n(x)$: $I=(-\infty,\infty)$, $w(x) = e^{-x^2/2}$.
$$H_n(x) = (-1)^n e^{x^2/2} (d/dx)^n e^{-x^2/2} \quad (n \geq 0).$$
微分方程式 $y'' - 2xy' + 2ny = 0$
母関数 $\exp(tx - x^2/2) = \sum_{n=0}^{\infty} t^n H_n(x)/n!$
漸化式 $H_{n+1} - xH_n + nH_{n-1} = 0$
正規化 $(n!)^{-1/2} \pi^{-1/4} H_n(x)$

(5) Laguerre 多項式 $L_n(x)$: $I=(0,\infty)$, $w(x) = x^\alpha e^{-x}$ $(\alpha > -1)$.

微分方程式 $xy'' + (\alpha+1-x)y' + ny = 0$
母関数 $(1-t)^{\alpha+1} \exp(xt/(1-t)) = \sum_{n=0}^{\infty} t^n L_n(x)$
漸化式 $(n+1)L_{n+1} - (2n+\alpha+1-x)L_n + (n+\alpha)L_{n-1} = 0$
正規化 $\Gamma(\alpha+1) \binom{n+\alpha}{n}^{-1/2} L_n$

ここに現れた重み関数 w の間には何の脈絡もないように見えるが,次の共通点がある:重み関数 w の対数は分子が 1 次以下,分母が 2 次以下の有理関数の原始関数である.(節末の付記参照)

(3.170) $\quad \min_{\deg Q \leqq n} \|f - Q\| = \|f - S_n(f, \cdot)\| = \left(\|f\|^2 - \sum_{k=0}^{n} \|\widehat{f}(k)\|^2 \right)^{1/2}.$

(ii) 次の不等式(Bessel の不等式)が成立する.

(3.171) $\quad\quad\quad\quad \sum_{n=0}^{\infty} \|\widehat{f}(n)\|^2 \leqq \|f\|^2.$ □

さて,上の意味での Fourier 和を変形すると,

$$S_n(f, x) = \sum_{k=0}^{n} \widehat{f}(k) P_k(x)$$
$$= \sum_{k=0}^{n} \int_a^b f(y) P_n(y) w(y) dy P_k(x)$$
$$= \int_a^b f(y) \sum_{k=0}^{n} P_n(y) P_k(x) w(y) dy$$
$$= \int_a^b f(y) K_n(x, y) w(y) dy.$$

ここで,Christoffel–Darboux の公式より,

$$K_n(x, y) = \sum_{k=0}^{n} P_k(y) P_k(x) = \lambda_n \frac{P_{n+1}(x) P_n(y) - P_n(x) P_{n+1}(y)}{x - y}$$

だから,

$$f(x) - S_n(f, x) = \int_a^b (f(x) - f(y)) K_n(x, y) w(y) dy$$
$$= \int_a^b \frac{f(x) - f(y)}{x - y} \lambda_n \{P_{n+1}(x) P_n(y) - P_n(x) P_{n+1}(y)\} w(y) dy.$$

したがって,

(3.172) $$g_x(y) = \frac{f(x)-f(y)}{x-y}$$

とおくと,

(3.173) $\quad f(x) - S_n(f,x) = \widehat{g_x}(n)P_{n+1}(x) - \widehat{g_x}(n+1)P_n(x).$

定理 3.70 区間 $I = (a,b)$ は有界とする. このとき, 以下のことが成り立つ.

(i) 点 $a < x < b$ に対して

(3.174) $$g_x = \frac{f(x)-f(\cdot)}{x-\cdot} \in L^2$$

ならば, この点 x で Fourier 級数は収束して,

(3.175) $$f(x) = \sum_{n=0}^{\infty} \widehat{f}(n) P_n(x).$$

(ii) もし $f \in \mathbb{C}^1$ ならば, Fourier 級数は区間 (a,b) 上で収束して, 各点で

(3.176) $$f(x) = \sum_{n=0}^{\infty} \widehat{f}(n) P_n(x).$$

(iii) f が区分的に連続ならば(より一般に $f \in L^2$ ならば), 次の Parseval の等式が成立する.

(3.177) $$\sum_{n=0}^{\infty} \|\widehat{f}(n)\|^2 = \|f\|^2.$$

[証明] §2.4 の定理 2.22, 2.23 の証明と同様にできる. 例えば(i)は, $g_x \in L^2$ ならば, Bessel の不等式(3.171)より

$$\widehat{g_x}(n) \to 0 \quad (n \to \infty)$$

だから, (3.173)より(3.175)を得る. ∎

例 3.71 とくに, Chebyshev 多項式 $T_n(x) = \cos n\theta$ $(x = \cos\theta)$ の場合, $w(x)dx = (1-x^2)^{-1/2}dx = d\theta$ だから, これに関する展開は余弦展開と見ることができる. □

--- モーメント問題 ---

次のような疑問が湧いてこないだろうか.

直交多項式 $P_n(x)$ $(n \geq 0)$ を知って,重み関数 $w(x)$ がわかるか?
あるいは,

正の実数値関数 $w(x)$ は,そのモーメント $M_n (n \geq 0)$ から一意的に復元できるか?

この後者の問題を Hausdorff のモーメント問題という.

定理 区間 I が有界区間のとき,正の実数値関数 $w(x)$ は,そのモーメント M_n $(n \geq 0)$ が与えられれば,一意的にきまる.

［証明］ Weierstrass の多項式近似定理により,任意の連続関数は多項式列により一様近似できる.したがって,2 つの重み関数 $w_1(x), w_2(x)$ に対して,

$$\int_I x^n w_1(x) dx = \int_I x^n w_2(x) dx = M_n \quad (n \geq 0)$$

ならば,関数 $v(x) = w_1(x) - w_2(x)$ について,次のことがいえる:

任意の連続関数 $f(x)$ に対して $\int_I f(x)v(x)dx = 0$.

よって,$v \equiv 0$ でなければ,$\int_I f(x)v(x)dx > 0$ となる f がとれることになり,矛盾.ゆえに,$v \equiv 0$,つまり,$w_1 \equiv w_2$. ∎

注意 区間 I が有界でないときは,モーメント問題の一意性は成り立たない.
例えば,$(0, \infty)$ 上の関数

$$w_a(x) = \exp(-x^{1/4})1 + a\sin x^{1/4} \quad (-1 < a < 1)$$

のモーメント M_n $(n \geq 1)$ は $-1 < a < 1$ によらない.

(c) 直交多項式の零点

直交多項式 $P_n(x)$ $(n \geq 0)$ の零点はその直交性ゆえに著しい特徴をもつ.

定理 3.72 各 $n = 0, 1, \cdots$ について,$P_n(x)$ は区間 $I = (a, b)$ 内にちょうど n 個の単純零点(単根)をもつ.

［証明］ $n = 0$ のとき,$P_0(x)$ は定数だから,零点の個数は 0 である.

$n \geqq 1$ のときは,
$$\int_a^b P_n(x)w(x)dx = 0$$
だから, P_n は区間 (a,b) 内に少なくとも 1 つ零点をもつ. いま, この区間内にあるその零点を重複度も数えて $x_1, x_2, \cdots, x_m$ とすると, $m \leqq n$ であり,
$$(x-x_1)(x-x_2)\cdots(x-x_m)P_n(x)$$
は定符号である. ここで, もし $m < n$ であったと仮定すると, $(x-x_1)(x-x_2)\cdots(x-x_m)$ は n 次未満の多項式となるから,
$$\int_a^b P_n(x)(x-x_1)(x-x_2)\cdots(x-x_m)w(x)dx = 0.$$
これは矛盾である. よって, $m = n$.

また, もし重複度 2 以上の零点 x_k があったとすれば, $(x-x_k)^{-2}P_n(x)$ は $n-2$ 次の多項式となるから,
$$\int_a^b (x-x_k)^{-2}P_n(x)^2 w(x)dx = \int_a^b P_n(x)(x-x_k)^{-2}P_n(x)w(x)dx = 0.$$
これも矛盾である. よって, すべての零点は重複度 1 である. ∎

さらに, $P_n(x)$ の零点は P_{n+1} の零点を分離することがわかる.

定理 3.73 $P_n(x)$ の零点を $x_1 < x_2 < \cdots < x_n$, また, $a = x_0$, $b = x_{n+1}$ とすると, P_{n+1} は各小区間 (x_{k-1}, x_k) にちょうど 1 個ずつの零点をもつ.

[証明] Christoffel–Darboux の公式の $x = y$ の場合より,

(3.178) $\qquad P'_{n+1}(x)P_n(x) - P'_n(x)P_{n+1}(x) > 0$

であったから, 各 $k = 1, 2, \cdots, n$ に対して,
$$-P'_n(x_k)P_{n+1}(x_k) > 0.$$
各零点は単純であったから,
$$P'_n(x_k)P'_n(x_{k+1}) < 0.$$
したがって,
$$P_{n+1}(x_k)P_{n+1}(x_{k+1}) < 0.$$
よって, 各区間 (x_k, x_{k+1}) $(k = 1, 2, \cdots, n-1)$ に P_{n+1} は少なくとも 1 個ずつ零点をもつ.

§3.6 直交多項式に関する Fourier 展開——— 143

区間 (x_n, b) においては，$P_n(x)$ の最高次の係数は正で，零点はすべて I 内にあるから，$P'_n(x_n) > 0$. したがって，$P_{n+1}(x_n) < 0$. 一方，P_{n+1} についても $P_{n+1}(b-) > 0$. よって，P_{n+1} は (x_n, b) において少なくとも 1 つ零点をもつ.

同様にして，区間 (a, x_1) においても P_{n+1} は少なくとも 1 つ零点をもつことがわかる.

ゆえに，P_{n+1} はそれぞれの区間において，ちょうど 1 個ずつの零点をもつ. ∎

系 3.74 P_{n+1} の零点を $\xi_0 < \xi_1 < \cdots < \xi_n$ とすると，
$$\frac{P_n(x)}{P_{n+1}(x)} = \sum_{k=0}^{n} \frac{l_k}{x - \xi_k}.$$
ここで，
$$l_k = \frac{P_n(\xi_k)}{P'_{n+1}(\xi_k)} = \frac{P'_{n+1}(\xi_k)P_n(\xi_k) - P'_n(\xi_k)P_{n+1}(\xi_k)}{P'_{n+1}(\xi_k)^2} > 0. \qquad \square$$

次の不思議な性質は今日，数値計算においてきわめて重要である.

定理 3.75 直交多項式 P_n の零点を $x_1 < x_2 < \cdots < x_n$ とすると，ある定数 $c_1, c_2, \cdots, c_n$ が存在して，任意の $2n-1$ 次以下の多項式 Q に対して

(3.179) $$\int_a^b Q(x)w(x)dx = \sum_{k=1}^{n} c_k Q(x_k)$$

が成り立つ. (これを **Gauss–Jacobi の(数値積分)公式**という. また, 定数 c_k を **Christoffel 数**ということがある.)

[証明] $Q(x)$ に対して $n-1$ 次多項式 $L(x)$ を

(3.180) $$L(x) = \sum_{k=1}^{n} Q(x_k)L_k(x),$$

(3.181) $$L_k(x) = \frac{P_n(x)}{P'_n(x_k)(x - x_k)}$$

で定めれば，Q と L は $x = x_1, \cdots, x_n$ において一致する(**Lagrange の補間法**). したがって，$Q(x) - L(x)$ は $P_n(x)$ で割り切れ，その商を $R(x)$ とすると，多項式 $R(x)$ の次数は $n-1$ 以下である.

よって，

$$\int_a^b Q(x)w(x)dx = \int_a^b L(x)w(x)dx + \int_a^b P_n(x)R(x)w(x)dx$$
$$= \int_a^b L(x)w(x)dx = \sum_{k=1}^n Q(x_k)\int_a^b L_k(x)w(x)dx.$$

ゆえに，

(3.182) $\quad c_k = \int_a^b L_k(x)w(x)dx = \int_a^b \dfrac{P_n(x)}{P_n'(x_k)(x-x_k)}w(x)dx$

とおけば，定理を得る．

注意 3.76 上の公式で，$Q(x) = L_k(x)$ とおけば，

(3.183) $\quad c_k = \int_a^b L_k(x)w(x)dx = \int_a^b \left(\dfrac{P_n(x)}{P_n'(x_k)(x-x_k)}\right)^2 w(x)dx > 0$

がわかり，また，$Q(x) \equiv 1$ とおけば，次の等式がわかる．

(3.184) $\qquad c_1 + c_2 + \cdots + c_n = \int_a^b w(x)dx.$

さらに，次のような等式も成立することが知られている．

(3.185) $\qquad c_k^{-1} = K_n(x_k, x_k) = \sum_{m=0}^n P_m(x_k)^2,$

(3.186) $\qquad \sum_{k=1}^n c_k P_m(x_k)P_l(x_k) = \delta_{ml} = \begin{cases} 1 & (m=l) \\ 0 & (m \neq l). \end{cases}$

式(3.186)を選点直交性という．

(d) 付記：古典的直交多項式のみたす微分方程式

古典的直交多項式はそれぞれ，ある2階の微分作用素の固有関数となることが知られている(pp. 138–139 参照)．それをまとめて証明しよう．

定理 3.77 重み関数 w に対して

(3.187) $\qquad w'(x)/w(x) = (\log w(x))' = A(x)/B(x),$

(3.188) $\qquad A(x) = a_0 + a_1 x, \ B(x) = b_0 + b_1 x + b_2 x^2,$

(3.189) $\qquad \lim_{x \to a} B(x)w(x) = \lim_{x \to b} B(x)w(x) = 0$

§3.6 直交多項式に関する Fourier 展開

が成り立つと仮定する.このとき,直交多項式 P_n は常微分方程式
(3.190) $\qquad B(x)y'' + (A(x)+B'(x))y' = \alpha_n y$
をみたす.ここで,α_n は次式で与えられる定数である.
(3.191) $\qquad \alpha_n = n(n+1)b_2 + na_1.$
[証明] (3.190)の左辺は,(3.187)より,
(3.192) $\qquad (B'+A)y' + By'' = (Bwy')'/w$
と書けるから,

(3.193) $\quad J_k := \int_a^b \{(B'+A)P_n' + BP_n''\} x^k w\, dx$
$\qquad\qquad = \int_a^b (BwP_n')' x^k dx \quad (k=0,1,\cdots,n-1).$

よって,$J_k = 0$ を示せば,$(B'+A)P_n' + BP_n''$ は n 次多項式ゆえ,(3.190)の形に書けることがわかり,両辺の最高次の係数を比較して,(3.191)がわかる.

さて,(3.193)を部分積分すれば,仮定(3.189)より両端 a,b からの寄与は消えて,

$$J_k = -k\int_a^b BwP_n' x^{k-1} dx.$$

もう1度部分積分すれば,再び(3.189)により,

$$J_k = k\int_a^b P_n[Bw(k-1)x^{k-2} + B'wx^{k-1} + Bw'P_n x^{k-1}]dx.$$

ここで,(3.187)を用いると,

(3.194) $\quad J_k = k\int_a^b [(k-1)Bx^{k-2} + (B'+A)x^{k-1}]P_n w\, dx.$

仮定(3.188)より A の次数は1以下,B の次数は2以下で,$k<n$ だから,(3.194)の右辺は0.よって,(3.193)が成り立つ. ∎

注意 3.78
(1) 定理 3.77 の仮定のもとで,

(3.195) $$P_n(x) = \frac{1}{w(x)} \frac{d^n}{dx^n}[w(x)B(x)^n]$$

は n 次の直交多項式となる．これを**一般化された Rodrigues の公式**という．

（2） これを利用すると，母関数を次のように求めることができる．

(3.196) $$\sum_{n=0}^{\infty} t^n P_n(x) = \frac{1}{w(x)} \frac{n(\xi)}{1-tB'(\xi)}$$

ここで，ξ は次の 2 次方程式の根で，$\xi \to x$ $(t \to 0)$ となる方とする．

(3.197) $$\xi - x - tB(\xi) = 0.$$

《 要 約 》

3.1 目標

§3.1 Fourier 級数論の数学における適用のしかたを，簡単で美しい例によって紹介．

§3.2 円周や区間上の熱方程式の Fourier 展開を用いた解析の基本的な方法とその応用．

§3.3 円板上の Dirichlet 問題の Fourier 級数による解法と Poisson 核の意味．

§3.4 数列のたたみこみの諸性質とその酔歩への応用．

§3.5 Fourier 展開を用いた種々の解法を固有関数展開の視点から整理できること．

§3.6 古典的直交多項式の基本的な諸性質．

3.2 主な用語

§3.1 テータ関数と Jacobi の等式，Weyl の一様分布定理，等周不等式，Szegö の定理，Toeplitz 行列

§3.2 熱方程式，熱核，基本解，Dirichlet 境界条件，Neumann 境界条件，Kelvin の鏡映原理，地球の温度

§3.3 Dirichlet 問題，Poisson 核，Poisson の公式，最大値原理

§3.4 数列のたたみこみ，公平・不公平な酔歩，モーメントと特性関数，Polya の公式，再帰・非再帰

§3.5 巡回群 $\mathbb{Z}/n\mathbb{Z}$，正弦展開・余弦展開，境界値問題，Green 関数，微分作用素，固有値，固有関数

§3.6 重み関数, 直交多項式, 漸化式, Christoffel–Darboux の公式, Gram 行列式, Fourier 係数(和, 級数), Bessel の不等式, Parseval の等式, Gauss–Jacobi の(数値積分)公式, 選点直交性, 直交多項式のみたす微分方程式, (一般化された)Rodrigues の公式

──────── 演習問題 ────────

3.1 両側無限列 $(c_n)_{n \in \mathbb{Z}}$ は, 任意の自然数 r に対して
$$\lim_{|n| \to \infty} n^r c_n = 0$$
をみたすとき, 急減少列であるという.

$(c_n)_{n \in \mathbb{Z}}$ が急減少列のとき,
$$f(t) = \sum_{n \in \mathbb{Z}} c_n e^{2\pi i n t} \quad (t \in \mathbb{T})$$
は無限回微分可能な関数を定めることを示せ.

3.2 Neumann 境界条件のもとでの区間 $[0, 1]$ 上の熱方程式の素解は
$$p(t, x, y) = 2 \sum_{n=0}^{\infty} \exp(-2\pi n^2 t) \cos \pi n x \cos \pi n y$$
で与えられること(定理 3.20)を示せ.

3.3 関数 $f: \mathbb{T} \to \mathbb{C}$ が連続で, 条件
$$|\widehat{f}(n)| \leq \frac{C}{|n|} \quad (n \neq 0, \ C \text{ は定数})$$
をみたすならば, Fourier 和 $S_n(f, t)$ は $n, m \to \infty$ のとき $f(t)$ に一様収束することを示せ. ヒント: de la Vallée Poussin 和
$$\sigma_{n,m}(f, t) = \frac{1}{m-n}\{(m+1)\sigma_m(f, t) - (n+1)\sigma_n(f, t)\} \quad (t \in \mathbb{T})$$
を考え, 次のことを示せ. ただし k は自然数,
$$\sigma_{kn,(k+1)n}(f, t) \to f(t), \quad n \to \infty,$$
$$kn \leq m < (k+1)n \text{ のとき} \quad |\sigma_{kn,(k+1)n} - S_m| \leq 2C/k.$$

3.4 混合境界条件
$$f(0) = 0, \quad f'(1) = 0$$

のもとで固有値問題

$$\frac{d^2f}{dx^2} = \lambda f \quad (0 \leqq x \leqq 1)$$

を解け.

3.5 Legendre 多項式 $P_n(x)$ の場合に Rodrigues の公式と母関数を具体的に求めよ. (§3.6 の表: 古典的直交多項式および §3.6(d) 参照のこと.)

実関数の性質(I)

この章と第5章では,実関数に関してやや詳しい諸性質を述べる.

まず,§4.1では凸関数と単調関数を詳しく調べた後,§4.3で積分を一般化するために有界変動関数を導入する.

§4.2では,多項式による一様近似の問題を考え,多項式近似定理のWeierstrass自身のアイデアにそう証明とChebyshevによる古典的結果を紹介する.

§4.3で導入するStieltjes積分は,Riemann積分と無限和の概念を統一するものである.

§4.1 凸関数,単調関数,有界変動関数

(a) 凸関数とその性質

比較的,直観と一致するのが凸関数である.

定義4.1 区間I上の関数$f: I \to \mathbb{R}$は次の条件をみたすとき,**凸関数**(convex function)という(図4.1参照):

(4.1)
$$x_0, x_1 \in I,\ 0 \leqq t \leqq 1 \implies f((1-t)x_0 + tx_1) \leqq (1-t)f(x_0) + tf(x_1).\quad \square$$

以下で見るように,開区間上の凸関数は自動的に連続関数となる.

例 4.2

（1） $f \in \mathcal{C}^2(I)$, $f''(x) \geq 0$ $(x \in I)$ ならば，f は凸関数である．

（2） $I = \mathbb{R}$, $x_i \in \mathbb{R}$, $a_i > 0$ $(1 \leq i \leq n)$, $b \in \mathbb{R}$ のとき，次の関数 f は凸関数である：

$$f(x) = \sum_{i=1}^{n} a_i \max\{x - x_i, 0\} + bx.$$

（3） $I = \mathbb{R}$, $f(x) = |x|^p$ は，$p \geq 1$ のときに限り，凸関数である．

（4） 上の(1)は次のように一般化できる：

$f \in \mathcal{C}^1(I)$ で，f' が単調増加ならば，f は凸関数である．実際 $0 < t < 1$ と $x_0 \in I$ を固定して，

$$\varphi(x) = f((1-t)x_0 + tx) - (1-t)f(x_0) - tf(x)$$

を考えると，

$$\varphi(x_0) = f(x_0) - (1-t)f(x_0) - tf(x_0) = 0,$$

$$\varphi'(x) = tf'((1-t)x_0 + tx) - tf'(x) \begin{cases} \leq 0 & (x \geq x_0) \\ \geq 0 & (x \leq x_0) \end{cases}$$

となるから，$\varphi(x) \leq 0$，つまり，f は凸関数である． □

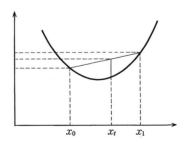

図 4.1　凸関数 $(x_t = (1-t)x_0 + tx_1)$

注意 4.3　一般に，$\mathbb{R}^m$ の部分集合 C は，C の任意の 2 点に対して，これを結ぶ線分が C に含まれるとき，**凸集合**(convex set)という．I が区間のとき，

$f: I \to \mathbb{R}$ が凸関数 $\iff$ グラフの上部 $\{(x,y) \mid x \in I, y \geq f(x)\}$ が凸集合．

補題 4.4 I が開区間で，$f: I \to \mathbb{R}$ が凸関数のとき，

（i） f の右微分 $D^+f(x)$，左微分 $D^-f(x)$ は各点 x で存在し，

$$(4.2) \quad \begin{cases} D^+f(x) = \lim_{y>x, \, y\to x} \dfrac{f(y)-f(x)}{y-x} = \inf_{y>x} \dfrac{f(y)-f(x)}{y-x} \\ D^-f(x) = \lim_{y<x, \, y\to x} \dfrac{f(y)-f(x)}{y-x} = \sup_{y<x} \dfrac{f(y)-f(x)}{y-x} \end{cases}.$$

とくに，f は I 上で連続．

（ii） $D^+f(x)$ は右連続な単調増加関数，$D^-f(x)$ は左連続な単調増加関数で，

$$(4.3) \quad D^-f(x-0) = D^+f(x-0) = D^-f(x)$$
$$\leqq D^+f(x) = D^-f(x+0) = D^+f(x+0).$$

[証明] f は凸関数であるから，$x_-, x_0, x_+ \in I$，$x_- < x_0 < x_+$ ならば，2 点 $(x_-, f(x_-))$，$(x_+, f(x_+))$ を結ぶ線分の下側に点 $(x_0, f(x_0))$ はある．したがって，次式が成り立つ．

$$(4.4) \quad \frac{f(x_0)-f(x_-)}{x_0 - x_-} \leqq \frac{f(x_+)-f(x_-)}{x_+ - x_-} \leqq \frac{f(x_+)-f(x_0)}{x_+ - x_0}.$$

(式で表して確かめよ．) したがって，有界な単調減少列はその下限に収束するから，$x_- = x$ として，

$$D^+f(x) = \lim_{y>x, \, y\to x} \frac{f(y)-f(x)}{y-x} = \inf_{y>x} \frac{f(y)-f(x)}{y-x}.$$

また，$x_+ = x$ とすると，

$$D^-f(x) = \lim_{y<x, \, y\to x} \frac{f(y)-f(x)}{y-x} = \sup_{y<x} \frac{f(y)-f(x)}{y-x}.$$

よって，(i)．さらに，(4.4)で $x_0 = x$ として，

$$(4.5) \quad D^-f(x) \leqq D^+f(x)$$

がわかり，(4.4)を 2 回用いれば，

$$(4.6) \quad x < y \implies D^+f(x) \leqq D^-f(y)$$

がわかる．(4.5), (4.6)から，

$$x < y \implies D^-f(x) \leqq D^+f(x) \leqq D^-f(y) \leqq D^+f(y).$$

よって,

(4.7) $\quad D^-f(x-0) \leqq D^+f(x-0) \leqq D^-f(x)$
$\quad\quad\quad \leqq D^+f(x) \leqq D^-f(x+0) \leqq D^+f(x+0).$

ところで, (4.4), (4.7)より, $y > x$ で, $h > 0$ が十分小さいとき,
$$D^+f(x) \leqq D^+f(x+0) \leqq (f(y+h)-f(y))/h.$$
ここで $y \to x$ とすれば, f は連続だから,
$$D^+f(x) \leqq D^+f(x+0) \leqq (f(x+h)-f(x))/h.$$
よって,
$\quad D^+f(x) \leqq D^+f(x+0) \leqq D^+f(x)$ つまり $D^+f(x+0) = D^+f(x).$
同様にして, $D^-f(x-0) = D^-f(x)$. ゆえに, (ii). ∎

注意 4.5 区間 I が開区間でない場合, 例えば $I = [a,b]$ のとき, 両端では
$$D^+f(a) = -\infty, \quad D^-f(b) = +\infty$$
となり得る. 例えば,

(a) $\quad f(x) = (b-a)/2 - \sqrt{(b-x)(x-a)}.$
(b) $\quad f(x) = \begin{cases} 1 & (x = a, b) \\ 0 & (a < x < b). \end{cases}$

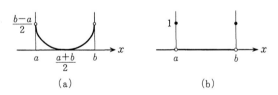

図 4.2

(b) 凸関数の表現

補題 4.6 I を区間として, $f: I \to \mathbb{R}$ が, $\mathbb{R}^2$ のある部分集合 A によって,

(4.8) $$f(x) = \sup_{(a,b)\in A} (ax+b)$$

と表されるならば，f は凸関数である.

[証明] $x_0, x_1 \in I$, $0 \leq t \leq 1$ とすると，

$$\begin{aligned} f((1-t)x_0+tx_1) &= \sup_{(a,b)\in A} [a\{(1-t)x_0+tx_1\}+b] \\ &= \sup_{(a,b)\in A} [(1-t)(ax_0+b)+t(ax_1+b)] \\ &\leq \sup_{\substack{(a,b)\in A \\ (a',b')\in A}} [(1-t)(ax_0+b)+t(a'x_1+b')] \\ &= \sup_{(a,b)\in A} (1-t)(ax_0+b) + \sup_{(a',b')\in A} t(a'x_1+b') \\ &= (1-t)f(x_0)+tf(x_1). \end{aligned}$$

■

例 4.7 $f \in C^2(I)$, $f'' > 0$ のとき，
$$A = \{(f'(t), f(t)-tf'(t)) \mid t \in I\}$$
とすると，f は(4.8)の形に書ける.

実際，x をとめておくと，

$$\frac{d}{dt}\{f'(t)(x-t)+f(t)\} = f''(t)(x-t) \begin{Bmatrix} > \\ = \\ < \end{Bmatrix} 0 \iff x \begin{Bmatrix} > \\ = \\ < \end{Bmatrix} t$$

となるから，

$$\sup_{t\in I}\{f'(t)x+f(t)-tf'(t)\} = f'(x)x+f(x)-xf'(x) = f(x).$$

□

定理 4.8 開区間 I 上の任意の凸関数 f は，$\mathbb{R}^2$ のある部分集合 A によって，(4.8)の形に表現できる.

[証明] 補題 4.4 より，
(4.9) $$f(x) \geq D^{\pm}f(t)(x-t)+f(t).$$

一方，この不等式の右辺は，$x=t$ のとき $f(x)$ に等しい．ゆえに，$A = \{(D^{\pm}f(t), f(t)-D^{\pm}f(t)t) \mid t \in I\}$，あるいは，

(4.10) $$A = \{(a, f(t)-at) \mid t \in I, \ D^-f(t) \leq a \leq D^+f(t)\}$$

として(4.8)が成り立つ.

注意 4.9

(1) (4.8)において，A の元 (a,b) は，
 (a) 任意の点 x で，$f(x) \geqq ax+b$
 (b) ある点 x では，$f(x) = ax+b$

が成り立つときに限り，(4.8)の右辺の値に貢献できる．この(a),(b)をみたす直線 $y = ax+b$ を，f の**支持直線**(supporting line)(あるいは**接線**)という．

(2) 任意の関数 $f: \mathbb{R} \to \mathbb{R}$ に対して，

$$(4.11) \qquad \widehat{f}(u) = \sup_{x \in \mathbb{R}}\{ux - f(x)\} \quad (u \in \mathbb{R})$$

とおくと，$\widehat{f}: \mathbb{R} \to \mathbb{R} \cup \{\infty\}$ となるが，値として ∞ も許せば，凸関数の条件(4.1)は成り立つ．このような関数も凸関数ということが多い．容易にわかるように，このとき，ある $a \leqq b$ が存在して，次のことが成り立つ．

$$\begin{cases} a < u < b \implies \widehat{f}(u) < \infty \\ u < a \text{ または } u > b \implies \widehat{f}(u) = \infty. \end{cases}$$

(3) 上の(4.11)で定まる $\widehat{f}$ を f の **Legendre 変換**ということがある．このとき，

$$(4.12) \qquad \widehat{\widehat{f}}(x) = \sup_{u \in \mathbb{R}}\{ux - \widehat{f}(u)\} = \sup_{a < u < b}\{ux - \widehat{f}(u)\}$$

とおくと，次のことがいえる．
 (a) 各点 x で，$\widehat{\widehat{f}}(x) \geqq f(x)$.
 (b) $\widehat{\widehat{f}}$ は，(a)をみたす凸関数の中で最小．
 (c) f 自身が凸関数であれば，各点 x で $\widehat{\widehat{f}}(x) = f(x)$.

(c) 単調関数の連続点と不連続点

定義を確認しておこう．

定義 4.10 I を区間として，関数 $f: I \to \mathbb{R}$ が

$$(4.13) \qquad x < y \implies f(x) \leqq f(y) \quad (\text{または } f(x) < f(y))$$

をみたすとき，**単調非減少**(monotone nondecreasing)(または**単調増加**(monotone increasing))であるという． □

例 4.11
（1） f が微分可能で，各点で $f'(x) \geqq 0$ ならば，f は単調非減少関数．
（2） 有理数の全体を $\mathbb{Q} = \{p_n \mid n \geqq 1\}$ と番号付けておくと，

$$f(x) = \sum_{n \geqq 1} 2^{-n} 1_{[x \geqq p_n]}$$

は各点 $x \in \mathbb{R}$ で収束して，$f: \mathbb{R} \to \mathbb{R}$ は単調非減少関数となる．ここで，

$$1_{[x \geqq p]} = \begin{cases} 1 & (x \geqq p) \\ 0 & (その他). \end{cases}$$

（3） $I = [0, 1]$, $x \in I$ の 3 進数展開が

$$x = .x_1 x_2 x_3 \cdots = \sum_{n=1}^{\infty} x_n/3^n \quad (x_n \in \{0, 1, 2\})$$

のとき，

$$f(x) = \begin{cases} \sum_{k=1}^{n} x_k/2^{k+1} + 1/2^n & (x_n = 1, \ x_1, \cdots, x_{n-1} \in \{0, 2\}) \\ \sum_{k=1}^{\infty} x_k/2^{k+1} & (x_1, x_2, \cdots \in \{0, 2\}) \end{cases}$$

と定めると，$f: [0, 1] \to [0, 1]$ で，f は連続な単調非減少関数である．（Cantor 関数．高橋陽一郎『微分と積分 2』（岩波書店）第 2 章参照．） □

単調非減少関数 f は，各点 x において右極限 $f(x+0)$ と左極限 $f(x-0)$ をもち，

(4.14) $\qquad f(x+0) := \lim_{\substack{y \to x \\ y > x}} f(y) = \inf_{y > x} f(y),$

(4.15) $\qquad f(x-0) := \lim_{\substack{y \to x \\ y < x}} f(y) = \sup_{y < x} f(y)$

とおくと，次の不等式が成り立つ．

(4.16) $\qquad f(x-0) \leqq f(x) \leqq f(x+0)$

定理 4.12 単調非減少関数 $f: \mathbb{R} \to \mathbb{R}$ の**不連続点**（point of discontinuity）（つまり，$f(x-0) < f(x+0)$ となる点 x）は高々可算無限個である．

［証明］ 各点 $x \in \mathbb{R}$ に対して，開区間 $J_x = (f(x-0), f(x+0))$ を対応させ

る．このとき，明らかに，

(4.17)　　　　x が不連続点 $\iff J_x \neq \emptyset$,
(4.18)　　　　$x < y \implies J_x \neq J_y$ かつ J_y は J_x の右にある．

さて，任意の開区間には必ず有理数が含まれているから，f の不連続点 x に対して，区間 J_x に含まれている有理数を 1 つ選び，q_x とすると，(4.18) より，

(4.18′)　　　　　　　$x < y \implies q_x < q_y$.

ところで，有理数の全体 $\mathbb{Q} = \{m/n \mid n \in \mathbb{N},\ m \in \mathbb{Z},\ n \text{ と } m \text{ は互いに素}\}$ は可算無限集合であり，(4.18′) より，写像 $x \mapsto q_x$ は，f の不連続点全体から $\mathbb{Q}$ への単射である．ゆえに，不連続点は高々可算無限個(つまり，可算無限個または有限個(0 個でもよい))である． ∎

例 4.13　$J \subset \mathbb{R}$ で，J は高々可算個の元からなるとし，各 $t \in J$ に対して，次の条件をみたす正の実数 Δ_t が与えられているとする．

(4.19)　　　　$a, b \in \mathbb{R},\ a < b \implies \sum_{t \in J \cap [a,b]} \Delta_t < \infty$.

このとき，

(4.20)　　　　$f(x) = \begin{cases} \sum_{t \in J \cap (0,x]} \Delta_t & (x \geqq 0) \\ -\sum_{t \in J \cap (x,0]} \Delta_t & (x < 0) \end{cases}$

とおくと，f は右連続な単調非減少関数である．

実際，f が単調非減少であることは明らか．また $x \geqq 0$ のとき，

$$f(x+0) - f(x) = \inf_{y > x} \left\{ \sum_{t \in J(f) \cap (0,y]} \Delta_t - \sum_{t \in J(f) \cap (0,x]} \Delta_t \right\}$$
$$= \inf_{y > x} \sum_{t \in J(f) \cap (x,y]} \Delta_t = 0.$$

同様に，$x < 0$ のとき，
$$f(x+0) - f(x) = \inf_{x < y < 0} \{f(y) - f(x)\}$$

$$= \inf_{x<y<0} \sum_{t\in J(f)\cap(x,y]} \Delta_t = 0.$$

よって，f は右連続でもある． □

以下の記述を簡単にするため，高々可算集合 J と(4.19)をみたす正実数 Δ_t によって，上の例の(4.20)で与えられる関数 f を

(4.21) $$f = f_{J,\{\Delta_t\}}$$

と表す．

(d) 右連続単調関数の分解

定理 4.14 任意の右連続な単調非減少関数 f は，次のように表現できる：

(4.22) $$f(x) = f_c(x) + f_{J,\{\Delta_t\}}(x)$$

ここで，$f_c(x)$ は連続な単調非減少関数，J は高々可算集合，Δ_t $(t\in J)$ は条件(4.19)をみたす正の実数とする．さらに，表現(4.22)はただ1通りに定まる．

[証明] まず，関数 f が(4.22)の形に表されていれば，例4.13より，明らかに右連続な単調非減少関数であり，J は f の不連続点の全体となり，$\Delta_t = f(t+0)-f(t-0) = f(t)-f(t-0)$ である．したがって，f から $f_{J,\{\Delta_t\}}$ がただ1通りにきまるから，$f_c = f - f_{J,\{\Delta_t\}}$ も一意的にきまる．

逆に，f が右連続な単調非減少関数のとき，f の不連続点の全体を J,

$$\Delta_x = f(x+0)-f(x-0) = f(x)-f(x-0) \quad (x\in\mathbb{R})$$

として，

$$f_c(x) = f(x) - f_{J,\{\Delta_t\}}$$

とおくと，$x>0$ のとき，

$$f_c(x-0) = f(x-0) - \lim_{y\to x,\,y<x} \sum_{t\in J,\,0<t\leq y} \Delta_t$$

$$= f(x-0) - \sum_{t\in J,\,0<t<x} \Delta_t,$$

$$f_c(x+0) = f(x+0) - \lim_{y\to x,\,y>x} \sum_{t\in J,\,0<t\leq y} \Delta_t$$

$$= f(x) - \sum_{t\in J,\,0<t\leq x} \Delta_t = f_c(x).$$

このとき,
$$f_c(x) - f_c(x-0) = f(x) - \Delta_x - f(x-0) = 0$$
となるから, $f_c(x)$ は連続. $x < 0$ のときも同様. 最後に, f_c の単調非減少性と(4.19)は明らかであろう. ∎

注意 4.15 補題 4.4 と定理 4.14 より, 次のことがいえる.

開区間 (a, b) 上の任意の凸関数 f は
$$f(x) = \begin{cases} \int_c^x g(t)dt + \sum_{t \in J \cap (c,x]} \Delta_t \cdot \max\{x-t, 0\} & (c \leqq x < a) \\ -\int_x^c g(t)dt - \sum_{t \in J \cap [x,c)} \Delta_t \cdot \max\{t-x, 0\} & (b < x < c) \end{cases}$$
と表現できる. ここで, $a < c < b$, $g: (a, b) \to \mathbb{R}$ は連続な単調非減少関数, J は (a, b) の高々可算な部分集合, Δ_t は正数で,
$$a < a' < b' < b \implies \sum_{t \in J \cap [a', b']} \Delta_t < \infty.$$

(e) 有界変動関数

有界閉区間 $[a, b]$ 上の関数 f が与えられたとき, 区間 $[a, b]$ の分割
$$\Delta: x_0 = a < x_1 < x_2 < \cdots < x_n = b$$
に対して
$$V_\Delta(f) = \sum_{k=1}^n |f(x_k) - f(x_{k-1})|$$
とおき, すべての分割 Δ に関する上限
$$V(f; [a, b]) = \sup_\Delta V_\Delta(f)$$
を, 区間 $[a, b]$ 上での f の**全変動**(total variation)という.

定義 4.16 区間 $[a, b]$ 上の全変動 $V(f; [a, b])$ が有限のとき, f を $[a, b]$ 上での**有界変動関数**(function of bounded variation)という. 一般に, 区間 I 上の関数 f は, I に含まれる任意の有界閉区間 $[a, b]$ 上での全変動が a, b について有界なとき, 有界変動関数といい,
$$V(f; I) = \sup_{[a,b] \subset I} V(f; [a, b])$$

を，f の I 上での全変動という． □

例 4.17

（1） $f:(a,b)\to\mathbb{R}$ が C^1 級で，$|f'|$ が (a,b) 上で可積分のとき，f は有界変動関数である．

実際，$|f(x_k)-f(x_{k-1})|\leqq\int_{x_{k-1}}^{x_k}|f'(x)|dx$ より，

(4.23) $$V(f;(a,b))\leqq\int_a^b|f'(x)|dx$$

がわかる．（実は，等号が成り立つ．これは章末の問題とする．）

（2） $J\subset(a,b)$ が可算無限集合で，各 $t\in J$ に対して実数 Δ_t が与えられて，

$$\sum_{t\in J}|\Delta_t|<\infty$$

ならば，

$$f(x)=\sum_{t\in J\cap(a,x]}\Delta_t$$

は有界変動関数で，

$$V(f;(a,b))=\sum_{t\in J}|\Delta_t|.$$
□

定理 4.18 有界変動関数 f は，2つの有界な単調非減少関数 f_+, f_- の差 $f_+ - f_-$ に等しい．

［証明］ $f:(a,b)\to\mathbb{R}$ として，
$$f_+(x)=V(f;(a,x])$$
とおくと，f_+ は明らかに単調非減少かつ有界である．そこで，
$$f_-(x)=f_+(x)-f(x)$$
とおくと，$x_1<x_2$ のとき，
$$f_-(x_2)-f_-(x_1)=f_+(x_2)-f_+(x_1)-(f(x_2)-f(x_1))$$
$$=V(f;(x_1,x_2])-(f(x_2)-f(x_1))\geqq 0.$$
よって，f_- も単調非減少関数である．最後に，$x_0\in(a,b)$ を固定すると，
$$|f(x)-f(x_0)|\leqq V(f;(a,b))<\infty$$

だから，f 自身が有界．ゆえに，f_- も有界関数である．

§4.2 一様近似と多項式

(a) Weierstrass の多項式近似定理

Weierstrass は Fourier 級数を用いて次の定理を示した．

定理 4.19（Weierstrass の多項式近似定理）
(i) 有界閉区間上の任意の連続関数は，多項式列により一様近似できる．
(ii) 一般に，m 個の有界閉区間の直積集合上の任意の連続関数は，m 変数の多項式列で一様近似できる．

[証明] (i) 必要ならば変数を1次変換すればよいから，有界閉区間を $[-1/4, 1/4]$ として証明する．

連続関数 $f(x)$ ($|x| \leq 1/4$) に対して，円周 $-1/2 \leq x < 1/2$ 上の連続関数 $\widetilde{f}$ で
$$\widetilde{f}(x) = f(x) \quad (|x| \leq 1/4)$$
をみたすものを1つとる．

Fejér の定理 2.20 より，任意の正数 ε に対して十分大きな n をとれば，
$$\max_{|x| \leq 1/2} \left| \widetilde{f}(x) - \frac{1}{n} \sum_{k=0}^{n-1} S_k(\widetilde{f}, x) \right| \leq \varepsilon/2 .$$

一方，$e^{2\pi i k x}$ に Taylor の展開定理を適用することにより，多項式 $P(x)$ で
$$\max_{|x| \leq 1/2} \left| \frac{1}{n} \sum_{k=0}^{n-1} S_k(\widetilde{f}, x) - P(x) \right| \leq \varepsilon/2$$
をみたすものがとれる．

ゆえに，
$$\|f - P\|_\infty = \max_{|x| \leq 1/4} |f(x) - P(x)| \leq \max_{|x| \leq 1/2} |\widetilde{f}(x) - P(x)| \leq \varepsilon .$$

(ii) まったく同様に m 変数 $(x_1, \cdots, x_m)$ についての Fejér の定理と Taylor の展開定理を組み合わせればよい．

上述の多項式近似定理から，自然に次の問題が提起される．

（I）　与えられた連続関数 f を最もよく一様近似する n 次多項式 P は存在するか.

（II）　もし存在すれば，それを特徴づけよ.

例えば，$f(x) = x^{n+1}$ $(-1 \leq x \leq 1)$ を最もよく近似する n 次多項式は何だろうか.

まず存在については，次の補題から以下のように容易に導くことができる. 以下，実係数の n 次多項式の全体を $\mathcal{P}_n$ と書く.

補題 4.20　$\mathcal{P}_n$ はベクトル空間として $\mathbb{R}^{n+1}$ と同型であり，$\mathcal{P}_n$ 上の一様ノルム

(4.24) $$\|P\|_\infty = \max_{a \leq x \leq b} |P(x)| \quad (a < b)$$

と，$P(x) = \sum_{i=0}^{n} c_i x^i$ の係数 $c_0, \cdots, c_n$ に関する Euclid 空間としてのノルム

(4.25) $$\left(\sum_{i=0}^{n} |c_i|^2\right)^{1/2}$$

は同値である．とくに，$\|P_k\|_\infty \leq M$ $(k \geq 1)$ ならば P_k $(k \geq 1)$ から一様収束する部分列 P_{k_j} $(j \geq 1)$ が選べる． □

この補題を認めておいて，最良近似多項式の存在を示そう．

定理 4.21　任意の連続関数 $f : [a, b] \to \mathbb{R}$ に対して，

(4.26) $$\|f - Q\|_\infty = \max_{a \leq x \leq b} |f(x) - Q(x)| \quad (Q \in \mathcal{P}_n)$$

を最小にする n 次多項式 P が存在する．

[証明]　$\|f - Q\|_\infty$ $(Q \in \mathcal{P}_n)$ の下限を μ として，

(4.27) $$\lim_{k \to \infty} \|f - P_k\|_\infty = \mu = \inf_{Q \in \mathcal{P}_n} \|f - Q\|$$

をみたす多項式列 $P_k \in \mathcal{P}_n$ $(k \geq 1)$ をとる．このとき，

$$\|P_k\|_\infty \leq \|f - P_k\|_\infty + \|f\|_\infty \to \mu + \|f\|_\infty$$

だから，P_k $(k \geq 1)$ は有界列である．よって，補題 4.20 より，一様収束する部分列 P_{k_j} $(k_1 < k_2 < \cdots)$ が選べる．その極限を P とすれば，

$$\|f - P\|_\infty = \mu. \qquad \blacksquare$$

[補題 4.20 の証明: その 1]　$(c_0, \cdots, c_n) = \mathbb{R}^{n+1}$ に対して，n 次多項式 $P = \varphi(c_0, \cdots, c_n) \in \mathcal{P}_n$ を次式で定める:

$$P(x) = \sum_{i=0}^{n} c_i x^i.$$

このとき，写像 φ は，明らかに，線形である．さらに，φ は単射である．

実際，$P = \varphi(c_0, \cdots, c_n) = 0$ とすると，$c_n = P^{(n)}(x)/n! = 0$. すると，$c_{n-1} = P^{(n-1)}(x)/(n-1)! - n!c_n x = P^{(n-1)}(x)/(n-1)! = 0$. 同様にして，$c_n = c_{n-1} = \cdots = c_0 = 0$ がわかる．

よって，$\varphi : \mathbb{R}^{n+1} \to \mathcal{P}_n$ はベクトル空間としての同型写像である．

ところで，一般に，有限次元ベクトル空間 V 上の 2 つのノルムは互いに同値だから，2 つのノルム $\|\varphi(c_0, \cdots, c_n)\|_\infty$ と $\left(\sum_{i=0}^{n} |c_i|^2\right)^{1/2}$ も同値である．■

注意 4.22　上で用いた一般的結果は以下のように証明される．

ベクトル空間 V の基底 $e_1, \cdots, e_n$ を 1 つとり，V 上のノルム $\|\cdot\|$ に対して，

$$f(x) = \left\|\sum_{i=1}^{n} x_i e_i\right\| \quad (x = (x_1, \cdots, x_n) \in \mathbb{R}^n)$$

とおく．このとき，ノルムの定義より，

$$|f(y) - f(x)| = \left|\left\|\sum_{i=1}^{n} y_i e_i\right\| - \left\|\sum_{i=1}^{n} x_i e_i\right\|\right|$$

$$\leq \left\|\sum_{i=1}^{n} (y_i - x_i) e_i\right\|$$

$$\leq \sum_{i=1}^{n} |y_i - x_i| \|e_i\| \leq \|y - x\|_2 \left(\sum_{i=1}^{n} \|e_i\|^2\right)^{1/2}$$

が成り立つから，f は連続関数である．さらに，$f(x) = 0$ ならば，$\sum_{i=1}^{n} x_i e_i = 0$ だから，$x = (x_1, \cdots, x_n) = 0 \in \mathbb{R}^n$.

よって，

$$C_1 = \min_{\|x\|=1} f(x), \quad C_2 = \max_{\|x\|=1} f(x)$$

とおけば，$0 < C_1 \leq C_2$ で，

(4.28)　　　　　　　$C_1 \|x\|_2 \leq \left\|\sum_{i=1}^{n} x_i e_i\right\| \leq C_2 \|x\|_2$.

上のことは V 上の任意の他のノルム $\|\cdot\|'$ についてもいえるから，

$$c_1\|v\| \leqq \|v\|' \leqq c_2\|v\| \quad (v \in V)$$

をみたす正定数 c_1, c_2 の存在がわかる.

[補題4.20 の証明: その2] その1と同じ写像 φ を考える.
$P = \varphi(c_0, c_1, \cdots, c_n)$ のとき,

(4.29) $\quad \langle P, x^k \rangle = \int_a^b P(x) x^k dx = \sum_{i=0}^n c_i \int_a^b x^{i+k} dx = \sum_{i=0}^n c_i \langle x^i, x^k \rangle$.

ここで, Gram 行列

$$(\langle x^i, x^k \rangle)_{0 \leqq i, k \leqq n}$$

は可逆だから, (4.29)より Cramér の公式を用いて, $c_0, \cdots, c_n$ を, $\langle P, x^k \rangle$ ($0 \leqq k \leqq n$) の線形結合として解くことができ, その係数は上の Gram 行列とその余因子行列の行列式の比だから, 不等式

$$\left(\sum_{i=0}^n |c_i|^2\right)^{1/2} \leqq C \max_{0 \leqq k \leqq n} |\langle P, x^k \rangle| \leqq C' \|P\|_\infty$$

が成り立つように定数 C, C' を選べる. 逆に,

$$\|P\|_\infty = \left\|\sum_{i=0}^n c_i x^i\right\|_\infty \leqq \sum_{i=0}^n |c_i| \|x^i\|_\infty$$

だから, 不等式

$$\|P\|_\infty \leqq C''' \left(\sum_{i=0}^n |c_i|^2\right)^{1/2}$$

が成り立つ定数 C''' も存在する. ∎

さて, $\|f - P\|_\infty$ を最小にする P の一意性およびその特徴づけのためには, 少し準備が必要である.

(b) 連続関数の最大点と最小点

有界閉区間 $[a, b]$ 上の連続関数 f に対して,

(4.30) $\qquad M = \max_{[a,b]} f, \quad m = \min_{[a,b]} f$

とするとき, 次の条件をみたす非負整数 k の上限を f の**上昇回数**という.

(4.31)
$$\begin{cases} 2k \text{ 個の点 } a \leq x_1 < y_1 < x_2 < y_2 < \cdots < x_k < y_k \leq b \text{ が存在して,} \\ f(x_j) = m, \quad f(y_j) = M \quad (1 \leq j \leq k). \end{cases}$$

同様に,次のような非負整数 k の上限を f の**下降回数**という.

(4.32)
$$\begin{cases} 2k \text{ 個の点 } a \leq x_1 < y_1 < x_2 < y_2 < \cdots < x_k < y_k \leq b \text{ が存在して,} \\ f(x_j) = M, \quad f(y_j) = m \quad (1 \leq j \leq k). \end{cases}$$

また,上昇回数と下降回数の和 $k(f)$ を f の**昇降回数**ということにする.

定理 4.23 有界閉区間上の連続関数 f の昇降回数は有限である. □

注意 4.24

（1） f の昇降回数は,互いに内点を共有しない閉部分区間 I_j $(1 \leq j \leq k)$ で,各 j について $f: I_j \to [m, M]$ が全射となる自然数 k の最大値といいかえてもよい.

（2） 一般に,f の昇降回数を $k(f)$ と書くとき,$f, g: [a,b] \to [a,b]$ が連続関数ならば,次の不等式が成り立つ.
$$k(f \circ g) \geq k(f) k(g).$$

［定理 4.23 の証明］ f の下降回数は $-f$ の上昇回数だから,上昇回数が有限なことのみ示す.

まず,$x_1 = \min\{x \mid a \leq x \leq b, f(x) = m\}$ とおく.もし,$x > x_1$ のときつねに $f(x) < M$ ならば,上昇回数は 0 である.そうでなければ,
$$y_1 = \min\{x \mid x_1 < x \leq b, f(x) = M\}$$
とおく.以下順に,定義できる限り,$a \leq x_1 < y_1 < x_2 < y_2 < \cdots$ を同様に定める.これが有限で終わることを示そう.

もし,このような x_i, y_i が無限にあるとすれば,$x_i < y_i < x_{i+1} \leq b$ だから,$\lim_{i \to \infty} x_i = \lim_{i \to \infty} y_i$.すると,$f$ の連続性により,$\lim_{i \to \infty} f(x_i) = \lim_{i \to \infty} f(y_i)$.しかしこれは,$f(x_i) = m < f(y_i) = M$ に反する. ∎

系 4.25 $[a, b]$ が有界閉区間で,$f: [a, b] \to \mathbb{R}$ が連続なとき,

(4.33) $$M = \max_{[a,b]} f > 0 > m = \min_{[a,b]} f$$

ならば，次のどちらか1つの条件をみたす f の零点 $z_1, \cdots, z_{k-1}$ が存在する．ただし，k は f の昇降回数，$z_0 = a$, $z_k = b$ とする．

(4.34) $$\begin{cases} \max_{[z_{2j}, z_{2j+1}]} f = M, & \min_{[z_{2j}, z_{2j+1}]} f > m \quad (0 \leqq 2j \leqq k-1), \\ \max_{[z_{2j-1}, z_{2j}]} f < M, & \min_{[z_{2j-1}, z_{2j}]} f = m \quad (1 \leqq 2j-1 \leqq k-1). \end{cases}$$

(4.34′) $$\begin{cases} \max_{[z_{2j}, z_{2j+1}]} f < M, & \min_{[z_{2j}, z_{2j+1}]} f = m \quad (0 \leqq 2j \leqq k-1), \\ \max_{[z_{2j-1}, z_{2j}]} f = M, & \min_{[z_{2j-1}, z_{2j}]} f > m \quad (1 \leqq 2j-1 \leqq k-1). \end{cases}$$

[証明] 中間値の定理より明らか． ∎

注意 4.26

(1) $f:[a,b] \to \mathbb{R}$ が連続のとき，M をその最大値，m を最小値，
(4.35) $A = \{x \in [a,b] \mid f(x) = M\}$, $B = \{x \in [a,b] \mid f(x) = m\}$
とすれば，A, B は閉集合である．

(2) 逆に，互いに交わらない2つの閉部分集合 A, B は，ある連続関数 f の最大点，最小点全体のつくる集合となる．

実際，例えば次のようにして f を構成できる．

$$d(x, A) = \min_{y \in A} |x-y|, \quad \delta_1 = \min_{x \in B} d(x, A),$$
$$d(x, B) = \min_{y \in B} |x-y|, \quad \delta_2 = \min_{x \in A} d(x, B)$$

として，
$$f(x) = (1 - \min\{d(x,A)/\delta_1, 1\}) \min\{d(x,B)/\delta_2, 1\}.$$

(3) なお，このとき，$k(f)$ は A, B が "互いに入れ違う" 回数である．

例 4.27 Cantor 集合 C を最大点全体とする関数 f．
集合 C の作り方を思い出しながら f を構成しよう．
$0°$ 区間 $[0,1]$ から出発する：$f_0(x) \equiv 1$．
$1°$ 中央の $1/3$ である区間 $(1/3, 2/3)$ を取り去る：$0 < r_1 \leqq 1$ として

$$f_1(x) = \begin{cases} f_0(x) & (x \notin (1/3, 2/3)) \\ 1 - r_1(1 - 6|x - 1/2|) & (x \in (1/3, 2/3)) \end{cases}$$

とおく.

2° 残りの2つの区間 $[0, 1/3]$, $[2/3, 1]$ からそれぞれ中央の $1/3$ である区間 $(1/9, 2/9)$, $(7/9, 8/9)$ を取り去る: $0 < r_2 \leqq 1$ として

$$f_2(x) = \begin{cases} f_1(x) & (x \notin (1/9, 2/9) \cup (7/9, 8/9)) \\ 1 - r_2(1 - 8|x - 1/6|) & (x \in (1/9, 2/9)) \\ 1 - r_2(1 - 8|x - 5/6|) & (x \in (7/9, 8/9)) \end{cases}$$

とおく.

以下,同様にして,2^n 個の残った区間からそれぞれ中央の $1/3$ である区間を取り除き,$0 < r_n \leqq 1$ として,f_n は取り除いた区間上でそれぞれ深さ r_n の"谷"を f_{n-1} に付け加える.

以上の手順を無限に繰り返して得られた閉集合が Cantor 集合 C であり,極限の関数を f とする.

このとき,明らかに,$\max_{0 \leqq x \leqq 1} f(x) = 1$ であり,
(4.36) $\qquad C = \{x \in [0, 1] \mid f(x) = 1\}$.

そして $\lim_{n \to \infty} r_n = 0$ ならば,f は連続関数である.(しかし,そうでなければ,例えば $r_n = 1$ ならば,f のグラフは連結集合であるが,f は連続関数でない.) □

昇降回数 $k(f)$ の定義から,次のことがわかる.

補題 4.28 連続関数 $f: [a, b] \to \mathbb{R}$ の昇降回数を $k = k(f)$ とするとき,$P \in \mathcal{P}_{k-1}$ が存在して,
(4.37) $\qquad \|f - P\|_\infty < \|f\|_\infty$
が成り立つ.

[証明] $[a, b]$ 上での f の最大値を M,最小値を m とする.$m \neq -M$ ならば,P として定数をとって (4.37) が成り立つ.したがって,$m = -M$ として証明すればよい.

このとき，系 4.25 の条件をみたす零点 $z_1, \cdots, z_{k-1}$ をとり，
$$P(x) = (-1)^{k+s}(x-z_1)(x-z_2)\cdots(x-z_{k-1})$$
とおく．ただし，$s \in \{0,1\}$ は，(4.34), (4.34') に応じて，$s=1$ または $s=0$ とする．

例えば (4.34) が成り立つとき，$s=1$ で，
$$[z_{2j}, z_{2j+1}] \perp P(x) > 0, \quad [z_{2j-1}, z_{2j}] \perp P(x) < 0$$
だから，$\varepsilon > 0$ のとき，
$$\max_{[z_{2j}, z_{2j+1}]}(f - \varepsilon P) < \max_{[z_{2j}, z_{2j+1}]} f = M,$$
$$\min_{[z_{2j}, z_{2j+1}]}(f - \varepsilon P) > \min_{[z_{2j}, z_{2j+1}]} f = -M.$$
また，$\varepsilon > 0$ が十分に小さければ，f がみたす不等式より，不等式
$$\min_{[z_{2j}, z_{2j+1}]}(f - \varepsilon P) > -M, \quad \max_{[z_{2j-1}, z_{2j}]}(f - \varepsilon P) < M$$
が成り立つ．ゆえに，$\|f - \varepsilon P\|_\infty < M = \|f\|_\infty$. ∎

(c) 最良近似

伝統的に，一様近似に関して最もよい近似を**最良近似**（best approximation）といい，他の近似，例えば 2 乗平均近似の場合は最良 2 乗近似などという．

有界閉区間 $[a,b]$ 上で，連続関数 f を n 次多項式 P で近似する場合，最良 2 乗近似式の存在と一意性は Pythagoras の定理からわかる．しかし，最良近似についてそれらは自明ではない．Chebyshev は連続関数の増減についての深い洞察から，次の結論を得た．

以下，n 次以下の実係数多項式の全体を $\mathcal{P}_n$ とする．

定理 4.29（Chebyshev） $a < b$ で，$f: [a,b] \to \mathbb{R}$ が連続関数とする．

(i)
$$\|f - P\|_\infty = \max_{a \leq x \leq b} |f(x) - P(x)| \quad (P \in \mathcal{P}_n)$$

は最小値をもつ．

(ii) 最小点はただ 1 つで，次の 2 条件をみたす．

(a) $M = \max_{a \leq x \leq b}\{f(x)-P(x)\}$ とすると, $\min_{a \leq x \leq b}\{f(x)-P(x)\} = -M$.
(b) $k(f-P) > n+1$.
(iii) 逆に, (a), (b)をみたす P は $\|f-P\|_\infty$ を最小にする. □

証明は以下で数段に分けて行なうが, まず例を挙げておこう.

例 4.30 $f(x) = x^{n+1}$ $(-1 \leq x \leq 1)$ のとき, $P \in \mathcal{P}_n$ を $\|f-P\|_\infty$ の最小点とすると,

(4.38) $$f(x) - P(x) = 2^{-n} T_{n+1}(x).$$

ただし, $T_{n+1}(x)$ は $n+1$ 次 Chebyshev 多項式である. つまり, $T_{n+1}(\cos\theta) = \cos(n+1)\theta$ $(|\theta| \leq \pi/2)$.

実際, この場合 $f-P$ は $n+1$ 次多項式で, 条件(b)より, $k(f-P) > n+1$ だから, $k(f-P) = n+2$. したがって,

(4.39) $$g(x) = M^2 - (f(x) - P(x))^2$$

とおくと, 条件(a)と $k(f-P) = n+2$ より, g は区間 $[-1, 1]$ 内に $n+2$ 個の零点をもつ. また, 同じく $k(f-P) = n+2$ より, n 次多項式 $f'-P'$ の n 個の零点はすべて区間 $[-1, 1]$ の内部にあり, したがって, g の重複度偶数の零点となる. よって,

(4.40) $$g(x) = (x+1)(x-x_1)^2 \cdots (x-x_n)^2 (1-x)$$
$$= (1-x^2)\left(\frac{f'(x) - P'(x)}{n+1}\right)^2.$$

ゆえに, $y = f-P$ とおくと, (4.39), (4.40)より,
$$(1-x^2) y'^2 = (n+1)^2 (M^2 - y^2),$$
$$y|_{x=\pm 1} = M.$$

$x = \cos\theta$ とおいて, この微分方程式を解けば,
$$y = M\cos(n+1)\theta = M T_{n+1}(x) \quad (x = \cos\theta).$$

両辺の最高次の係数を較べて, $M = 2^{-n}$ を得る. □

[定理 4.29 の証明] (i)(最小点の存在)はすでに, 定理 4.21 として示した.

(ii)(最小点の一意性と性質(a), (b))の証明.

1° 補題 4.28 より, 性質(a), (b)が成り立つことはただちにわかる.

§4.2 一様近似と多項式 —— 169

2° 最小点の一意性を示そう.
$\|f-P_1\|_\infty = \|f-P_2\|_\infty = \mu = \inf_{\mathcal{P}_n} \|f-Q\|_\infty$ として, $P = (P_1+P_2)/2$ とおくと,
$$\mu \leqq \|f-P\|_\infty = \|(f-P_1)/2 + (f-P_2)/2\| \leqq \|f-P_1\|/2 + \|f-P_2\|/2 \leqq \mu$$
より, $\|f-P\|_\infty = \mu$. すると, $f(x)-P(x) = \mu$ となる点 x では,
$$\mu = f(x) - P(x) \leqq |f(x)-P_1(x)|/2 + |f(x)-P_2(x)|/2 \leqq \mu$$
となるから,
$$\mu = f(x) - P(x) = f(x) - P_1(x) = f(x) - P_2(x).$$
とくに, $P_1(x) = P_2(x)$. 同様に, $f(x) - P(x) = -\mu$ のとき,
$$-\mu = f(x) - P(x) = f(x) - P_1(x) = f(x) - P_2(x)$$
となるから, $P_1(x) = P_2(x)$. よって, 補題 4.28 より, $k(f-P) > n+1$ だから, $n+2$ 個以上の点 x で $P_1(x) = P_2(x)$. P_1, P_2 は n 次多項式ゆえ, $P_1 = P_2$.

(iii)(条件(a),(b)の十分性)の証明.

$g = f - P$ とおくと, $k(g) > n+1$, $\max_{[a,b]} g + \min_{[a,b]} g = 0$ のとき, もし $Q \in \mathcal{P}_n$ が存在して,
$$\|g-Q\| < \|g\|$$
が成り立つならば,
$$\max_{[a,b]} \{g-Q\} < \max_{[a,b]} g = M,$$
$$\min_{[a,b]} \{g-Q\} > \min_{[a,b]} g = -M.$$
ここで, g の最大, 最小を交互にとる点を $x_1, x_2, \cdots, x_k$ $(k = k(g))$ とすると,
$$g(x_i) - Q(x_i) < g(x_i) = M \quad \text{または} \quad g(x_i) - Q(x_i) > g(x_i) = -M.$$
したがって, $g(x_i) = M$ のとき, $Q(x_i) > 0$ で, $g(x_i) = -M$ のとき $Q(x_i) < 0$. よって, Q は $k-1$ 回符号を変えるから, 少なくとも $k-1$ 個の零点をもつ. ところで, $k-1 \geqq n+1$ で Q は n 次多項式だから, これは矛盾である. ゆえに, このような $Q \in \mathcal{P}_n$ は存在しない. ∎

§4.3 Stieltjes 積分

(a) Riemann–Stieltjes 積分

通常の積分(Riemann 積分) $I(f) = \int_a^b f(x)dx$ は次の性質をもつ.

（a） 線形性: f, g が連続関数で, α, β が定数のとき,
$$I(\alpha f + \beta g) = \alpha I(f) + \beta I(g).$$

（b） 有界性: ある定数 $C\, (= b-a)$ が存在して
$$|I(f)| \leq C\|f\|_\infty \quad \text{ただし,} \quad \|f\|_\infty = \max_{a \leq x \leq b} |f(x)|.$$

（c） 非負性: 非負実数値連続関数 f の積分 $I(f)$ は非負である.
$$f \geq 0 \implies I(f) \geq 0.$$

（c′） 単調性:
$$f \leq g \implies I(f) \leq I(g).$$

これらの性質は次の場合にも成り立つ.

例 4.31

（1） 重み関数つきの積分. w を非負実数値連続関数として,

(4.41) $$I(f) = \int_a^b f(x)w(x)dx.$$

（2） $n \geq 1,\ a < x_1 < \cdots < x_n \leq b,\ w_i > 0\ (1 \leq i \leq n)$ として

(4.42) $$I(f) = \sum_{i=1}^n w_i f(x_i).$$

（3） $h: [\alpha, \beta] \to [a, b]$ を単調非減少連続関数, $h(\alpha) = a,\ h(\beta) = b$ として,

(4.43) $$I(f) = \int_\alpha^\beta f(h(t))dt. \qquad \square$$

上のどの場合も, 区間 $[a, x]$ の定義関数を $1_{[a,x]}$ として,

(4.44) $$F(x) = I(1_{[a,x]})$$

とおくと, 単調非減少関数となり, それぞれの場合, 連続関数 f の Riemann 和

(4.45) $\quad \sum_{i=1}^{n} f(\xi_i) I(1_{[x_{i-1}, x_i]}) = \sum_{i=1}^{n} f(\xi_i)(F(x_i) - F(x_{i-1}))$,

$$x_{i-1} \leqq \xi_i \leqq x_i \quad (1 \leqq i \leqq n)$$

は分割 $\Delta: a = x_0 < x_1 < \cdots < x_n = b$ の刻み幅 $\mathrm{mesh}(\Delta) = \max_{1 \leqq i \leqq n}(x_i - x_{i-1}) \to 0$ のとき, $I(f)$ に収束している.

以下, 有界閉区間 $[a, b]$ 上の任意の単調非減少関数 F をもとにして(a)-(c')をみたす $I(f)$ が1つ定まることを示す. これを F に関する Stieltjes 積分という. ただし, F の不連続点での扱いの便宜上, 習慣として

(4.46) $\quad F: [a, b] \to \mathbb{R}$ は右連続な単調非減少関数

と仮定する.

以下, 有界関数 $f: [a, b] \to \mathbb{R}$ が与えられたとき, 分割 $\Delta: x_0 = a < x_1 < \cdots < x_n = b$ に対して,

(4.47) $\quad \begin{cases} \overline{I}_\Delta(f) = \sum_{i=1}^{n} M_i(F(x_i) - F(x_{i-1})), & M_i = \sup_{x_{i-1} \leqq x \leqq x_i} f(x) \\ \underline{I}_\Delta(f) = \sum_{i=1}^{n} m_i(F(x_i) - F(x_{i-1})), & m_i = \inf_{x_{i-1} \leqq x \leqq x_i} f(x) \end{cases}$

とおく.

補題 4.32 Δ' が Δ の細分ならば

(4.48) $\quad \underline{I}_\Delta(f) \leqq \underline{I}_{\Delta'}(f) \leqq \overline{I}_{\Delta'}(f) \leqq \overline{I}_\Delta(f)$.

[証明] Δ の区間 $[x_{i-1}, x_i]$ が細分 Δ' により

$$x'_{i,0} = x_{i-1} < x'_{i,1} < \cdots < x'_{i, m_i} = x_i$$

と分割されるとし,

$$m'_{i,k} = \inf_{x'_{i,k-1} \leqq x \leqq x'_{i,k}} f(x), \quad M'_{i,k} = \sup_{x'_{i,k-1} \leqq x \leqq x'_{i,k}} f(x)$$

と書くと, 明らかに,

$$m_i \leqq m'_{i,k} \leqq M'_{i,k} \leqq M_i \quad (1 \leqq i \leqq n, \, 1 \leqq k \leqq m_i).$$

よって,

$$\overline{I}_{\Delta'}(f) = \sum_{i=1}^{n} \sum_{k=1}^{m_i} M'_{i,k}(F(x'_{i,k}) - F(x'_{i,k-1}))$$

$$\leq \sum_{i=1}^{n} \sum_{k=1}^{m_i} M_i(F(x'_{i,k}) - F(x'_{i,k-1}))$$
$$= \sum_{i=1}^{n} M_i(F(x'_{i,m_i}) - F(x'_{i,0})) = \sum_{i=1}^{n} M_i(F(x_i) - F(x_{i-1})) = \overline{I}_\Delta(f).$$

同様にして，$\underline{I}_\Delta(f) \leq \underline{I}_{\Delta'}(f)$. ∎

定義 4.33 区間 $[a,b]$ 上の関数 f に対して，

(4.49) $$\overline{I}(f) = \inf_\Delta \overline{I}_\Delta(f), \quad \underline{I}(f) = \sup_\Delta \underline{I}_\Delta(f)$$

をそれぞれ f の $[a,b]$ 上の**上積分**，**下積分**という．ここで(4.49)の下限，上限はすべての分割 Δ についてとる．もし

$$\overline{I}(f) = \underline{I}(f)$$

ならば，f は区間 $[a,b]$ 上で **Riemann–Stieltjes 積分可能**であるといい，この共通の値を

$$\int_a^b f(x) dF(x)$$

と表し，f の $[a,b]$ 上での **Riemann–Stieltjes 積分**という．以下では略して単に，**Stieltjes 積分**ということにする． □

定理 4.34 $[a,b]$ を有界閉区間，$F: [a,b] \to \mathbb{R}$ を右連続な単調非減少関数，$f: [a,b] \to \mathbb{R}$ を連続関数とする．

（ⅰ） f は F に関して Stieltjes 積分可能である．

（ⅱ） 分割 $\Delta: x_0 = a < x_1 < \cdots < x_n = b$ と点 $\xi_i \in [x_{i-1}, x_i]$ $(1 \leq i \leq n)$ の組を $\tilde{\Delta}$ と書き，

(4.50) $$I_{\tilde{\Delta}}(f) = \sum_{i=1}^{n} f(\xi_i)(F(x_i) - F(x_{i-1}))$$

とおくと，次式が成り立つ．

(4.51) $$\lim_{\mathrm{mesh}(\Delta) \to 0} I_{\tilde{\Delta}}(f) = \int_a^b f(x) dF(x).$$

［証明］ f は有界閉区間上で一様連続だから，任意の正数 ε が与えられたとき，

$x, y \in [a,b]$, $|x-y| \leq \delta \implies |f(x)-f(y)| \leq \varepsilon$

をみたす正数 δ がとれる．したがって，分割 Δ に対して

$$\mathrm{mesh}(\Delta) \leq \delta \implies \overline{I}_\Delta(f) - \underline{I}_\Delta(f) \leq \varepsilon(F(b)-F(a)).$$

よって，$\mathrm{mesh}(\Delta_n) \to 0$ となる分割の列 Δ_n $(n \geq 1)$ に対してつねに，

(4.52) $$\lim_{n\to\infty} \overline{I}_{\Delta_n}(f) = \lim_{n\to\infty} \underline{I}_{\Delta_n}(f).$$

ところで，任意の分割 Δ に対して，$\overline{I}(f), \underline{I}(f)$ の定義より明らかに，

(4.53) $$\overline{I}_{\Delta_n}(f) \geq \overline{I}(f) \geq \underline{I}(f) \geq \underline{I}_{\Delta_n}(f).$$

よって，(4.52), (4.53) より，$\overline{I}(f) = \underline{I}(f)$．ゆえに，$f$ は Stieltjes 積分可能である．

(ii) は，次の自明な不等式からただちに導かれる．

$$\underline{I}_\Delta(f) \leq I_{\tilde{\Delta}}(f) \leq \overline{I}_\Delta(f). \qquad \blacksquare$$

例 4.35

（1） $F(x) = x$ のとき，Stieltjes 積分は通常の Riemann 積分である．

（2） $F(x) = [x]$（x の整数部分）のとき，連続関数 f に対して

$$\int_a^b f(x) dF(x) = \sum_{a < k \leq b} f(k).$$

（3） F が $\mathcal{C}^1$ 級のとき，連続関数 f に対して，

$$\int_a^b f(x) dF(x) = \int_a^b f(x) F'(x) dx. \qquad \square$$

注意 4.36 複素数値関数 f については，その実部 $\mathrm{Re}\, f$ と虚部 $\mathrm{Im}\, f$ がともに Stieltjes 積分可能のとき，Stieltjes 積分可能ということにして，その積分を

$$\int_a^b f(x) dF(x) = \int_a^b \mathrm{Re}\, f(x) dF(x) + \sqrt{-1} \int_a^b \mathrm{Im}\, f(x) dF(x)$$

により定めることができる．

(b) Stieltjes 積分の性質

定理 4.37 Stieltjes 積分に対して以下の性質が成り立つ．

（a） 線形性：f, g が積分可能で，$\alpha, \beta \in \mathbb{C}$ ならば，$\alpha f + \beta g$ も積分可能で，

$$\int_a^b (\alpha f(x) + \beta g(x)) dF(x) = \alpha \int_a^b f(x) dF(x) + \beta \int_a^b g(x) dF(x).$$

（b） 有界性:

$$|f(x)| \leqq M \ (a \leqq x \leqq b) \implies \left| \int_a^b f(x) dF(x) \right| \leqq M(F(b) - F(a)).$$

（c） 非負性:

$$f(x) \geqq 0 \ (a \leqq x \leqq b) \implies \int_a^b f(x) dF(x) \geqq 0.$$

（c'） 単調性:

$$f(x) \geqq g(x) \ (a \leqq x \leqq b) \implies \int_a^b f(x) dF(x) \geqq \int_a^b g(x) dF(x).$$

（d） F に関する加法性: $F = F_1 + F_2$ で，F_1, F_2 がともに右連続な単調非減少関数のとき，f が F_1, F_2 に関して Stieltjes 積分可能ならば，F に関しても Stieltjes 積分可能で，

(4.54) $$\int_a^b f(x) dF(x) = \int_a^b f(x) dF_1(x) + \int_a^b f(x) dF_2(x).$$

[証明] (b), (c), (c') は，$\overline{I}(f), \underline{I}(f)$ の定義より明らか．

(a) を示そう．

f が実数値関数の場合に証明すればよいこと，f が Stieltjes 積分可能なとき，$-f$ もそうであることは明らか．よって，$\alpha \geqq 0, \beta \geqq 0$ の場合に証明すれば十分．

さて，分割 $\Delta: a = x_0 < x_1 < \cdots < x_n = b$，関数 f に対して，

$$M_i^\Delta(f) = \sup_{x_{i-1} \leqq x \leqq x_i} f(x), \quad m_i^\Delta(f) = \inf_{x_{i-1} \leqq x \leqq x_i} f(x)$$

と書くことにする．

すると，

$$M_i^\Delta(\alpha f + \beta g) \leqq \alpha M_i^\Delta(f) + \beta M_i^\Delta(g),$$
$$m_i^\Delta(\alpha f + \beta g) \geqq \alpha m_i^\Delta(f) + \beta m_i^\Delta(g)$$

§4.3 Stieltjes 積分 —— 175

が成り立つから，

(4.55) $$\begin{cases} \overline{I}_\Delta(\alpha f+\beta g) \leqq \alpha \overline{I}_\Delta(f)+\beta \overline{I}_\Delta(g) \\ \underline{I}_\Delta(\alpha f+\beta g) \geqq \alpha \underline{I}_\Delta(f)+\beta \underline{I}_\Delta(g). \end{cases}$$

ここで，
$$\overline{I}(f)=\lim_{n\to\infty}\overline{I}_{\Delta_n^{(1)}}(f),\quad \underline{I}(f)=\lim_{n\to\infty}\underline{I}_{\Delta_n^{(2)}}(f)$$
をみたす分割 $\Delta_n^{(1)}, \Delta_n^{(2)}$ $(n\geqq 1)$ を選んで，Δ_n^f を $\Delta_n^{(1)}$ と $\Delta_n^{(2)}$ の細分とすれば，定理 4.34 より，
$$\overline{I}(f)=\lim_{n\to\infty}\overline{I}_{\Delta_n^f}(f),\quad \underline{I}(f)=\lim_{n\to\infty}\underline{I}_{\Delta_n^f}(f).$$
また，g, $\alpha f+\beta g$ についても同様の分割列 Δ_n^g, $\Delta_n^{\alpha f+\beta g}$ がとれる．そこで，これらの細分を Δ_n とすれば，

(4.56) $$\begin{cases} \int_a^b f(x)dF(x)=\lim_{n\to\infty}\overline{I}_{\Delta_n}(f)=\lim_{n\to\infty}\underline{I}_{\Delta_n}(f) \\ \int_a^b g(x)dF(x)=\lim_{n\to\infty}\overline{I}_{\Delta_n}(g)=\lim_{n\to\infty}\underline{I}_{\Delta_n}(g). \end{cases}$$

よって，$(4.55), (4.56)$ より，

$$\alpha\int_a^b f(x)dF(x)+\beta\int_a^b g(x)dF(x)$$
$$=\alpha\lim_{n\to\infty}\overline{I}_{\Delta_n}(f)+\beta\lim_{n\to\infty}\overline{I}_{\Delta_n}(g)$$
$$=\lim_{n\to\infty}(\alpha\overline{I}_{\Delta_n}(f)+\beta\overline{I}_{\Delta_n}(g))\geqq\lim_{n\to\infty}\overline{I}_{\Delta_n}(\alpha f+\beta g)=\overline{I}(\alpha f+\beta g)$$

が得られ，同様に次の不等式も得られる．

$$\alpha\int_a^b f(x)dF(x)+\beta\int_a^b g(x)dF(x)\leqq\lim_{n\to\infty}\underline{I}_{\Delta_n}(\alpha f+\beta g)=\underline{I}(\alpha f+\beta g).$$

一般に，$\underline{I}(\alpha f+\beta g)\leqq\overline{I}(\alpha f+\beta g)$ だから，

$$\overline{I}(\alpha f+\beta g)=\underline{I}(\alpha f+\beta g)=\alpha\int_a^b f(x)dF(x)+\beta\int_a^b g(x)dF(x).$$

つまり，$\alpha f+\beta g$ も Stieltjes 積分可能で，

$$\int_a^b(\alpha f(x)+\beta g(x))dF(x)=\alpha\int_a^b f(x)dF(x)+\beta\int_a^b g(x)dF(x).$$

(d)の証明．単調非減少関数を明示して，$\overline{I}_\Delta(f;F)$, $\underline{I}_\Delta(f;F)$ などと書く

と，

$$\overline{I}_\Delta(f;F_1+F_2) \leqq \overline{I}_\Delta(f;F_1)+\overline{I}_\Delta(f;F_2),$$
$$\underline{I}_\Delta(f;F_1+F_2) \geqq \underline{I}_\Delta(f;F_1)+\underline{I}_\Delta(f;F_2)$$

が成り立つことは明らかだから，

$$\underline{I}(f;F_1)+\underline{I}(f;F_2) \leqq \underline{I}(f;F_1+F_2)$$
$$\leqq \overline{I}(f;F_1+F_2) \leqq \overline{I}(f;F_1)+\overline{I}(f;F_2).$$

よって，$\underline{I}(f;F_i)=\overline{I}(f;F_i)$ $(i=1,2)$ ならば，$\underline{I}(f;F)=\overline{I}(f;F)$，つまり，$f$ は $F=F_1+F_2$ に関して Stieltjes 積分可能で，(4.54)が成り立つ． ∎

(c) 部分積分の公式

定理 4.38 $[a,b]$ が有界閉区間，$F:[a,b]\to\mathbb{R}$ が右連続な単調非減少関数のとき，f が $[a,b]$ 上で C^1 級ならば次式が成り立つ．

(4.57) $\displaystyle\int_a^b f(x)dF(x) = f(b)F(b)-f(a)F(a)-\int_a^b f'(x)F(x)dx$.

[証明] 右連続な単調非減少関数 F は次のように分解できた．
$$F(x) = F_c(x)+F_d(x).$$
ただし，F_c は連続な単調非減少関数で，F_d は次の形の関数である：
$$F_d(x) = \sum_{t\in J} c_t 1_{[t,b]}(x), \quad c_t > 0.$$

ここで，J は F の不連続点の全体，$c_t=F(t)-F(t-0)$ である．

したがって，F_c, F_d に対してそれぞれ部分積分の公式を証明すればよい．

さて，分割 $\Delta: x_0=a<x_1<\cdots<x_n=b$ に対して，式(4.50)において $\xi_i=x_i$ $(1\leqq i\leqq n)$ とすると，

$$I_{\tilde{\Delta}}(f;F_c) = \sum_{i=1}^n f(x_i)(F_c(x_i)-F_c(x_{i-1}))$$
$$= f(x_n)F_c(x_n)-\sum_{i=1}^n (f(x_i)-f(x_{i-1}))F_c(x_{i-1})-f(x_0)F_c(x_0).$$

ここで,

$$\left| \int_a^b f'(x)F_c(x)dx - \sum_{i=1}^n (f(x_i)-f(x_{i-1}))F_c(x_{i-1}) \right|$$

$$= \left| \sum_{i=1}^n \int_{x_{i-1}}^{x_i} f'(x)(F_c(x) - F_c(x_{i-1}))dx \right|$$

$$\leq \sum_{i=1}^n \int_{x_{i-1}}^{x_i} |f'(x)|(F_c(x_i) - F_c(x_{i-1}))dx$$

$$\leq \int_a^b |f'(x)|dx \cdot \max_{1 \leq i \leq n}(F_c(x_i) - F_c(x_{i-1}))$$

$$\to 0 \quad (\mathrm{mesh}(\Delta) = \max_{1 \leq i \leq n}(x_i - x_{i-1}) \to 0).$$

よって,

$$\int_a^b f(x)dF_c(x) = f(b)F(b) - \int_a^b f'(x)F_c(x)dx - f(a)F(a).$$

次に, F_d の場合,

$$\int_a^b f(x)dF_d(x) = \sum_{t \in J} c_t f(t)$$

であり,

$$\int_a^b f'(x)F_d(x)dx = \sum_{t \in J} c_t \int_a^b f'(x) 1_{[t,b]}(x)dx$$

$$= \sum_{t \in J} c_t(f(b) - f(t)) = \sum_{t \in J} c_t f(b) - \sum_{t \in J} c_t f(t).$$

よって, $F_d(a) = 0$, $F_d(b) = \sum_{t \in J} c_t f(b)$ より,

$$\int_a^b f'(x)F_d(x)dx = f(b)F_d(b) - f(a)F_d(a) - \int_a^b f(x)dF(x).\quad\blacksquare$$

上の部分積分の公式より有界変動関数の Fourier 係数について次のことがいえる.

系 4.39 $f: \mathbb{T}^1 \to \mathbb{C}$ が連続な有界変動関数ならば,

(4.58) $\qquad \widehat{f}(n) = \int_{\mathbb{T}^1} f(t)e^{-2\pi int}dt = O(n^{-1}) \quad (|n| \to \infty).$

[証明] f は有界変動関数だから,2つの単調非減少関数の差
$$f(x) = F_1(x) - F_2(x) \quad (0 \leqq x \leqq 1)$$
として表される.さらに f が連続だから,F_1, F_2 も連続としてよい.

このとき,部分積分の公式より,$j = 1, 2$ に対して,
$$\int_0^1 e^{-2\pi int} dF_j(t) = e^{-2\pi int} F_j(t)\big|_{t=0}^1 + 2\pi in \int_0^1 e^{-2\pi int} F_j(t) dt.$$

よって,$F_1(1) - F_2(1) = f(1) = f(0) = F_1(0) - F_2(0)$ より,
$$\int_0^1 f(t) e^{-2\pi int} dt = (2\pi in)^{-1} \left(\int_0^1 e^{-2\pi int} dF_1(t) - \int_0^1 e^{-2\pi int} dF_2(t) \right).$$

ここで,
$$\left| \int_0^1 e^{-2\pi int} dF_j(t) \right| \leqq \int_0^1 |e^{-2\pi int}| dF_j(t) \leqq F_j(1) - F_j(0) \quad (j = 1, 2)$$

だから,
$$|\widehat{f}(n)| \leqq (2\pi|n|)^{-1} (F_1(1) - F_1(0) + F_2(1) - F_2(0)).$$
∎

(d) 変数変換

右連続な単調非減少関数 $F: [a, b] \to \mathbb{R}$ に対して,

(4.59) $\qquad X(t) = \sup\{x \mid a \leqq x \leqq b,\ F(x) < t\} \quad (t \in \mathbb{R})$

とおくと,$X(t)$ は明らかに単調非減少関数であり,

(4.60) $\qquad X(t) = x \implies F(x-0) \leqq t \leqq F(x).$

さらに,
$$\sup_{s<t} X(s) = \sup_{s<t} \sup\{x \mid a \leqq x \leqq b,\ F(x) < s\}$$
$$= \sup\{x \mid a \leqq x \leqq b,\ F(x) < t\} = X(t)$$

だから $X(t)$ は左連続な単調非減少関数であり,

(4.61) $\qquad F(x) = t \implies X(t) \leqq x \leqq X(t+0).$

この関数 X を右連続な単調非減少関数 F の**逆関数**という.

定理 4.40 $f: [a, b] \to \mathbb{R}$ が連続関数のとき,次の等式が成り立つ.

(4.62) $$\int_a^b f(x)dF(x) = \int_{F(a)}^{F(b)} f(X(t))dt.$$

[証明] 区間 $[a,b]$ の分割 $\Delta: x_0 = a < x_1 < \cdots < x_n = b$ に対して
$$t_i = F(x_i) \quad (0 \leq i \leq n)$$
とおく．次に，各区間 $[t_{i-1}, t_i]$ から点 τ_i を任意に選び，
$$\xi_i = X(\tau_i)$$
とおくと，$x_{i-1} \leq \xi_i \leq x_i$．このとき，等式

(4.63) $$\sum_{i=1}^n f(\xi_i)(F(x_i) - F(x_{i-1})) = \sum_{i=1}^n f(X(\tau_i))(t_i - t_{i-1})$$

が成り立ち，左辺は $\mathrm{mesh}(\Delta) \to 0$ のとき，$\int_a^b f(x)dF(x)$ に収束する．一方，右辺は左連続な関数 $f(\Phi(t))$ に対する．

一方，(4.63)の右辺は左連続な関数 $f(X(t))$ に対する Riemann 和であるが，
$$\max_{1 \leq i \leq n}(t_i - t_{i-1}) = \max_{1 \leq i \leq n}(F(x_i) - F(x_{i-1}))$$
は，$\mathrm{mesh}(\Delta) = \max_{1 \leq i \leq n}(x_i - x_{i-1}) \to 0$ のとき 0 に収束するとは限らない．しかし，F の不連続点 x に対しては，
$$F(x-0) < t \leq F(x) \implies X(t) = x \quad \text{とくに} \quad f(X(t)) = f(x)$$
が成り立つ．これから，$\mathrm{mesh}(\Delta) \to 0$ のとき，
$$\sum_{i=1}^n f(X(\tau_i))(t_i - t_{i-1}) \to \int_{F(a)}^{F(b)} f(X(t))dt$$
が成り立つことがわかる． ∎

(e) 一般化

定理 4.41 有界閉区間上で区分的に連続で左連続な関数は Stieltjes 積分可能である．

[証明]
$1°$ $a \leq c \leq b$ のとき，$f(x) = 1_{[a,c]}(x)$ は Stieltjes 積分可能である．
実際，分割 Δ として，c を分点としてもつものをとれば，

$$\overline{I}_\Delta(f) = \underline{I}_\Delta(f) = F(c) - F(a).$$

よって，

$$\int_a^b 1_{[a,c]}(x) dF(x) = F(c) - F(a).$$

2° $f: [a, b] \to \mathbb{C}$ が区分的に連続で，左連続 $(f(x-0) = f(x))$ ならば，

$$f(x) = g(x) + \sum_{j=1}^{n} c_j 1_{[a, x_j]}(x)$$

と書ける．ここで，g は連続，$a \leq x_1 < x_2 < \cdots < x_n < b$ は f の不連続点で，
$$c_j = f(x_j + 0) - f(x_j - 0) = f(x_j + 0) - f(x_j).$$
よって，f は Stieltjes 積分可能な関数の線形結合ゆえ，Stieltjes 積分可能で，

$$\int_a^b f(x) dF(x) = \int_a^b g(x) dF(x) + \sum_{j=1}^{n} c_j (F(x_j) - F(a)).$$

注意 4.42

(1) f が右連続で不連続点 c をもち，F も c で不連続な場合，f は F に関して Stieltjes 積分可能でない．

例えば，$f(x) = 1_{[a,c)}(x)$ のとき，$\delta > 0$ として，$c - \delta$ と c を隣り合う分点としてもつ分割 Δ をとれば，
$$\overline{I}_\Delta(f) = F(c) - F(a), \quad \underline{I}_\Delta(f) = F(c - \delta) - F(a).$$
よって，
$$\overline{I}_\Delta(f) - \underline{I}_\Delta(f) = F(c) - F(c - \delta) \geq F(c) - F(c - 0).$$
ゆえに，点 c が F の不連続点ならば，f は F に関して Stieltjes 積分可能ではない．

(2) しかし，F が連続な単調非減少関数ならば，区分的に連続な右連続関数 f も Stieltjes 積分可能となる．

上の注意 4.42 の(1)はいささか不都合である．(やはり，区間の定義関数は積分可能であってほしい．) これを回避するためには以下のように定義を修正すればよい．

定義 4.43 右連続な単調非減少関数 F が

(4.64) $\begin{cases} F(x) = F_c(x) + \sum_{t \in J}(F(t) - F(t-0))1_{[t,b]}(x) \\ F_c \text{ は連続，} J \text{ は } F \text{ の不連続点の全体} \end{cases}$

と分解されるとき(§4.1(c)参照)，関数 f に対して，

(4.65) $\int_a^b f(x)dF(x) = \int_a^b f(x)dF_c(x) + \sum_{t \in J}(F(t) - F(t-0))f(t-0)$

と定める．ただし，F_c に関する積分は Stieltjes 積分とする． □

注意 4.44 最後に確率論でのことばづかいに関して述べておこう．

X が確率変数のとき，
$$F_X(x) = P(X \leqq x) \quad (x \in \mathbb{R})$$
とおくと，$F_X(x)$ は右連続な単調非減少関数で
$$F_X(-\infty) = 0, \quad F_X(+\infty) = 1$$
をみたす．この関数 $F_X(x)$ を確率変数 X の**分布関数**という．

また，Stieltjes 積分
$$\int_{-\infty}^{+\infty} |x| dF_X(x)$$
が存在するとき，
$$E[X] = \int_{-\infty}^{+\infty} x\, dF_X(x)$$
を確率変数 X の期待値または平均という．

《 要 約 》

4.1 目標

§4.1 凸関数の定義，性質と表現定理，単調関数の不連続点と右連続単調関数の分解定理，有界変動関数の定義．

§4.2 Weierstrass の多項式近似定理，最良近似多項式の存在と一意性および特徴付け．

§4.3 Stieltjes 積分の定義と基本的性質の理解および部分積分の公式と変数変換の公式．

4.2 主な用語

§4.1 凸関数，凸集合，右微分 $D^+f(x)$，支持直線，単調非減少，不連続点，全変動，有界変動関数

§4.2 Weierstrass の多項式近似定理，一様ノルム，最良近似多項式の存在・一意性，上昇・下降回数，Chebyshev の定理，(Riemann–)Stieltjes 積分とその部分積分の公式，変数変換の公式，単調関数の逆関数，確率分布関数

─────── 演習問題 ───────

4.1 $f:(a,b)\to\mathbb{R}$ が C^1 級関数で，$|f'(x)|$ が区間 (a,b) 上で可積分のとき，f の全変動について次式を示せ(例 4.17)．

$$V(f\,;(a,b))=\int_a^b |f'(x)|dx.$$

4.2 Chebyshev 多項式 $T_n(x)$ の p 回の合成 $T_n\circ T_n\circ\cdots\circ T_n$ の区間 $[-1,1]$ 上での昇降回数を求めよ．

4.3 Stieltjes 積分に対しても押さえこみの原理(例えば定理 1.64 の類比)が成り立つことを確かめよ．

5

実関数の性質 (II)

　実変数の関数のもつ性質は多様でかつ奥深い．しかしこの章では，これから本格的に数学を学ぼうとする読者に知っておいてほしい事実や考え方また手法を拾って紹介する．

　§5.1では，まとめて眺望する機会の少ない不等式の世界を紹介する．

　§5.2は，将来必要となる関数空間の概念への入門であり，Riemann–Lebesgueの定理について少し詳しく述べる．なお，第6章以下の記述の中には本来Lebesgue積分のことばで理解するべきものが多いが，この節を読んでおけば十分である．

　最後の§5.3では微分概念の拡張に関連する話題を取り上げる．とくに，(a)では単位円板上の2乗可積分な解析関数(Hardy関数)を導入する．

§5.1　積分と不等式

　代数的なおもしろさが2つの小宇宙をつなぐ恒等式にあるとすれば，解析的なおもしろさは不等式に依拠していることが多い．この節では，既知のものも含めて，基本的な不等式についてまとめておく．

(a)　Cauchy–Schwarzの不等式とその周辺

　最も基本的な不等式から話を始めよう．

定理 5.1（Cauchy–Schwarz の不等式） $n \geq 1$, $a_k, b_k \in \mathbb{C}$ $(k=1,\cdots,n)$ のとき，
$$\left|\sum_{k=1}^{n} a_k \overline{b_k}\right|^2 \leq \sum_{k=1}^{n} |a_k|^2 |b_k|^2.$$

[証明(その1)]　恒等式
$$\left(\sum_{k=1}^{n} a_k c_k\right)\left(\sum_{k=1}^{n} b_k d_k\right) - \left(\sum_{k=1}^{n} a_k d_k\right)\left(\sum_{k=1}^{n} b_k c_k\right)$$
$$= \frac{1}{2}\sum_{j,k=1}^{n}(a_j b_k - a_k b_j)(c_j d_k - c_k d_j)$$

において，$c_i = \overline{a_i}$, $d_i = \overline{b_i}$ とおけばよい．

この証明は，行列式への拡張などにつながるが，次の方が汎用性が高い．

[証明(その2)]　$a = (a_1,\cdots,a_n)$, $b = (b_1,\cdots,b_n) \in \mathbb{C}^n$ に対して，
$$\langle a, b \rangle = \sum_{k=1}^{n} a_k \overline{b_k}$$

とおくと，
$$\langle a, a \rangle = \sum_{k=1}^{n} |a_k|^2 = |a|^2 \geq 0.$$

とくに，$a, b \in \mathbb{C}^n$, $z \in \mathbb{C}$ のとき，
$$|a + zb|^2 = |a|^2 + |z|^2 |b|^2 + 2\operatorname{Re}(z\langle a, b\rangle) \geq 0.$$

したがって，任意の $t \in \mathbb{R}$ に対して，
$$|b|^2 t^2 + 2t|\langle a, b\rangle| + |a|^2 \geq 0.$$

ゆえに，判別式を考えれば，$|a|^2 |b|^2 - |\langle a, b\rangle|^2 \geq 0$．

第2の証明を見ると，n は有限である必要のないことがわかる．

系 5.2　$a_n, b_n \in \mathbb{C}$ $(n \geq 1)$, $\sum_{n=1}^{\infty}|a_n|^2 < \infty$, $\sum_{n=1}^{\infty}|b_n|^2 < \infty$ のとき，
$$\left|\sum_{n=1}^{\infty} a_n \overline{b_n}\right|^2 \leq \left(\sum_{n=1}^{\infty}|a_n|^2\right)\left(\sum_{n=1}^{\infty}|b_n|^2\right).$$

さらに，積分は Riemann 和の極限ゆえ，次のこともいえる．

系 5.3　区間 I 上で $|f(x)|^2$, $|g(x)|^2$ が可積分なとき，

$$\left|\int_I f(x)\overline{g(x)}dx\right|^2 \leqq \left(\int_I |f(x)|^2 dx\right)\left(\int_I |g(x)|^2 dx\right).$$
□

よく知られた不等式の中には結局，次の不等式に帰着されるものが多い．

定理 5.4（Jensen の不等式） I を区間，$f: I \to \mathbb{R}$ を凸関数，$n \geqq 2$, $p_1 > 0, \cdots, p_n > 0$, $\sum_{k=1}^{n} p_k = 1$ とすると，任意の $x_1, \cdots, x_n \in I$ に対して，

$$f\Big(\sum_{k=1}^{n} p_k x_k\Big) \leqq \sum_{k=1}^{n} p_k f(x_k).$$

もし，f が狭義凸ならば，等号が成立するのは $x_1 = \cdots = x_n$ の場合に限る．

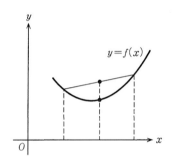

図 5.1 凸関数

［証明］ §4.1 で述べたように，凸関数 f は，$\mathbb{R}^2$ の部分集合 A により

$$f(x) = \sup_{(a,b) \in A} \{ax + b\}$$

の形に表現できるから，

$$f\Big(\sum_{k=1}^{n} p_k x_k\Big) = \sup_{(a,b) \in A} \Big\{a \sum_{k=1}^{n} p_k x_k + b\Big\}$$
$$= \sup_{(a,b) \in A} \sum_{k=1}^{n} p_k(ax_k + b) \leqq \sum_{k=1}^{n} p_k \sup_{(a,b) \in A} \{ax_k + b\}$$
$$= \sum_{k=1}^{n} p_k f(x_k).$$

等号成立の条件は，最後の不等式より，明らか． ■

算術平均（相加平均）と幾何平均（相乗平均）の間の不等式を少し一般化する

と，

定理 5.5 $n \geq 1$, $p_k > 0$, $\sum_{k=1}^{n} p_k = 1$ ならば，任意の $a_k \geq 0$ に対して，
$$a_1^{p_1} \cdots a_n^{p_n} \leq \sum_{k=1}^{n} p_k a_k.$$

ここで，等号は $a_1 = \cdots = a_n$ の場合に限る．

[証明] とくに，$p_1 = \cdots = p_n = 1/n$ の場合は，帰納法による2種類の証明（[17]）など数多くの証明法があるが，ここでは，Jensen の不等式を用いる．
$f(x) = \log x \ (x > 0)$ は凹関数だから，$a_k > 0 \ (1 \leq k \leq n)$ のとき，
$$\log\left(\sum_{k=1}^{n} p_k a_k\right) \geq \sum_{k=1}^{n} p_k \log a_k = \log(a_1^{p_1} \cdots a_n^{p_n}).$$
もし，$a_k = 0$ となる k があれば，上の不等式は自明である． ∎

注意 5.6 上の定理は，$n = 2$ のときに示せば，後は帰納法で証明することもできる．$n = 2$ の場合の主張は，容易にわかるように，
$$p, q > 1, \ \frac{1}{p} + \frac{1}{q} = 1 \implies \frac{1}{p}a^p + \frac{1}{q}b^q \geq ab \ (a, b \geq 0)$$

と同値である．これも凸関数の性質から証明できるが，次の積分に関する不等式（**Young の不等式**）を $f(x) = x^{p-1}$ に適用して得ることもできる．

区間 $[0, c]$ 上の連続な単調増加関数 f に対して，$a \in [0, c]$, $b \in [0, f(c)]$ であれば，

$(*)$ $\qquad \int_0^a f(x)dx + \int_0^b f^{-1}(x)dx \geq ab.$

ただし，$f(0) = 0$ と仮定し，f^{-1} は f の逆関数とする．

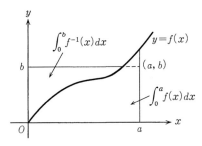

図 5.2 Young の不等式

($*$)の証明. $F(t) = bt - \int_0^t f(x)dx$ とおくと, $F'(t) = b - f(t)$ であり, f は単調増加だから,

$$\max_{0 \leq t \leq c} F(t) = F(f^{-1}(b)) = bf^{-1}(b) - \int_0^{f^{-1}(b)} f(x)dx = \int_0^{f^{-1}(b)} x\,df(x) = \int_0^b f^{-1}(y)dy.$$

(b) Hölder の不等式と Minkowski の不等式

次の不等式はきわめて基本的で, 解析学ではしばしば用いられる.

定理 5.7(Hölder の不等式) $p > 0$, $q > 0$, $1/p + 1/q = 1$ ならば, 任意の $a_k, b_k \in \mathbb{C}$ に対して,

$$\left| \sum_{k=1}^n a_k \overline{b_k} \right| \leq \left(\sum_{k=1}^n |a_k|^p \right)^{1/p} \left(\sum_{k=1}^n |b_k|^q \right)^{1/q}.$$

ここで, 等号が成立するのは, $b_k = c a_k$ $(1 \leq k \leq n)$ を満たす c が存在する場合に限る.

[証明] $\sum_{k=1}^n |a_k|^p = \sum_{k=1}^n |b_k|^q = 1$ のときに示せば十分である. さらに, $a_k > 0$, $b_k > 0$ として証明すれば十分である. すると, 定理 5.4 より,

$$\sum_{k=1}^n a_k b_k = \sum_{k=1}^n (a_k^p)^{1/p}(b_k^q)^{1/q} \leq \sum_{k=1}^n \left(\frac{1}{p} a_k^p + \frac{1}{q} b_k^q \right) = \frac{1}{p} + \frac{1}{q} = 1. \blacksquare$$

注意 5.8 p, q のどちらかが 1 のときでも他方を ∞ とすると, この不等式は成立する. なお, $1/p + 1/q = 1$ で, p, q のどちらかが負のときは, 上の不等式は, 逆向きで成立する.

系 5.9 区間 I 上で $|f(x)|^p$, $|g(x)|^q$ が可積分ならば,

$$\left| \int_I f(x)\overline{g(x)}dx \right| \leq \left| \int_I |f(x)|^p dx \right|^{1/p} \left| \int_I |g(x)|^q dx \right|^{1/q}.$$

[証明] 積分は有限和の極限であり, 上の不等式は極限移行で保たれる. $\blacksquare$

注意 5.10 重み付きの和についても Hölder の定理は成り立つ. すなわち, $w_k > 0$ $(1 \leq k \leq n)$ のとき,

$$\left| \sum_{k=1}^n w_k a_k \overline{b_k} \right| \leq \left(\sum_{k=1}^n w_k |a_k|^p \right)^{1/p} \left(\sum_{k=1}^n w_k |b_k|^q \right)^{1/q}.$$

この辺で,次の記号を導入しておこう.$a=(a_1,\cdots,a_n)\in\mathbb{C}^n$ のとき,
$$\|a\|_p = \left(\sum_{k=1}^n |a_k|^p\right)^{1/p}.$$
ここで,p は正の実数で,通常は $p\geqq 1$ の場合のみ考える.また,
$$\|a\|_\infty = \max_{1\leqq k\leqq n}|a_k|.$$

注意 5.11 上の定理 5.5 より,次の等式が従う.
$$\|a\|_p = \max_{b\in B}\operatorname{Re}\langle a,b\rangle.$$
ただし,$B=\{b\in\mathbb{C}^n;\|b\|_q=1\}$. もちろん,この等式は,$a,b$ を $\mathbb{R}^n$ に制限しても成り立つ.

定理 5.12 (Minkowski の不等式) $p\geqq 1$, $a,b\in\mathbb{C}^n$ のとき,
$$\|a+b\|_p \leqq \|a\|_p + \|b\|_p. \qquad \square$$

注意 5.13 $0<p<1$, a,b の各成分が正の実数ならば,逆向きの不等式が成り立つ.

[証明] q を $1/p+1/q=1$ で定め,$B=\{c\in\mathbb{C}^n;\|c\|_q=1\}$ とすれば,
$$\|a+b\|_p = \max_{c\in B}\langle a+b,c\rangle = \max_{c\in B}\{\langle a,c\rangle + \langle b,c\rangle\}$$
$$\leqq \max_{c\in B}\langle a,c\rangle + \max_{c\in B}\langle b,c\rangle = \|a\|_p + \|b\|_p.$$

別証. $(p>1)$ Hölder の不等式を直接適用すると,
$$\sum|a_k+b_k|^p \leqq \sum|a_k||a_k+b_k|^{p-1} + \sum|b_k||a_k+b_k|^{p-1}$$
$$\leqq \left(\sum|a_k|^p\right)^{1/p}\left(\sum|a_k+b_k|^p\right)^{(p-1)/p} + \left(\sum|b_k|^p\right)^{1/p}\left(\sum|a_k+b_k|^p\right)^{(p-1)/p}.$$
よって,$\|a+b\|_p^p \leqq (\|a\|_p+\|b\|_p)\|a+b\|_p^{p-1}$. ∎

系 5.14 区間 I 上で $|f(x)|^p$, $|g(x)|^p$ が可積分なとき,
$$\left(\int_I |f(x)+g(x)|^p dx\right)^{1/p} \leqq \left(\int_I |f(x)|^p dx\right)^{1/p} + \left(\int_I |g(x)|^p dx\right)^{1/p}. \qquad \square$$

注意 5.15 上の Minkowski の不等式は,$\|\ \|_p$ が $\mathbb{C}^n$ あるいは $\mathbb{R}^n$ 上のノルムで

あることを示している. 念のため, 定義を述べておくと, ベクトル空間 V 上の非負実数値関数 $\| \ \|$ がノルムであるとは, 以下の3条件をみたすことをいう.
  (a) 任意の $v \in V$ に対して, $\|v\| \geqq 0$, かつ, 等号が成立するのは $v=0$ の場合に限る.
  (b) 定数 c に対して, $\|cv\| = |c| \|v\|$.
  (c) 三角不等式 $\|u+v\| \leqq \|u\| + \|v\|$ が成り立つ.
なお, 三角不等式の変形 $|\|u\| - \|v\|| \leqq \|u-v\|$ は, 時に気付き難いものである. 例えば, 次の不等式がすぐにわかるだろうか?
$$|\|a\|_p - \|b\|_p| \leqq \min_\tau \sum_{k=1}^n |a_k - b_{\tau(k)}|.$$
ただし, 最小値は, $\{1, 2, \cdots, n\}$ のすべての置換 τ に関してとる.

注意 5.16 Minkowski の不等式もまた, 重み付きの場合にも成り立つ. 例えば, w が正実数値可積分関数で, $|f|^p w, |g|^p w$ が可積分ならば,
$$\left(\int_I |f(x)+g(x)|^p w(x) dx\right)^{1/p} \leqq \left(\int_I |f(x)|^p w(x) dx\right)^{1/p} + \left(\int_I |g(x)|^p w(x) dx\right)^{1/p}.$$
さらに, 単調非減少な有界変動関数 F に関する Stieltjes 積分についても,
$$\left(\int_I |f(x)+g(x)|^p dF(x)\right)^{1/p} \leqq \left(\int_I |f(x)|^p dF(x)\right)^{1/p} + \left(\int_I |g(x)|^p dF(x)\right)^{1/p}$$
が成り立つ(右辺が有限であれば).

(c) Gauss 積分と Hadamard の不等式

さて, 気分転換もかねて, この辺で等式を証明しよう.

補題 5.17 $A = (a_{jk})_{j,k=1}^n$ を正定値実対称行列, Q を A に付随する二次形式
$$Q(x) = \langle Ax, x \rangle = \sum_{j,k=1}^n a_{jk} x_j x_k \quad (x=(x_k) \in \mathbb{R}^n)$$
とする. このとき,
$$\int_{\mathbb{R}^n} e^{-\frac{1}{2}Q(x)} dx = (2\pi)^{n/2} (\det A)^{-1/2}.$$

[証明] A は正定値実対称行列だから, 直交行列 P によって対角化でき,

得られる対角行列の成分 $\alpha_1, \alpha_2, \cdots, \alpha_n$ は正の実数となる．よって，積分変数 x を P により y に変換すれば，その Jacobi 行列式は 1 であるから，

$$\int_{\mathbb{R}^n} e^{-\frac{1}{2}Q(x)} dx = \int_{\mathbb{R}^n} \exp\left\{-\frac{1}{2}(\alpha_1 y_1^2 + \cdots + \alpha_n y_n^2)\right\} dy$$

$$= \prod_{k=1}^{n} \int_{\mathbb{R}} \exp\left(-\frac{1}{2}\alpha_k u^2\right) du$$

$$= \prod_{k=1}^{n} \left\{ (\alpha_k)^{-1/2} \int_{\mathbb{R}} \exp\left(-\frac{1}{2}u^2\right) du \right\}.$$

ここで，$\int_{\mathbb{R}} \exp\left(-\frac{1}{2}u^2\right) du = \sqrt{2\pi}$ であったから，

$$\int_{\mathbb{R}^n} e^{-\frac{1}{2}Q(x)} dx = (2\pi)^{n/2} (\alpha_1 \cdots \alpha_n)^{-1/2} = (2\pi)^{n/2} (\det A)^{-1/2}.$$ ∎

この等式と Hölder の不等式を組み合わせると，少し風変りな次のような不等式も得られる．

定理 5.18（Ky Fan の不等式） A, B が正定値実対称行列で，$0 \leqq t \leqq 1$ のとき，

$$\det(tA + (1-t)B) \geqq (\det A)^t (\det B)^{1-t}.$$

[証明] Hölder の不等式より，

$$\int_{\mathbb{R}^n} e^{-t\langle Ax, x\rangle - (1-t)\langle Bx, x\rangle} dx \leqq \left(\int_{\mathbb{R}^n} e^{-\langle Ax, x\rangle} dx\right)^t \left(\int_{\mathbb{R}^n} e^{-\langle Bx, x\rangle} dx\right)^{1-t}.$$

ゆえに，$(\det(tA + (1-t)B))^{-1/2} \geqq (\det A)^{-t/2} (\det B)^{-(1-t)/2}.$ ∎

次の不等式の証明は，代数的な証明より簡明であろう．

定理 5.19 $A = (a_{ij})_{i,j=1}^{n}$ を正定値実対称行列，$1 \leqq m < n$，$A' = (a_{ij})_{i,j=1}^{m}$，$A'' = (a_{ij})_{i,j=m+1}^{n}$ とすると，

$$\det A \leqq \det A' \det A''.$$

とくに，

$$\det A \leqq a_{11} a_{22} \cdots a_{nn}.$$

[証明] $I = \int_{\mathbb{R}^n} \exp(-\langle Ax, x\rangle) dx$ とおくと，

$$I = \int_{\mathbb{R}^n} \exp\left(-\sum_{i,j=1}^{m} a_{ij} x_i x_j - \sum_{i,j=m+1}^{n} a_{ij} x_i x_j - 2\sum_{i=1}^{m}\sum_{j=m+1}^{n} a_{ij} x_i x_j\right) dx.$$

ここで，$x_1, \cdots, x_m$ のみ符号を反転させると，

$$I = \int_{\mathbb{R}^n} \exp\left(-\sum_{i,j=1}^m a_{ij}x_ix_j - \sum_{i,j=m+1}^n a_{ij}x_ix_j + 2\sum_{i=1}^m \sum_{j=m+1}^n a_{ij}x_ix_j\right) dx.$$

上の2式を足し合わせると，$e^x+e^{-x} \geqq 2$ より，

$$2I \geqq 2\int_{\mathbb{R}^n} \exp\left(-\sum_{i,j=1}^m a_{ij}x_ix_j - \sum_{i,j=m+1}^n a_{ij}x_ix_j\right) dx$$
$$= 2\int_{\mathbb{R}^m} \exp(-\langle A'x',x'\rangle) dx' \int_{\mathbb{R}^{n-m}} \exp(-\langle A''x'',x''\rangle) dx''.$$

ゆえに，求める不等式が得られた． ∎

定理 5.20（Hadamard の不等式） $X=(x_{ij})$ が n 次実正方行列ならば，

$$|\det X| \leqq \prod_{i=1}^n \left(\sum_{j=1}^n |x_{ij}|^2\right)^{1/2}.$$

［証明］ $A = {}^tXX$ は非負定値実対称行列であり，その対角成分 a_{ii} は $\sum_{j=1}^n |x_{ij}|^2$ に等しい．よって，定理 5.19 より，

$$(\det X)^2 = \det A \leqq \prod_{i=1}^n a_{ii} = \prod_{i=1}^n \left(\sum_{j=1}^n |x_{ij}|^2\right). \qquad ∎$$

注意 5.21 上の一連の結果は，A が Hermite 行列の場合にも拡張することができる．なお，Hadamard の不等式の証明は数多く知られていて，その総数は 100 以上あるという（[19]）．

(d) 不等式の利用

直観的には明らかに見える事実ほど，数学としての証明の筋道の発見には深い洞察力が必要なことが多い．とくに，解析学における等号の背後には不等式が潜むことが多い．

定理 5.22 関数 $f: \mathbb{R} \to \mathbb{R}$ が微分可能で，f も f' も2乗可積分ならば，
$$\lim_{x\to\infty} f(x) = \lim_{x\to -\infty} f(x) = 0.$$

［証明］ f, f' が2乗可積分だから，$R_1, R_2 \to \infty$ のとき，

$$\int_{R_1}^{R_2} f(x)^2 dx \to 0, \quad \int_{R_1}^{R_2} f'(x)^2 dx \to 0.$$

したがって，Schwarz の不等式より，

$$|f(R_2)^2 - f(R_1)^2| = \left|2\int_{R_1}^{R_2} f(x)f'(x)dx\right|$$
$$\leqq 2\left(\int_{R_1}^{R_2} f(x)^2 dx\right)^{1/2}\left(\int_{R_1}^{R_2} f'(x)^2 dx\right)^{1/2} \to 0$$
$$(R_1, R_2 \to \infty).$$

よって,極限 $\alpha = \lim_{x\to\infty} f(x)^2$ が存在する.ここでもし仮に $\alpha > 0$ だとすれば,十分大きな R を選べば,

$$x \geqq R \text{ のとき}, \quad f(x)^2 \geqq \alpha/2 > 0.$$

これは $f(x)^2$ の可積分性に反する.ゆえに, $\alpha = 0$.

$x \to -\infty$ のときも同様にして $\lim_{x\to-\infty} f(x)^2 = 0$ が示される. ∎

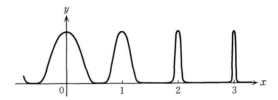

図 5.3 例えば, $c \in \mathcal{C}^\infty(\mathbb{R})$, $0 \leqq c \leqq 1$, $c(x) = 0$ ($|x| \geqq 1/2$) のとき, $f(x) = \sum_{n=-\infty}^{\infty} c((n^2+1)(x-n))$ は $\mathcal{C}^\infty$ 級で 2 乗可積分であるが, $\limsup_{|x|\to\infty} f(x) > 0$.

上の事実は,演習問題 5.1 の不等式などを示すためには必須となる.

最後は三角多項式の話で終わろう.

定理 5.23 (Bernstein の不等式) $P(x)$ を n 次の三角多項式,つまり,

$$P(x) = \sum_{k=-n}^{n} c_k e^{2\pi i k x} \quad (c_{-n}, \cdots, c_n \in \mathbb{C})$$

の形の関数とする.このとき, $p \geqq 1$ ならば

$$\left(\int_0^1 |P'(x)|^p dx\right)^{1/p} \leqq 4\pi n \left(\int_0^1 |P(x)|^p dx\right)^{1/p}.$$

[証明] $e^{2\pi i k x}$ たちの直交関係より,等式

§5.1 積分と不等式

$$P(x) = \int_0^1 P(y) \sum_{k=-n}^{n} e^{2\pi i k(x-y)} dy$$

$$= \int_0^1 P(y)\Big(1+2\sum_{k=1}^{n}\cos 2\pi k(x-y)\Big) dy$$

が成り立つことを利用する．この式を x について微分すると，

$$P'(x) = \int_0^1 P(y)\Big(\sum_{k=1}^{n} 4\pi k \sin 2\pi k(x-y)\Big) dy$$

$$= \int_0^1 P(x+y)\Big(\sum_{k=1}^{n} 4\pi k \sin 2\pi k y\Big) dy$$

ここで，(巧妙な着想であるが) $\sum_{k=1}^{n-1} 4\pi k \sin 2\pi(2n-k)y$ と $P(x+y)$ は直交しているから，

$$P'(x) = \int_0^1 P(x+y)\Big\{\sum_{k=1}^{n-1} 4\pi k(\sin 2\pi k y + \sin 2\pi(2n-k)y) + 4\pi n \sin 2\pi n y\Big\} dy$$

$$= \int_0^1 P(x+y)\Big\{\sum_{k=1}^{n-1} 8\pi k \sin 2\pi n y \cos 2\pi(n-k)y + 4\pi n \sin 2\pi n y\Big\} dy$$

$$= 4\pi n \int_0^1 P(x+y) \sin 2\pi n y\, F(y) dy\,.$$

ここで

$$F(y) = \frac{1}{n}\Big\{1+2\sum_{k=1}^{n-1} k \cos 2\pi(n-k)y\Big\}$$

$$= \frac{1}{n}\Big\{1+2\sum_{j=1}^{n-1} (n-j) \cos 2\pi j y\Big\}$$

$$= \frac{1}{n}\sum_{j=-n}^{n}(n-j)e^{2\pi i j y} = \frac{1}{n}\left(\frac{\sin n\pi y}{\sin \pi y}\right)^2.$$

つまり，F は Fejér 核であり，とくに，$F \geq 0$, $\int_0^1 F(y)dy = 1$ である．よって，Hölder の不等式より，$p \geq 1$, $1/p+1/q=1$ のとき，

$$\Big|\int_0^1 P(x+y)\sin 2\pi n y\, F(y)dy\Big| \leq \int_0^1 |P(x+y)|F(y)dy$$

$$\leqq \left(\int_0^1 |P(x+y)|^p F(y)dy\right)^{1/p} \left(\int_0^1 F(y)dy\right)^{1/q}$$
$$= \left(\int_0^1 |P(x+y)|^p F(y)dy\right)^{1/p}.$$

ゆえに
$$\int_0^1 |P'(x)|^p dx \leqq (4\pi n)^p \int_0^1 \left(\int_0^1 |P(x+y)|^p F(y)dy\right) dx$$
$$= (4\pi n)^p \int_0^1 \left(\int_0^1 |P(x+y)|^p dx\right) F(y)dy$$
$$= (4\pi n)^p \left(\int_0^1 |P(x)|^p dx\right)\left(\int_0^1 F(y)dy\right)$$
$$= (4\pi n)^p \int_0^1 |P(x)|^p dx.$$

§5.2 関数空間 $L^p(\mathbb{R})$

(a) 空間 $L^p(\mathbb{R})$ の定義

実直線 $\mathbb{R}$ 上の関数 f で, $|f(x)|^p$ が可積分なものの全体を $L^p(\mathbb{R})$ で表し,

$$\|f\|_p = \left(\int_{\mathbb{R}} |f(x)|^p dx\right)^{1/p}$$

とおき, $\|f\|_p$ を f の L^p ノルム という. ただし, p は 1 以上の実数とする. 次のことは明らかだろう.

1° 有界区間 I の定義関数を 1_I で表すと, $1_I \in L^p(\mathbb{R})$.

2° $s(x)$ が単関数, つまり, 有界区間の定義関数の有限個の線形結合 $s(x) = \sum_{i=1}^n c_i 1_{I_i}(x)$ ($n \geqq 1$, I_i は区間, $c_i \in \mathbb{C}$) で表されていれば, $s \in L^p(\mathbb{R})$.

そして, 次のことも納得できるであろう.

3° $f: \mathbb{R} \to \mathbb{R}$ に対して, 単関数列 $(\bar{s}_n)_{n \geqq 1}$, $(\underline{s}_n)_{n \geqq 1}$ で,
$$\underline{s}_n(x) \leqq f(x) \leqq \bar{s}_n(x) \ (x \in \mathbb{R}), \quad \|\bar{s}_n - \underline{s}_m\|_p \to 0 \ (n,m \to \infty)$$
をみたすものがあれば, $f \in L^p(\mathbb{R})$ かつ $\|f\|_p = \lim_{n \to \infty} \|\bar{s}_n\|_p = \lim_{n \to \infty} \|\underline{s}_n\|_p$.

さらに, 次のことも成り立つ.

$$\|f-\underline{s}_n\|_p \to 0, \quad \|f-\overline{s}_n\|_p \to 0.$$

4° より一般に，$f: \mathbb{R} \to \mathbb{R}$ に対して，$\overline{f}_n, \underline{f}_m \in L^p(\mathbb{R})$ $(n, m \geq 1)$ で，
$\underline{f}_n(x) \leq f(x) \leq \overline{f}_n(x)$ $(x \in \mathbb{R})$, $\|\overline{f}_n - \underline{f}_m\|_p \to 0$ $(n, m \to \infty)$
をみたすものがあれば，$f \in L^p(\mathbb{R})$ かつ $\|f\|_p = \lim_{n\to\infty} \|\overline{f}_n\|_p = \lim_{n\to\infty}\|\underline{f}_n\|_p$.
さらに，次のことも成り立つ．

$$\|f-\underline{f}_n\|_p \to 0, \quad \|f-\overline{f}_n\|_p \to 0.$$

5° $f: \mathbb{R} \to \mathbb{C}$ の場合は，実部 $\mathrm{Re}\,f$ と虚部 $\mathrm{Im}\,f$ に分けて考えればよい．

注意 5.24 (a) $f: \mathbb{R} \to \mathbb{C}$ が，各有界閉区間上で Riemann 積分可能で，$|f(x)|^p$ が $\mathbb{R}$ 上で広義 Riemann 積分可能であれば，もちろん，$f \in L^p(\mathbb{R})$ である．

(b) とくに，$p=1$ のとき，上の 3° では，

$$\int_{\mathbb{R}} f(x)dx = \lim_{n\to\infty} \int_{\mathbb{R}} \overline{s}_n(x)dx = \lim_{n\to\infty} \int_{\mathbb{R}} \underline{s}_n(x)dx,$$

4° では，

$$\int_{\mathbb{R}} f(x)dx = \lim_{n\to\infty} \int_{\mathbb{R}} \overline{f}_n(x)dx = \lim_{n\to\infty} \int_{\mathbb{R}} \underline{f}_n(x)dx$$

が成り立つ．

天下り的に定義から書き始めてしまったが，実は，上に現れた積分は，すでに Riemann 積分の世界から逸脱していて，Lebesgue 積分として解釈しなければならないものである．（もし読者が Lebesgue 積分論をすでに知っていれば，上の 3°, 4° が成り立つことを確かめてほしい．）しかし，上の 1°, 2° から出発して，3°–5° の手順で得られる関数の全体が空間 $L^p(\mathbb{R})$ の定義であると解釈すれば，今後何ら差しつかえはない．

ところで，上述の $L^p(\mathbb{R})$ のような関数空間を考えるようになったのは 20 世紀に入ってからであり，それまでは主として個々の関数を扱っていた．以下，関数空間を導入することの利点の 1 つを，今後必要となる次の定理を例にとって紹介しておこう．

(b) Riemann–Lebesgue の定理

定理 5.25（Riemann–Lebesgue の定理） $f \in L^1(\mathbb{R})$ ならば，

(5.1) $$\lim_{\xi \to \pm\infty} \int_{\mathbb{R}} e^{i\xi x} f(x) dx = 0.$$ □

この定理に現れる積分が意味をもつことは，上の 1°–4° と $e^{i\xi x}$ の連続性により，明らかであろう．

まず，部分積分が使える場合を考えよう．

補題 5.26 $f: \mathbb{R} \to \mathbb{C}$ が $\mathcal{C}^1$ 級で，$f, f' \in L^1(\mathbb{R})$ ならば，(5.1) が成り立つ．

[証明] $f, f' \in L^1(\mathbb{R})$ より，$\lim_{x \to \pm\infty} f(x) = 0$ となるから，部分積分の公式より，
$$\int_{\mathbb{R}} e^{i\xi x} f(x) dx = \frac{1}{i\xi} \int_{\mathbb{R}} e^{i\xi x} f'(x) dx.$$

よって，
$$\left| \int_{\mathbb{R}} e^{i\xi x} f(x) dx \right| \leq \frac{1}{|\xi|} \|f'\|_1 \to 0 \quad (\xi \to \pm\infty).$$

しかし，上の定理では f の微分可能性を仮定していない．

補題 5.27 f が区間の定義関数ならば，(5.1) が成り立つ．

[証明] $a, b \in \mathbb{R}, a < b$ とすると，
$$\left| \int_a^b e^{i\xi x} dx \right| = \left| \frac{e^{i\xi b} - e^{i\xi a}}{i\xi} \right| \leq \frac{2}{|\xi|} \to 0 \quad (\xi \to \pm\infty).$$

系 5.28 f が単関数ならば，(5.1) が成り立つ．

[証明] $f(x) = \sum_{k=1}^n c_k 1_{I_k}$ とすると，
$$\left| \int_{\mathbb{R}} e^{i\xi x} f(x) dx \right| = \left| \sum_{k=1}^n c_k \int_{I_k} e^{i\xi x} dx \right| \leq \sum_{k=1}^n |c_k| \left| \int_{I_k} e^{i\xi x} dx \right| \to 0 \quad (\xi \to \pm\infty).$$

上のことから，各点の近傍で定数によって近似できれば十分そうである．

補題 5.29 $f: [a, b] \to \mathbb{C}$ が連続関数ならば，
$$\int_a^b e^{i\xi x} f(x) dx \to 0 \quad (\xi \to \pm\infty).$$

[証明] 必要ならば変数変換して，次のことを示せば十分である．
$$\int_0^1 e^{2\pi i \xi x} f(x) dx \to 0 \quad (\xi \to \pm\infty).$$

まず，$\xi>0$ の場合を考える．$n\in\mathbb{N}$, $n\leqq\xi<n+1$ として，

$$\left|\int_0^1 e^{2\pi i\xi x}f(x)dx-\sum_{k=1}^n\int_{(k-1)/\xi}^{k/\xi}e^{2\pi i\xi x}f(k/\xi)dx\right|$$

$$=\left|\sum_{k=1}^n\int_{(k-1)/\xi}^{k/\xi}e^{2\pi i\xi x}(f(x)-f(k/\xi))dx+\int_{n/\xi}^2 e^{2\pi i\xi x}f(x)dx\right|$$

$$\leqq\sum_{k=1}^n\frac{1}{\xi}\max_{\substack{0\leqq x,y\leqq 1\\ |x-y|\leqq 1/\xi}}|f(x)-f(y)|+\left(1-\frac{n}{\xi}\right)\max_{0\leqq x\leqq 1}|f(x)|$$

$$\leqq\max_{\substack{0\leqq x,y\leqq 1\\ |x-y|\leqq 1/\xi}}|f(x)-f(y)|+\max_{0\leqq x\leqq 1}|f(x)|/\xi\to 0\quad(\xi\to\infty).$$

したがって，

$$\lim_{\xi\to\infty}\int_0^1 e^{2\pi i\xi x}f(x)dx=\lim_{\xi\to\infty}\sum_{k=1}^n f(k/\xi)\int_{(k-1)/\xi}^{k/\xi}e^{2\pi i\xi x}dx$$

$$=\lim_{\xi\to\infty}0=0.$$

$\xi\to-\infty$ の場合も同様にして示される． ∎

上の証明の本質は，次のようにいえる．$\xi\to\infty$ のとき，$f(x)$ の変化に比べて $e^{2\pi i\xi x}$ はきわめて速く振動するようになる．よって，各点 x の近くで $e^{2\pi i\xi x}$ についての平均を先にとったもので近似でき，

$$\int_a^b e^{i\xi x}f(x)dx\fallingdotseq\int_a^b\left(\frac{1}{2\delta}\int_{-\delta}^\delta e^{i\xi(x+y)}dy\right)f(x)dx\to 0\quad(\xi\to\pm\infty)$$

となる．このようなからくりを，**速い変数による平均化**ということがある．

さて，定理 5.25 は，与えられた関数 f 単独でなく，$L^1(\mathbb{R})$ の中に埋め込んで考えると，次のように簡単に，一般の場合に証明することができる．

［定理 5.25 の証明］ まず，f が単関数の場合は，系 5.28 より，(5.1) が成り立つことがわかる．

一般の $f\in L^1(\mathbb{R})$ の場合，上述の 1°-4° より，任意の正数 ε に対して，$\|f-s\|_1<\varepsilon$ をみたす単関数 s がとれるから，

$$\limsup_{\xi\to\pm\infty}\left|\int_\mathbb{R}e^{i\xi x}f(x)dx\right|\leqq\limsup_{\xi\to\pm\infty}\left|\int_\mathbb{R}e^{i\xi x}s(x)dx+\int_\mathbb{R}e^{i\xi x}(f(x)-s(x))dx\right|$$

$$\le \limsup_{\xi\to\pm\infty}\left|\int_{\mathbb{R}}e^{i\xi x}s(x)dx\right|+\int_{\mathbb{R}}|f(x)-s(x)|dx$$
$$=0+\|f-s\|_1<\varepsilon.$$
ゆえに，$\displaystyle\lim_{\xi\to\pm\infty}\left|\int_{\mathbb{R}}e^{i\xi x}f(x)dx\right|=0.$ ∎

上で用いた論法と同様の方法で，平行移動の連続性を証明してみよう．

定理 5.30 p を 1 以上の実数とし，$f\in L^p(\mathbb{R})$, $t\in\mathbb{R}$ のとき，
$$f_t(x)=f(x-t)$$
により，f の平行移動 f_t を定義する．このとき，
$$\|f_t-f\|_p\to 0\quad(t\to 0).$$

[証明] f が区間の定義関数の場合，区間の両端を $a<b$ とすると，
$$\lim_{t\to 0}\int|f_t(x)-f(x)|^pdx=\lim_{t\to 0}\left(\int_a^{a+t}+\int_b^{b+t}\right)dx=0.$$
したがって，$\displaystyle\lim_{t\to 0}\|f_t-f\|=0$．よって，単関数の場合も成り立つ．

次に，一般の $f\in L^p(\mathbb{R})$ の場合，任意に与えられた正数 ε に対して，$\|f-s\|_p\le\varepsilon/2$ をみたす単関数 s が存在するから，
$$\varlimsup_{t\to 0}\|f_t-f\|_p\le\varlimsup_{t\to 0}\{\|f_t-s_t\|_p+\|s_t-s\|_p+\|f-s\|_p\}$$
$$=2\|f-s\|_p\le\varepsilon.$$

ゆえに，$\displaystyle\lim_{t\to 0}\|f_t-f\|_p=0.$ ∎

（c） 内積とノルム

関数空間 $L^p(\mathbb{R})$ については，次の事実が知られている．

定理 5.31 p が 1 以上の実数のとき，$L^p(\mathbb{R})$ は完備である．すなわち，$f_n\in L^p(\mathbb{R})$ $(n\ge 1)$ が
$$\|f_n-f_m\|_p\to 0\quad(n,m\to\infty)$$
をみたせば，ある $f\in L^p(\mathbb{R})$ が存在して，
$$\|f-f_n\|_p\to 0\quad(n\to\infty).\qquad\square$$

注意 5.32 抽象論としては，$L^p(\mathbb{R})$ は，単関数全体を L^p ノルムに関して完備

化したものと考えてもよいが，上の定理の証明のためには Lebesgue 積分論が必要なので，ここでは証明を省略する．また，本書では，$L^p(\mathbb{R})$ を，関数 $f: \mathbb{R} \to \mathbb{C}$ で，p 乗可積分なものとしているが，ほとんどすべての点で等しい関数を同一視して考えることも多い．ここで，2 つの関数 f, g がほとんどすべての点で等しいとは，集合 $N = \{x \in \mathbb{R} ; f(x) \neq g(x)\}$ が測度零の集合であることをいい，集合 N が測度零の集合であるとは次の条件がみたされることをいう．

　　任意の $\varepsilon > 0$ に対して，長さの総和が ε 以下の区間 $I_1, I_2, \cdots$ （無限個でもよい）がとれて，N はこれらの区間 I_i の和集合に含まれる．

例えば，有理数の全体 $\mathbb{Q}$ は測度零の集合である．また，$\|f\|_p = 0$ となるのは，ほとんどすべての点で $f = 0$ となる場合に限る．

　最後に，$p = 2$ の場合，つまり，$L^2(\mathbb{R})$ に固有の構造に触れておこう．

補題 5.33　$f, g \in L^2(\mathbb{R})$ のとき，積分 $\int_{\mathbb{R}} f(x) \overline{g(x)} dx$ が存在する．そこで，
$$\langle f, g \rangle = \int_{\mathbb{R}} f(x) \overline{g(x)} dx$$
とおくと，以下の性質が成り立つ．

（a）　$f, g, h \in L^2(\mathbb{R}), a, b \in \mathbb{C}$ のとき，$\langle af + bg, h \rangle = a \langle f, h \rangle + b \langle g, h \rangle$.

（b）　$f, g \in L^2(\mathbb{R})$ のとき，$\langle g, f \rangle = \overline{\langle f, g \rangle}$.

（c）　すべての f に対して，$\langle f, f \rangle = \|f\|_2^2 \geq 0$. ここで，等号が成り立つのは，ほとんどすべての点で $f = 0$ の場合に限る．

[証明]　$f, g \in L^2(\mathbb{R})$ ならば，Schwarz の不等式
$$\left(\int_{\mathbb{R}} |f(x) \overline{g(x)}| dx \right)^2 \leq \int_{\mathbb{R}} |f(x)|^2 dx \int_{\mathbb{R}} |g(x)|^2 dx$$
より，$f(x) \overline{g(x)} \in L^1(\mathbb{R})$．よって，積分 $\int_{\mathbb{R}} f(x) \overline{g(x)} dx$ が存在する．性質 (b) と (c) の前半は定義より自明，(a) と (c) の後半は積分のもつ性質である．■

$L^2(\mathbb{R})$ のもつ性質は以下のように抽象化されている．

定義 5.34　一般に，$\mathbb{R}$ を係数体とするベクトル空間 H は，H の各元 u, v に対して実数 $\langle u, v \rangle$ が与えられ，以下の性質をもつとき，**内積空間**といい，$\langle u, v \rangle$ を u と v の**内積**という．

（a）　$\langle af + bg, h \rangle = a \langle f, h \rangle + b \langle g, h \rangle$　$(f, g, h \in H ; a, b \in \mathbb{R})$．

（b） $\langle g, f \rangle = \langle f, g \rangle$ $(f, g \in H)$.
（c） $\langle f, f \rangle \geqq 0$. $\langle f, f \rangle = 0$ となるのは $f = 0$ の場合に限る.

また，$\mathbb{C}$ を係数体とするベクトル空間 H は，H の各元 u, v に対して複素数 $\langle u, v \rangle$ が与えられ，以下の性質をもつとき，**Hermite 内積空間**といい，$\langle u, v \rangle$ をその **Hermite 内積**という.

（a） $\langle af+bg, h \rangle = a\langle f, h \rangle + b\langle g, h \rangle$ $(f, g, h \in H \,;\, a, b \in \mathbb{C})$.
（b） $\langle g, f \rangle = \overline{\langle f, g \rangle}$ $(f, g \in H)$.
（c） $\langle f, f \rangle \geqq 0$. $\langle f, f \rangle = 0$ となるのは $f = 0$ の場合に限る.

なお，Hermite 内積(空間)を単に内積(空間)ということもある.　　□

注意 5.35 上のどちらの場合にも
$$\|u\| = \sqrt{\langle u, u \rangle}$$
とおき，$\|u\|$ を u のノルムという．内積空間の場合には，**中線定理**(parallelogram law)
$$\|u+v\|^2 + \|u-v\|^2 = 2(\|u\|^2 + \|v\|^2)$$
が成り立つ．

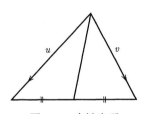

図 5.4 中線定理

中線定理が成り立つノルムを **Hilbert ノルム**といい，内積は
$$\langle u, v \rangle = \frac{1}{4}(\|u+v\|^2 - \|u-v\|^2)$$
によって復元される．Hermite 内積空間においても同様に中線定理が成り立ち，Hermite 内積は，
$$\langle u, v \rangle = \frac{1}{4}(\|u+v\|^2 - \|u-v\|^2) + \frac{i}{4}(\|u+iv\|^2 - \|u-iv\|^2)$$
として復元される．

関数空間 $L^p(\mathbb{R})$ $(p \geq 1)$ に共通な構造は次のように抽象化されている.

定義 5.36 一般にベクトル空間 V の各元 v に対して実数 $\|v\|$ が与えられ, 以下の性質が成り立つとき, V は**ノルム空間**であるといい, $\|v\|$ を v の**ノルム**という.
(a) $\|v\| \geq 0$. $\|v\| = 0$ となるのは, V の元として $v = 0$ のときに限る.
(b) $\|cv\| = |c| \|v\|$.
(c) $\|u+v\| \leq \|u\| + \|v\|$. □

Cauchy 列の概念はノルムがあれば定義できる.

定義 5.37 ノルム空間 V の元からなる列 $(v_n)_{n \geq 1}$ は,
$$\|v_n - v_m\| \to 0 \quad (n, m \to \infty)$$
をみたすとき, **Cauchy 列**であるという. また, 任意の Cauchy 列 $(v_n)_{n \geq 1}$ が極限をもつとき, すなわち,
$$\|v_n - v\| \to 0 \quad (n \to \infty)$$
をみたす V の元 v が存在するとき, ノルム空間 V は**完備**(complete)であるという. さらに, 完備なノルム空間は **Banach 空間**と呼ばれ, 完備な内積空間は **Hilbert 空間**と呼ばれている. □

例 5.38 p が 1 以上の実数のとき,
$$\ell^p(\mathbb{Z}) = \{\alpha = (a_n)_{n \in \mathbb{Z}} \mid a_n \in \mathbb{C}, \|\alpha\|_p < \infty\}$$
は Banach 空間である. ただし,
$$\|\alpha\|_p = \left(\sum_{n \in \mathbb{Z}} |a_n|^p\right)^{1/p}.$$
とくに, $p = 2$ のときは, $\ell^2(\mathbb{Z})$ は
$$\langle \alpha, \beta \rangle = \sum_{n \in \mathbb{Z}} a_n \overline{b_n} \quad (\alpha = (a_n), \ \beta = (b_n) \in \ell^2(\mathbb{Z}))$$
を Hermite 内積とする Hilbert 空間となる. また,
$$\|\alpha\|_\infty = \sup_n |a_n|$$
をノルムとして,
$$\ell^\infty(\mathbb{Z}) = \{\alpha = (a_n)_{n \in \mathbb{Z}} \mid \|\alpha\|_\infty < \infty\},$$

$$c_0(\mathbb{Z}) = \{\alpha = (a_n)_{n \in \mathbb{Z}} \mid \lim_{n \to \infty} a_n = \lim_{n \to -\infty} a_n = 0\}$$

も Banach 空間である. □

(d) ノルムの評価

L^p ノルムの間には次の補間公式が成り立つ. これが $p=1,2,\infty$ 以外の L^p が将来必要となる最大の理由である.

定理 5.39 (L^p ノルム間の補間公式) $1 \leqq p < q < r \leqq \infty$ とすると,
$$L^p(\mathbb{R}) \cap L^r(\mathbb{R}) \subset L^q(\mathbb{R}).$$
より詳しくは,次の不等式が成り立つ.
$$\|f\|_q^q \leqq \|f\|_p^{p(1-s)} \|f\|_r^{rs} \quad \text{ただし,} \quad s = \frac{q-p}{r-p} \in (0,1).$$

[証明] $q = (1-s)p + sr$, $0 < s < 1$ だから,Hölder の不等式が使えて,
$$\|f\|_q^q = \int |f|^q dx = \int (|f|^p)^{1-s} (|f|^r)^s dx$$
$$\leqq \left(\int |f|^p dx\right)^{1-s} \left(\int |f|^r dx\right)^s$$
$$= \|f\|_p^{p(1-s)} \|f\|_r^{rs}.$$

注意 5.40 まったく同様にして,数列の空間 $\ell^p(\mathbb{Z})$ についても
$$\|\alpha\|_q^q \leqq \|\alpha\|_p^{p(1-s)} \|\alpha\|_r^{rs} \quad \left(1 \leqq p < q < r \leqq \infty, \ s = \frac{q-p}{r-p}\right)$$
が成り立つ. ただし,この場合は,より強く,
$$p < q \text{ ならば, } \ell^p(\mathbb{Z}) \subset \ell^q(\mathbb{Z}), \ \|\alpha\|_q \leqq \|\alpha\|_p$$
がいえる. 実際,$\alpha = (a_n) \in \ell^p(\mathbb{Z})$ のとき,
$$|a_n| \leqq \left(\sum_m |a_m|^p\right)^{1/p} = \|\alpha\|_p$$
が成り立つから,
$$\sum |a_n|^q \leqq \sum \|\alpha\|_p^{q-p} |a_n|^p = \|\alpha\|_p^{q-p} \|\alpha\|_p^p = \|\alpha\|_p^q$$
より, $\|\alpha\|_q \leqq \|\alpha\|_p$.

最後に Hölder の不等式の応用例として，$\mathbb{R}^n$ での次の積分を考えてみよう．

$$I_r f(x) = \int_{\mathbb{R}^n} \frac{f(y)}{|x-y|^{n/r}} dy.$$

このような形の積分を，**特異積分**(singular integral)と称する．とくに，$n=r=3$ のとき，この積分は(定数倍を除いて) Newton ポテンシャルを表している．

一般に，特異積分の存在の問題は簡単ではないが，深く，ときに神秘的な特性を示す(下の注意 5.42 参照)．

この例で積分 $I_r f$ が確定するためには，次の 2 つが必要である．
(i) $|y|$ が大きいところで，$|f(y)||y|^{-n/r}$ が十分に小さくなること．
(ii) $|x-y|=0$ の近くで，$|x-y|^{-n/r}$ があまり大きくならないこと．

定理 5.41 $r>1$, $r'>1$, $1/r+1/r'=1$, $1 \leq p < r'$, かつ，f が有界関数で，$|f|^p$ が可積分ならば，次の不等式が成り立つ．

$$\|I_r f\|_\infty \leq C \|f\|_p^{p/r'} \|f\|_\infty^{1-p/r'} \quad (C \text{ は定数}).$$

[証明] $R>0$ として，次の 2 つの積分が確定することをまず示そう．

$$J_1 = \int_{|y|<R} |y|^{-n/r} |f(x-y)| dy,$$

$$J_2 = \int_{|y| \geq R} |y|^{-n/r} |f(x-y)| dy.$$

J_1 については，f が有界であるから，

$$J_1 \leq \|f\|_\infty \left(\int_{|y|<R} |y|^{-n/r} dy \right) \leq C_1 \|f\|_\infty R^{n-n/r} \quad (C_1 \text{ は定数}).$$

J_2 については，p' を $1/p'+1/p=1$ で定めて，Hölder の不等式を用いれば，

$$J_2 \leq \left(\int_{|y| \geq R} (|y|^{-n/r})^{p'} dy \right)^{1/p'} \left(\int_{|y| \geq R} |f(x-y)|^p dx \right)^{1/p}$$

$$\leq C_2 (R^{n-np'/r})^{1/p'} \cdot \|f\|_p \quad (C_2 \text{ は定数}).$$

したがって，$I_r f(x)$ が存在して，ある定数 C' に対して，不等式

$$\|I_r f\|_\infty \leq C'(R^{n/r'} \|f\|_\infty + R^{n/r'-n/p} \|f\|_p)$$

が成り立つ．仮定 $r' \leqq p$ より，右辺は，R の関数として，最小値を
$$R^{n/r'}\|f\|_\infty = R^{n/r'-n/p}\|f\|_p$$
のときにとる．このとき，$R = (\|f\|_p/\|f\|_\infty)^{p/n}$ となり，
$$R^{n/r'}\|f\|_\infty = (\|f\|_p/\|f\|_\infty)^{p/r'}\|f\|_\infty = \|f\|_p^{p/r'}\|f\|_\infty^{1-p/r'}.$$
ゆえに，求める不等式が示された． ∎

注意 5.42 M.Riesz は，$n=1$, $n/r=1-\alpha$ ($0<\alpha<1$) のとき，$I_r f$ を定数倍した
$$R_\alpha f(x) = \frac{1}{2\Gamma(\alpha)\cos(\pi\alpha/2)} \int_{-\infty}^{\infty} \frac{f(u)}{|x-u|^{1-\alpha}} du$$
を用いて，$0<\alpha<1$ のとき f の α 階の微分を，$(d/dx)R_{1-\alpha}f$ によって定義した（§5.3(d) および §7.4(c) 参照）．

さらに，上の特異積分 $I_r f$ は，将来さまざまな関数空間の間の包含関係などを示す際に，用いられることになる．

§5.3 微分を巡って

(a) Hardy 関数

微分の概念はいくつかの方向に拡張されているが，その中で最も基本的なものは，複素変数に関する微分であろう．念のため，簡単に復習してから先に進もう．

複素変数 z の関数 $h(z)$ は，z を実部 x と虚部 y に分けて，実 2 変数 x,y の関数と考えることができる．

定義 5.43 複素平面 $\mathbb{C}$ の領域 D で定義された関数 $h(z)$ が点 $z_0 = x_0 + iy_0$ で**複素微分可能**であるとは，
$$h(z) - h(z_0) - c(z-z_0) = o(|z-z_0|) \quad (z \to z_0)$$
をみたす複素数 c が存在することをいい，c を f の z_0 での**微分係数**といい，$c = h'(z_0)$, $\dfrac{dh}{dz}(z_0)$ などと書く．f が D の各点で複素微分可能なとき，f は D 上で**正則**（あるいは**整型**）であるという． □

注意 5.44 例えば，神保道夫『複素関数入門』（岩波書店）などでは，証明の煩わしさを避けるために，上の定義に条件 "h は x,y について $\mathcal{C}^1$ 級" を付加してい

§5.3 微分を巡って

るが，この条件なしに $\mathcal{C}^1$ 級であることがわかる．

上述の正則性は，関数の値も実部と虚部に分けて，$h(z) = u(x,y) + iv(x,y)$ とすれば，h が微分可能で，Cauchy–Riemann の関係

$$\frac{\partial u}{\partial x} = \frac{\partial v}{\partial y}, \quad \frac{\partial u}{\partial y} = -\frac{\partial v}{\partial x}$$

が成り立つことと同値である．さらに，このとき，Cauchy の積分公式

$$h(z) = \frac{1}{2\pi i} \int_C \frac{h(\zeta)}{\zeta - z} d\zeta$$

が成り立つ．ただし，C は，点 z を正の向きに一周する，D 内の閉曲線とする．これより，等比級数を利用すれば，$h(z)$ が解析的であること，すなわち，D の各点 z_0 のまわりで Taylor 級数展開

$$h(z) = \sum_{n=0}^{\infty} \frac{1}{n!} h^{(n)}(z_0)(z - z_0)^n$$

の収束半径が正であることがわかる．加えて，導関数に対する積分表示

$$h^{(n)}(z_0) = \frac{1}{2\pi i} \int_C \frac{h(\zeta)}{(\zeta - z_0)^{n+1}} d\zeta$$

も自動的に得られる．もちろん，解析的であれば，h は正則である．

また，Cauchy の積分公式からは最大値の定理など，多くの重要な定理が導かれる．

さて，ここからは，複素平面 $\mathbb{C}$ の単位開円板

$$\mathbb{D} = \{z \in \mathbb{C}; |z| < 1\}$$

の上の解析関数を考えることにして，その全体を $\mathcal{A}(\mathbb{D})$ と書く．

補題 5.45 f を円周 $\mathbb{S} = \{z \in \mathbb{C}; |z| = 1\}$ 上の 2 乗可積分関数とし，f の Fourier 級数を

$$f(\theta) = \sum_{n=-\infty}^{\infty} c_n e^{in\theta}$$

とする．このとき，

$$h(z) = \sum_{n=0}^{\infty} c_n z^n = \sum_{n=0}^{\infty} c_n r^n e^{in\theta} \quad (z = re^{2\pi i \theta} \in \mathbb{D})$$

は $\mathbb{D}$ 上の解析関数である.

[証明] f が 2 乗可積分であるから,$\sum_{n=0}^{\infty} |c_n|^2 < \infty$. したがって,
$$\sum_{n=0}^{\infty} |c_n r^n e^{in\theta}| = \sum_{n=0}^{\infty} |c_n| r^n \leqq \left(\sum_{n=0}^{\infty} |c_n|^2 \right)^{1/2} \left(\sum_{n=0}^{\infty} r^{2n} \right)^{1/2} < \infty \quad (0 \leqq r < 1).$$

よって,$\sum_{n=0}^{\infty} c_n z^n$ は $|z| < 1$ で収束するベキ級数であるから,$h \in \mathcal{A}(\mathbb{D})$. ∎

円周 $\mathbb{S} = \{e^{i\theta} \mid 0 \leqq \theta < 2\pi\}$ 上の 2 乗可積分関数の全体を $L^2(\mathbb{S})$ と書き,
$$\|f\|_2 = \left(\frac{1}{2\pi} \int_0^{2\pi} |f(\theta)|^2 d\theta \right)^{1/2} \quad (f \in L^2(\mathbb{S}))$$

とする. また,$h \in \mathcal{A}(\mathbb{D})$ に対して,関数 h_r $(0 \leqq r < 1)$ を
$$h_r(\theta) = h(re^{i\theta})$$

で定める.

補題 5.46 $h \in \mathcal{A}(\mathbb{D})$ ならば,$\|h_r\|_2$ は r について単調非減少である.

[証明] 原点のまわりでの h の Taylor 展開を
$$h(z) = \sum_{n=0}^{\infty} c_n z^n$$

とすると,その収束半径は 1 である(なぜか?). したがって,
$$h_r(\theta) = \sum_{n=0}^{\infty} c_n r^n e^{in\theta}$$

となる. よって,
$$\|h_r\|_2^2 = \sum_{n=0}^{\infty} |c_n|^2 r^{2n}.$$

これは明らかに,h が定数関数でない限り,r について単調増加. また,h が定数関数ならば,$\|h_r\|_2$ も定数となる. ∎

定義 5.47 単位円板 $\mathbb{D}$ 上の解析関数 h は,$\|h_r\|_2$ が有界なとき,**Hardy 関数**といい,Hardy 関数の全体を $\mathcal{H}_+$ で表すことにする. すなわち,

$$\mathcal{H}_+ = \left\{ h \in \mathcal{A}(\mathbb{D}) \ \Big| \ \sup_{r<1} \|h_r\|_2 = \sup_{r<1} \Big(\frac{1}{2\pi}\int_0^{2\pi} |h(re^{i\theta})|^2 d\theta\Big)^{1/2} < \infty \right\}.$$

そして，$h \in \mathcal{H}_+$ のとき，

$$\|h\|_{\mathcal{H}_+} = \sup_{r<1} \|h_r\|_2$$

とおく. □

注意 5.48 $h(z) = \sum_{n=0}^{\infty} c_n z^n$ のとき，

$$\|h\|_{\mathcal{H}_+}^2 = \sup_{r<1} \sum_{n=0}^{\infty} |c_n|^2 r^{2n} = \sum_{n=0}^{\infty} |c_n|^2 < \infty$$

であるから，

$$f(\theta) = \sum_{n=0}^{\infty} c_n e^{in\theta}$$

は円周上の 2 乗可積分関数となり，

$$\|h\|_{\mathcal{H}_+} = \|f\|_2$$

が成り立つ．(この意味で，f は h の円周上での境界値である．)

逆に，$f(\theta) = \sum_{n=-\infty}^{\infty} c_n e^{in\theta} \in L^2(\mathbb{S})$ が与えられたとき，その"射影"

$$f_+(\theta) = \sum_{n=0}^{\infty} c_n e^{in\theta}$$

を考え，上の手順を逆に辿れば，$h \in \mathcal{H}_+$ がただ 1 つ定まる．(これが記号 $\mathcal{H}_+$ のココロである．)

さて，$\mathbb{D}$ 上の 2 乗可積分関数の空間

$$L^2(\mathbb{D}) = \left\{ f \ \Big| \ \|f\|_2 = \Big(\int_{\mathbb{D}} |f(z)|^2 dxdy\Big)^{1/2} < \infty \right\}$$

を考えよう．

補題 5.49 $\mathcal{H}_+ \subset L^2(\mathbb{D})$. より強く，$\mathcal{H}_+ = \mathcal{A}(\mathbb{D}) \cap L^2(\mathbb{D})$. つまり，$\mathcal{H}_+$ は単位円板 $\mathbb{D}$ 上で 2 乗可積分な解析関数全体と一致する．

[証明] $h \in \mathcal{H}_+$ のとき，

$$\int_{\mathbb{D}} |h(z)|^2 dxdy = \int_0^1 \Big(\int_0^{2\pi} |h(re^{i\theta})|^2 d\theta\Big) r \, dr$$

$$= \int_0^1 2\pi \|h_r\|_2^2 r \, dr \leq \int_0^1 2\pi \|h\|_{\mathcal{H}_+}^2 r \, dr = \pi \|h\|_{\mathcal{H}_+}^2 .$$

よって, $h \in L^2(\mathbb{D})$. (そして, $\|h\|_2 \leq \sqrt{\pi} \|h\|_{\mathcal{H}_+}$ が成り立つ.)

$h \in \mathcal{A}(\mathbb{D}) \cap L^2(\mathbb{D})$ ならば, $\|h\|_r$ は r について単調非減少であり, 加えて,

$$\|h\|_2^2 = \int_\mathbb{D} |h(z)|^2 dz = \int_0^1 2\pi \|h_r\|_2^2 r \, dr < \infty$$

となる. したがって, $\sup_{r<1} \|h_r\|_2 < \infty$. ゆえに, $h \in \mathcal{H}_+$. ∎

定理 5.50 Hardy 空間 $\mathcal{H}_+$ は $L^2(\mathbb{D})$ の閉部分空間である. すなわち, $h_n \in \mathcal{H}_+$ $(n \geq 1)$, $f \in L^2(\mathbb{D})$,
$$\|h_n - f\|_2 \to 0 \quad (n \to \infty)$$
であれば, $f \in \mathcal{H}_+$.

[証明] Cauchy の積分公式を半径 r の円周 $C_r = \{z \, ; \, |z| = r\}$ $(0 \leq r < 1)$ 上で適用すれば, $|z| < r$ のとき
$$h_n(z) = \frac{1}{2\pi i} \int_{C_r} \frac{h_n(\zeta)}{\zeta - z} d\zeta = \frac{1}{2\pi} \int_0^{2\pi} \frac{h_r(re^{i\theta})}{re^{i\theta} - z} re^{i\theta} d\theta$$
が成り立つ. これから, $|z| < \rho < R_1 < R_2 < 1$ のとき,

$$(5.2) \qquad (R_2 - R_1) h_n(z) = \frac{1}{2\pi} \int_0^{2\pi} \int_{R_1}^{R_2} \frac{h_n(re^{i\theta}) re^{i\theta} d\theta dr}{re^{i\theta} - z} .$$

この右辺は, n について Cauchy 列となる. 実際,

$$\left| \int_0^{2\pi} \int_{R_1}^{R_2} \frac{h_n(re^{i\theta}) - h_m(re^{i\theta})}{re^{i\theta} - z} re^{i\theta} d\theta dr \right|$$
$$\leq \frac{1}{R_1 - \rho} \int_0^{2\pi} \int_{R_1}^{R_2} |h_n(re^{i\theta}) - h_m(re^{i\theta})| r \, d\theta dr$$
$$\leq \frac{1}{R_1 - \rho} \left(\int_0^{2\pi} \int_{R_1}^{R_2} |h_n(re^{i\theta}) - h_m(re^{i\theta})|^2 r \, d\theta dr \right)^{1/2} \left(\int_0^{2\pi} \int_{R_1}^{R_2} r \, d\theta dr \right)^{1/2}$$
$$= \frac{(\pi(R_2^2 - R_1^2))^{1/2}}{R_1 - \rho} \|h_n - h_m\|_2^2 \to 0 \quad (n, m \to \infty) .$$

よって, 式(5.2)の極限をとれば, $\|h_n - f\|_2 \to 0 \, (n \to \infty)$ より,

$$f(z) = \lim_{n\to\infty} h_n(z) = \frac{1}{2\pi i} \int_0^{2\pi} \int_{R_1}^{R_2} \frac{f(re^{i\theta})re^{i\theta}d\theta dr}{re^{i\theta} - z} \quad (|z| \leq \rho).$$

したがって,$f(z)$ は $|z| \leq \rho$ で解析的.$\rho < 1$ は任意であったから,$f(z)$ は $|z| < 1$ で解析的である.(厳密にいえば,$\lim_{n\to\infty} h_n(z)$ は解析関数で,ほとんどすべての点で与えられた $f(z)$ と一致する.) ∎

注意 5.51 上の議論とまったく同様にして,反解析関数

$$g(z) = \sum_{n=0}^{\infty} c_n \overline{z}^n \quad (|z| < 1)$$

で2乗可積分な関数の全体を $\mathcal{H}_-$ とすれば,$\mathcal{H}_-$ も $L^2(\mathbb{D})$ の閉部分空間となることがわかる.さらに,

$$\int_{\mathbb{D}} z^n dxdy = \int_0^1 \int_0^{2\pi} r^n e^{in\theta} r\, drd\theta = 0 \quad (n \geq 1)$$

であるから,Hermite 内積

$$\langle f, g \rangle = \int_{\mathbb{D}} f(z) \overline{g(z)} dxdy$$

について,$h \in \mathcal{H}_+$, $g \in \mathcal{H}_-$ のとき,

$$\langle h, g \rangle = \pi h(0)\overline{g(0)}$$

が成り立つことがわかる.とくに,$\overline{g}(0) = 0$ ならば,

$$\langle h, g \rangle = 0.$$

付記.§3.1(b) の Szegö の定理の証明では,上述の Hardy 関数の性質を,言及は避けたが,利用している.

(b) L^p 微 分

関数空間 $L^p(\mathbb{R})$ ($1 \leq p < \infty$) において,平行移動は連続であった.すなわち,

$$\lim_{a\to 0} \|f - f_a\|_p = 0 \quad \text{ただし,} \quad f_a(x) = f(x+a).$$

同様に,無限遠で 0 となる連続関数のなす空間

$$\mathcal{C}_0(\mathbb{R}) = \{f : \mathbb{R} \to \mathbb{C} \mid \text{連続}, \lim_{x\to\pm\infty} f(x) = 0\}$$

においても，平行移動は一様ノルム $\|f\|_\infty = \max_{x \in \mathbb{R}} |f(x)|$ に関して連続である.

補題 5.52 $f \in \mathcal{C}_0(\mathbb{R})$ が $\mathcal{C}^1$ 級で，$f' \in \mathcal{C}_0(\mathbb{R})$ であれば，
$$\|f_a - f - af'\|_\infty = o(a) \quad (a \to 0).$$

[証明] 1° 一般に，$g \in \mathcal{C}_0(\mathbb{R})$ ならば，g は $\mathbb{R}$ 全体で一様連続である.

実際，任意の $\varepsilon > 0$ が与えられたとき，$\lim_{x \to \pm\infty} f(x) = 0$ より，
$$|x| > R \implies |f(x)| \leqq \varepsilon/2$$
をみたす $R > 0$ がとれる．したがって，
$$|x| > R, |y| > R \implies |f(x) - f(y)| \leqq \varepsilon.$$
一方，任意の有界閉区間 $[-R', R']$ 上で f は一様連続だから，
$$|x|, |y| \leqq R', |x - y| \leqq \delta \implies |f(x) - f(y)| \leqq \varepsilon$$
をみたす $\delta > 0$ が存在する．ここで，δ は小さく取り替えてもよいから，$0 < \delta < 1$ としてよい．すると，$R' = R + 1$ とすれば，$|x - y| \leqq \delta$ である限り，上のどちらかの基準が適用できて，$|f(x) - f(y)| \leqq \varepsilon$.

2° 一様連続性が確認できれば後は容易である．
$$f_a(x) - f(x) - af'(x) = \int_0^a \{f'(x + y) - f'(y)\} dy$$
より，
$$\|f_a - f - af'\|_\infty \leqq |a| \max_{0 \leqq |y| \leqq a} \|f'_y - f'\|_\infty = o(a) \quad (a \to 0). \blacksquare$$

上の補題から，次の微分概念の拡張に思い当たる．

定義 5.53 $f \in L^p(\mathbb{R})$ に対して，$g \in L^p(\mathbb{R})$ が存在して，
$$\|f_a - f - ag\|_p = o(a) \quad (a \to 0)$$
が成り立つとき，f は L^p 微分可能 (L^p-differentiable) であるという．このとき，g を f の L^p 導関数 (L^p-derivative) と呼び，$g = Df$ と書く． □

例 5.54 $1 \leqq p < \infty$ のとき，$De^{-|x|} = -e^{-|x|} \operatorname{sgn} x$.

実際，$a > 0$ とすると，

§5.3 微分を巡って —— 211

$$e^{-|x+a|} - e^{-|x|} + ae^{-|x|} \operatorname{sgn} x = \begin{cases} e^{-x}(e^{-a} - 1 + a) & (x > 0) \\ e^{-x-a} - e^x - ae^x & (-a < x < 0) \\ e^x(e^a - 1 - a) & (x < -a) \end{cases}$$

これより，明らかに，

$$\left(\int_0^\infty + \int_{-\infty}^{-a}\right) |e^{-|x+a|} - e^{-|x|} + ae^{-|x|} \operatorname{sgn} x|^p dx$$
$$= \frac{1}{p}|1 - e^{-a} + a|^p + \frac{1}{p} e^{-a} |e^a - 1 - a|^p = o(|a|^p) \quad (a \to 0).$$

また，

$$\max_{-a < x < 0} |e^{-x-a} - e^x - ae^x| = (1+a)e^a - e^{-3a} = O(a)$$

だから，

$$\int_{-a}^{a} |e^{-|x+a|} - e^{-|x|} + ae^{-|x|} \operatorname{sgn} x|^p dx = O(|a|^{p+1}) = o(|a|^p).$$

ゆえに，

$$\|e^{-|x+a|} - e^{-|x|} + ae^{-|x|} \operatorname{sgn} x\|_p = o(a) \quad (a \to 0). \qquad \square$$

後に §6.3 において L^2 微分について再び言及するが，ここではこれ以上の深入りは避けよう．

(c) 弱い意味での微分

変分法において基本的な Euler–Lagrange 方程式の導出の際，次の事実が必要である(例えば，高橋陽一郎『力学と微分方程式』(岩波書店)§5.2 参照)．

補題 5.55 $f, g : [a, b] \to \mathbb{C}$ が連続関数で，$\varphi(a) = \varphi(b) = 0$ をみたす任意の C^∞ 級関数 φ に対して，

$$\int_a^b (f(x)\varphi'(x) + g(x)\varphi(x)) dx = 0$$

が成り立つならば，g は C^1 級で，$g' = f$ である． $\square$

したがって，結果的には，g の微分可能性を仮定して部分積分を用いたことと同じになる．この意味では，多くの物理の教科書で，Lagrange 関数の滑らかさについて言及せず，おおらかに形式的な計算をしていることが，結果的に正しいことになる．

数学としても安心して形式的な微分計算ができる世界の構築はいろいろな方向で実行されてきている．例えば，Heaviside が "Electromagnetic Theory" (1899) で示した線形常微分方程式の形式的な解法の正当化の試みとしては，Mikusiński の演算子法もある．(現在の数学でのことばづかいでは，演算子は作用素という．) 以下，その１つの方向の触わりの部分を紹介しよう．

まず，記述を簡単にするため記号を導入しておこう．
$$\mathcal{D}(\mathbb{R}) = \{\varphi : \mathbb{R} \to \mathbb{C};\ \varphi は \mathcal{C}^\infty 級で，\mathrm{supp}\,\varphi はコンパクト\}.$$

定義 5.56 $f, g : \mathbb{R} \to \mathbb{C}$ を連続関数とする．もし，任意の $\varphi \in \mathcal{D}(\mathbb{R})$ に対して，
$$\int f(x)\varphi'(x)dx = -\int g(x)\varphi(x)dx$$
が成り立つならば，f は**弱い意味で微分可能**(略して，**弱微分可能**)，g を f の**弱導関数**といい，以下では $g = Df$ と書く． □

$\mathcal{C}^1$ 級ではないが，弱微分可能な関数の例を挙げておこう．

例 5.57 $\alpha > 0$ のとき，
$$D(|x|^\alpha) = \alpha|x|^{\alpha-1}\mathrm{sgn}(x),\quad D(|x|^\alpha \mathrm{sgn}(x)) = \alpha|x|^{\alpha-1}.$$
ここで，$\mathrm{sgn}(x)$ は x の符号で，$x > 0$ ならば 1，$x < 0$ ならば -1，$x = 0$ ならば 0 と定める．

実際，$\varphi \in \mathcal{D}(\mathbb{R})$ をとると，ある $R > 0$ に対して $\varphi(x) = 0$ $(|x| > R)$ だから，安心して部分積分できて，
$$\begin{aligned}
\int_{-\infty}^\infty |x|^\alpha \varphi'(x)dx &= \int_0^\infty x^\alpha(\varphi'(x) + \varphi'(-x))dx \\
&= x^\alpha(\varphi(x) - \varphi(-x))\Big|_{x=0}^\infty - \int_0^\infty \alpha x^{\alpha-1}(\varphi(x) - \varphi(-x))dx \\
&= -\int_{-\infty}^\infty \alpha|x|^{\alpha-1}\mathrm{sgn}(x)\varphi(x)dx\,.
\end{aligned}$$

$|x|^\alpha \operatorname{sgn}(x)$ についても同様. □

次に，$\log|x|$ について考えてみよう．

$$\int_{-\infty}^{\infty} \varphi'(x)\log|x|dx = \int_0^{\infty}(\varphi'(x)+\varphi'(-x))\log x\,dx$$

$$= \lim_{\substack{\varepsilon\to 0\\ R\to\infty}} \int_\varepsilon^R (\varphi'(x)+\varphi'(-x))\log x\,dx$$

$$= \lim_{\substack{\varepsilon\to 0\\ R\to\infty}} \Big\{(\varphi(R)-\varphi(-R))\log R - (\varphi(\varepsilon)-\varphi(-\varepsilon))\log\varepsilon$$

$$- \int_\varepsilon^R \frac{\varphi(x)-\varphi(-x)}{x}dx\Big\}.$$

ここで，$\varphi\in\mathcal{D}(\mathbb{R})$ だから，$\{\ \}$ 内の第 1 項は，R が十分大きければ 0，また，第 2 項は，$(\varphi(\varepsilon)-\varphi(-\varepsilon))/\varepsilon \to \varphi'(0)$，$\varepsilon\log\varepsilon\to 0$ $(\varepsilon\to 0)$ だから，0 に収束する．第 3 項については次の事実が必要となる．

補題 5.58 $\varphi\in\mathcal{D}(\mathbb{R})$ に対して次の極限が存在する．

$$\lim_{\varepsilon\to 0}\int_{|x|>\varepsilon}\frac{\varphi(x)}{x}dx.$$

□

定義 5.59 この極限を "積分" $\displaystyle\int_{-\infty}^{\infty}\frac{\varphi(x)}{x}dx$ の**主値**(principal value) といい，

$$\text{p.v.}\int_{-\infty}^{\infty}\frac{\varphi(x)}{x}dx$$

と表す． □

[証明] $\varphi(x)=0$ $(|x|>R)$ とし，$\varphi(x)=\varphi(0)+x\psi(x)$ とおく．このとき，ψ は $[-R,R]$ 上の連続関数となるから，

$$\int_{|x|>\varepsilon}\frac{\varphi(x)}{x}dx = \int_\varepsilon^R \frac{\varphi(x)}{x}dx + \int_{-R}^{-\varepsilon}\frac{\varphi(x)}{x}dx$$

$$= \varphi(0)\int_\varepsilon^R \frac{dx}{x} + \int_\varepsilon^R \psi(x)dx + \varphi(0)\int_{-R}^{-\varepsilon}\frac{dx}{x} + \int_{-R}^{-\varepsilon}\psi(x)dx$$

$$= \varphi(0)\{\log(R/\varepsilon)-\log(R/\varepsilon)\} + \Big(\int_\varepsilon^R + \int_{-R}^{-\varepsilon}\Big)\psi(x)dx$$

$$= \int_{\varepsilon < |x| < R} \psi(x) dx \to \int_{-R}^{R} \psi(x) dx \quad (\varepsilon \to 0).$$

別証. $f(x) = (\varphi(x) - \varphi(-x))/x$ $(x \neq 0)$ とおくと，$\lim_{x \to 0} f(x)(= 2\varphi'(0))$ が存在するから，f は $\mathbb{R}$ 全体で連続で，コンパクトな台をもつ．よって，

$$\int_{|x|>\varepsilon} \frac{\varphi(x)}{x} dx = \int_{\varepsilon}^{\infty} \frac{\varphi(x) - \varphi(-x)}{x} dx = \int_{\varepsilon}^{\infty} f(x) dx \to \int_{0}^{\infty} f(x) dx.$$

上の補題より，次のことがわかった．

$$\int_{-\infty}^{\infty} \varphi'(x) \log|x| dx = \lim_{\varepsilon \to 0} \int_{|x|>\varepsilon} \frac{\varphi(x)}{x} dx.$$

この事実を，

$$D \log|x| = \text{p.v.} \frac{1}{x}$$

と表す．

いま導入した記号 p.v. $\dfrac{1}{x}$ は，関数ではないが，"試験関数" $\varphi \in \mathcal{D}(\mathbb{R})$ ごとに値が定まる線形写像である．同様の例として，Dirac の導入したデルタ関数がある．

例 5.60 Heaviside 関数

$$H(x) = \begin{cases} 1 & (x \geqq 0) \\ 0 & (x < 0) \end{cases}$$

の弱微分を考えると，

$$\int_{-\infty}^{\infty} H(x) \varphi'(x) dx = \int_{0}^{\infty} \varphi'(x) dx = -\varphi(0).$$

形式的に "関数" δ_0 を

$$\int_{-\infty}^{\infty} \delta_0(x) \varphi(x) dx = \varphi(0)$$

で定めると，

$$DH = \delta_0$$

となる．この δ_0 を**デルタ関数**という． □

§5.3 微分を巡って —— 215

上の p.v. $\dfrac{1}{x}$ や δ_0 は，関数の概念の一般化の代表例であり，**一般化関数**(generalized function) あるいは**超関数**(distribution) と呼ばれていて，この世界では，好きな回数だけつねに微分することができる．例えば，デルタ関数の微分 $\delta_0' = D\delta_0$ は，φ に施すと $\varphi'(0)$ を与える写像である：

$$\int \delta_0'(x)\varphi(x)dx = \varphi'(0).$$

L. Schwartz は超関数を，$\mathcal{D}(\mathbb{R})$ から $\mathbb{R}$ への連続な線形写像として定義したが，ここでいう連続性を説明することは本書のレベルを越えるので，これ以上の深入りは避ける．なお，"試験関数" の空間としては，$\mathcal{D}(\mathbb{R})$ の他にも，次章で導入する $\mathcal{S}(\mathbb{R})$ などさまざまな選択がある．（それに応じて，超関数の種類が決まる．）

最後に，少し方向を変えて，上述の p.v. $\dfrac{1}{x}$ の考え方の延長上にあるものを紹介しておこう．

例えば，$f(a) \neq 0$ のとき，積分

$$I = \int_a^b (x-a)^{-\alpha-1} f(x) dx \quad (0 \leq \alpha < 1)$$

は明らかに発散する．しかし，f が $\mathcal{C}^1$ 級であると仮定すれば，

$$\int_{a+\varepsilon}^b \frac{f(x)}{(x-a)^{1+\alpha}} dx$$

$$= f(a) \int_{a+\varepsilon}^b \frac{dx}{(x-a)^{1+\alpha}} + \int_{a+\varepsilon}^b \frac{f(x)-f(a)}{(x-a)^{1+\alpha}} dx$$

$$= f(a) \frac{1}{(2+\alpha)\varepsilon^{2+\alpha}} - f(a) \frac{1}{(2+\alpha)(b-a-\varepsilon)^{\alpha+2}}$$

$$\quad + \int_{a+\varepsilon}^b \frac{f(x)-f(a)}{x-a} \frac{dx}{(x-a)^\alpha}.$$

この最後の辺のうち，$\varepsilon \to 0$ のとき発散するのは第 1 項のみで，$f(a)$ の値のみに依存し，一方，残りの部分は極限

$$-\frac{f(a)}{(2+\alpha)(b-a)^{\alpha+2}} \int_a^b \frac{f(x)-f(a)}{(x-a)^{1+\alpha}} dx$$

をもち,この値は関数 f の個性を反映している.

上のように,本来は発散する積分から発散する部分を除いたものを,**Hadamard の有限部分**という.例えば,

$$\int_0^x \frac{dy}{y^2} \text{ の有限部分} = -\frac{1}{x}, \quad \int_0^x \frac{dy}{y} \text{ の有限部分} = \log x$$

であり,f が C^2 級のとき,

$$\int_0^x \frac{f(y)}{y^2} dy \text{ の有限部分} = \int_0^x \frac{f(y)-f(0)-yf'(0)}{y^2} dy - \frac{f(0)}{x} + f'(0)\log x$$

となる.

なお,主値,有限部分は,それぞれ次のような記法で表すことがある.

$$\fint_{-\infty}^{\infty} \frac{f(x)}{x} dx, \quad \fint_0^x \frac{f(y)}{y^2} dy.$$

(d) 分数階の微分

微分の逆演算は積分であり,連続関数 $f:[a,b]\to\mathbb{C}$ の n 階の原始関数は

$$I_n f(x) = \frac{1}{(n-1)!} \int_a^x (x-y)^{n-1} f(y) dy \quad (a \leqq x \leqq b)$$

で(定数を除いて)与えられる.ここで,$(n-1)! = \Gamma(n) = \int_0^\infty x^{n-1}e^{-x}dx$ であるから,この積分は,

$$I_\alpha f(x) = \frac{1}{\Gamma(\alpha)} \int_a^x (x-y)^{\alpha-1} f(y) dy \quad (a \leqq x \leqq b)$$

として,正の実数 α に対しても拡張される.これを **α 階の原始関数**という.

補題 5.61

(i) $\alpha, \beta > 0$ のとき,$I_\alpha(I_\beta f) = I_{\alpha+\beta} f$.

(ii) $\alpha \geqq 1$ のとき,$I_\alpha f$ は微分可能で,

$$\frac{d}{dx} I_\alpha f = I_{\alpha-1} f. \quad (I_0 f = f \text{ と定める})$$

(iii) $\alpha > 0$, $I_\alpha f = I_\alpha g$ ならば $f = g$.

[証明] (i)はベータ関数とガンマ関数を結ぶ関係式
$$B(\alpha, \beta) = \Gamma(\alpha)\Gamma(\beta)/\Gamma(\alpha+\beta)$$
より明らか. (ii)は, $(x-y)^{\alpha-1}f(y)|_{y=x} = 0$ より明らか. (iii)を示そう. n を α 以上の自然数とすれば, (i)より, $I_n f = I_{n-\alpha}I_\alpha f = I_{n-\alpha}I_\alpha g = I_n g$. よって, n 回微分すれば, (ii)より, $f = g$. ∎

上述の関係を眺めていると, 次のような定義を与えたくなる.

定義 5.62 $\alpha > 0$, $f = I_\alpha g$ のとき, g を f の **α 次の導関数**という. このことを次のように表すことがある.
$$\left(\frac{d}{dx}\right)^\alpha f = \left(\frac{d}{dx}\right)^\alpha I_\alpha g = g, \quad I_\alpha g = \left(\frac{d}{dx}\right)^{-\alpha} f.$$
□

注意 5.63

(1) 補題 5.61 の(i)より, f が $(\alpha+\beta)$ 次の導関数をもつならば, $(d/dx)^{\alpha+\beta}f = (d/dx)^\alpha (d/dx)^\beta f$.

(2) 他の拡張法と区別するために, 上のものを **Liouville–Riemann の意味での分数階の導関数**という. [注. 日本語としては, "小数"階と呼ぶべきかもしれないが, 慣用に従い, 直訳を用いておく.]

(3) よく知られた関数の中には, 分数階積分で表示できるものがある. 例えば,
$$\left(\frac{d}{dx}\right)^{-1/2} \sin\sqrt{x} = \sqrt{\pi x}\, J_1(\sqrt{x}) \quad (J_1 \text{ は 1 次の Bessel 関数}).$$

《要約》

5.1 目標

§5.1 基本的な不等式とその証明手法の概観.

§5.2 関数空間 $L^p(\mathbb{R})$ の導入とその意義の理解, および不等式の利用法.

§5.3 解析関数の定義等の確認と Hardy 空間の特性の理解(a), L^p 微分, 弱微分の概念の導入(b, c), さまざまな微分概念の拡張があることの一例(d).

5.2 主な用語

§5.1 不等式: Cauchy–Schwarz, Jensen, 算術・幾何平均, Young, Hölder, Minkowski, Ky Fan, Hadamard, Bernstein

§5.2 $L^p(\mathbb{R})$, Riemann–Lebesgue の定理, 速い変数による平均, 平行移動の L^p 連続性, $L^p(\mathbb{R})$ の完備性, 測度零の集合, (Hermite)内積, ノルム空間, Hilbert 空間, Banach 空間, L^p ノルム間の補間公式

§5.3 Hardy 関数と円周上の境界値, L^p 微分, $\mathcal{D}(\mathbb{R})$, Cauchy の主値 p.v. $\dfrac{1}{x}$, デルタ関数, Hadamard の有限部分

────── 演習問題 ──────

5.1 実数 $a_0, a_1, \cdots, a_n, b_0, b_1, \cdots, b_n$ が
$$b_0^2 > \sum_{k=1}^n b_k^2 \quad \text{または} \quad a_0^2 > \sum_{k=1}^n a_k^2$$
をみたすとき, 次の不等式を示せ.
$$\left(b_0^2 - \sum_{k=1}^n b_k^2\right)\left(a_0^2 - \sum_{k=1}^n a_k^2\right) \leqq \left(a_0 b_0 - \sum_{k=1}^n a_k b_k\right)^2.$$
等号が成立するのは, $(b_i)_{0 \leqq i \leqq n}$ が $(a_i)_{0 \leqq i \leqq n}$ の定数倍の場合に限る.

5.2 $f:[0,\infty] \to \mathbb{R}$ が $\mathcal{C}^2$ 級で, f, f', f'' が $[0,\infty]$ 上で 2 乗可積分ならば, 次の不等式が成り立つことを示せ.
$$\int_0^\infty f'(x)^2 dx \leqq \int_0^\infty f(x)^2 dx + \int_0^\infty f''(x)^2 dx.$$

5.3 単位円周 $\mathbb{S} = \{e^{i\theta} \mid 0 \leqq \theta < 2\pi\}$ 上の 2 乗可積分関数 g が非負で, 条件 $\int_0^{2\pi} \log g(\theta) d\theta > -\infty$ をみたせば, 関数
$$h(z) = \exp\left\{\frac{1}{2\pi} \int_0^{2\pi} \frac{e^{i\theta} + z}{e^{i\theta} - z} \log g(\theta) d\theta\right\}$$
は Hardy 関数であることを示せ. [ヒント: Poisson 核($\S 3.3$)を $P_r(\theta)$, $z = re^{i\varphi}$ とすると, $(e^{i\theta}+z)/(e^{i\theta}-z) + (e^{-i\theta}+\bar{z})/(e^{-i\theta}-\bar{z}) = 2P_r(\theta - \varphi)$. また, Jensen の不等式を用いよ.]

6

Fourier 変換

応用を目的として Fourier が導入した Fourier 変換は，実用的な強力さと共に，純粋数学としてもきわめて重要なものである．この章では，その概念の導入(§6.1)から始めて，基本的な空間における Fourier 変換論を紹介する．

その第1は，急減少関数の空間と略称される $\mathcal{S}(\mathbb{R})$ であり，ここではすべての物事がスムーズに運ぶ．

第2は，Fourier 変換と最も相性のよい，2乗可積分関数の空間 $L^2(\mathbb{R})$ である．その相性のよさの根元は Plancherel の等式にある．

第3は，可積分関数 $L^1(\mathbb{R})$ である．

Fourier 変換の収束の問題は Fourier 級数の場合よりもさらに難しい．それを避けるためには §5.2 で導入した関数空間の考え方が必要となることに注意しておきたい．

§6.1 Fourier 積分

(a) 事始め

区間 $[-1/2, 1/2]$ の場合の結果から，区間 $[-T/2, T/2]$ の上の関数 f に対する Fourier 級数展開は

$$f(x) = \sum_{n \in \mathbb{Z}} \frac{1}{T} \left(\int_{-T/2}^{T/2} e^{-2\pi i n y/T} f(y) dy \right) e^{2\pi i n x/T}$$

第6章 Fourier 変換

となる．ここで形式的に $T\to\infty$ とすれば，次の形の積分が得られる．

(6.1) $$f(x) = \int_{-\infty}^{\infty} \left(\int_{-\infty}^{\infty} e^{-2\pi i\xi y} f(y) dy \right) e^{2\pi i\xi x} d\xi.$$

以下，慣習に従うことにして，一般に，関数 $f: \mathbb{R} \to \mathbb{C}$ に対して，

(6.2) $$\widehat{f}(\xi) = \frac{1}{\sqrt{2\pi}} \int_{-\infty}^{\infty} e^{-i\xi x} f(x) dx \quad (\xi \in \mathbb{R})$$

の形の積分が存在すれば，これを **Fourier 積分** といい，関数 $\widehat{f}: \mathbb{R} \to \mathbb{C}$ を f の **Fourier 変換**(transform)と呼ぶ．さらに，

(6.3) $$\check{f}(\xi) = \widehat{f}(-\xi) = \frac{1}{\sqrt{2\pi}} \int_{-\infty}^{\infty} e^{i\xi x} f(x) dx$$

と書くことにすれば，上の(6.1)は次のように書き換えることができる．

(6.4) $$f(x) = f^{\wedge\vee}(x)$$

この関数 $\check{f}: \mathbb{R} \to \mathbb{C}$ を f の **逆 Fourier 変換** という．

Fourier 級数の場合と同様に，Fourier 変換のもつ特性の第一は，微分が掛け算に化けることである．

実際，f の導関数 f' の Fourier 変換は，部分積分により，

$$\int_{-\infty}^{\infty} e^{-i\xi x} f'(x) dx = e^{-i\xi x} f(x) \Big|_{x=-\infty}^{\infty} + i\xi \int_{-\infty}^{\infty} e^{-i\xi x} f(x) dx$$

となるから，$\lim_{x\to\pm\infty} f(x) = 0$ のとき，次の等式で与えられることになる．

(6.5) $$\widehat{f'}(\xi) = i\xi \widehat{f}(\xi).$$

この特性は，平行移動が掛け算に化けると言い直してもよい．実際，

$$\int_{-\infty}^{\infty} e^{-i\xi x} f(x+a) dx = \int_{-\infty}^{\infty} e^{-i\xi(y-a)} f(y) dy$$

より，

(6.6) $$f(\cdot + a)^{\wedge}(\xi) = e^{i\xi a} \widehat{f}(\xi)$$

が成り立つ．もちろん，(6.6)が a について微分できれば(6.5)が得られる．

ここで，今後しばしば現れる Fourier 変換の例を2つ挙げておこう．

例 6.1 $g(x) = e^{-x^2/2}$ のとき，

§6.1 Fourier 積分

(6.7)
$$\hat{g}(\xi) = \frac{1}{\sqrt{2\pi}} \int_{-\infty}^{\infty} e^{-i\xi x} e^{-x^2/2} dx = \frac{1}{\sqrt{2\pi}} \int_{-\infty}^{\infty} e^{-(x+i\xi)^2/2} e^{-\xi^2/2} dx = e^{-\xi^2/2},$$

つまり, $\hat{g}=g$ が成り立つ. なお, ここで用いた等式

$$\int_{-\infty}^{\infty} e^{-(x+i\xi)^2/2} dx = \sqrt{2\pi} \quad (\xi \in \mathbb{R})$$

は, 実部と虚部に分けて計算してもよいし, 複素関数 $e^{-z^2/2}$ に Cauchy の定理を適用して示すこともできる. □

例 6.2 区間 $[-a, a]$ の定義関数 $1_{[-a,a]}$ を χ_a と略記すると,

(6.8) $$\widehat{\chi_a}(\xi) = \frac{1}{\sqrt{2\pi}} \int_{-a}^{a} e^{-i\xi x} dx = \frac{1}{\sqrt{2\pi}} \frac{\sin a\xi}{\xi}.$$

ただし, $\xi=0$ のとき, $\sin a\xi/\xi$ の値は a と約束する(図 6.1). □

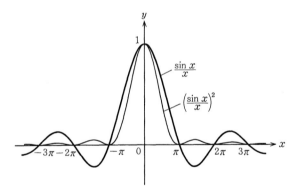

図 6.1 $\dfrac{\sin x}{x}$, $\left(\dfrac{\sin x}{x}\right)^2$ のグラフ

注意 6.3 Fresnel 積分

(6.9) $$\int_0^{\infty} \frac{\sin ax}{x} dx = \frac{\pi}{2} \quad (a > 0)$$

より, 上の例で求めた $\hat{\chi_a}$ の広義積分は $\int_{-\infty}^{\infty} \hat{\chi_a}(\xi) d\xi = \sqrt{\pi/2}$ となる. さらに部分積分すれば, 次の等式が得られる.

$$\int_{-\infty}^{\infty} |\hat{\chi}_a(\xi)|^2 d\xi = 2a.$$

後に,この等式は Fourier 変換の一般論から導かれる(§6.3 参照).

(b) 熱方程式

もうしばらく,Fourier 積分の存在の問題などを気にせずにおおらかに話を進めよう.Fourier 自身が示したように,上述の等式(6.5)を利用すると,さまざまな微分方程式を,定数係数の場合には,解くことができる.

ここでは,熱方程式の初期値問題

(6.10) $$\begin{cases} \dfrac{\partial u}{\partial t} = \dfrac{1}{2} \dfrac{\partial^2 u}{\partial x^2} & (t > 0,\ x \in \mathbb{R}) \\ u(0, x) = f(x) & (x \in \mathbb{R}) \end{cases}$$

の解

(6.11) $$u(t, x) = \int_{-\infty}^{\infty} g_t(x - y) f(y) dy$$

を Fourier 変換を用いて導いてみよう.ここで

(6.12) $$g_t(x) = \left(\frac{1}{2\pi t}\right)^{1/2} \exp\left(-\frac{x^2}{2t}\right) \quad (t > 0,\ x \in \mathbb{R})$$

とおいた.この関数 $g_t(x)$ を**熱核**(heat kernel)という.また,2 つの関数 $f, g \colon \mathbb{R} \to \mathbb{C}$ に対して,積分 $\int_{-\infty}^{\infty} f(y) g(x - y) dy$ $(x \in \mathbb{R})$ が定まるとき,この積分が定める関数を $f * g(x)$ と書き,f と g の**たたみこみ**(convolution)という.つまり,

(6.13) $$f * g(x) = \int_{-\infty}^{\infty} f(y) g(x - y) dy.$$

よって,(6.11)は g_t と f のたたみこみである.

注意 6.4 たたみこみは**たたみこみ積**ということもあり,実際,次のような性質が成り立つ.
$$g * f = f * g,$$
$$(f * g) * h = f * (g * h),$$

$$(af+bg)*h = a(f*h)+b(g*h) \quad (a,b \in \mathbb{C}).$$

例 6.5 熱核 g_t のたたみこみに関しては次の性質が成り立つ.
(6.14) $\qquad g_t * g_s(x) = g_{t+s}(x) \quad (t,s>0,\ x \in \mathbb{R}).$
(これにより,(6.11)で与えられる解 $u(t,x)$ に期待される性質 $u(t+s,x) = \int_{-\infty}^{\infty} g_t(x-y)u(s,y)dy$ が保証される.) □

たたみこみは Fourier 変換と相性がよく,次の性質が成り立つ.

補題 6.6 $|f(x)|$, $|g(x)|$ が可積分ならば,たたみこみ $f*g$ も絶対可積分で,次の等式が成り立つ.
(6.15) $\qquad (f*g)\widehat{}(\xi) = \sqrt{2\pi}\,\widehat{f}(\xi)\widehat{g}(\xi) \quad (\xi \in \mathbb{R}).$

[証明]
$$\int_{-\infty}^{\infty}|f*g(x)|dx = \int_{-\infty}^{\infty}\left|\int_{-\infty}^{\infty}f(y)g(x-y)dy\right|dx$$
$$\leq \int_{-\infty}^{\infty}\int_{-\infty}^{\infty}|f(y)|\,|g(x-y)|dxdy$$
$$= \int_{-\infty}^{\infty}\int_{-\infty}^{\infty}|f(y)|\,|g(x)|dxdy < \infty$$

となるから,$f*g$ は絶対可積分.そして,

$$\int_{-\infty}^{\infty}e^{-i\xi x}\left(\int_{-\infty}^{\infty}f(y)g(x-y)dy\right)dx$$
$$= \int_{-\infty}^{\infty}\int_{-\infty}^{\infty}e^{-i\xi x}f(y)g(x-y)dxdy$$
$$= \int_{-\infty}^{\infty}\int_{-\infty}^{\infty}e^{-i\xi(x+y)}f(y)g(x)dxdy$$
$$= \left(\int_{-\infty}^{\infty}e^{-i\xi y}f(y)dy\right)\left(\int_{-\infty}^{\infty}e^{-i\xi x}g(x)dx\right). \blacksquare$$

さて,熱方程式に戻ろう.未知関数 $u(t,x)$ の x についての Fourier 変換
$$\widehat{u}(t,\xi) = \frac{1}{\sqrt{2\pi}}\int_{-\infty}^{\infty}e^{-i\xi x}u(t,x)dx$$

に対して,等式(6.5)が繰り返し適用できるとき,(6.10)は

(6.16) $$\begin{cases} \dfrac{d\widehat{u}}{dt} = -\xi^2 \widehat{u}/2 \\ \widehat{u}(0,\xi) = \widehat{f}(\xi) \end{cases}$$

となる.これを,ξ をパラメタとする常微分方程式とみて,解けば,

(6.17) $\qquad\qquad\widehat{u}(t,\xi) = \widehat{f}(\xi) e^{-t\xi^2/2}.$

ところで,例 6.1 より,$\widehat{g_t}(\xi) = e^{-t\xi^2/2}/\sqrt{2\pi}$ がわかるから上の補題より,
$$\widehat{u}(t,\xi) = \sqrt{2\pi}\,\widehat{f}(\xi)\widehat{g_t}(\xi) = (g_t * f)\widehat{\ }(\xi).$$

以上から,もし Fourier 変換の一意性,つまり,

(6.18) $\qquad\qquad\widehat{f} = \widehat{g} \implies f = g$

を認めれば,(6.11)が熱方程式(6.10)の唯一の解であることが示されたことになる.

同様にして,波の方程式
$$\frac{\partial^2 u}{\partial t^2} = c^2 \frac{\partial^2 u}{\partial x^2} \quad (t, x \in \mathbb{R})$$

などについても,(計算途中に現れる Fourier 積分の存在や,Fourier 変換の一意性(6.18)を仮定すれば)解を求めることができる.

(c) Fourier 変換の一意性(広義積分として)

最後に,Fourier 積分を広義 Riemann 積分として定義した場合について,Fourier 変換の一意性を確かめることにしよう.簡単のため,f は C^1 級で,$|f|, |f'|$ は可積分であると仮定する.まず,

(6.19)
$$\sqrt{2\pi}\int_{-R}^{R} e^{i\xi x}\widehat{f}(\xi)d\xi = \int_{-R}^{R} e^{i\xi x}\left(\int_{-\infty}^{\infty} e^{-i\xi y} f(y) dy\right) d\xi$$
$$= \int_{-\infty}^{\infty}\left(\int_{-R}^{R} e^{i\xi(x-y)} d\xi\right) f(y) dy$$
$$= \int_{-\infty}^{\infty} \frac{2\sin R(x-y)}{x-y} f(y) dy = \int_{-\infty}^{\infty} \frac{2\sin Rt}{t} f(x-t) dt.$$

この最後の積分の値が $R \to \infty$ のとき $f(x)$ に収束することを示したいの

であるが，一筋縄ではいかない．そこで，まず x から離れた部分での積分を考える．x を固定して，$h(t)=f(x-t)/t$ とおくと，h は C^1 級で，h' は $|t|\geqq 1$ で可積分となるから，

(6.20)
$$\left(\int_1^\infty + \int_{-\infty}^{-1}\right)\frac{2\sin Rt}{t}f(x-t)dt = \left(\int_1^\infty + \int_{-\infty}^{-1}\right)2\sin Rt\, h(t)dt$$
$$= \left(\int_1^\infty + \int_{-\infty}^{-1}\right)2\left(\frac{1-\cos Rt}{R}\right)' h(t)dt$$
$$= -2\frac{1-\cos R}{R}h(1) + 2\frac{1-\cos(-R)}{R}h(-1)$$
$$\quad -2\frac{1}{R}\left(\int_1^\infty + \int_{-\infty}^{-1}\right)(1-\cos Rt)h'(t)dt$$
$$\to 0 \quad (R\to\infty).$$

ここでは直接に部分積分を用いて示したが，ここに現れた考え方は，本質的に Riemann–Lebesgue の定理である．§5.2 に述べたが，念のため，典型的な場合を思い出しておこう．

補題 6.7 有界閉区間上の連続関数 $h:[a,b]\to\mathbb{C}$ に対して，

(6.21)
$$\lim_{R\to\infty}\int_a^b \sin Rt\, h(t)dt = 0.\qquad\square$$

さて，x に近い部分での積分に話を移そう．今，x を固定して，$h(t)=\{f(x-t)-f(x)\}/t$ $(t\neq 0)$，$h(0)=-f'(x)$ とおくと，h は連続関数だから，補題 6.6 より，

(6.22)
$$\lim_{R\to\infty}\int_{-1}^1 \frac{2\sin Rt}{t}\{f(x-t)-f(x)\}dt = \lim_{R\to\infty}\int_{-1}^1 2\sin Rt\, h(t)dt = 0.$$

また，

(6.23)
$$\lim_{R\to\infty}\int_{-1}^1 \frac{2\sin Rt}{t}f(x)dt = \lim_{R\to\infty}2\left(\int_{-R}^R \frac{\sin t}{t}dt\right)f(x) = 2\pi f(x).$$

よって，(6.19), (6.20), (6.22), (6.23) より，
$$\lim_{R\to\infty}\frac{1}{\sqrt{2\pi}}\int_{-R}^R e^{i\xi x}\widehat{f}(\xi)d\xi = \lim_{R\to\infty}\frac{1}{2\pi}\int_{-\infty}^\infty \frac{2\sin Rt}{t}f(x-t)dt = f(x).$$

ゆえに, f が C^1 級で, $|f|$, $|f'|$ が可積分ならば, Fourier 変換 $\hat{f}$ から, 各点 x での f の値が復元できることがわかった.

上の証明は少々厄介であったが, 実際, 条件を緩めると(6.19)は成り立たない.

例 6.8 $\widehat{\chi_a}(\xi) = \sin a\xi/\sqrt{2\pi}\,\xi$ の場合

$$\frac{1}{\sqrt{2\pi}}\int_{-R}^{R} e^{i\xi x}\widehat{\chi_a}(\xi)d\xi = \int_{-\infty}^{\infty}\frac{\sin Rt}{\pi t}\chi_a(x-t)dt$$
$$= \int_{R(x-a)}^{R(x+a)} \frac{\sin u}{\pi u} du.$$

よって, $\int_0^\infty (\sin u/u)du = \int_{-\infty}^0 (\sin u/u)du = \pi/2$ より,

(6.24) $\displaystyle\lim_{R\to\infty}\frac{1}{\sqrt{2\pi}}\int_{-R}^{R} e^{i\xi x}\widehat{\chi_a}(\xi)d\xi = \begin{cases} 0 & (|x|>a) \\ 1/2 & (x=\pm a) \\ 1 & (|x|<a) \end{cases}$

つまり, 区間 $[-a,a]$ の両端点 $x=\pm a$ において, この値は定義関数 χ_a の値と異なる. □

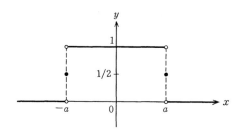

図 **6.2** 例 6.8 の極限関数

一般に, Fourier 級数や Fourier 積分の各点収束は難しい問題であり, とくに, 関数の特定の点での値(特殊値)が特別な意味をもつ場合, これは深刻である. これを巡って連続性や積分の意味が追究され, さらに集合論や実数論成立の動因ともなり, 深くまた豊かな解析学の土壌となってきた.

しかし, 視点を変えて, Fourier 変換において関数の各点での値を議論す

ることを止めにして，"ほとんどすべての点"での値のみについて考えることにすると，物事は簡単で見通しよくなる．§5.2で導入した関数空間$L^p(\mathbb{R})$はこのような考え方の格好の土俵である．

§6.2 急減少関数のFourier変換

(a) 関数空間$\mathcal{S}(\mathbb{R})$

前節で述べたような微分やFourier変換の議論が自由に行える関数のクラスとして次のものがある．

定義6.9 次の2条件をみたすとき，関数$f: \mathbb{R} \to \mathbb{C}$は**無限回微分可能で急減少**，略して単に，**急減少**(rapidly decreasing)といい，急減少関数の全体を$\mathcal{S}$，多次元版と区別するためには，$\mathcal{S}(\mathbb{R})$で表す．

（a） fは$\mathcal{C}^\infty$級である．
（b） fの任意階の導関数$f^{(p)}$と自然数qに対して，

$$\lim_{x \to \pm\infty} x^q f^{(p)}(x) = 0. \tag{6.25}$$

□

例6.10 $P(x)$が多項式，$a \in \mathbb{R}$, $c > 0$のとき，
$$f(x) = P(x) e^{iax - cx^2}$$
は急減少関数である． □

急減少関数fに対しては，条件(b)より，$x^q f^{(p)}(x)$はすべて有界となる．したがって，

$$B_{p,q} = \sup_{x \in \mathbb{R}} (1+x^2)^{q/2} |f^{(p)}(x)| \tag{6.26}$$

とおけば，次の性質が成り立つ．

（b'） すべての自然数p, qに対して，$B_{p,q} < \infty$．

逆に，(b')が成り立つならば，
$$|x^q f^{(p)}(x)| = \frac{|x|^q}{(1+x^2)^{(q+2)/2}} \cdot (1+x^2)^{(q+2)/2} |f^{(p)}(x)|$$

$$\leq \frac{1}{1+x^2} B_{p,q+2} \to 0 \quad (x \to \pm\infty)$$

となるから，条件(b)が成り立つことがわかる．

条件(b')より，とくに，$|f^{(p)}(x)| \leq B_{p,2}(1+x^2)^{-1}$ となるから，$f \in \mathcal{S}$ のとき，f およびその導関数たちの Fourier 変換

$$\widehat{f^{(p)}}(\xi) = \frac{1}{\sqrt{2\pi}} \int_{-\infty}^{\infty} e^{-i\xi x} f^{(p)}(x) dx \quad (p = 0, 1, 2, \cdots)$$

は存在する．

(b) $\mathcal{S}(\mathbb{R})$ における Fourier 変換

急減少関数族 $\mathcal{S} = \mathcal{S}(\mathbb{R})$ は，次の特長をもつ．

定理 6.11 $f \in \mathcal{S}$ のとき，以下のことが成り立つ．
(i) $\widehat{f} \in \mathcal{S}$．
(ii) $f^{\wedge\vee} = f$．
(iii) $\|\widehat{f}\|_2 = \|f\|_2$ （**Plancherel の等式**）

よって，Fourier 変換は $\mathcal{S}$ からそれ自身への写像として全単射であり，L^2 ノルムを保つ．

［証明］ (i)を示そう．まず，任意の自然数 q に対して，

$$\int_{-\infty}^{\infty} |(-ix)^q e^{-i\xi x} f(x)| dx \leq \int_{-\infty}^{\infty} B_{0,q+2}(1+x^2)^{-1} dx < \infty$$

が成り立つから，積分記号下での微分が繰り返し適用できて，

(6.27) $$\widehat{f}^{(q)}(\xi) = \frac{1}{\sqrt{2\pi}} \int_{-\infty}^{\infty} (-ix)^q e^{-i\xi x} f(x) dx.$$

したがって，$\widehat{f}$ は C^∞ 級である．

また，すべての自然数 p に対して，

$$(i\xi)^p \widehat{f}(\xi) = \frac{1}{\sqrt{2\pi}} \int_{-\infty}^{\infty} \left\{ \left(-\frac{\partial}{\partial x}\right)^p e^{-i\xi x} \right\} f(x) dx = \frac{1}{\sqrt{2\pi}} \int_{-\infty}^{\infty} e^{-i\xi x} f^{(p)}(x) dx$$

が成り立つから，条件(b')より，$(i\xi)^p \widehat{f}(\xi)$ が有界であることがわかる．同様にして，$(i\xi)^p \widehat{f}^{(q)}(\xi)$ も有界であることから，$\widehat{f}$ に対して条件(b')が成り立つ．

ゆえに，$\widehat{f} \in \mathcal{S}$.

(ii)は，前節の後半の議論から従うが，ここでは別法により，(ii)と(iii)を同時に証明する．

$1°$ f の台がコンパクトで，区間 $[-T_0/2, T_0/2]$ に含まれる場合，$T \geqq T_0$ とすると，$f(x) = 0$ ($|x| \geqq T$) だから f を $[-T/2, T/2]$ 上の関数とみて Fourier 級数展開できて，

$$f(x) = \sum_{n \in \mathbb{Z}} \left(\frac{1}{T} \int_{-T/2}^{T/2} e^{-2\pi i n y/T} f(y) dy \right) e^{2\pi i n x/T}$$
$$= T^{-1} \sum_{n \in \mathbb{Z}} \widehat{f}(2\pi y/T) e^{2\pi i n x/T}$$

および Parseval の等式

$$\frac{1}{T} \int_{-T/2}^{T/2} |f(x)|^2 dx = \sum_{n \in \mathbb{Z}} \left| \frac{1}{T} \int_{-T/2}^{T/2} e^{-2\pi i n y/T} f(y) dy \right|^2$$

つまり，

$$\int_{-\infty}^{\infty} |f(x)|^2 dx = T^{-1} \sum_{n \in \mathbb{Z}} |\widehat{f}(2\pi n/T)|^2$$

が成り立つ(§2.4 参照)．よって，$T \to \infty$ とすれば，示すべき2つの等式

(6.28) $f(x) = \int_{-\infty}^{\infty} \widehat{f}(2\pi\xi) e^{2\pi i \xi x} d\xi = \frac{1}{2\pi} \int_{-\infty}^{\infty} \widehat{f}(\xi) e^{i\xi x} d\xi = f^{\wedge\vee}(x)$,

(6.29) $\|f\|_2^2 = \int_{-\infty}^{\infty} |f(x)|^2 dx = \int_{-\infty}^{\infty} |\widehat{f}(2\pi\xi)|^2 d\xi$
$$= \frac{1}{2\pi} \int_{-\infty}^{\infty} |\widehat{f}(\xi)|^2 d\xi = \frac{1}{2\pi} \|\widehat{f}\|_2^2$$

が得られる．

$2°$ 一般の急減少関数 f の場合は，台がコンパクトな関数により近似する．そのために，C^∞ 関数 $c(x)$ で，

(6.30)
$$0 \leqq c(x) \leqq 1 \ (x \in \mathbb{R}), \quad c(x) = 1 \ (|x| \leqq 1), \quad c(x) = 0 \ (|x| \geqq 2)$$

をみたすものを1つ選び，
$$f_n(x) = c(x/n) f(x)$$

とおく．すると，f_n の台は区間 $[-2n, 2n]$ に含まれるから，

(6.31) $$f_n(x) = \int_{-\infty}^{\infty} \widehat{f_n}(\xi) e^{2\pi i \xi x} d\xi,$$

(6.32) $$\int_{-\infty}^{\infty} |f_n(x)|^2 dx = \int_{-\infty}^{\infty} |\widehat{f_n}(\xi)|^2 d\xi.$$

よって，もし

(6.33) $$\|\widehat{f} - \widehat{f_n}\|_1 = \int_{-\infty}^{\infty} |\widehat{f} - \widehat{f_n}| d\xi \to 0 \quad (n \to \infty),$$

(6.34) $$\|\widehat{f} - \widehat{f_n}\|_2 = \int_{-\infty}^{\infty} |\widehat{f} - \widehat{f_n}|^2 d\xi \to 0 \quad (n \to \infty)$$

がいえれば，

$$\left| \int_{-\infty}^{\infty} \widehat{f}(\xi) e^{i\xi x} dx - \int_{-\infty}^{\infty} \widehat{f_n}(\xi) e^{i\xi x} dx \right| \leq \int_{-\infty}^{\infty} |\widehat{f}(\xi) - \widehat{f_n}(\xi)| d\xi \to 0$$

より，一般の f に対して (6.28) が示され，(6.34) より，

$$\|\widehat{f}\|_2 = \lim_{n \to \infty} \|\widehat{f_n}\|_2 = \lim_{n \to \infty} \|f_n\|_2 = \|f\|_2.$$

よって，(6.29) がわかる．

 3° (6.33), (6.34) の証明．
 まず，

(6.35) $$\|\widehat{f} - \widehat{f_n}\|_\infty = \sup_{\xi \in \mathbb{R}} |\widehat{f}(\xi) - \widehat{f_n}(\xi)| \to 0$$

を示そう．これは容易で，次のようにして示される．

$$|\widehat{f}(\xi) - \widehat{f_n}(\xi)| = \left| \int_{-\infty}^{\infty} e^{i\xi x} (f(x) - f_n(x)) dx \right|$$
$$\leq \int_{-\infty}^{\infty} |f(x) - f_n(x)| dx \leq \int_{|x| \geq n} |f(x)| dx \to 0 \quad (n \to \infty).$$

次に，$f - f_n$ が滑らかな関数であることを利用すると，

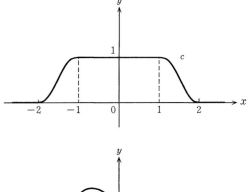

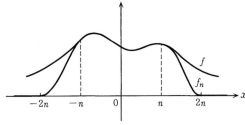

図 6.3 c と f_n

(6.36)
$$|\xi|^2|\widehat{f}(\xi)-\widehat{f_n}(\xi)| = \left|\int_{-\infty}^{\infty} e^{i\xi x}(f''(x)-f_n''(x))\right|dx$$
$$\leqq \int_{-\infty}^{\infty} |f''(x)-f_n''(x)|dx = \int_{|x|\geqq n} |f''(x)-f_n''(x)|dx.$$

ここで,
$$f''(x)-f_n''(x) = (1-c(x/n))f''(x) - 2n^{-1}c'(x/n)f'(x) - n^{-2}c''(x/n)f''(x)$$
であり, この右辺の各項の積分はそれぞれ,
$$\int_{|x|\geqq n} |(1-c(x/n))f''(x)|dx \leqq \int_{|x|\geqq n} |f''(x)|dx \to 0 \quad (n\to\infty),$$
$$\int_{|x|\geqq n} |2n^{-1}c'(x/n)f'(x)|dx \leqq \int_{|x|\geqq n} 2n^{-1}|c'(x/n)|dx \cdot \sup_{|x|\geqq n} |f'(x)|$$
$$= 2\|c'\|_1 \sup_{|x|\geqq n} |f'(x)| \to 0 \quad (n\to\infty),$$

$$\int_{|x|\geqq n} |n^{-2}c''(x/n)f''(x)|dx \leqq \int_{|x|\geqq n} n^{-2}|c''(x/n)|dx\|f''\|_\infty$$
$$= n^{-1}\|c''\|_1\|f''\|_\infty \to 0 \quad (n\to\infty)$$

と評価できる．これらの評価と(6.36)より，正数列 ε_n で

(6.37) $\qquad |\widehat{f}(\xi)-\widehat{f_n}(\xi)| \leqq \varepsilon_n \xi^{-2} \quad (|\xi|\leqq 1),$
$$\varepsilon_n \to 0 \quad (n\to\infty)$$

をみたすものがとれる．

一方，(6.35)より，$\widehat{f}-\widehat{f_n}$ は 0 に一様収束しているから，

(6.38) $\qquad |\widehat{f}(\xi)-\widehat{f_n}(\xi)| \leqq \varepsilon'_n(1+\xi^2)^{-1} \quad (\xi\in\mathbb{R}),$
$$\varepsilon'_n \to 0 \quad (n\to\infty)$$

をみたす正数列 ε'_n がとれる．ゆえに，$1\leqq p<\infty$ のとき，

(6.39) $\qquad \|\widehat{f}-\widehat{f_n}\|_p = \left(\int_{-\infty}^\infty |\widehat{f}(\xi)-\widehat{f_n}(\xi)|^p d\xi\right)^{1/p}$
$$\leqq \varepsilon'_n \left(\int_{-\infty}^\infty (1+\xi^2)^{-p}d\xi\right)^{1/p} \to 0 \quad (n\to\infty).$$

とくに，(6.33), (6.34)が成り立つ． ∎

注意 6.12 Lebesgue 積分論の優収束定理が既知ならば，上の証明は 10 行近く短縮できる．

(c) 波の方程式

上述の定理 6.11 を利用して，波の方程式の初期値問題

(6.40) $\quad \begin{cases} \dfrac{\partial^2 u}{\partial t^2} = c^2 \dfrac{\partial^2 u}{\partial x^2} & (t,x\in\mathbb{R}) \\ u(0,x)=f(x),\ \dfrac{\partial u}{\partial t}(0,x)=g(x) & (x\in\mathbb{R}) \end{cases}$

を，f,g が急減少関数のときに解いてみよう．

方程式(6.40)を x について Fourier 変換すると，

$$\frac{d^2\widehat{u}}{dt^2} = c^2(i\xi)^2\widehat{u} = -4\pi^2 c^2 \xi^2 \widehat{u}.$$

よって,

(6.41) $$\widehat{u}(t,\xi) = \widehat{f}(\xi)\cos c\xi t + \widehat{g}(\xi)\frac{\sin c\xi t}{2\pi c\xi}.$$

上の(6.41)において, 右辺の第1項は,

$$\widehat{f}(\xi)\cos c\xi t = (\widehat{f}(\xi)e^{ic\xi t} + \widehat{f}(\xi)e^{-ic\xi t})/2$$
$$= (f(\cdot + ct)\widehat{}(\xi) + f(\cdot - ct)\widehat{}(\xi))/2$$

と書けるから, $(f(x+ct)+f(x-ct))/2$ の Fourier 変換である.

第2項は(空間 $\mathcal{S}$ の中で話を進めようとすると)注意を要する. もし, g の原始関数 G で急減少なものがあれば,

$$\widehat{g}(\xi) = \widehat{G'}(\xi) = i\xi\widehat{G}(\xi)$$

だから,

$$\widehat{g}(\xi)\sin c\xi t / c\xi = i\widehat{G}(\xi)\sin c\xi t/c$$
$$= \widehat{G}(\xi)(e^{ic\xi t} - e^{-ic\xi t})/2c$$
$$= (G(\cdot + ct)\widehat{}(\xi) - G(\cdot - ct)\widehat{}(\xi))/2c$$

となり, (6.41)の右辺の第2項は, $(G(x+ct)-G(x-ct))/2c$ の Fourier 変換である. よって, 解は

(6.42) $$u(t,x) = (f(x+ct)+f(x-ct))/2 + \int_{x-ct}^{x+ct} g(y)dy/2c$$

と書けることがわかる.

注意 6.13 この結果(6.42)そのものが正しいことは直接微分してみればわかる. また, 右辺は $g\in\mathcal{S}$ のとき x について急減少関数となることもわかる. しかし, 途中で用いた仮定は正しくない. 実際, もし $G\in\mathcal{S}, g=G'$ ならば,

$$\int_{-\infty}^{\infty} g(x)dx = \lim_{R\to\infty}\int_{-R}^{R} g(x)dx = \lim_{R\to\infty}(G(R)-G(-R)) = 0$$

となるから, $\widehat{g}(0)=0$ でない限り, g は急減少な原始関数 G をもたない.

(d) Hermite 多項式

Fourier 変換に関して，Hermite 多項式は顕著な性質をもつ．

定義 6.14 n 次 Hermite 多項式

$$(6.43) \qquad H_n(x) = e^{x^2} \left(\frac{d}{dx}\right)^n e^{-x^2}$$

を用いて，$h_n \in \mathcal{S}$ を次式で定める．

$$(6.44) \qquad h_n(x) = H_n(x) e^{-x^2/2} = e^{x^2/2} \left(\frac{d}{dx}\right)^n e^{-x^2}. \qquad \square$$

定理 6.15 Hermite 多項式に関して次が成り立つ．

$$(6.45) \qquad \widehat{h_n}(x) = (-i)^n h_n(x) \quad (n = 0, 1, 2, \cdots),$$

$$(6.46) \qquad \langle h_n, h_m \rangle = \begin{cases} 2^{2n} n! \sqrt{2\pi} & (n = m) \\ 0 & (n \neq m). \end{cases} \qquad \square$$

注意 6.16 $f \in \mathcal{S}$ のとき，$f(x) = f^{\wedge\vee}(x) = f^{\wedge\wedge}(-x)$ であるから，

$$(6.47) \qquad f^{\wedge\wedge\wedge\wedge} = f$$

が成り立つ．したがって，f に $\widehat{f}$ を対応させる Fourier 変換(transformation) $\wedge : \mathcal{S} \to \mathcal{S}$ の固有値は，

$$1, \quad i, \quad -1, \quad -i$$

の 4 つである．上の定理 6.15 は，h_{4n+k} が Fourier 変換の固有関数であり，直交系をなすことを示している．なお次節の (e) で，この他に固有関数がないことが示される．

［定理 6.15 の証明］ 各 n について，直接に計算して (6.45) を示すこともできるが，ここでは母関数を用いる．

一般に，解析関数 $f(z)$ に対して，

$$(6.48) \qquad f(z+t) = \sum_{n=0}^{\infty} \frac{t^n}{n!} f^{(n)}(z) = \sum_{n=0}^{\infty} \frac{t^n}{n!} D^n f(z)$$

が成り立つことを利用すると，

$$(6.49) \quad \sum_{n=0}^{\infty} \frac{t^n}{n!} h_n(x) = \sum_{n=0}^{\infty} \frac{t^n}{n!} e^{x^2/2} D^n e^{-x^2}$$
$$= e^{x^2/2} e^{-(x+t)^2} = e^{-(x^2 + 4tx + 2t^2)/2}.$$

したがって,

$$\sum_{n=0}^{\infty} \frac{t^n}{n!} \widehat{h_n}(\xi) = \frac{1}{\sqrt{2\pi}} \int_{-\infty}^{\infty} e^{-i\xi x} e^{-(x^2 + 4tx + 2t^2)/2} dx$$
$$= \frac{1}{\sqrt{2\pi}} \int_{-\infty}^{\infty} e^{-(x + 2t + i\xi)^2/2} e^{-(\xi^2 + 4it\xi - 2t^2)/2} dx$$
$$= e^{-(\xi^2 - 4it\xi - 2t^2)/2}.$$

よって, (6.49) より,

$$\sum_{n=0}^{\infty} \frac{t^n}{n!} \widehat{h_n}(\xi) = \sum_{n=0}^{\infty} \frac{(-it)^n}{n!} h_n(\xi).$$

この両辺を見比べれば, $\widehat{h_n} = (-i)^n h_n$ を得る.

次に, (6.46) を示そう.

$$\sum_{n=0}^{\infty} \frac{t^n}{n!} h_n(x) \sum_{m=0}^{\infty} \frac{s^m}{m!} h_m(x) = e^{-(x^2 + 4tx + 2t^2)/2} e^{-(x^2 + 4sx + 2s^2)/2}$$
$$= e^{-(x+t+s)^2 + 4st}$$

より,

$$\sum_{n=0}^{\infty} \sum_{m=0}^{\infty} \frac{t^n s^m}{n! m!} \langle h_n, h_m \rangle = e^{4ts} \int_{-\infty}^{\infty} e^{-(x+s+t)^2} dx$$
$$= e^{4ts} \sqrt{\pi}$$
$$= \sum_{n=0}^{\infty} \frac{4^n \sqrt{\pi}}{n!} (st)^n.$$

したがって,

$$\langle h_n, h_m \rangle = 4^n \sqrt{\pi} \, n! \, \delta_{nm}. \qquad \blacksquare$$

§6.3 2乗可積分関数の Fourier 変換

(a) $L^2(\mathbb{R})$ と $\mathcal{S}(\mathbb{R})$

以下, $\mathcal{S}(\mathbb{R})$ における結果を利用して, 2乗可積分関数の Fourier 変換を論じる. そのためには, §5.2 で導入した空間 $L^2(\mathbb{R})$ について, 2, 3 の性質が必要になる.

まず, 熱核
$$g_t(x) = (2\pi t)^{-1/2}\exp(-x^2/2t)$$
を利用した近似について述べよう.

補題 6.17 $f \in L^2(\mathbb{R})$ に対して以下が成り立つ.
(ⅰ) $\|g_t * f\|_2 \leqq \|f\|_2$ $(t>0)$.
(ⅱ) $\|f - g_t * f\|_2 \to 0$ $(t \to 0)$.

[証明] 少し細工してから Schwarz の不等式を使うと, $\int_{-\infty}^{\infty} g_t(x)dx = 1$ より,

$$\begin{aligned}
\|g_t * f\|_2^2 &= \int_{-\infty}^{\infty} \left|\int_{-\infty}^{\infty} g_t(x-y)f(y)dy\right|^2 dx \\
&= \int_{-\infty}^{\infty} \left|\int_{-\infty}^{\infty} g_t(x-y)^{1/2} \cdot g_t(x-y)^{1/2} f(y) dy\right|^2 dx \\
&\leqq \int_{-\infty}^{\infty} \left(\int_{-\infty}^{\infty} g_t(x-y)dy\right)\left(\int_{-\infty}^{\infty} g_t(x-y)|f(y)|^2 dy\right) dx \\
&= \int_{-\infty}^{\infty} \left(\int_{-\infty}^{\infty} g_t(x-y)|f(y)|^2 dy\right) dx \\
&= \int_{-\infty}^{\infty} \left(\int_{-\infty}^{\infty} g_t(x-y)dx\right)|f(y)|^2 dy \\
&= \int_{-\infty}^{\infty} |f(y)|^2 dy = \|f\|_2^2.
\end{aligned}$$

よって, (ⅰ) が成り立つ. 次に, (ⅱ) を示そう. まず,

$$\|f - g_t * f\|_2^2 = \int_{-\infty}^{\infty} \left|f(x) - \int_{-\infty}^{\infty} g_t(y)f(x-y)dy\right|^2 dx$$

$$= \int_{-\infty}^{\infty} \Big| \int_{-\infty}^{\infty} g_t(y)(f(x)-f(x-y))dy \Big|^2 dx$$
$$\leqq \int_{-\infty}^{\infty} \Big(\int_{-\infty}^{\infty} g_t(y)dy \Big) \Big(\int_{-\infty}^{\infty} g_t(y)|f(x)-f(x-y)|^2 dy \Big) dx$$
$$= \int_{-\infty}^{\infty} g_t(y) \Big(\int_{-\infty}^{\infty} |f(x)-f(x-y)|^2 dx \Big) dy.$$

つまり，

(6.50) $\quad \|f - g_t * f\|_2^2 \leqq \int_{-\infty}^{\infty} g_t(y)\|f - f(\cdot - y)\|_2^2 dy.$

ところで，§5.2 定理 5.30 により，y の関数として，$h(y) = \|f - f(\cdot - y)\|_2^2$ は有界で連続である．また，一般に，有界連続関数 h に対しては，

(6.51) $\quad \|g_t * h - h\|_\infty \to 0 \quad (t \downarrow 0)$

であるから，とくに，

$$\int_{-\infty}^{\infty} g_t(y)h(y)dy = \int_{-\infty}^{\infty} g_t(0-y)h(y)dy = g_t * h(0) \to h(0).$$

よって，(ii) が成り立つ． ∎

注意 6.18

(i) $f \in L^2(\mathbb{R})$ のとき，$g_t * f$ は $\mathcal{C}^\infty$ 級で，その導関数は

(6.52) $\quad (g_t * f)^{(k)} = g_t^{(k)} * f \quad (k = 1, 2, \cdots)$

で与えられる．

(ii) もし，f の台がコンパクトならば，任意の自然数 n に対して

(6.53) $\quad \lim_{x \to \pm\infty} x^n g_t^{(k)} * f = 0$

が成り立ち，したがって，$g_t * f \in \mathcal{S}$ となる．

上の注意より，次のことがいえる．

補題 6.19 $f \in L^2(\mathbb{R})$ に対して，

(6.54) $\quad \varphi_n = g_{1/n} * f_n \quad \text{ただし，} f_n(x) = 1_{[-n,n]}(x)f(x)$

とおくと，$\varphi_n \in \mathcal{S}$ であり，

(6.55) $\quad \|\varphi_n - f\|_2 \to 0 \quad (n \to \infty)$

が成り立つ．

[証明]　補題 6.17 より，

$$\|\varphi_n - f\|_2 = \|g_{1/n} * f_n - f\|_2 = \|g_{1/n} * (f_n - f) + g_{1/n} * f - f\|_2$$
$$\leq \|g_{1/n} * (f_n - f)\|_2 + \|g_{1/n} * f - f\|_2$$
$$\leq \|f_n - f\|_2 + \|g_{1/n} * f - f\|_2 \to 0 \quad (n \to \infty).$$

以上で，$\mathcal{S}$ の元により $L^2(\mathbb{R})$ の元が近似できることが確かめられた．

(b)　$L^2(\mathbb{R})$ における Fourier 変換

Fourier 変換は $L^2(\mathbb{R})$ の構造とよく馴染む．

定理 6.20　$f \in L^2(\mathbb{R})$ のとき，f の Fourier 変換 $\hat{f}$ は $L^2(\mathbb{R})$ の元として定義できて，
(ⅰ)　$f^{\wedge\vee} = f$.
(ⅱ)　$\|\hat{f}\|_2 = \|f\|_2$　(**Plancherel の等式**)． □

注意 6.21　Lebesgue 積分の意味で考えるとき，2 つの関数 f, g について $f = g$ とは，「ほとんどすべての点 x に対して $f(x) = g(x)$ が成り立つ」という意味である (§5.2 注意 5.32 参照)．したがって，上の(ⅱ)は，すべての点 x で $f^{\wedge\vee}(x) = f(x)$ が成り立つことを主張しているのではない．実際，§6.1 において調べた区間 $[-a, a]$ の定義関数 $\chi_a(x)$ に対しては，$\chi_a^{\wedge\vee}(\pm a) = 1/2 \neq \chi_a(\pm a) = 1$ であった．

例 6.22　以下は Plancherel の等式の例である．

$$(6.56) \qquad \frac{1}{\pi} \int_{-\infty}^{\infty} \left(\frac{\sin 2ax}{x} \right)^2 dx = \int_{-a}^{a} dx = 2a.$$

$$(6.57) \qquad \frac{2}{\pi} \int_{-\infty}^{\infty} \frac{dx}{(1+x^2)^2} = \int_{-\infty}^{\infty} e^{-2|x|} dx = 1.$$

□

[定理 6.20 の証明]
1°　Fourier 変換 $\hat{f}$ の定義．
$f \in L^2(\mathbb{R})$ に対して，$f_n \in \mathcal{S}$ $(n \geq 1)$ で，
$$\|f - f_n\|_2 \to 0 \quad (n \to \infty)$$
となるものをとる．このとき，

$$\|f_n - f_m\|_2 \le \|f - f_n\|_2 + \|f - f_m\|_2 \to 0 \quad (n, m \to \infty).$$
したがって，前節の定理 6.11 より，
$$\|\widehat{f_n} - \widehat{f_m}\|_2 = \|(f_n - f_m)^\wedge\|_2 = \|f_n - f_m\|_2 \to 0 \quad (n, m \to \infty).$$
よって，$\widehat{f_n} \in \mathcal{S}$ $(n \ge 1)$ は $L^2(\mathbb{R})$ で Cauchy 列となるから，定理 5.31 より，
$$\|\widehat{f} - \widehat{f_n}\| \to 0 \quad (n \to \infty)$$
をみたす $\widehat{f} \in L^2(\mathbb{R})$ が存在する．

念のため，$\widehat{f}$ が近似列 f_n の選び方によらないことを確かめておこう．別の近似列 $h_n \in \mathcal{S}$, $\|h_n - f\|_2 \to 0$ をとれば
$$\|\widehat{h_n} - \widehat{f_n}\|_2 = \|h_n - f_n\|_2 \le \|h_n - f\|_2 + \|f_n - f\|_2 \to 0 \quad (n \to \infty).$$
よって，
$$\|\widehat{f} - \widehat{h_n}\|_2 \le \|\widehat{f} - \widehat{f_n}\|_2 + \|\widehat{f_n} - \widehat{h_n}\|_2 \to 0 \quad (n \to \infty).$$
つまり，$L^2(\mathbb{R})$ において，$\widehat{f} = \lim_{n \to \infty} \widehat{f_n} = \lim_{n \to \infty} \widehat{h_n}$.

$2°$ $f^{\wedge\vee} = f$ の証明．

$\widehat{f_n} \in \mathcal{S}$ で，$\lim_{n \to \infty} \|\widehat{f} - \widehat{f_n}\|_2 = 0$ だから，$L^2(\mathbb{R})$ において，
$$f^{\wedge\vee} = \lim_{n \to \infty} f_n{}^{\wedge\vee} = \lim_{n \to \infty} f_n = f.$$

$3°$ $\|\widehat{f}\|_2 = \|f\|_2$ の証明．

三角不等式より，
$$|\|\widehat{f}\|_2 - \|\widehat{f_n}\|_2| \le \|\widehat{f} - \widehat{f_n}\|_2 \to 0 \quad (n \to \infty)$$
だから，$\|\widehat{f}\|_2 = \lim_{n \to \infty} \|\widehat{f_n}\|_2$．同様に，$\|f\|_2 = \lim_{n \to \infty} \|f_n\|_2$．したがって，$\|\widehat{f_n}\|_2 = \|f_n\|_2$ より，$\|\widehat{f}\|_2 = \|f\|_2$ を得る． ∎

上の定理から，内積について次のことがいえる．

系 6.23 $f, g \in L^2(\mathbb{R})$ のとき，
$$\langle \widehat{f}, \widehat{g} \rangle = \langle f, g \rangle. \tag{6.58}$$

[証明] f, g が実数値関数のときは，
$$\langle f, g \rangle = \frac{1}{4}\{\|f + g\|_2^2 - \|f - g\|_2^2\} \tag{6.59}$$
であったから，

$$4\langle \widehat{f}, \widehat{g}\rangle = \|\widehat{f}+\widehat{g}\|_2^2 - \|\widehat{f}-\widehat{g}\|_2^2$$
$$= \|f+g\|_2^2 - \|f-g\|_2^2 = 4\langle f, g\rangle.$$

一般に, f, g が複素数値関数のときは, 実部と虚部に分けて計算すればよい. ∎

(c) L^2 微分

§5.2 の定義を思い出しておこう.

定義 6.24 $f \in L^2(\mathbb{R})$ に対して,
(6.60) $$\|f(\cdot+a) - f - ag\|_2 = o(a) \quad (a \to 0)$$
をみたす $g \in L^2(\mathbb{R})$ が存在するとき, f は L^2 **微分可能**であるといい,
$$g = Df$$
と書いて, Df を f の L^2 **導関数**という. ∎

例 6.25 $f \in L^2(\mathbb{R}) \cap C^1(\mathbb{R})$, $f' \in L^2(\mathbb{R})$ のとき,
$$\int_{-\infty}^{\infty} |f(x+a) - f(x) - af'(x)|^2 dx$$
$$= \int_{-\infty}^{\infty} \left|\int_0^a (f'(x+y) - f'(x))dy\right|^2 dx$$
$$\leq \int_{-\infty}^{\infty} |a| \left|\int_0^a |f'(x+y) - f'(x)|^2 dy\right| dx$$
$$= |a| \int_0^a \left(\int_{-\infty}^{\infty} |f'(x+y) - f'(x)|^2 dx\right) dy$$
$$= |a| \int_0^a \|f'(\cdot+y) - f'\|_2^2 dy = o(a)$$

であるから, f は L^2 微分可能で, L^2 導関数は通常の意味の導関数となる.
$$Df = f'.$$
∎

定理 6.26 $f \in L^2(\mathbb{R})$ かつ
(6.61) $$\xi \widehat{f} \in L^2(\mathbb{R})$$
ならば, f は L^2 微分可能で,
(6.62) $$Df = (i\xi\widehat{f})^{\vee}.$$
∎

注意 6.27 上の定理の逆もいえる. 実際, (6.60)が成り立てば,

§6.3 2乗可積分関数の Fourier 変換 —— 241

$$\left\| \frac{e^{i\xi a}\widehat{f}-\widehat{f}}{a} - \widehat{g} \right\|_2 \to 0 \quad (a \to 0)$$

となるから，$\widehat{g} = i\xi\widehat{f}$ である．

例 6.28 $De^{-|x|} = -e^{-|x|}\operatorname{sgn} x$．
実際，Fourier 変換を用いると，

$$\int_{-\infty}^{\infty} e^{-i\xi x} e^{-|x|} \operatorname{sgn} x \, dx$$
$$= \int_0^{\infty} e^{-i\xi x} e^{-x} dx - \int_{-\infty}^0 e^{-i\xi x} e^{x} dx$$
$$= \frac{1}{1+i\xi} - \frac{1}{1-i\xi} = \frac{-2i\xi}{1+\xi^2} = -i\xi\left(\frac{1}{1+i\xi} + \frac{1}{1-i\xi}\right)$$
$$= -i\xi \int_{-\infty}^{\infty} e^{-i\xi x} e^{-|x|} dx.$$

なお，この場合は，(6.62) を直接確かめることも容易である． □

[定理 6.26 の証明] 任意の $\varphi \in \mathcal{S}$ に対して，

(6.63) $\qquad \langle Df, \varphi \rangle = \langle (Df)^{\wedge}, \widehat{\varphi} \rangle = \langle i\xi\widehat{f}, \widehat{\varphi} \rangle$
$\qquad\qquad = -\langle \widehat{f}, i\xi\widehat{\varphi} \rangle = -\langle \widehat{f}, \widehat{\varphi'} \rangle = -\langle f, \varphi' \rangle$

が成り立つことを利用すると，

$$\left\langle \int_0^a Df(\cdot + y)dy, \varphi \right\rangle$$
$$= \int_0^a \langle Df(\cdot + y), \varphi \rangle dy = \int_0^a \langle Df, \varphi(\cdot - y) \rangle dy$$
$$= -\int_0^a \langle f, \varphi'(\cdot - y) \rangle dy = \left\langle f, -\int_0^a \varphi'(\cdot - y)dy \right\rangle$$
$$= \langle f, \varphi(\cdot - a) - \varphi \rangle = \langle f(\cdot + a) - f, \varphi \rangle.$$

ここで，$\varphi \in \mathcal{S}$ は任意だから，補題 6.17 より，

(6.64) $\qquad f(\cdot + a) - f = \int_0^a Df(\cdot + y)dy$

が成り立つ．

ところで，同じ補題の主張(ii)より
$$\|Df(\cdot+y)-Df\|_2 \to 0 \quad (y \to 0)$$
が成り立つから，$a \to 0$ のとき，
$$\|f(\cdot+a)-f-aDf\|_2/|a| = \max_{|y|\leq|a|}\|Df(\cdot+y)-Df\|_2 \to 0.$$
∎

(d) 滑らかさと減衰の速さ

Fourier 変換は微分を掛け算に写した．さらに，次のことがいえる．

定理 6.29 $f \in L^2(\mathbb{R})$ とする．
(i) f が C^n 級ならば，$\xi^n \hat{f} \in L^2(\mathbb{R})$．
(ii) 逆に，$\xi^n \hat{f} \in L^2(\mathbb{R})$ ならば，f は C^{n-1} 級で，$f^{(n-1)}$ は L^2 微分可能である．
(iii) とくに，f が C^∞ 級であることは，すべての自然数 n に対して，
(6.65)
$$\xi^n \hat{f} \in L^2(\mathbb{R})$$
となることと同値である．

[証明] (i)は明らか．(iii)は(i),(ii)よりただちに従う．
(ii)を n についての帰納法により示そう．n まで証明されたと仮定しよう．$\xi^{n+1}\hat{f} \in L^2(\mathbb{R})$ ならば，$\xi^n \hat{f} \in L^2(\mathbb{R})$ だから，f は C^{n-1} 級，$h = Df^{(n-1)} \in L^2(\mathbb{R})$ であり，
$$\widehat{Dh} = i\xi\hat{h} = (i\xi)^2\widehat{f^{(n-1)}} = (i\xi)^{n+1}\hat{f} \in L^2(\mathbb{R})$$
となる．よって，次の補題が示されれば，証明は完了する．∎

補題 6.30 $h \in L^2(\mathbb{R})$ が L^2 微分可能であれば，h は連続関数である．(厳密にいえば，$\|h-h_c\|_2 = 0$ をみたす連続関数 h_c が存在する．)

[証明] 任意の $\varphi \in \mathcal{S}$ に対して，
$$\langle Dh, \varphi \rangle = -\langle h, \varphi' \rangle$$
であった．ここで，$\varphi = g_t * 1_{[0,a]}$ とすると，
$$\langle Dh, g_t * 1_{[0,a]} \rangle = -\langle h, g_t' * 1_{[0,a]} \rangle.$$
この左辺は，$t \to 0$ のとき，$\langle Dh, 1_{[0,a]} \rangle$ に収束する．一方，右辺は，

§6.3 2乗可積分関数の Fourier 変換 —— 243

$$-\langle h, g_t' * 1_{[0,a]}\rangle = -\int_{-\infty}^{\infty} h(x)\left(\int_0^a g_t'(x-y)dy\right)dx$$
$$= \int_{-\infty}^{\infty} h(x)(g_t(x-a)-g_t(x))dx$$
$$= \int_{-\infty}^{\infty} h(x)(g_t(a-x)-g_t(-x))dx$$
$$= g_t * h(a) - g_t * h(0).$$

ここで,$g_t * h(0)$ は $t > 0$ のとき有界だから,部分列 $t_n \to 0$ を選べば,
$$\alpha = \lim_{n\to\infty} g_{t_n} * h(0)$$
が存在する.すると,$n \to \infty$ のとき,
$$g_{t_n} * h(a) = g_{t_n} * h(0) + \langle Dh, g_{t_n} * 1_{[0,a]}\rangle \to \alpha + \langle Dh, 1_{[0,a]}\rangle.$$
ゆえに,$x \geq 0$ のとき,
$$h_c(x) = \lim_{n\to\infty} g_{t_n} * h(x)$$
が存在して,
$$h_c(x) = \langle Dh, 1_{[0,x]}\rangle + \alpha \quad (x \geq 0)$$
が成り立つ.同様に,$\varphi = g_t * (-1_{[x,0]})$ を考えれば,
$$h_c(x) = \langle Dh, -1_{[x,0]}\rangle + \alpha \quad (x < 0)$$
も存在する.このとき,
$$|h_c(x_2) - h_c(x_1)| = |\langle Dh, 1_{[x_1,x_2]}\rangle| \leq \|Dh\|_2 \|1_{[x_1,x_2]}\|_2$$
$$= \|Dh\|_2 |x_2 - x_1|^{1/2}$$
より,$h_c(x)$ は連続関数であり,
$$\|h_c - h\|_2 = \lim_{n\to\infty} \|g_{t_n} * h - h\|_2 = 0. \qquad \blacksquare$$

(e) Hermite 展開と Fourier 変換

前節の(6.43)で与えた Hermite 関数を正規化して

(6.66) $\quad e_n(x) = (2^{2n}n!\sqrt{\pi})^{-1/2} h_n(x) = (2^{2n}n!\sqrt{\pi})^{-1/2} e^{x^2/2}\left(\dfrac{d}{dx}\right)^n e^{-x^2}$

とおく.したがって,$\|e_n\|_2 = 1$, $\langle e_n, e_m\rangle = 0$ $(n \neq m)$.

定理 6.31 任意の $f \in L^2(\mathbb{R})$ に対して,

(6.67) $$\lim_{N\to\infty}\left\|f - \sum_{n=0}^{N}\langle f, e_n\rangle e_n\right\|_2 = 0.$$ □

注意 6.32

（1） $L^2(\mathbb{R})$ で物事を考えていることが明らかなとき，(6.67) を単に

(6.68) $$f = \sum_{n=0}^{\infty}\langle f, e_n\rangle e_n$$

と表すことが多い．これを f の **Hermite 展開**という．

（2） 上の定理の主張が成り立つとき，正規直交系 $\{e_n\}$ は**完全**(complete)**正規直交系**あるいは**正規直交基底**(basis)であるという．（この意味の基底は位相的基底ともいう．任意の f が有限の線形結合として $f = \sum_{i=1}^{m} c_i e_{n_i}$ の形に表されるという意味の代数的基底と混同しないこと！）

上の定理の証明は後廻しにして，(b)で述べた主定理の別証明を与えよう．

[定理 6.20 の別証明]　$f \in L^2(\mathbb{R})$ の Fourier 変換は，(6.67) より，

$$\widehat{f} = \sum_{n=0}^{\infty}\langle f, e_n\rangle \widehat{e_n} = \sum_{n=0}^{\infty}\langle f, e_n\rangle (-i)^n e_n$$

で与えられる．したがって，

$$f^{\wedge\vee} = \sum_{n=0}^{\infty}\langle f, e_n\rangle e_n{}^{\wedge\vee} = \sum_{n=0}^{\infty}\langle f, e_n\rangle e_n = f.$$

また，$\{e_n\}$ は正規直交基底であるから，

$$\|\widehat{f}\|_2^2 = \sum_{n=0}^{\infty}|\langle f, e_n\rangle|^2 = \|f\|_2^2.$$ ∎

さて，定理 6.31 の証明のために補題を 1 つ準備する．

補題 6.33　$f \in L^2(\mathbb{R})$ に対して，
$$\langle f, e_n\rangle = 0 \quad (n = 0, 1, 2, \cdots)$$
が成り立てば，$f = 0$．

[証明]　すべての非負整数 n に対して，$\langle f, h_n\rangle = 0$ であることを利用して，
$$f * g_t = 0 \quad (0 < t < 1)$$
を示す．これがわかれば，$t \to 0$ として，$f = 0$ が得られる．

1°　$0 < t < 1$ のとき，少し計算すると，

§6.3 2乗可積分関数の Fourier 変換 —— 245

$$\left\| e^{-x^2/2} \sum_{n=N}^{\infty} \frac{1}{n!} \left(\frac{1-t}{2} \right)^n x^{2n} \right\|_2^2$$

$$= \sum_{n,m=N}^{\infty} \frac{1}{n!m!} \left(\frac{1-t}{2} \right)^{n+m} \int_{-\infty}^{\infty} x^{2n+2m} e^{-x^2} dx$$

$$\leq \sum_{n,m=N}^{\infty} \frac{1}{n!m!} \left(\frac{1-t}{2} \right)^{n+m} (n+m)!$$

$$\leq \sum_{p=2N}^{\infty} \sum_{n+m=p} \frac{p!}{n!m!} \left(\frac{1-t}{2} \right)^p$$

$$= \sum_{p=2N}^{\infty} (1-t)^p \to 0 \quad (N \to \infty).$$

したがって,

$$\left\| e^{-tx^2} - e^{-x^2/2} \sum_{n=0}^{N-1} \frac{1}{n!} \left(\frac{1-t}{2} \right)^n x^{2n} \right\|_2 \to 0 \quad (N \to \infty).$$

もう少し計算すれば, $0 < t < 1$, $a \in \mathbb{R}$ のとき, $e^{iax-tx^2} \cdot e^{x^2/2}$ の Taylor 展開の第 $N-1$ 項までの和を $G_{t,a}(x)$ とおくと,

$$\| e^{iax-tx^2} - e^{-x^2/2} G_{t,a}(x) \|_2 \to 0 \quad (N \to \infty)$$

がわかる.

2° すべての n について, $\langle \widehat{f}, h_n \rangle = \langle f, \widehat{h_n} \rangle = (-i)^n \langle f, h_n \rangle = 0$ であり, 上で定めた $G_{t,a}(x)$ は x について $N-1$ 次多項式だから,

$$\langle \widehat{f}, e^{-\xi^2/2} G_{t,a}(\xi) \rangle = 0 \quad (0 < t < 1,\ a \in \mathbb{R}).$$

よって,

$$\langle \widehat{f}, e^{ia\xi - t\xi^2} \rangle = 0 \quad (0 < t < 1,\ a \in \mathbb{R}).$$

したがって,

$$\langle f, g_t(\cdot - a) \rangle = \langle \widehat{f}, e^{ia\xi - t\xi^2} \rangle = 0.$$

これより,

$$g_t * f(a) = 0 \quad (0 < t < 1,\ a \in \mathbb{R}).$$

ゆえに, $t \to 0$ とすれば, $f = 0$ を得る. ∎

[定理 6.31 の証明] まず, $\{e_n\}$ は正規直交系であるから,

$$\left\| f - \sum_{n=0}^{N} \langle f, e_n \rangle e_n \right\|_2^2 = \|f\|_2^2 - \sum_{n=1}^{N} |\langle f, e_n \rangle|^2.$$

とくに,
$$\sum_{n=0}^{\infty} |\langle f, e_n \rangle|^2 \leq \|f\|_2^2 \quad (\text{Bessel の不等式}).$$

また, $M > N$ で, $N, M \to \infty$ のとき
$$\left\| \sum_{n=0}^{M} \langle f, e_n \rangle e_n - \sum_{n=0}^{N} \langle f, e_n \rangle e_n \right\|_2^2 = \sum_{n=N+1}^{M} |\langle f, e_n \rangle|^2 \to 0$$

となるから, $L^2(\mathbb{R})$ の中で極限
$$g = \sum_{n=0}^{\infty} \langle f, e_n \rangle e_n = \lim_{N \to \infty} \sum_{n=0}^{N} \langle f, e_n \rangle e_n$$

が存在する.

このとき, 各 n に対して,
$$\langle g, e_n \rangle = \lim_{N \to \infty} \Big\langle \sum_{m=0}^{N} \langle f, e_m \rangle e_m, e_n \Big\rangle = \langle f, e_n \rangle.$$

つまり,
$$\langle f - g, e_n \rangle = 0 \quad (n = 0, 1, 2, \cdots).$$

ゆえに, 補題 6.33 より, $f = g$. ∎

§6.4 可積分関数の Fourier 変換

(a) 関数空間 $L^1(\mathbb{R})$

この節では, 可積分関数全体のつくる空間 $L^1(\mathbb{R})$ を考える. ここでも積分は Lebesgue の意味であるので, $f(x)$ が可積分ならば絶対値 $|f(x)|$ も可積分であることに注意する必要がある. しかし, 前節と同様に, 次の事実を認めれば十分である.

補題 6.34 空間 $L^1(\mathbb{R})$ は, L^1 ノルムに関する $\mathcal{S}(\mathbb{R})$ の完備化である. すなわち,

(i) 任意の $f \in \mathcal{S}$ に対して, $f_n \in \mathcal{S}(\mathbb{R})$ $(n \geq 1)$ で

(6.69) $\quad \|f - f_n\|_1 = \int_{-\infty}^{\infty} |f(x) - f_n(x)| dx \to 0 \quad (n \to \infty)$

§6.4 可積分関数の Fourier 変換

をみたすものが存在する.
(ii) $f_n \in \mathcal{S}$ $(n \geq 1)$ が L^1 ノルムに関して Cauchy 列ならば, すなわち,
$$\|f_n - f_m\|_1 \to 0 \quad (n, m \to \infty)$$
ならば, (6.69)をみたす $f \in L^1(\mathbb{R})$ が存在する. □

$L^2(\mathbb{R})$ の場合と同様に, この補題から次のことがわかる.

補題 6.35 $f \in L^1(\mathbb{R})$ のとき,
(6.70) $$\|f(\cdot + a) - f\|_1 \to 0 \quad (a \to 0).$$
また, 任意の $\varphi \in \mathcal{S}$ に対して, $\int f(x)\varphi(x)dx = 0$ ならば, $f = 0$.
[証明] $L^2(\mathbb{R})$ の場合の証明をなぞればよい. ∎

(b) $L^1(\mathbb{R})$ における Fourier 変換

一般に, $f(x) \in L^1(\mathbb{R})$ ならば $e^{-ix\xi}f(x) \in L^1(\mathbb{R})$ だから, Fourier 積分
(6.71) $$\widehat{f}(\xi) = \int_{-\infty}^{\infty} e^{-i\xi x} f(x) dx \quad (\xi \in \mathbb{R})$$
は通常の Lebesgue 積分として確定している.

定理 6.36 $f \in L^1(\mathbb{R})$ とすると, 以下が成り立つ.
(i) $\|\widehat{f}\|_\infty \leq \|f\|_1$.
(ii) $\widehat{f} \in \mathcal{C}(\mathbb{R})$.
(iii) $\lim_{\xi \to \pm\infty} \widehat{f}(\xi) = 0$.
(iv) $f, g \in L^1(\mathbb{R})$ のとき, $(f*g)^\wedge = \widehat{f}\widehat{g}$.
(v) $\widehat{f} = 0$ ならば $f = 0$.

[証明] 1° まず,
$$|\widehat{f}(\xi)| = \left|\int_{-\infty}^{\infty} e^{-ix\xi} f(x) dx\right| \leq \int_{-\infty}^{\infty} |e^{-ix\xi} f(x)| dx = \int_{-\infty}^{\infty} |f(x)| dx = \|f\|_1$$
より, (i)がわかる. (これより, $f_n \in \mathcal{S}$, $\|f_n - f\|_1 \to 0$ ならば, $\|\widehat{f_n} - \widehat{f}\|_\infty \to 0$.)

2° 次に,

$$\widehat{f}(\eta)-\widehat{f}(\xi) = \int_{-\infty}^{\infty}(e^{-ix\eta}-e^{-ix\xi})f(x)dx$$

であるから，Lebesgue の優収束定理を用いれば，(ii) はただちにわかる．

しかし，ここでは補題 6.34 のみを用いて証明しておこう．任意の $\varepsilon>0$ に対して，$\|f-\varphi\|_1 \leqq \varepsilon/3$ をみたす $\varphi\in\mathcal{S}$ を選ぶ．このとき，$\widehat{\varphi}\in\mathcal{S}$ だから，

$$|\widehat{\varphi}(\eta)-\widehat{\varphi}(\xi)| \leqq \int_{-\infty}^{\infty}|e^{-ix\eta}-e^{-ix\xi}||\varphi(x)|dx$$
$$\leqq |\eta-\xi|\int_{-\infty}^{\infty}|x||\varphi(x)|dx \to 0 \quad (\eta\to\xi).$$

よって，$|\eta-\xi|\leqq\delta$ のとき $|\widehat{\varphi}(\eta)-\widehat{\varphi}(\xi)|\leqq\varepsilon/3$ をみたす正数 δ がとれる．よって，$|\xi-\eta|\leqq\delta$ のとき，

$$|\widehat{f}(\eta)-\widehat{f}(\xi)| \leqq |\widehat{f}(\eta)-\widehat{\varphi}(\eta)|+|\widehat{\varphi}(\eta)-\widehat{\varphi}(\xi)|+|\widehat{\varphi}(\xi)-\widehat{f}(\xi)|$$
$$\leqq \|f-\varphi\|_1+|\widehat{\varphi}(\eta)-\widehat{\varphi}(\xi)|+\|f-\varphi\|_1 \leqq \varepsilon$$

が成り立つ．よって，$\widehat{f}$ は $\mathbb{R}$ 上で一様連続，とくに，(ii) が成り立つ．

3° $\varepsilon>0$ と $\varphi\in\mathcal{S}$ は 2° のものとすると，$\widehat{\varphi}(\xi)\to 0\ (\xi\to\pm\infty)$ だから，

$$\limsup_{\xi\to\pm\infty}|\widehat{f}(\xi)| \leqq \limsup_{\xi\to\pm\infty}\{|\widehat{f}(\xi)-\widehat{\varphi}(\xi)|+|\widehat{\varphi}(\xi)|\} \leqq \|f-\varphi\|_1 \leqq \varepsilon/3.$$

ここで，$\varepsilon>0$ は任意にとれたから，$\lim_{\xi\to\pm\infty}|\widehat{f}(\xi)|=0$. すなわち，(iii).

4° 次に，(iv) を示す．これは，積分の順序交換に過ぎない．つまり，

$$\int_{-\infty}^{\infty}e^{-ix\xi}\left(\int_{-\infty}^{\infty}f(x-y)g(y)dy\right)dx$$
$$= \int_{-\infty}^{\infty}\left(\int_{-\infty}^{\infty}e^{-ix\xi}f(x-y)dx\right)g(y)dy$$
$$= \int_{-\infty}^{\infty}e^{-iy\xi}\widehat{f}(\xi)g(y)dy = \widehat{f}(\xi)\widehat{g}(\xi).$$

この順序交換を保証するのが Fubini の定理である．（もし Lebesgue 積分論における Fubini の定理の使用を避けたければ，$\mathcal{S}$ の元による近似に戻ればよい．）

5° 最後に (v) を示そう．$\varphi\in\mathcal{S}$ のとき，Fubini の定理より，

§6.4 可積分関数の Fourier 変換 —— 249

$$\int_{-\infty}^{\infty} f(x)\varphi(-x)dx = \int_{-\infty}^{\infty} f(x)\Big(\int_{-\infty}^{\infty} e^{-ix\xi}\widehat{\varphi}(\xi)d\xi\Big)dx$$
$$= \int_{-\infty}^{\infty}\Big(\int_{-\infty}^{\infty} e^{-ix\xi}f(x)dx\Big)\widehat{\varphi}(\xi)d\xi$$
$$= \int_{-\infty}^{\infty} \widehat{f}(\xi)\widehat{\varphi}(\xi)d\xi.$$

よって，$\widehat{f}=0$ ならば，任意の $\varphi \in \mathcal{S}$ に対して，$\int_{-\infty}^{\infty} f(x)\varphi(-x)dx=0$．ゆえに，$f=0$． ∎

$L^1(\mathbb{R})$ の場合，$\widehat{f}$ は可積分とは限らないので，直接的な逆変換を考えることができない．しかし，ここでも熱核 $g_t(x)=(2\pi t)^{-1/2}\exp(-x^2/2t)$ を用いた近似は有効である．

定理 6.37 $f \in L^1(\mathbb{R})$ のとき，$L^1(\mathbb{R})$ において
$$f = \lim_{t \to 0}(e^{-t\xi^2/2}\widehat{f})^{\vee}.$$

［証明］ 示すべきことは，
(6.72) $$\|f-(e^{-t\xi^2/2}\widehat{f})^{\vee}\|_1 \to 0 \quad (t \to 0)$$
である．

さて，$e^{-t\xi^2/2}\widehat{f}(\xi)$ は ξ について可積分だから，Fubini の定理より，

$$(e^{-t\xi^2/2}\widehat{f})^{\vee}(x) = \int_{-\infty}^{\infty} e^{ix\xi}e^{-t\xi^2/2}\widehat{f}(\xi)d\xi$$
$$= \int_{-\infty}^{\infty} e^{ix\xi}e^{-t\xi^2/2}\Big(\int_{-\infty}^{\infty} e^{-i\xi y}f(y)dy\Big)d\xi$$
$$= \int_{-\infty}^{\infty}\Big(\int_{-\infty}^{\infty} e^{-t\xi^2/2+i\xi(x-y)}d\xi\Big)f(y)dy$$
$$= \int_{-\infty}^{\infty} g_t(x-y)f(y)dy = g_t * f(x).$$

したがって，(6.72)を示すためには，
(6.73) $$\|f-g_t*f\|_1 \to 0 \quad (t \to 0)$$
をいえばよい．

ところで，

$$\int_{-\infty}^{\infty}|f(x)-g_t*f(x)|dx = \int_{-\infty}^{\infty}\left|\int_{-\infty}^{\infty}g_t(y)(f(x)-f(x-y))dy\right|dx$$
$$\leq \int_{-\infty}^{\infty}\int_{-\infty}^{\infty}g_t(y)|f(x)-f(x-y)|dydx$$
$$= \int_{-\infty}^{\infty}g_t(y)\|f-f(\cdot-y)\|_1 dy.$$

つまり,

(6.74) $\qquad \|f-g_t*f\|_1 \leq \int_{-\infty}^{\infty}g_t(y)\|f-f(\cdot-y)\|_1 dy.$

補題 6.25 より, $\|f-f(\cdot-y)\|_1$ は y について有界連続関数だから, (6.74) の右辺は $t\to 0$ のとき 0 に収束する. ゆえに, 上の(6.73)が成り立ち, したがって, (6.72)は正しい. ∎

注意 6.38 熱核 $g_t(x)$ はきわめて重要であるが, 本節までの近似のためならば, 次の条件により定めた α_t を用いてもよい.
 (a) $\alpha \in \mathcal{S}$.
 (b) $\alpha(x)\geq 0$ $(x\in\mathbb{R})$ で, $\int_{-\infty}^{\infty}\alpha(x)dx=1$.
 (c) $\alpha_t(x)=t\alpha(x/t)$ $(t>0, x\in\mathbb{R})$.

ここまでに, 第 2 章に現れた Fejér 核に相当するものが §6.1 以外には現れてこなかったことを不思議に思った読者もあるかもしれない. 実は, もちろん Fejér 核の連続版は存在するが, Fourier 級数論に比して Fourier 積分論では難しくなるため, 直接用いることを避けてきたのである. 各点収束など精密な議論が必要になった場合には参考文献を見ていただきたい.

(c) Fourier–Stieltjes 変換

最後に, 有界変動関数の場合について触れておこう.

$F:\mathbb{R}\to\mathbb{R}$ (または $\mathbb{C}$) を有界変動関数とすれば, Stieltjes 積分

$$\widehat{F}(\xi) = \int_{-\infty}^{\infty}e^{i\xi x}dF(x) \quad (\xi\in\mathbb{R})$$

はつねに存在する. これを, F の **Fourier–Stieltjes 変換** という. このとき,

明らかに次の不等式が成り立つ.

$$\sup_\xi |\widehat{F}(\xi)| \leqq BV(F) = \int_{-\infty}^\infty |dF|.$$

定理 6.39　F が単調非減少な有界変動関数のとき，その Fourier–Stieltjes 変換 $\widehat{F}$ に対して次の性質が成り立つ.

任意の自然数 n と実数 $x_1, \cdots, x_n$ および複素数 $z_1, \cdots, z_n$ に対して，

$$\sum_{j,k=1}^n \widehat{F}(\xi_j - \xi_k) z_j \overline{z_k} \geqq 0.$$

[証明]

$$\sum_{j,k=1}^n \widehat{F}(\xi_j - \xi_k) z_j \overline{z_k} = \sum_{j,k=1}^n \int_{-\infty}^\infty e^{i(\xi_j - \xi_k)x} z_j \overline{z_k} dF(x)$$

$$= \int_{-\infty}^\infty \left| \sum_{j=1}^n e^{i\xi_j x} z_j \right|^2 dF(x) \geqq 0.\ \blacksquare$$

定義 6.40　一般に，関数 $\widehat{F}$ が上の性質をもつとき，$\widehat{F}$ は**正定値関数**であるという. (これを**非負定値**といい，$z_1, \cdots, z_n$ がすべて 0 でない限り，上の不等式が狭義の不等式となることを，**正定値**ということもある.)　　□

注意 6.41　実は，任意の連続な正定値関数は，単調非減少な有界変動関数の Fourier–Stieltjes 変換であることが知られている(**Bochner の定理**，§7.1, §8.2 参照).

§6.5　多次元の Fourier 積分

$\mathbb{R}^n$ における Fourier 変換

$$\widehat{f}(\xi) = \left(\frac{1}{2\pi}\right)^{n/2} \int_{\mathbb{R}^n} e^{-i\langle \xi, x \rangle} f(x) dx \quad (\xi \in \mathbb{R}^n)$$

$$\langle \xi, x \rangle = \xi_1 x_1 + \cdots + \xi_n x_n$$

についても，§6.2–§6.4 の $\mathbb{R} = \mathbb{R}^1$ の場合と同様にして定めることができる. さらに，

$$\left(\frac{\partial f}{\partial x_j}\right)^{\wedge}(\xi) = \xi_j \widehat{f}(\xi) \quad (j=1,2,\cdots,n)$$

などの微分との関係，また，たたみこみ

$$f*g(x) = \int_{\mathbb{R}^n} f(x-y)g(y)dy = \int_{\mathbb{R}^n} f(y)g(x-y)dy$$

の Fourier 変換が，

$$(f*g)^{\wedge}(\xi) = \widehat{f}(\xi)\widehat{g}(\xi)$$

となることなども，同様に議論することができる．(ぜひ，復習をかねて，§6.2–§6.4 の記述の大部分が $\mathbb{R}^n$ でも成立することを確かめてみてほしい．)

 $\mathbb{R}^n$ には回転その他の構造があり，これらを反映して，$\mathbb{R}^1$ にはなかった諸性質を Fourier 変換はもっている．しかし，これらについては次章以下で述べることとして，ここでは，$\mathbb{R}^n$ へ移行する際に必要な注意をしておこう．

 まず，急減少関数の空間 $\mathcal{S}(\mathbb{R}^n)$ はまったく同様で，

$$\mathcal{S}(\mathbb{R}^n) = \left\{ f:\mathbb{R}^n \to \mathbb{C} \,\middle|\, \begin{array}{l} f\text{ は }\mathcal{C}^{\infty}\text{ 級で，任意の多重指数} \\ \alpha,\beta \text{ に対して，} x^{\alpha}\partial^{\beta}f \text{ は有界} \end{array} \right\}$$

として定義される．ここで，**多重指数**(multi-index)とは，n 個の自然数の組

$$\alpha = (\alpha_1, \alpha_2, \cdots, \alpha_n) \quad (\alpha_1, \cdots, \alpha_n \in \mathbb{N})$$

であり，簡略記号

$$x^{\alpha} = x_1^{\alpha_1} x_2^{\alpha_2} \cdots x_n^{\alpha_n}, \quad \partial^{\alpha}f = \frac{\partial^{|\alpha|}f}{\partial x_1^{\alpha_1} \cdots \partial x_n^{\alpha_n}}$$

を用いた．ただし，

$$|\alpha| = \alpha_1 + \alpha_2 + \cdots + \alpha_n.$$

 関数空間 $L^p(\mathbb{R}^n)$ $(1 \leq p < \infty)$ は，本来は Lebesgue 積分を用いて定義されるものであるが，次の事実を認めれば，当面の理解のためには十分であろう．ここで，もちろん

$$L^p(\mathbb{R}^n) = \{f:\mathbb{R}^n \to \mathbb{C}; |f(x)|^p \text{ は可積分}\}$$

では，L^p ノルム

$$\|f\|_p = \left(\int_{\mathbb{R}^n} |f(x)|^p dx\right)^{1/p}$$

を考える．

定理 6.42

(i) $\varphi_k \in \mathcal{S}(\mathbb{R}^n)$ $(k \geqq 1)$ が L^p-Cauchy 列であれば，すなわち，
$$\|\varphi_j - \varphi_k\|_p \to 0 \quad (j, k \to \infty)$$
が成り立てば，ある $f \in L^p(\mathbb{R}^n)$ が存在して，
$$\|f - \varphi_k\|_p \to 0 \quad (k \to \infty).$$

(ii) $f \in L^p(\mathbb{R}^n)$ であれば，$\varphi_k \in \mathcal{S}(\mathbb{R}^n)$ $(k \geqq 1)$ が存在して，
$$\|f - \varphi_k\|_p \to 0 \quad (k \to \infty).$$

(iii) $f_k \in L^p(\mathbb{R}^n)$ が L^p-Cauchy 列であれば，ある $f \in L^p(\mathbb{R}^n)$ に L^p 収束する． □

注意 6.43 $L^p(\mathbb{R}^n)$ の場合も，「ほとんどすべての点で等しい」，「測度零の集合」などの概念が必要になるが，これも同様に定義できる．例えば，$\mathbb{R}^n$ の部分集合 N が測度零の集合であるとは，

任意に与えられた正数 ε に対して，体積の総和が ε 未満の球 $B_1, B_2, \cdots$ が存在して，
$$N \subset \bigcup_{k=1}^{\infty} B_k$$
が成り立つ

こととして定義される．

《 要 約 》

6.1 目標

§6.1 Fourier 積分の概念，掛け算と微分，たたみこみの定義，および広義積分としての収束．

§6.2 $\mathcal{S}(\mathbb{R})$ の定義と $\mathcal{S}(\mathbb{R})$ における Fourier 変換論(とくに定理 6.11)，および，Fourier 変換に関する Hermite 多項式の特性．

§6.3 $\mathcal{S}(\mathbb{R})$ による $L^2(\mathbb{R})$ の近似，$L^2(\mathbb{R})$ における Fourier 変換論(とくに定理

6.20),Fourier 変換と $L^2(\mathbb{R})$ の相性のよさ,L^2 微分の Fourier 変換,f の滑らかさと $\widehat{f}$ の減衰の速さの関係,Hermite 展開の役割.

§6.4　$L^1(\mathbb{R})$ における Fourier 変換論(とくに定理 6.36),Fourier–Stieltjes 変換.

6.2　主な用語

§6.1　Fourier 積分・変換,たたみこみ

§6.2　急減少関数族 $\mathcal{S}$,Plancherel の等式,Hermite 多項式

§6.3　熱核による近似,2 乗可積分関数の Fourier 変換,Plancherel の等式,L^2 微分可能,Hermite 展開

§6.4　可積分関数の Fourier 変換,Fourier–Stieltjes 変換

演習問題

6.1　ある $p \geqq 1$ に対して $f \in L^p(\mathbb{R})$ のとき,
$$\int_{-\infty}^{\infty} \frac{\sin Rt}{\pi t} f(x-t) dt \quad (x \in \mathbb{R},\ R > 0)$$
は確定することを示せ.

6.2　$f \in L^p(\mathbb{R})$ $(1 \leqq p \leqq \infty)$,$g \in L^1(\mathbb{R})$ のとき,たたみこみ $f * g$ に関して次の不等式を示せ.
$$\|f * g\|_p \leqq \|f\|_p \|g\|_1.$$

6.3　$f \in \mathcal{S}(\mathbb{R})$ ならば,
$$\|f\|_{p,q} = \left(\int_{\mathbb{R}} (1+x^2)^{q/2} |f^{(p)}(x)|^2 dx \right)^{1/2} < \infty \quad (p, q = 0, 1, 2, \cdots)$$
となることを示せ.また逆に,f が無限回微分可能で,$\|f\|_{p,q}$ がすべて有界ならば $f \in \mathcal{S}(\mathbb{R})$ であることを示せ.

6.4　$f \in L^2(\mathbb{R})$ に対して,次の **Heisenberg** の不等式を示せ.
$$\left(\int x^2 |f(x)|^2 dx \right) \left(\int \xi^2 |\widehat{f}(\xi)|^2 d\xi \right) \geqq \frac{1}{4} \|f\|_2^4.$$

6.5　$L^1(\mathbb{R})$ においては,任意の $f \in L^1(\mathbb{R})$ に対して
$$\lim_{T \to \infty} \frac{1}{T} \int_0^T dt \int_{-t}^{t} e^{i\xi x} \widehat{f}(\xi) d\xi = f$$

が成り立つことを示せ.

6.6 $u: \mathbb{R}^2 \to \mathbb{C}$ が半径 $r = |x| = (x_1^2 + x_2^2)^{1/2}$ のみの関数で $u(x) = f(r)$ と表されるとき, その Fourier 変換は,

$$\widehat{u}(\xi) = \sqrt{2\pi} \int_0^\infty f(r) J_0(r|\xi|) r \, dr$$

となり, やはり半径 $|\xi|$ のみの関数であることを示せ. ただし, $J_0(x)$ は 0 次の Bessel 関数, すなわち

$$J_0(x) = \frac{1}{2\pi} \int_0^{2\pi} e^{ix\cos\theta} d\theta$$

とする.

Fourier 変換の応用 7

　Fourier 変換の理論は，応用を目的として誕生したという歴史的事実を今日まで裏切らずに多方面で常識として日常的に使われている一方，数学としても深化し，さまざまな領域で，その固有の概念や手法と融合し，発展してきている．この章では，Fourier 変換論の数学内外への応用の中から，基本的でかつ比較的やさしく，そして，現代数学としての展開の礎となっているものをいくつか選んで紹介していく．

　まず，§7.1 では，Fourier 変換を利用することにより簡単にわかる美しい定理のいくつかに触れる．§7.2 では，Fourier 変換論と複素関数論との深い関わりを示す諸結果の中から基本的なものを紹介する．§7.3 では，微分方程式への応用の糸口ともいえる基礎的な物の見方を取り上げる．最後の §7.4 では，重要な積分変換の中から基本的なものを選び，紹介する．より高級な教科書では完全に一般化された完璧な形で記述されている事柄の本質あるいは原型が何であるかが伝われば幸いである．なお，応用上でもノーベル医学賞で話題となり，現代数学としても積分幾何学的な視点の最初のものである Radon 変換については第 8 章でやや詳しく論ずる．

§7.1 いろいろな適用例

(a) Poisson の和公式

定理 7.1 (Poisson の和公式) $f \in \mathcal{S}(\mathbb{R})$ のとき，

$$\sum_{n=-\infty}^{\infty} f(n) = \sqrt{2\pi} \sum_{n=-\infty}^{\infty} \widehat{f}(2\pi n). \tag{7.1}$$

□

注意 7.2 以下の証明からわかるように，ある定数 C が存在して，

$$|f(x)|+|f'(x)|+|f''(x)| \leqq C(1+x^2)^{-1} \quad (x \in \mathbb{R}) \tag{7.2}$$

が成り立てば，公式 (7.1) が成り立つ．

例 7.3 Gauss 核 $g_t(x) = (2\pi t)^{-1/2} \exp(-x^2/2t)$ の場合，$\widehat{g}_t(\xi) = (2\pi)^{-1/2} \cdot \exp(-t|\xi|^2/2)$ だから，(7.1) は

$$(2\pi t)^{-1/2} \sum_{n \in \mathbb{Z}} \exp(-n^2/2t) = \sum_{n \in \mathbb{Z}} \exp(-2\pi^2 n^2 t) \quad (t > 0) \tag{7.3}$$

となり，(7.1) はテータ関数に関する Jacobi の等式である． □

例 7.4 $c_t(x) = \dfrac{t}{\pi(x^2+t^2)}$ $(t>0)$ を **Cauchy 核**という．このとき，(7.2) が成り立ち，

$$\sqrt{2\pi}\,\widehat{c}_t(\xi) = \int_{-\infty}^{\infty} \frac{te^{ix\xi}}{x^2+t^2}dx = \int_{-\infty}^{\infty} \frac{e^{it\xi x}}{x^2+t^2}dt = e^{-t|\xi|} \tag{7.4}$$

であるから，(7.1) は

$$\sum_{n \in \mathbb{Z}} \frac{1}{n^2+t^2} = \frac{\pi}{t} \sum_{n \in \mathbb{Z}} e^{-2\pi|n|t} = \frac{\pi}{t} \cdot \frac{1+e^{-2\pi t}}{1-e^{-2\pi t}} \tag{7.5}$$

となる．これより，$t \to 0$ とすれば，$\sum_{n=1}^{\infty} n^{-2} = \pi^2/6$ を導くことができる． □

[定理 7.1 の証明] $f \in \mathcal{C}^2(\mathbb{R})$ が条件 (7.2) をみたすと仮定すると，任意の $T>0$ に対して，

$$g(x) = \sum_{n \in \mathbb{Z}} f(xT+nT)$$

は C^2 級の関数で,周期 1 をもつ.したがって,円周上の関数と見れば,g の Fourier 級数展開

$$g(x) = \sum_{m \in \mathbb{Z}} \widehat{g}(m) e^{2\pi i m x}$$

は一様収束する.ところで,

$$\begin{aligned}
\widehat{g}(m) &= \int_0^1 g(x) e^{-2\pi i m x} dx \\
&= \sum_{n \in \mathbb{Z}} \int_0^1 f(xT+nT) e^{-2\pi i m x} dx \\
&= \sum_{n \in \mathbb{Z}} \frac{1}{T} \int_{nT}^{(n+1)T} f(y) e^{-2\pi i m y/T} dy \quad (y = xT+nT) \\
&= \frac{1}{T} \int_{-\infty}^{\infty} f(y) e^{-i(2\pi m/T)y} dy \\
&= \frac{\sqrt{2\pi}}{T} \widehat{f}\left(\frac{2\pi m}{T}\right).
\end{aligned}$$

よって,

$$(7.6) \qquad \sum_{n=-\infty}^{\infty} f(xT+nT) = \sum_{m=-\infty}^{\infty} \frac{\sqrt{2\pi}}{T} \widehat{f}\left(\frac{2\pi m}{T}\right) e^{2\pi i m x/T}.$$

とくに,$T=1$, $x=0$ とすれば(7.1)を得る.

Poisson の和公式を,f が偶関数の場合に適用してみると,

$$\begin{aligned}
2 \sum_{n=0}^{\infty} f(n) &= f(0) + \sum_{n=-\infty}^{\infty} f(n) \\
&= f(0) + \sqrt{2\pi} \sum_{n=-\infty}^{\infty} \widehat{f}(2\pi n) \\
&= f(0) + \sqrt{2\pi} \widehat{f}(0) + \sqrt{2\pi} \sum_{n=1}^{\infty} (\widehat{f}(2\pi n) + \widehat{f}(-2\pi n)) \\
&= f(0) + 2 \int_0^{\infty} f(x) dx + \sum_{n=1}^{\infty} 4 \int_{-\infty}^{\infty} f(x) \cos 2\pi n x \, dx.
\end{aligned}$$

ここで,右辺の積分に部分積分を繰り返すと,

$$\sum_{n=0}^{\infty} f(n) = \int_0^{\infty} f(x) dx + \frac{1}{2} f(0) - \sum_{n=1}^{\infty} \int_0^{\infty} f'(x) \frac{\sin 2\pi n x}{n\pi} dx$$

$$= \int_0^\infty f(x)dx + \frac{1}{2}f(0) - \sum_{n=1}^\infty \frac{f'(0)}{2\pi^2 n^2} - \sum_{n=1}^\infty \int_0^\infty f''(x)\frac{\cos 2\pi nx}{2n^2\pi^2}dx$$
$$= \cdots\cdots$$

となり，応用上有用な **Euler–Maclaurin** の公式

(7.7)
$$\sum_{n=0}^\infty f(n) = \int_0^\infty f(x)dx + \frac{1}{2}f(0) - \frac{1}{12}f'(0) + \frac{1}{720}f'''(0) - \frac{1}{30420}f^{(4)}(0) + \cdots$$

が得られる．(この公式は漸近展開(§8.3)であるが，驚くほど精度がよいことがある．例えば，$f(x) = (1+|x|)^2$ の場合に実行して $\pi^2/6$ の近似値を求めてみよ．)

(b) 多次元の Poisson の和公式

Poisson の和公式は，多次元の格子についても成り立つ．

ここでは，2 次元の(斜交)**格子**(lattice)
$$L = \{ne_1 + me_2 \mid n, m \in \mathbb{Z}\}$$
を例にとろう．ここで，e_1, e_2 の座標を次のように選んでおく．

(7.8)　　　$e_1 = \begin{pmatrix} 1 \\ 0 \end{pmatrix}, \quad e_2 = \begin{pmatrix} a \\ b \end{pmatrix} \quad (a, b \in \mathbb{R}, \ b > 0)$

格子 L に対して，
$$L' = \{\omega' \in \mathbb{R}^2 \mid \omega \in L \Longrightarrow \langle \omega', \omega \rangle \in \mathbb{Z}\}$$
を L の**双対**(そうつい，dual)**格子**という．容易にわかるように，

(7.9)　　　$L' = \{ne_1' + me_2' \mid n, m \in \mathbb{Z}\}$,
$$e_1' = \begin{pmatrix} 1 \\ -a/b \end{pmatrix}, \quad e_2' = \begin{pmatrix} 0 \\ 1/b \end{pmatrix}$$

となる．

格子 L が与えられると，(斜交)トーラス $T = \mathbb{R}^2/L$ が，$\mathbb{R}^2$ の 2 つの元 x, y を $x - y \in L$ のときに同一視することにより，定まる．このとき，
$$T \cong \{x_1 e_1 + x_2 e_2 \mid 0 \leqq x_1, x_2 < 1\}$$
と見ることができ，T の面積は

§7.1 いろいろな適用例 —— 261

$$\text{area}(T) = b$$

となる.（$T' = \mathbb{R}^2/L'$ の面積は $\text{area}(T') = 1/b$ である.）

定理 7.5（2 次元格子 L に関する Poisson の和公式）$f \in \mathcal{S}(\mathbb{R}^2)$ のとき,

(7.10) $$\sum_{\omega \in L} f(\omega) = \frac{2\pi}{\text{area}(T)} \sum_{\omega' \in L'} \widehat{f}(2\pi\omega').$$

[証明] $f \in \mathcal{S}(\mathbb{R}^2)$ に対して,

$$f_L(x) = \sum_{\omega \in L} f(x+\omega)$$

とおくと, f_L はトーラス T 上の C^∞ 級関数である. したがって,

$$f_L(x) = \sum_{\omega' \in L'} \left(\frac{1}{\text{area}(T)} \int_T f_L(y) e^{-2\pi i \langle \omega', y \rangle} dy \right) e^{2\pi i \langle \omega', x \rangle}$$

が成り立つ.（§2.7 注意 2.46 参照.）ここで, Fourier 係数を計算すると,

$$\frac{1}{\text{area}(T)} \int_T f_L(y) e^{-2\pi i \langle \omega', y \rangle} dy$$
$$= \frac{1}{\text{area}(T)} \sum_{\omega \in L} \int_T f(y+\omega) e^{-2\pi i \langle \omega', y \rangle} dy$$
$$= \frac{1}{\text{area}(T)} \int_{\mathbb{R}^2} f(x) e^{-2\pi i \langle \omega', x \rangle} dx = \frac{2\pi}{\text{area}(T)} \widehat{f}(2\pi\omega').$$

ゆえに,

$$\sum_{\omega \in L} f(x+\omega) = \sum_{\omega' \in L'} \frac{2\pi}{\text{area}(T)} \widehat{f}(2\pi\omega') e^{2\pi i \langle \omega', x \rangle}.$$

とくに, $x = 0$ とすれば, (7.10) を得る. ∎

例 7.6 $f(x) = (2\pi t)^{-1} \exp(-|x|^2/2t)$ のとき, $\widehat{f}(\xi) = (2\pi)^{-1} \exp(-t|\xi|^2/2)$ であるから, 等式

$$(2\pi t)^{-1} \sum_{\omega \in L} \exp(-|\omega|^2/2t) = \frac{1}{\text{area}(T)} \sum_{\omega' \in L'} \exp(-(2\pi)^2 t |\omega'|^2/2)$$

が成り立つ.

これを, 標準トーラス $\mathbb{T}^2 = \mathbb{R}/\mathbb{Z}^2$ の場合に適用すると, 原点を中心とし半径 $\sqrt{n}$ の円周上の格子点の数 N_n に関する **Gauss の公式**

(7.11) $\quad s^{-1/2}\sum_{n=0}^{\infty}N_n e^{-\pi n/s}=s^{1/2}\sum_{n=0}^{\infty}N_n e^{-\pi ns}\quad(s>0)$

が得られる．($t=s/2\pi$ とせよ．) □

上述の証明と同様にして，$\mathbb{R}^n$ の格子 L に関する Poisson の和公式は

(7.12) $\quad \sum_{\omega\in L}f(\omega)=\dfrac{1}{\text{area}(\mathbb{R}^n/L)}\sum_{\omega'\in L'}(2\pi)^{n/2}\widehat{f}(2\pi\omega')$

となることがわかる．

(c) Minkowski の定理

W. Scharlau と H. Opolka による名著『フェルマーの系譜』の原題は "Von Fermat bis Minkowski"（英訳では "From Fermat to Minkowski"）であり，Minkowski は「数の幾何学」を創始した人である．次の定理の彼自身による証明は上記の本に紹介されている．

定理 7.7（Minkowski の格子点定理） $\mathbb{R}^n$ における任意の格子 L に対して，原点に関し対称な凸集合 C が条件

(7.13) $\quad\quad\quad\quad \text{vol}(C)\geqq 2^n\,\text{vol}(\mathbb{R}^n/L)$

をみたせば，C 内に原点以外の L の点が少なくとも 1 つ存在する．

［証明(Siegel)］ 最初に，(7.13) の定数 2^n は最良であることに注意しておく．($L=\mathbb{Z}^2$ として，$C=[-1+\varepsilon, 1-\varepsilon]^n$ を考えてみよ．)

証明は背理法による．つまり，C は原点以外の格子点を含まないと仮定して，$\text{vol}(C)<2^n\,\text{vol}(\mathbb{R}^n/L)$ を示す．

集合 C の定義関数 1_C を考え，たたみこみ $f=1_C*1_C$ に対して，格子 $2L$ の場合に Poisson の和公式を適用すると，

$$\text{(7.14)}\quad \sum_{\omega\in L}f(2\omega)=\dfrac{(2\pi)^{n/2}}{2^n\,\text{vol}(\mathbb{R}^n/L)}\sum_{\omega'\in L'}\widehat{f}(\pi\omega')$$

$$=\dfrac{(2\pi)^{n/2}}{2^n\,\text{vol}(\mathbb{R}^n/L)}\sum_{\omega'\in L'}|\widehat{1_C}(\pi\omega')|^2.$$

ここで，C が原点対称であることを用いた．ところで，もし

$$f(2\omega) = \int_{\mathbb{R}^n} 1_C(2\omega - x) 1_C(x) dx \neq 0$$

ならば，$2\omega - x \in C$, $x \in C$．よって，C は凸集合ゆえ，$\omega = \{(2\omega - x) + x\}/2 \in C$，したがって，$C \cap L = \{0\}$ と仮定したから，(7.14)の左辺は

$$\sum_{\omega \in L} f(2\omega) = f(0) = \int_{\mathbb{R}^n} 1_C(x)^2 dx = \mathrm{vol}(C)$$

となる．一方，(7.14)の右辺については，まず，

$$(2\pi)^{n/2} |\widehat{1_C}(0)|^2 = \{\mathrm{vol}(C)\}^2,$$

また，$\widehat{1_C}$ は定数関数でないので，

$$\sum_{\substack{\omega' \in L' \\ \omega' \neq 0}} |\widehat{1_C}(\pi\omega')|^2 > 0.$$

ゆえに，

$$\mathrm{vol}(C) > \frac{\{\mathrm{vol}(C)\}^2}{2^n \mathrm{vol}(\mathbb{R}^n/L)}, \quad \text{つまり} \quad \mathrm{vol}(C) < 2^n \mathrm{vol}(\mathbb{R}^n/L).$$

(これで証明が終わったように見えるかも知れないが，$f \in \mathcal{S}(\mathbb{R}^n)$ でないので，等式(7.14)は，定義関数 1_C を関数列 $f_k \in \mathcal{S}(\mathbb{R}^n)$ で近似して，直接に確かめておく必要がある．それは読者に委ねる．) ∎

(d) 中心極限定理

可積分関数 $f: \mathbb{R} \to \mathbb{R}$ は，

(7.15) $$f \geqq 0, \quad \int_{-\infty}^{\infty} f(x) dx = 1$$

が成り立つとき，**確率密度関数**(probability density function)という．また，もし

(7.16) $$\int_{-\infty}^{\infty} |x| f(x) dx < \infty$$

が成り立てば，f は**平均**(mean)

$$\mu = \int_{-\infty}^{\infty} x f(x) dx$$

をもつという.さらに,$\int_{-\infty}^{\infty}|x|^n f(x)dx < \infty$ のとき,f は n 次モーメント(n-th moment)

$$\int_{-\infty}^{\infty} x^n f(x)dx$$

をもつという.とくに,

$$\sigma^2 = \int_{-\infty}^{\infty}(x-\mu)^2 f(x)dx = \int_{-\infty}^{\infty} x^2 f(x)dx - \mu^2$$

を f の**分散**(variance)という.

定理 7.8(中心極限定理) 確率密度関数 f が 2 次モーメントをもち,平均が 0 であれば,任意の $a<b$ に対して,$n \to \infty$ のとき,

(7.17)
$$\int \cdots \int_{n^{1/2}a < x_1 + \cdots + x_n < n^{1/2}b} f(x_1)\cdots f(x_n)dx_1 \cdots dx_n \to \int_a^b \frac{1}{\sqrt{2\pi\sigma^2}} e^{-x^2/2\sigma^2} dx$$

□

注意 7.9 上の主張(7.17)は次のように言い換えてもよい.
任意の有界連続関数 φ に対して,

(7.18)
$$\lim_{n\to\infty}\int\cdots\int\varphi\left(\frac{x_1+\cdots+x_n}{\sqrt{n}}\right)f(x_1)\cdots f(x_n)dx_1\cdots dx_n = \int \frac{1}{\sqrt{2\pi\sigma^2}}e^{-x^2/2\sigma^2}\varphi(x)dx.$$

例 7.10 $\varphi \in \mathcal{S}(\mathbb{R})$ のとき,

$$\lim_{n\to\infty}\int_{-1}^{1}\cdots\int_{-1}^{1}\varphi\left(\frac{x_1+\cdots+x_n}{\sqrt{n}}\right)dx_1\cdots dx_n = \int_{-\infty}^{\infty}\frac{1}{2}\sqrt{\frac{3}{\pi}}e^{-4x^2/3}\varphi(x)dx$$

が成り立つ.また,任意の $\xi \in \mathbb{R}$ に対して,

(7.19) $\quad \displaystyle\lim_{n\to\infty}\frac{1}{2^n}\int_{-1}^{1}\cdots\int_{-1}^{1}\exp\left\{in^{-1/2}\xi\sum_{j=1}^{n}x_j\right\}dx_1\cdots dx_n = e^{-\xi^2/3}$.

もちろん,後の場合は次のように直接証明できる.

$$\frac{1}{2}\int_{-1}^{1}e^{i\xi x}dx = \frac{\sin\xi}{\xi} = 1 - \frac{1}{3}\xi^2 + O(\xi^4) \quad (\xi \to 0)$$

だから，$\left(\int_{-1}^{1}\exp(in^{-1/2}\xi x)dx/2\right)^n = (1-\xi^2/3n+O(n^{-2}))^n \to e^{-\xi^2/3}$. □

注意 7.11 中心極限定理の主張は，たたみこみの繰り返しに関する極限定理と見ることができる．一般に，$f \in L^1(\mathbb{R})$ の n 個のたたみこみを

(7.20) $$f^{*n}(x) = \underbrace{f * f * \cdots * f}_{n \text{個}}(x)$$

と表すことにする．すると，(7.17), (7.18) はそれぞれ

$$\lim_{n \to \infty} \int_{\sqrt{n}a}^{\sqrt{n}b} f^{*n}(x)dx = \int_a^b \frac{1}{\sqrt{2\pi\sigma^2}} e^{-|x|^2/2\sigma^2} dx,$$

$$\lim_{n \to \infty} \int_{-\infty}^{\infty} \varphi\left(\frac{x}{\sqrt{n}}\right) f^{*n}(x)dx = \int_{-\infty}^{\infty} \varphi(x) \frac{1}{\sqrt{2\pi\sigma^2}} e^{-|x|^2/2\sigma^2} dx$$

と書くことができる．

[定理 7.8 の証明]
1° 各点 $\xi \in \mathbb{R}$ に対して

(7.21)
$$\lim_{n \to \infty} \int \cdots \int \exp\left(in^{-1/2}\xi \sum_{j=1}^n x_j\right) f(x_1)\cdots f(x_n) dx_1 \cdots dx_n = e^{-\sigma^2\xi^2/2}.$$

実際，$\widetilde{f}(\xi) = (2\pi)^{1/2}\widehat{f}(\xi) = \int \exp(-i\xi x)f(x)dx$ とすると，

$$\int \cdots \int \exp\left(in^{-1/2}\xi \sum_{j=1}^n x_j\right) f(x_1)\cdots f(x_n) dx_1 \cdots dx_n$$

$$= \left(\int \exp(in^{-1/2}\xi x)f(x)dx\right)^n = \widetilde{f}(n^{-1/2}\xi)^n.$$

ところで，$\int x^2 f(x)dx < \infty$ だから，$\widetilde{f}$ は C^2 級であり，

$$\widetilde{f}(0) = \int f(x)dx = 1, \quad \widetilde{f}'(0) = \int (-ix)f(x)dx = 0,$$

$$\widetilde{f}''(0) = \int (-ix)^2 f(x)dx = -\sigma^2.$$

したがって，

(7.22) $$|\widetilde{f}(\xi) - (1-\sigma^2\xi^2/2)| \le \sup_{|\eta| \le |\xi|} |f''(\eta) - f''(0)||\xi|^2$$

したがって，
$$\widetilde{f}(n^{-1/2}\xi)^n = \left(1 - \frac{\sigma^2}{2n}\xi^2 + o\left(\frac{\xi^2}{n}\right)\right)^n \to \exp(-\sigma^2\xi^2/2).$$

よって，(7.21)がいえる．さらに，この収束は，上の評価(7.22)より，有界区間上で一様であることもわかる．

2° $\varphi \in \mathcal{S}(\mathbb{R})$ のとき，
$$\lim_{n\to\infty} \int\cdots\int \varphi\left(n^{-1/2}\sum_{j=1}^{n} x_j\right) f(x_1)\cdots f(x_n) dx_1\cdots dx_n$$
$$= \int (2\pi\sigma^2)^{-1/2} \exp(-x^2/2\sigma^2)\varphi(x) dx.$$

実際，
$$\int\cdots\int \varphi\left(n^{-1/2}\sum_{j=1}^{n} x_j\right) \prod_{j=1}^{n} f(x_j) dx_1\cdots dx_n$$
$$= \left(\frac{1}{2\pi}\right)^n \int \widetilde{\varphi}(\xi) d\xi \int\cdots\int \exp\left(in^{-1/2}\xi \sum_{j=1}^{n} x_j\right) \prod_{j=1}^{n} f(x_j) dx_1\cdots dx_n.$$

この最後の積分の範囲を $|\xi| \leqq R$ と $|\xi| > R$ に分ける．まず，$|\xi| \leqq R$ での積分は，(7.21)は(1°の最後に注意したように)一様収束だから，$n \to \infty$ のとき，
$$\left(\frac{1}{2\pi}\right)^n \int_{-R}^{R} \widetilde{\varphi}(\xi) e^{-\sigma^2\xi^2/2} d\xi$$
に収束する．一方，$|\xi| > R$ での積分は，$\int\cdots\int \prod_{j=1}^{n} f(x_j) dx_1\cdots dx_n = 1$ だから，
$$\left(\frac{1}{2\pi}\right)^n \int_{|\xi|>R} |\widetilde{\varphi}(\xi)| d\xi$$
以下であり，$R \to \infty$ とすれば，0 に収束する．ゆえに，
$$\lim_{n\to\infty} \int\cdots\int \varphi\left(n^{-1/2}\sum_{j=1}^{n} x_j\right) \prod_{j=1}^{n} f(x_j) dx_1\cdots dx_n$$
$$= \left(\frac{1}{2\pi}\right)^n \int \widetilde{\varphi}(\xi) \exp(-\sigma^2\xi^2/2) d\xi.$$

この最後の辺は，$\int \varphi(x)(2\pi\sigma^2)^{-1/2} \exp(-x^2/2\sigma^2) dx$ に等しい．(Lebesgueの有界収束定理が既知ならば後半は不必要となる．)

3° 定理の主張(7.17)の証明.

例によって,C^∞ 級関数 φ_n, ψ_n で,$0 \leqq \psi_n(x) \leqq \varphi_n(x) \leqq 1$,

$$\varphi_n(x) = \begin{cases} 1 & (a \leqq x \leqq b) \\ 0 & (x \leqq a - 1/n,\ x \geqq b + 1/n), \end{cases}$$

$$\psi_n(x) = \begin{cases} 1 & (a + 1/n \leqq x \leqq b - 1/n) \\ 0 & (x \leqq a,\ x \geqq b) \end{cases}$$

となるものを選んで,区間の定義関数を上下から挟んでやればよい. ∎

注意 7.12 確率密度関数 f に対して,$\tilde{f}(\xi) = \sqrt{2\pi}\hat{f}(-\xi)$ をその特性関数という ことがある.

(e) Bochner の定理

定義 7.13 関数 $f: \mathbb{R} \to \mathbb{C}$ は,次の条件が成り立つとき,**正定値**(positive definite)(あるいは,**正型**(positive type))であるという.

任意の自然数 n と実数 $x_1, \cdots, x_n$ および複素数 $z_1, \cdots, z_n$ に対して,

$$(7.23) \qquad \sum_{j,k=1}^{n} f(x_j - x_k) z_j \overline{z_k} \geqq 0. \qquad \square$$

例 7.14 $\alpha > 0$ のとき,$f(x) = e^{-\alpha x^2/2}$ は正定値連続関数である.
実際,$\hat{f}(\xi) = (2\pi\alpha)^{-1/2} e^{-\xi^2/2\alpha}$ だから,

$$\sum_{j,k=1}^{n} f(x_j - x_k) z_j \overline{z_k} = \int_{-\infty}^{\infty} \sum_{j,k=1}^{n} e^{i\xi(x_j - x_k)} z_j \overline{z_k} (2\pi\alpha)^{-1/2} e^{-\xi^2/2\alpha} d\xi$$

$$= \int_{-\infty}^{\infty} \left| \sum_{j=1}^{n} e^{i\xi x_j} z_j \right|^2 (2\pi\alpha)^{-1/2} e^{-\xi^2/2\alpha} d\xi \geqq 0.$$

同様にして,次の関数も正定値連続関数である.

$$\frac{\alpha}{\pi} \frac{1}{x^2 + \alpha^2} = \frac{2}{\pi} \int_{\mathbb{R}} e^{i\xi x} e^{-\alpha|\xi|} d\xi \quad (\alpha > 0),$$

$$\frac{\sin \alpha x}{\alpha x} = \frac{1}{2\alpha} \int_{-\alpha}^{\alpha} e^{i\xi x} d\xi \quad (\alpha > 0). \qquad \square$$

例 7.15 一般に,有界連続関数 $\varphi: \mathbb{R} \to \mathbb{C}$ に対して,"長時間移動平均"

(7.24) $\quad f(x) = \lim_{T \to \infty} \dfrac{1}{2T} \int_{-T}^{T} \varphi(t+x)\overline{\varphi(t)}dt \quad (x \in \mathbb{R})$

が存在すれば，f は正定値関数である．実際,

$$f(x_j - x_k) = \lim_{T \to \infty} \frac{1}{2T} \int_{-T}^{T} \varphi(t+x_j)\overline{\varphi(t+x_k)}dt$$

であるから，

$$\sum_{j,k=1}^{n} f(x_j - x_k) z_j \overline{z_k} = \lim_{T \to \infty} \frac{1}{2T} \int_{-T}^{T} \left| \sum_{j=1}^{n} \varphi(t+x_j) z_j \right|^2 dt \geqq 0.$$

上の f を，φ の（自己）相関関数（(auto)correlation function）ということがある． □

例 7.16 Hilbert 空間 H 上の線形作用素族 $\{U_t \mid t \in \mathbb{R}\}$ に対して，3条件

(7.25) $\quad \begin{cases} \langle U_t u, v \rangle = \langle u, U_{-t} v \rangle & (t \in \mathbb{R}; \ u, v \in H), \\ U_t U_s u = U_{t+s} u & (t, s \in \mathbb{R}; \ u \in H), \\ \|U_t u - u\| \to 0 \quad (t \to 0) & (u \in H) \end{cases}$

が成り立つとき，$\{U_t \mid t \in \mathbb{R}\}$ は**強連続ユニタリ群**をなすという．このとき，

(7.26) $\quad f(t) = \langle U_t u, u \rangle \quad (t \in \mathbb{R})$

は，任意の $u \in H$ に対して，正定値連続関数である．

実際，$\langle U_{x_j - x_k} u, u \rangle = \langle U_{-x_k} U_{x_j} u, u \rangle = \langle U_{x_j} u, U_{x_k} u \rangle$ より，

$$\sum_{j,k=1}^{n} f(x_j - x_k) z_j \overline{z_k} = \sum_{j,k=1}^{n} \langle U_{x_j} u, U_{x_k} u \rangle z_j \overline{z_k} = \left\| \sum_{j=1}^{n} z_j U_{x_j} u \right\|^2 \geqq 0.$$ □

一般に，正定値連続関数は，次のように表現できることが知られている．

定理 7.17（Bochner の定理） 任意の正定値連続関数 $f: \mathbb{R} \to \mathbb{C}$ は，ある有界な単調非減少関数 F の Fourier–Stieltjes 変換である．すなわち，

(7.27) $\quad f(x) = \int_{-\infty}^{\infty} e^{i\xi x} dF(\xi).$ □

以下では，f が可積分な場合にこの定理を証明する（一般の場合は §8.2 で扱う）．

注意 7.18 数列 $(c_n)_{n \in \mathbb{Z}}$ についても，任意の n と複素数 $z_1, \cdots, z_n$ に対して，

(7.28) $$\sum_{j,k=1}^{n} c_{j-k} z_j \overline{z_k} \geqq 0$$

が成り立つとき，**正定値**という．正定値数列 $(c_n)_{n \in \mathbb{Z}}$ もある有界な単調非減少関数 $F: [0,1] \to \mathbb{R}$ の Fourier–Stieltjes 変換である(**Herglotz の定理**)．すなわち，

(7.29) $$c_n = \int_0^1 e^{2\pi i n x} dF(x).$$

さて，正定値関数の簡単な性質から始めよう．

補題 7.19 $f: \mathbb{R} \to \mathbb{C}$ を正定値関数とすると，
(i) $f(0) \geqq 0$.
(ii) $f(-x) = \overline{f(x)}$, $|f(x)| \leqq f(0)$.
(iii) f が正定値連続関数のとき，任意の $g \in L^1(\mathbb{R})$ に対して，

(7.30) $$\int_{-\infty}^{\infty} \int_{-\infty}^{\infty} f(x-y) g(x) \overline{g(y)} dx dy \geqq 0.$$
□

注意 7.20 $f(0) = 1$, $f(x) = 0$ $(x \neq 0)$ とおくと，f は明らかに，不連続な正定値関数である．一般に，正定値関数 f は，$x = 0$ において連続ならば，$\mathbb{R}$ 全体で連続である．なお，(7.30) で $g(x) = \sum_{j=1}^{n} z_j (2\pi t)^{-1/2} e^{-(x-x_j)^2/2t}$ とおき，$t \to 0$ とすると，

$$\iint e^{-\alpha(x-y)^2} f(x-y) g(x) \overline{g(y)} dx dy$$
$$= \sum_{j,k=1}^{n} z_j \overline{z_k} \iint f(x-y)(2\pi t)^{-1} e^{-(x-x_j)^2/2t - (y-x_k)^2/2t} dx dy$$
$$\to \sum_{j,k=1}^{n} z_j \overline{z_k} f(x_j - x_k) \quad (t \to 0).$$

したがって，(7.30) が成り立てば，f は正定値である．

[**補題 7.19 の証明**] $n = 1$ とすれば，(i) を得る．(ii) を示そう．$n = 2$ のとき，

(7.31) $$f(0)(|z_1|^2 + |z_2|^2) + f(x) z_1 \overline{z_2} + f(-x) \overline{z_1} z_2 \geqq 0$$

が任意の $z_1, z_2 \in \mathbb{C}$ に対して成り立つ．とくに，左辺は実数ゆえ，

$$f(x) z_1 \overline{z_2} + f(-x) \overline{z_1} z_2 = \overline{f(-x)} z_1 \overline{z_2} + \overline{f(x)} \overline{z_1} z_2.$$

これから，(例えば，$z_1 = e^{i\theta}$, $z_2 = e^{i\varphi}$ とおいてみれば) $f(-x) = \overline{f(x)}$ がわかる．すると，(7.31)は
$$f(0)(|z_1|^2+|z_2|^2)+2\,\mathrm{Re}(f(x)z_1\overline{z_2}) \geqq 0$$
となる．よって，任意の実数 t_1, t_2 に対して，
$$f(0)(t_1^2+t_2^2)+2|f(x)|t_1t_2 \geqq 0$$
したがって，$|f(x)| \leqq f(0)$．

(iii) f は連続で，(ii)より有界でもある．したがって，不等式(7.23)を積分すれば，g が単関数の場合に(7.31)が導かれる．一般の $g \in L^1(\mathbb{R})$ に対しては，単関数の列 $(s_n)_{n \geqq 1}$ で，$\|s_n - g\|_1 \to 0$ $(n \to \infty)$ をみたすものをとれば，

$$\left| \iint f(x-y)g(x)\overline{g(y)}dxdy - \iint f(x-y)s_n(x)\overline{s_n(y)}dxdy \right|$$

$$\leqq \iint |f(x-y)g(x)\{\overline{g(y)} - \overline{s_n(y)}\}|dxdy$$

$$+ \iint |f(x-y)\{g(x)-s_n(x)\}\overline{s_n(y)}|dxdy$$

$$\leqq f(0)\|g\|_1\|g-s_n\|_1 + f(0)\|g-s_n\|_1\|s_n\|_1 \to 0 \quad (n \to \infty).$$

ゆえに，$\iint f(x-y)s_n(x)\overline{s_n(y)}dxdy \geqq 0$ より，(7.30)を得る． ∎

積分形の不等式(7.30)は予想外に有用である．

補題 7.21 $f(x)$ が正定値連続関数であるとき，任意の $\alpha > 0$ に対して，$e^{-\alpha x^2/2}f(x)$ も正定値連続関数である．

[証明] $e^{-\alpha x^2/2} = (2\pi\alpha)^{-1/2}\int e^{i\xi x}e^{-\xi^2/2\alpha}d\xi$ であるから，$g \in L^1(\mathbb{R})$ のとき，

$$\iint e^{-\alpha(x-y)^2/2}f(x-y)g(x)\overline{g(y)}dxdy$$

$$= \iiint (2\pi\alpha)^{-1/2}e^{i\xi(x-y)}e^{-\xi^2/2\alpha}f(x-y)g(x)\overline{g(y)}dxdyd\xi$$

$$= \int (2\pi\alpha)^{-1/2}e^{-\xi^2/2\alpha}d\xi \iint f(x-y)e^{i\xi x}g(x)\overline{e^{i\xi y}g(y)}dxdy \geqq 0.$$ ∎

[定理 7.17 の証明] ここでは，正定値関数 f が可積分な場合についてのみ証明する．以下の証明は Bochner 自身のもの(の一部)にそっている．

1° $g \in L^1(\mathbb{R})$ を固定して，2重のたたみこみ

$$(7.32) \quad F(t) = \int_{-\infty}^{\infty}\int_{-\infty}^{\infty} f(t-x-y)g(x)\overline{g(-y)}dxdy$$
$$= \int_{-\infty}^{\infty}\int_{-\infty}^{\infty} f(t-x+y)g(x)\overline{g(y)}dxdy$$

を考えると,$F(t)$ は連続関数で,

$$\int |F(t)|dt \leqq \iiint |f(t-x-y)g(x)\overline{g(-y)}|dxdydt = \|f\|_1\|g\|_1^2 < \infty.$$

よって,

$$\widehat{F}(\xi) = (2\pi)^{-1/2}\int e^{-i\xi t}F(t)dt = 2\pi\widehat{f}(\xi)\widehat{g}(\xi)\overline{\widehat{g}(\xi)} = 2\pi\widehat{f}(\xi)|\widehat{g}(\xi)|^2.$$

これより (§6.4 定理 6.37 参照),

$$F(t) = \lim_{\alpha\to 0}(2\pi)^{1/2}\int_{-\infty}^{\infty} e^{-\alpha\xi^2}e^{i\xi t}\widehat{f}(\xi)|\widehat{g}(\xi)|^2 d\xi.$$

とくに $t=0$ のとき,$F(0)=\iint f(y-x)g(x)\overline{g(y)}dxdy \geqq 0$ であったから, 不等式

$$(7.33) \quad \lim_{\alpha\to 0}\int_{-\infty}^{\infty} e^{-\alpha\xi^2}\widehat{f}(\xi)|\widehat{g}(\xi)|^2 d\xi \geqq 0$$

が任意の $g \in L^1(\mathbb{R})$ に対して成立する.

2° 任意の $\xi \in \mathbb{R}$ に対して, $\widehat{f}(\xi) \geqq 0$.

実際, もし $\widehat{f}(\xi) < 0$ となる ξ があれば, $\widehat{f}$ は連続ゆえ, $\widehat{f}(\xi)<0$ ($a<\xi<b$) となる区間 (a,b) が存在する. ところで,

$$\widehat{g}(\xi) > 0 \quad (a<\xi<b), \quad \widehat{g}(\xi) = 0 \quad (\text{その他})$$

をみたす関数 g が存在する.(例えば, $\widehat{g}(\xi) = \exp(-(b-\xi)^{-1}(\xi-a)^{-1})$ ($a<\xi<b$); $=0$ (その他).) すると,(7.33) に反する.

3° $\widehat{f} \in L^1(\mathbb{R})$.

実際, $f(0) = \lim_{\alpha\to 0}(2\pi)^{-1/2}\int e^{-\alpha\xi^2}\widehat{f}(\xi)d\xi$, $\widehat{f}(\xi)\geqq 0$ より, まず, 上から評価できて, $f(0) \leqq \int \widehat{f}(\xi)d\xi$ ($\leqq \infty$). 一方, 任意の $R>0$ に対して,

$$f(0) \geq \lim_{\alpha \to 0}(2\pi)^{-1/2}\int_{-R}^{R}e^{-\alpha\xi^2}\widehat{f}(\xi)d\xi = (2\pi)^{-1/2}\int_{-R}^{R}\widehat{f}(\xi)d\xi.$$

したがって，$\int_{-\infty}^{\infty}\widehat{f}(\xi)d\xi = f(0) < \infty$.

4° 以上から，$\widehat{f}(\xi) \geqq 0$ で，

$$f(x) = (2\pi)^{-1/2}\int_{-\infty}^{\infty}e^{ix\xi}\widehat{f}(\xi)d\xi.$$

よって，$F(\xi) = (2\pi)^{-1/2}\int_{-\infty}^{\xi}\widehat{f}(\eta)d\eta$ とおけば，(7.27) が成り立つ. ∎

最後に一言．近年の教科書では関数解析の視点から，Bochner の定理と同値である，ユニタリ群に対する Stone の定理を前面に出した（時には Bochner の定理に触れていない）ものが多いが，ここでは歴史的な経緯に従うことにした．

(f) 付記: 間隙級数

中心極限定理は，独立な確率変数列に対してのみ成立するものではない．例えば，Fourier 級数についても次の事実が知られている．

定理 7.22 次の形の（形式的な）Fourier 級数を考える．

$$\tag{7.34} \sum_{k=-\infty}^{\infty} c_k e^{2\pi i n_k x} \quad (c_{-k} = \overline{c_k}).$$

ここで，自然数列 $(n_k)_{k\geq 1}$ は，ある定数 $q > 1$ に対して，

$$\tag{7.35} n_{k+1} > qn_k \quad (k \geq 1)$$

をみたすものとする．また，

$$A_k = \left(\sum_{j=1}^{k}|c_j|^2\right)^{1/2}, \quad S_k(x) = \sum_{j=-k}^{k}c_j e^{2\pi i n_j x}$$

とおいて，次の 2 条件を仮定する．$k \to \infty$ のとき，

(i) $A_k \to \infty$, (ii) $c_k/A_k \to 0$.

このとき，任意の区間 $[a,b]$ に対して，

$$\tag{7.36} \lim_{k\to\infty}\frac{1}{b-a}\int_{a\leq x\leq b,\ S_k(x)/A_k\leq y}dx = \left(\frac{1}{2\pi}\right)^{1/2}\int_{-\infty}^{y}e^{-x^2/2}dx. \quad \square$$

§7.1 いろいろな適用例 —— 273

定義 7.23 条件(7.35)が成り立つとき, Fourier 級数(7.34)を**間隙級数**(lacunary series)という. □

定理を説明する前に, このようなすき間だらけの級数の特性を見ておこう.

注意 7.24 自然数列 $(n_k)_{k\geq 1}$ が(7.35)をみたすとき, 数列 $(a_n)_{n\geq 1}$ に対して,
$$a_n = 0 \quad (n \notin \{n_k \mid k \geq 1\})$$
であれば, 和と Césaro 和の極限は, 収束すれば, 一致する. 実際, 和と Césaro 和をそれぞれ
$$s_n = \sum_{j=1}^{n} a_j, \quad \sigma_n = \frac{1}{n}\sum_{j=1}^{n} s_j$$
とする. 逆は明らかだから, $s = \lim \sigma_n$ が存在するとして, $s = \lim s_n$ を示せばよい. また, $s = 0$ として示せば十分である. このとき,
$$\begin{aligned}(n_{k+1} - n_k)s_{n_k} &= s_{n_k} + s_{n_k+1} + \cdots + s_{n_{k+1}-1}\\ &= (n_{k+1}-1)\sigma_{n_{k+1}-1} - (n_k - 1)\sigma_{n_k-1}\\ &= (n_{k+1}-1)o(1) - (n_k - 1)o(1)\\ &= (n_{k+1} + n_k)o(1) \quad (k \to \infty).\end{aligned}$$
ここで, (7.35)より,
$$\frac{n_{k+1}+n_k}{n_{k+1}-n_k} \leq \frac{q+1}{q-1}.$$
よって, $s_{n_k} = o(1) \; (k \to \infty)$. すなわち, $\lim s_n = 0$.

上の性質により, 間隙級数については, Fejér の定理(あるいは, その拡張)から収束を判定できることになる. 現在は Carleson の定理により Fourier 級数の収束問題は解決を見ているが, この事実は間隙級数が着目された大きな理由であったと推測される.

間隙級数の各項 $c_k e^{2\pi i n_k x}$ は, 任意の区間の上で "ほとんど" 直交する.

補題 7.25 $q > 1$ に対して, $n_{k+1} > q n_k \; (k \geq 1)$ が成り立つとき, 任意の区間 $[a,b]$ と $m \geq 1$ に対して,

(7.37) $$\sum_{j,k\,:\,j>k\geq m}\left|\int_a^b e^{2\pi i n_j x}\overline{e^{2\pi i n_k x}}dx\right|^2 \leq (1-q^{-2})^2/n_m^2.$$

[証明] $n_{k+1} > qn_k$ より，

(7.38) $$n_{j+k} > q^j n_k \quad (j, k \geq 1).$$

したがって，$\pi n_m \geq 1$ だから，$j > k \geq m$ のとき，

$$\left| \int_a^b e^{2\pi i (n_j - n_k)x} dx \right| \leq \frac{1}{\pi(n_j - n_k)} \leq \frac{1}{\pi(q^{j-k}-1)n_k}$$

$$\leq \frac{1}{\pi(q^{j-k}-1)q^{k-m}n_m} \leq q^{-j+m}/n_m.$$

ゆえに，$\sum_{k:k\geq m} \sum_{j:j>k} (q^{-j})^2 = \sum_{k:k\geq m} (1-q^{-2})q^{-2k-2} = (1-q^{-2})^2 q^{-2m-2}$ より，(7.37)を得る． ∎

さて，間隙級数に対して中心極限定理がなぜ成立するのかについて，発見的な考察をしておこう．

中心極限定理を Fourier 変換の形で見てみよう．

(7.39) $$\frac{1}{b-a}\int_a^b e^{i\xi S_k(x)/A_k} dx = \frac{1}{b-a}\int_a^b \prod_{j=1}^k e^{i\xi a_j \cos(2\pi n_j x + \alpha_j)} dx$$

と書き直してみよう．ただし，$(c_j e^{2\pi i n_j x} + c_{-j} e^{-2\pi i n_j x})/A_k = a_j \cos(2\pi n_j x + \alpha_j)$ とおいた．

(7.39)について，補題 7.25 より，大胆に予想すれば，

$$\frac{1}{b-a}\int_a^b \prod_{j=1}^k e^{i\xi a_j \cos(2\pi n_j x + \alpha_j)} dx \approx \prod_{j=1}^k \frac{1}{b-a} \int_a^b e^{i\xi a_j \cos(2\pi n_j x + \alpha_j)} dx.$$

ここで，各項は，n_j が十分大きいとすると，

(7.40) $$\frac{1}{b-a}\int_a^b e^{i\xi a_j \cos(2\pi n_j x + \alpha_j)} dx \approx \lim_{n\to\infty} \frac{1}{b-a} \int_a^b e^{i\xi a_j \cos(2\pi n x + \alpha_j)} dx$$

$$= \int_0^1 e^{i\xi a_j \cos 2\pi x} dx.$$

そして，$a_j = |c_j|/A_k$ は十分小さいはずだから

(7.41) $$\int_0^1 e^{i\xi a_j \cos 2\pi x} dx = 1 - \frac{1}{2}\xi^2 a_j^2 \int_0^1 (\cos 2\pi x)^2 dx + O(a_j^4)$$

$$= 1 - \frac{1}{4}\xi^2 a_j^2 + O(a_j^4) = e^{-\xi^2 a_j^2/4} + O(a_j^4).$$

以上から，$k \to \infty$ のとき，

$$\frac{1}{b-a}\int_a^b e^{i\xi S_k(x)/A_k} dx \approx \prod_{j=1}^n e^{-\xi^2 a_j^2/4} = e^{-\xi^2/2} = \int_{-\infty}^\infty e^{i\xi x} \frac{e^{-x^2/2}}{\sqrt{2\pi}} dx$$

となることが予想される．

このような発見的考察は，何が起こっているかを見出すためには必須である．しかし，証明までに昇華するには"間隙"がある．

[定理 7.22 の証明(Zygmund)] ここでは簡単のため，間隙が大きく，$q > 3$ の場合のみ証明する．

$0°$ $A_j \leqq A_k$ $(j \leqq k)$ だから，仮定の(ii)は次と同値である．

(7.42) $$\max_{j \leqq k} |a_j| = \max_{j \leqq k} |c_j|/A_k \to 0 \quad (k \to \infty).$$

$1°$ 一般に，$t \in \mathbb{R}$ のとき，

$$|e^{it} - (1+it)e^{-t^2/2}| \text{ は有界，かつ } O(t^3) \ (t \to 0).$$

ここで，$\xi_j = \xi a_j \cos(2\pi n_j x + \alpha_j)$ と略記して，

(7.43) $$\prod_{j=1}^k e^{i\xi_j} = e^\eta \left\{ \prod_{j=1}^k (1+i\xi_j) \right\} \exp\left(-\sum_{j=1}^k \xi_j^2/2\right)$$

と書くことにすれば，ξ が有界な範囲では一様に，

(7.44) $$\eta = \sum_{j=1}^k O(|a_j|^3) = O\Big(\max_{j \leqq k} |a_j|\Big) \sum_{j=1}^k |a_j|^2 = O\Big(\max_{j \leqq k} |a_j|\Big)$$
$$\to 0 \quad (k \to \infty).$$

$2°$ (7.43)の右辺の積の第3項については，

$$\sum_{j=1}^k \xi_j^2 = \sum_{j=1}^k \xi^2 a_j^2 \cos^2(2\pi n_j x + \alpha_j) = \frac{1}{2}\xi^2 \sum_{j=1}^n a_j^2 + \zeta$$

とおけば，$\delta > 0$ のとき，誤差 ζ について次がいえる．

$$\int_{a \leqq x \leqq b,\ |\zeta| \geqq \delta} dx \leqq \delta^{-2} \int_a^b |\zeta|^2 dx \leqq \delta^{-2} \int_0^1 |\zeta|^2 dx$$

$$= \delta^{-2}\xi^2 \int_0^1 \left|\sum_{j=1}^n a_j^2 \cos 2(2\pi n_j x + \alpha_j)\right|^2 dx$$

$$= \delta^{-2}\xi^2 \sum_{j=1}^n |a_j|^4 \leqq \delta^{-2}\xi^2 \left(\max_{j \leqq k} |a_j|/A_k\right)^2 \to 0 \quad (k \to \infty).$$

3° (7.43)の右辺の積の第2項については,まず,

(7.45) $\quad \left|\prod_{j=1}^k (1+i\xi_j)\right| = \prod_{j=1}^k (1+\xi_j^2)^{1/2} \leqq \exp \sum_{j=1}^k \xi_j^2/2 \leqq \exp \xi^2/2.$

4° さらに,この積を展開すると,

$$\prod_{j=1}^k (1+i\xi_j) = \prod_{j=1}^k (1+i\xi a_j \cos(2\pi n_j x + \alpha_j))$$

$$= 1 + i\xi \sum_{j=1}^k a_j \cos(2\pi n_j x + \alpha_j)$$

$$-\frac{1}{2}\xi^2 \sum_{j,l=1}^k a_j a_l \cos(2\pi n_j x + \alpha_j)\cos(2\pi n_l x + \alpha_l) + \cdots$$

となるが,この最後の辺を整理し直して,$\sum b_n e^{2\pi i n x}$ と書くとき,

$$b_0 = 1,$$

$$\sum |b_n|^2 \leqq \prod_{j=1}^k (1+|a_j|^2) \leqq \exp \sum_{j=1}^k |a_j|^2 = e.$$

ここで,$b_n \neq 0$ となるのは,

(7.46) $\quad n = \pm n_{j_1} \pm n_{j_2} \pm \cdots \pm n_{j_p} \quad (j_1 > j_2 > \cdots > j_p \geqq 1)$

の形のときだけで,

$$n_j + n_{j-1} + \cdots + n_1 \leqq n_j(1 + q^{-1} + \cdots + q^{-(j-1)}) \leqq n_j(1-q^{-1})^{-1},$$

$$n_{j+1} - n_j - \cdots - n_1 \geqq qn_j - (1-q^{-1})^{-1}n_j = (1-q^{-1})^{-1}(q-2)n_j.$$

よって,$q>3$ ならば,n の表示の仕方(7.46)はつねにただ1通りである. ゆえに,

(7.47) $\quad \dfrac{1}{b-a}\int_a^b \sum b_n e^{2\pi i n x} dx = 1 + \sum_{n \neq 0} b_n \dfrac{1}{b-a}\int_a^b e^{2\pi i n x} dx$

$$\to 1 \quad (k \to \infty).$$

5° 以上をまとめてみると，ξ を固定すると，

$$\frac{1}{b-a}\int_a^b \exp(i\xi S_k(x)/A_k)dx = \frac{1}{b-a}\int_a^b \exp\left(i\sum_{j=1}^k \xi_j\right)dx$$

$$= \frac{1}{b-a}\int_{a\leqq x\leqq b} e^\eta \left\{\prod_{j=1}^k (1+i\xi_j)\right\}\exp\left(-\sum_{j=1}^k \xi_j^2/2\right)dx$$

$$= \frac{1}{b-a}\int_{a\leqq x\leqq b} e^\eta \left\{\prod_{j=1}^k (1+i\xi_j)\right\}\exp\left(-\xi^2 \sum_{j=1}^k a_j^2/4 - \zeta/2\right)dx$$

$$= \frac{1}{b-a}\int_{a\leqq x\leqq b,\ |\zeta|\leqq\delta} + \frac{1}{b-a}\int_{a\leqq x\leqq b,\ |\zeta|\geqq\delta}.$$

ここで，$k\to\infty$ のとき，x について一様に，$\eta\to 0$．また，この第2項は，2° より，$k\to\infty$ のとき，0 に収束する．そして，最後の辺の第1項は，

$$\frac{1}{b-a}\int_{a\leqq x\leqq b,\ |\zeta|\leqq\delta} e^{\eta+\delta}\prod_{j=1}^k (1+i\xi_j)dx \exp\left(-\xi^2\sum_{j=1}^k a_j^2/4\right)$$

$$= \frac{1}{b-a}\left(\int_a^b \prod_{j=1}^k (1+i\xi_j)dx\right)\exp\left(-\xi^2\sum_{j=1}^k a_j^2/4\right) + o(1)$$

$$\to \exp(-\xi^2/2) \quad (k\to\infty).$$

この最後で 4° を用いた． ∎

§7.2 関数論と Fourier 変換

本書では，§5.3 (a) で少し復習はしたが，ここまでは，変数は実変数に限定して話を進めてきた．

しかし，実変数を複素変数に拡張できる場合には，独特の美しく深い世界が拓け，また，応用上も強力な道具をもたらす．

以下，まず今後必要となる Phragmén–Lindelöf の定理を準備して，Hardy の定理，Paley–Wiener の定理を紹介する．Hardy 関数の少し本格的な話は §8.1 で扱う．

(a) 最大値原理と Phragmén–Lindelöf の定理

複素関数論でよく知られているように，複素平面 $\mathbb{C}$ 全体で定義された解析関数，すなわち，整関数は，もし有界であれば，定数関数に限られていた(Liouville の定理)．

この事実は，例えば，次のような形で拡張されている．

定理 7.26 (Phragmén–Lindelöf の定理) 角領域

$$(7.48) \qquad D = \{z \in \mathbb{C}; |\arg z| < \alpha\}$$

で解析的で，その閉包 $\overline{D}$ 上で連続な関数 f は次の 2 条件をみたすとする．

(i) $|f(z)| \leqq A \exp B|z| \quad (z \in D)$

(ii) $|f(z)| \leqq M \quad (z \in \partial D)$

ただし，A, B, M は正定数とする．このとき，もし $\alpha < \pi/2$ ならば，

$$(7.49) \qquad\qquad |f(z)| \leqq M \quad (z \in D). \qquad\qquad \square$$

注意 7.27

(1) 定理の条件(i)が成り立つとき，f は D 上の**指数型**(exponential type)であるという．

(2) 条件 $\alpha < \pi/2$ は本質的である．実際，$f(z) = e^z$ は，虚軸上で $f(iy) = e^{iy}$ だから有界，右半平面上では $|f(x+iy)| = e^x \leqq e^{|z|}$ より指数型であるが，非有界．

上述のような定理は，本質的に，最大値原理に依拠している．

定理 7.28(最大値原理) 複素平面 $\mathbb{C}$ 内の有界領域 D 上で解析的，その閉包 $\overline{D}$ 上で連続な関数 f は，定数関数でなければ，その最大値を境界 ∂D 上で実現する．より，詳しく，

$$(7.50) \qquad |f(z)| < \|f\|_\infty = \max_{w \in \overline{D}} |f(w)| \quad (z \in D).$$

[証明] $z_0 \in \overline{D}, |f(z_0)| = \|f\|_\infty$ とする．もし，$z_0 \in D$ ならば，z_0 を中心として十分小さな半径 $R > 0$ の円板が D 内に含まれる．よって，平均値の定理

$$f(z_0) = \int_0^1 f(z_0 + re^{2\pi it})dt \quad (0 \leq r \leq R)$$

の両辺の絶対値をとれば,

$$\|f\|_\infty = |f(z_0)| \leq \int_0^1 |f(z_0 + re^{2\pi it})|dt \leq \|f\|_\infty.$$

したがって, $|f(z_0+re^{2\pi it})| = \|f\|_\infty$ ($0 \leq r \leq R$, $0 \leq t < 1$). つまり, $|f(z)|$ は円板 $|z-z_0| \leq R$ 内で定数となる. これより, この円板上で $f'(z) = 0$ ($f(z+w) = f(z) + f'(z)w + o(w)$ の絶対値を考えよ). よって, D 全体で $f'(z) = 0$ となる. ゆえに, $f(z)$ は定数関数である. ∎

[定理 7.26 の証明] $\alpha < \pi/2$ であるから, $\alpha\beta < \pi/2$ をみたす $\beta > 1$ がとれる. $C > 0$ として,

(7.51) $\quad g(z) = f(z)\exp(-Cz^\beta), \quad z^\beta = |z|^\beta \exp(i\beta \arg z)$

と考えると, $z \in D$, $|z| = R$ のとき,

$$|g(z)| \leq A \exp(BR) \exp(-CR^\beta \cos(\alpha\beta)).$$

$\beta > 1$ より, この不等式の右辺の値は, $R \to \infty$ のとき, 0 に収束する.

したがって, 十分大きな任意の R に対して, 不等式

(7.52) $\quad\quad\quad\quad |g(z)| \leq M$

が $z \in D$, $|z| = R$ のとき成り立つ. これと条件(ii)より, 最大値原理が適用できて, (7.52)は $\overline{D} \cap \{z; |z| \leq R\}$ 全体で成り立つ. さらに, R は任意に大きくとれるから, 不等式(7.52)は D 全体で成り立つ.

すると,

(7.53) $\quad\quad\quad\quad |f(z)| \leq M|\exp(-Cz^\beta)| \quad (z \in \overline{D}).$

ここで, C は正数であれば任意に選べるから, (7.53)より, $\overline{D}$ 上で $|f(z)| \leq M$. ∎

注意 7.29 上の証明は, $\alpha \geq \pi/2$ であっても, 定理 7.26 の条件(i)を,

$$|f(z)| \leq A \exp B|z|^{1/\gamma}, \quad \gamma > 2\alpha/\pi$$

に置き換えれば通用する.

(b) Poisson–Jensen の公式

解析関数 f の実部と虚部は調和関数であり，また，$\log|f(z)|$ も，$f(z) \neq 0$ である限り，調和関数であった．そして，円板 $|z| \leq R$ 上の調和関数 $u(z)$ に対しては，**Poisson の公式**

$$(7.54) \quad u(z) = \frac{1}{2\pi} \int_0^{2\pi} \frac{R^2 - |z|^2}{|Re^{i\theta} - z|^2} u(Re^{i\theta}) d\theta \quad (|z| < R)$$

が成り立つ．この公式は次のように一般化することができる．

定理 7.30（Poisson–Jensen の公式） 解析関数 f の定義域内に円板 $|z| \leq R$ が含まれ，そこでの零点が $\zeta_1, \cdots, \zeta_n$（多重度の分だけ繰り返し数える）のとき，

$$(7.55) \quad \log|f(z)| = \sum_{j=1}^n \log\left|\frac{R(z-\zeta_j)}{R^2 - \overline{\zeta_j}z}\right| + \frac{1}{2\pi} \int_0^{2\pi} \frac{R^2 - |z|^2}{|Re^{i\theta} - z|^2} \log|f(Re^{i\theta})| d\theta.$$

［証明］

$$g(z) = f(z) \prod_{j=1}^n \frac{R^2 - \overline{\zeta_j}z}{R(z-\zeta_j)}$$

とおけば，閉円板 $|z| \leq R$ 内に零点をもたない．よって，$u(z) = \log|g(z)|$ に対しては Poisson の公式 (7.54) が成り立つ．よって，$\log|f(z)|$ に対して，(7.55) が成り立つ． ∎

注意 7.31 通常，(7.55) で $z = 0$ の場合

$$(7.56) \quad \log|f(0)| = \sum_{j=1}^n \log\left|\frac{\zeta_j}{R}\right| + \frac{1}{2\pi} \int_0^{2\pi} \log|f(Re^{i\theta})| d\theta$$

を **Jensen の公式**という．これから，ただちに **Jensen の不等式**

$$(7.57) \quad \log|f(0)| \leq \frac{1}{2\pi} \int_0^{2\pi} \log|f(Re^{i\theta})| d\theta$$

が得られる．より一般に，$|z - z_0| \leq R$ で f が解析的ならば，つねに

$$\log|f(z_0)| \leq \frac{1}{2\pi} \int_0^{2\pi} \log|f(z_0 + Re^{i\theta})| d\theta.$$

つまり，$\log|f(z)|$ は劣調和関数である．

定理 7.32 整関数 f に対して，$T \geq 0$ が存在して，不等式

(7.58) $$\limsup_{|z| \to \infty} |z|^{-1} \log |f(z)| \leq T$$

が成り立つと仮定する．このとき，閉円板 $|z| \leq R$ に含まれる f の零点の個数を(多重度の分だけ数えて) $N(R)$ とすると，定数 C が存在して，不等式

(7.59) $$N(R) \leq CR$$

が，十分大きな任意の R に対して，成り立つ．

[証明] $f(0) = 1$ として証明すれば十分である．まず，Jensen の公式より，閉円板 $|z| \leq R$ 内の零点を $\zeta_1, \cdots, \zeta_{N(R)}$ とすると，

$$\sum_{j=1}^{N(R)} \log \left| \frac{R}{\zeta_j} \right| = \frac{1}{2\pi} \int_0^{2\pi} \log |f(Re^{i\theta})| d\theta.$$

ここで，条件(7.58)より，右辺は，$R \to \infty$ のとき，$(T+o(1))R$ 以下，また，左辺は，

$$\sum_{j=1}^{N(R)} \log \left| \frac{R}{\zeta_j} \right| = \int_0^R \log \frac{R}{r} dN(r) = \int_0^R \frac{1}{r} N(r) dr$$

$$\geq \int_{R/2}^R N(r) \frac{dr}{r} \geq N(R/2) \log 2.$$

よって，

$$N(R/2) \leq (T+o(1))R/\log 2.$$

ゆえに，(7.59)が成り立つ． ■

注意 7.33

(1) ある $T \geq 0$ に対して，上の条件(7.58)を満たす整関数を，**指数型整関数**といい，とくに T を明示したいときには，**指数型 $\leq T$ の整関数**という．

(2) 上の定理より，指数型整関数 f の零点を $\{\zeta_j\}$ とすると，任意の $\delta > 0$ に対して，

(7.60) $$\sum_{j \geq m+1} |\zeta_j|^{-1-\delta} = \int_{0+}^{\infty} r^{-1-\delta} dN(r) < \infty$$

がわかる.ただし,$\zeta_1 = \cdots = \zeta_m < |\zeta_j|$ $(j \geq m+1)$ とする.これを利用すると,無限積

$$z^m \prod_{j \geq m+1} \left\{ \left(1 - \frac{z}{\zeta_j}\right) e^{z/\zeta_j} \right\}$$

が収束することが,容易にわかる.

(3) 一般に,指数型整関数は必ず

(7.61) $$f(z) = c_1 e^{c_2 z} z^m \prod_{j \geq m+1} \left\{ \left(1 - \frac{z}{\zeta_j}\right) e^{z/\zeta_j} \right\}$$

の形に表現できることが知られている.(これを **Hadamard** 積という.([14]参照).)

(c) Hardy の定理

複素関数論と Fourier 解析の遭遇から生まれた美しい定理を紹介しよう.その証明には Liouville の定理と Phragmén–Lindelöf の定理を用いることになる.

定理 7.34 (Hardy の定理) $a, b > 0$ とする.可積分関数 f に対して,不等式

(7.62) $$|f(x)| \leq A e^{-ax^2/2} \quad (A \text{ は定数})$$

が成り立ち,その Fourier 変換 $\hat{f}$ に対しても不等式

(7.63) $$|\hat{f}(\xi)| \leq B e^{-b\xi^2/2} \quad (B \text{ は定数})$$

が成り立つとすると,

(i) $ab > 1$ のとき,$f = 0$.

(ii) $ab = 1$ のとき,$f(x) = C e^{-ax^2/2}$ (C は定数). □

注意 7.35 $ab < 1$ のときは,(7.62),(7.63) をみたす関数 f は無数に存在する.実際,Hermite 関数 $h_n(x)$ がその例となる(§6.2 参照).しかし,ともかく,Heisenberg の不等式(第6章章末問題)と同様に,f と $\hat{f}$ の双方が急速に減衰することはできないことを上の定理は示している.

[定理 7.34 の証明] $0°$ 必要ならば変数を定数倍することにより,$a = b$ と仮定してよい.

§7.2 関数論と Fourier 変換

(7.62)が成り立つとき，$\zeta = \xi + i\eta \in \mathbb{C}$ に対して，

$$\int_{-\infty}^{\infty} |e^{i\zeta x} f(x)| dx = \int_{-\infty}^{\infty} e^{-\eta x} |f(x)| dx$$

$$\leqq A \int_{-\infty}^{\infty} e^{-\eta x} e^{-ax^2/2} dx = A' e^{\eta^2/2a} < \infty$$

$$(A' = A(a/2\pi)^{1/2})$$

となるから，

$$\widehat{f}(\zeta) = (2\pi)^{-1/2} \int_{-\infty}^{\infty} e^{i\zeta x} f(x) dx$$

は，$\mathbb{C}$ 全体で定義され，整関数となり，次の不等式をみたす．

(7.64) $\quad\quad |\widehat{f}(\zeta)| \leqq A' e^{\eta^2/2a} \quad (\zeta = \xi + i\eta \in \mathbb{C})$．

1° f が偶関数のときに証明すれば十分である．

実際，

$$f_{\text{ev}}(x) = (f(x) + f(-x))/2, \quad f_{\text{odd}}(x) = (f(x) - f(-x))/2$$

とおけば，$f_{\text{ev}}, f_{\text{odd}}$ に対しても同じ不等式(7.62), (7.63)が成り立つ．そして，f が奇関数の場合は，$\widehat{f}(\zeta)$ も奇関数となり，$\widehat{f}(0) = 0$ だから，$\widehat{f}(\zeta)/\zeta$ に対して(定数 A' を変えれば)，不等式(7.64)が成り立つ．もちろん，実軸上では，$\widehat{f}(\xi)/\xi$ に対して(やはり定数 B を変えれば)，不等式(7.63)が成り立つ．

よって，以下の証明が不等式(7.63), (7.64)のみに依拠しているので，偶関数の場合のみ証明すれば十分である．

以下，まず，$a = b = 1$ の場合を証明する．

2° f が偶関数ならば，整関数 $\widehat{f}(\zeta)$ も偶関数，したがって，

$$\widehat{f}(\zeta) = \sum_{n=0}^{\infty} c_n \zeta^{2n}$$

と，ベキ級数展開できる．ここで，

$$g(\zeta) = \sum_{n=0}^{\infty} c_n \zeta^n$$

とおけば，g も整関数であり，実軸の正の部分については，(7.63)より，不等式

$$(7.65) \qquad |g(r)| \leqq Be^{-r/2} \quad (r \geqq 0)$$

が成り立つ．また，$\mathbb{C}$ 全体では，(7.64) より，$\zeta = re^{i\theta}$ として，不等式

$$(7.66) \qquad |g(\zeta)| = |\widehat{f}(\sqrt{\zeta})| \leqq A' \exp\{(\mathrm{Im}\sqrt{\zeta})^2/2\}$$
$$= A' \exp\{r\sin^2(\theta/2)/2\}$$

が成り立つ．

3° 上の 2 つの不等式 (7.65), (7.66) をにらんで，Phragmén–Lindelöf の定理の適用を探る．

$0 < \alpha < \pi/2$ として，角領域 $\{\zeta; 0 < \arg\zeta < 2\alpha\}$ において

$$h(z) = g(z)\exp\left(\frac{ize^{-i\alpha}}{\sin\alpha}\right), \quad z = re^{i\theta}$$

を考えると，

$\theta = 0$ のとき，(7.65) より，$|h(r)| \leqq |g(r)|\exp(r/2) \leqq B$．

$\theta = 2\alpha$ のとき，(7.66) より，

$$|h(re^{2i\alpha})| = |g(re^{2i\alpha})|\exp(-r/2)$$
$$\leqq A'\exp(r\sin^2\alpha/2)\exp(-r/2) \leqq A'.$$

よって，$M = \max\{A', B\}$ とおくと，Phragmén–Lindelöf の定理が適用できて，

$$|h(re^{i\theta})| \leqq M \quad (0 \leqq \theta \leqq 2\alpha).$$

したがって，

$$(7.67) \quad |g(re^{i\theta})| \leqq M|\exp(-ire^{i\theta}e^{-i\alpha}/2\sin\alpha)|$$
$$= M\exp(r\sin(\theta-\alpha)/2\sin\alpha) \quad (0 \leqq \theta \leqq 2\alpha).$$

4° (7.67) において，$0 < \alpha < \pi/2$ は任意に選べたから，$\alpha \to \pi/2$ とすると，

$$|g(re^{i\theta})| \leqq \exp(-r\cos\theta/2) \quad (0 \leqq \theta \leqq \pi).$$

5° 同様の議論を下半平面で行なえば，

$$|g(re^{i\theta})| \leqq A\exp(-r\cos\theta/2) \quad (-\pi \leqq \theta \leqq 0).$$

6° 以上から，複素平面 $\mathbb{C}$ 全体で，
$$|e^{z/2}g(z)| \leqq A.$$
よって，Liouville の定理より，$e^{z/2}g(z)$ は定数関数．ゆえに $g(z) = Ce^{-z/2}$. つまり，$f(z) = Ce^{-z^2/2}$.

7° $ab > 1$ の場合．上と同様の議論ができる．しかし，最後の 6° において，$ab > 1$ が効いて，$C = 0$ となる． ∎

(d) Paley–Wiener の定理

指数型整関数 h，すなわち，ある実数 T に対して，
$$\limsup_{r \to \infty} \frac{1}{r} \log \max_\theta |h(re^{i\theta})| \leqq T < \infty$$
をみたす整関数 h は，Fourier 変換により特徴付けられることが知られている．

例 7.36 $f \in L^2(\mathbb{R})$ が
$$(7.68) \qquad f(x) = 0 \quad (|x| > T)$$
をみたすならば，
$$(7.69) \qquad \widehat{f}(\zeta) = \int_{-T}^{T} e^{i\zeta x} f(x) dx$$
となる．これより，$\widehat{f}$ は整関数に拡張でき，不等式
$$|\widehat{f}(\zeta)| \leqq e^{T|\zeta|} \int_{-T}^{T} |f(x)| dx \quad (\zeta \in \mathbb{C})$$
が成り立つ．したがって，
$$\limsup_{r \to \infty} \frac{1}{r} \log \max_\theta |\widehat{f}(re^{i\theta})| \leqq T.$$
つまり，$\widehat{f}$ は指数型 $\leqq T$ の整関数である． □

注意 7.37   最大値原理より，
$$\max_\theta |f(Re^{i\theta})| = \max_{0 \leqq r \leqq R} \max_\theta |f(re^{i\theta})|$$
が成り立つから，

$$\limsup_{r\to\infty}\frac{1}{r}\log\max_\theta|f(re^{i\theta})|=\limsup_{R\to\infty}\frac{1}{R}\log\max_{0\leq r\leq R}\max_\theta|f(re^{i\theta})|$$

となる. とくに, $f\equiv 0$ でない限り, 指数型の T は非負実数である.

さて, ここでの主題は, 例 7.36 の逆を示すことである.

定理 7.38(Paley–Wiener の定理) $f\in L^2(\mathbb{R})$ のとき, その Fourier 変換 $\widehat{f}$ が指数型$\leq T$ の整関数に拡張できるための必要十分条件は,

(7.70) $$f(x)=0 \quad (|x|>T)$$

が成り立つことである.

[証明] $\widehat{f}$ を指数型$\leq T$ の整関数として, (7.70)を示せばよい.

1° まず, 少し工夫をする.

(7.71) $$h(\xi)=\int_{-1/2}^{1/2}\widehat{f}(\xi+t)dt$$

を考えると,

(7.72) $$\widehat{h}(x)=f(x)\sin x/\sqrt{2\pi}\,x$$

であるから, $\widehat{h}(x)=0\ (|x|>T)$ を証明すればよい.

このような工夫をする理由は次の点にある. (7.71)に Schwarz の不等式を適用すると,

$$|h(\xi)|^2\leq\int_{-1/2}^{1/2}|\widehat{f}(\xi+t)|^2 dt\leq\|\widehat{f}\|_2^2<\infty.$$

また,

$$\|h\|_2\leq\int_{-1/2}^{1/2}\|\widehat{f}(\cdot+t)\|_2 dt=\|f\|_2<\infty.$$

したがって, h は有界な 2 乗可積分関数である.

2° $B>T$ として, $\mathbb{C}$ 上の関数 $e^{iBz}h(z)$ を考えると, これも指数型整関数であり, 1° より, 実軸上で有界である. さらに, $B>T$ より, この関数は, 虚軸の正の部分でも有界である. 実際

$$|e^{iB(iy)}h(iy)|=e^{-By}|h(iy)|\to 0 \quad(y\to\infty).$$

したがって, Phragmén–Lindelöf の定理が適用できて, 不等式

(7.73) $\qquad |h(re^{i\theta})| \leq C\exp(Br\sin\theta)$ (C は定数)

が $r\geq 0$, $0\leq\theta\leq\pi$ に対して成り立つ.

3° もう1つ技巧をこらす. h の代わりに, $A>0$ として関数 $h(z)/(1-e^{iAz})$ を考える. すると, Cauchy の定理が適用できて,

$$\int_{-R}^{R}\frac{e^{ix\xi}}{1-iA\xi}h(\xi)d\xi = -i\int_{0}^{\pi}\frac{\exp(ixRe^{i\theta})}{1-iARe^{i\theta}}h(Re^{i\theta})Re^{i\theta}d\theta.$$

したがって, $R>A^{-1}$, $x>B$ のとき, (7.73)を用いると,

$$\left|\int_{-R}^{R}\frac{e^{ix\xi}}{1-iA\xi}\right| \leq \int_{0}^{\pi}\frac{\exp(-xR\sin\theta)}{AR-1}|h(Re^{i\theta})|Rd\theta$$

$$\leq \frac{R}{AR-1}C\int_{0}^{\pi}e^{-(x-B)R\sin\theta}d\theta$$

$$\leq \frac{2CR}{AR-1}\int_{0}^{\frac{\pi}{2}}e^{-(x-B)R(2\theta/\pi)}d\theta = \frac{C}{AR-1}\frac{\pi}{x-B}.$$

この最後の辺は, $R\to\infty$ のとき, 0 に収束する. よって,

(7.74) $\qquad \displaystyle\int_{-\infty}^{\infty}e^{ix\xi}\frac{h(\xi)}{1-iA\xi}d\xi = 0 \quad (x>B).$

ここで, $A>0$ は任意に選べたから, (7.74)において $A\to 0$ の極限がとれて,

$$\check{h}(x) = \int_{-\infty}^{\infty}e^{ix\xi}h(\xi)d\xi = 0 \quad (x>B).$$

さらに, B は, $B>T$ である限り, 任意に選べたから,

$$\check{h}(x) = 0 \quad (x>T)$$

が成り立つ.

ゆえに, $f(x)=\widehat{h}(x)(\sin x/x)^{-1} = \check{h}(-x)(\sin x/x)^{-1} = 0$ $(x>T)$.

4° 上とまったく同様にして, $f(x)=0$ $(x>T)$ がいえる. ∎

上記の Hardy の定理および前項の定理の証明は[1]のものを, いくらかわかりやすくしたものである. この種の深い定理を証明するためには, それなりの手法を駆使する必要がある. 初めて読むときは, 証明全体の構成を理解できれば十分である. 時をおいて読み直してみれば, 証明の巧妙さや, 不等式の役割など次第に理解できるようになるものである.

さて，Paley–Wiener の定理から，指数型整関数は可算無限個の点の値から決まることがわかり，応用上も有用である．

定理 7.39（標本公式(sampling theorem)） 関数 $f(z)$ が指数型 $\leq T$ の整関数で，実軸上で 2 乗可積分ならば，L^2 の意味で等式

(7.75) $$f(x) = \sum_{n \in \mathbb{Z}} \frac{1}{T} f\left(\frac{n\pi}{T}\right) \frac{\sin T(x - n\pi/T)}{x - n\pi/T}$$

が成り立ち，さらに，

(7.76) $$\|f\|_2^2 = \sum_{n=-\infty}^{\infty} \frac{\pi}{T} \left| f\left(\frac{n\pi}{T}\right) \right|^2.$$

[証明] Paley–Wiener の定理より，$\check{f}(\xi) = 0 \ (|\xi| > T)$. そこで，$\check{f}(\xi)$ を区間 $|\xi| \leq T$ 上で Fourier 級数

$$\check{f}(\xi) = \sum_{n \in \mathbb{Z}} c_n e^{-\pi i n \xi / T}$$

に展開すると，係数は，

$$c_n = \frac{1}{2T} \int_{-T}^{T} \check{f}(\eta) e^{\pi i n \eta / T} d\eta = \frac{1}{2T} \int_{-\infty}^{\infty} \check{f}(\eta) e^{\pi i n \eta / T} d\eta = \frac{\sqrt{2\pi}}{2T} f\left(\frac{n\pi}{T}\right)$$

となる．よって，

$$f(x) = \frac{1}{\sqrt{2\pi}} \int_{-\infty}^{\infty} e^{ix\xi} \check{f}(\xi) d\xi = \frac{1}{\sqrt{2\pi}} \int_{-T}^{T} e^{ix\xi} \check{f}(\xi) d\xi$$

$$= \sum_{n=-\infty}^{\infty} \frac{1}{2T} f\left(\frac{n\pi}{T}\right) \int_{-T}^{T} e^{ix\xi} e^{-\pi i n \xi / T} d\xi$$

$$= \sum_{n=-\infty}^{\infty} \frac{1}{2T} f\left(\frac{n\pi}{T}\right) \frac{e^{iT(x - n\pi/T)} - e^{-iT(x - n\pi/T)}}{i(x - n\pi/T)}$$

$$= \sum_{n=-\infty}^{\infty} \frac{1}{T} f\left(\frac{n\pi}{T}\right) \frac{\sin T(x - n\pi/T)}{x - n\pi/T}.$$

また，Plancherel の公式より，

$$\|f\|_2^2 = \|\check{f}\|_2^2 = \int_{-T}^{T} \left| \sum_{n=-\infty}^{\infty} \frac{\sqrt{2\pi}}{2T} f\left(\frac{n\pi}{T}\right) e^{-\pi i n \xi / T} \right|^2 d\xi$$

$$= \sum_{n=-\infty}^{\infty} \frac{\pi}{2T^2} \left| f\left(\frac{n\pi}{T}\right) \right|^2 \int_{-T}^{T} d\xi$$
$$= \sum_{n=-\infty}^{\infty} \frac{\pi}{T} \left| f\left(\frac{n\pi}{T}\right) \right|^2.$$

∎

§7.3 微分方程式と Fourier 変換

微分方程式, とくに, 線形の偏微分方程式は, Fourier 解析(そして, 関数解析)の発展と共に, 次第に一般的に取り扱えるようになってきた. その本格的な理論は, 偏微分方程式の教科書に譲ることにして, ここでは, その前提となる基本的な考え方を, 波の方程式を中心に, 紹介する. また, 最後の項では, $\mathbb{R}^n$ における熱方程式と Poisson 方程式について, 熱半群の観点から述べる.

なお, (b)に現れる Radon 変換は §8.4 でより詳しく調べることになる.

(a) 球面波

この項と次項では, $\mathbb{R}^n$ における**波の方程式**

(7.77) $$\frac{\partial^2 u}{\partial t^2} = \Delta u, \quad \Delta u = \sum_{j=1}^{n} \frac{\partial^2 u}{\partial x_j^2}$$

について, 主に, $n=3$ の場合を中心に考える.

波の方程式(7.77)の解 $u(t,x)$ に対して,

(7.78) $$\mathcal{E} = \int_{\mathbb{R}^n} \left\{ \left| \frac{\partial u}{\partial t}(t,x) \right|^2 + |\nabla u(t,x)|^2 \right\} dx$$

を, その**エネルギー**という. ここで

$$\nabla f(x) = \begin{pmatrix} \frac{\partial f}{\partial x_1}(x) \\ \vdots \\ \frac{\partial f}{\partial x_n}(x) \end{pmatrix}, \quad |\nabla f(x)|^2 = \sum_{j=1}^{n} \left| \frac{\partial f}{\partial x_j}(x) \right|^2.$$

エネルギーは波の方程式の保存量($\mathcal{E}$ は時間 t によらない量)である.

さて,初期値 $u(0,\cdot)=f$, $\partial u/\partial t(0,\cdot)=g\in\mathcal{S}(\mathbb{R}^n)$ として,Fourier 変換

(7.79) $\quad \widehat{u}(t,\xi)=\left(\dfrac{1}{2\pi}\right)^{n/2}\displaystyle\int_{\mathbb{R}^n}e^{-i\langle\xi,x\rangle}u(t,x)dx, \quad \langle\xi,x\rangle=\sum_{j=1}^{n}\xi_j x_j$

を考えれば,方程式(7.77)は

(7.80) $\quad\dfrac{\partial^2 \widehat{u}}{\partial t^2}(t,\xi)=-|\xi|^2\widehat{u}(t,\xi)$

となる.このとき,初期値は $\widehat{u}(0,\xi)=\widehat{f}(\xi)$, $(\partial u/\partial t)^\wedge(0,\xi)=\widehat{g}(\xi)$ だから,この常微分方程式の解は

(7.81) $\quad \widehat{u}(t,\xi)=\widehat{f}(\xi)\cos t|\xi|+\widehat{g}(\xi)\dfrac{\sin t|\xi|}{|\xi|}$

となる.これを逆変換すれば,次の公式を得る.

(7.82) $\quad u(t,x)=\left(\dfrac{1}{2\pi}\right)^{n/2}\displaystyle\int_{\mathbb{R}^n}\left(\widehat{f}(\xi)\cos t|\xi|+\widehat{g}(\xi)\dfrac{\sin t|\xi|}{|\xi|}\right)e^{i\langle\xi,x\rangle}d\xi$.

注意7.40 エネルギーは,Plancherel の公式を用いると,(7.81)より

$$\mathcal{E}=\int_{\mathbb{R}^n}\left\{\left|\dfrac{\partial u}{\partial t}\right|^2+|\nabla u|^2\right\}dx=\int_{\mathbb{R}^n}\left\{\left|\dfrac{\partial \widehat{u}}{\partial t}\right|^2+|\xi|^2|\widehat{u}|^2\right\}d\xi$$

$$=\int_{\mathbb{R}^n}\left\{\left|-\widehat{f}|\xi|\sin t|\xi|+\widehat{g}\cos t|\xi|\right|^2+|\xi|^2\left|\widehat{f}\cos t|\xi|+\widehat{g}\dfrac{\sin t|\xi|}{|\xi|}\right|^2\right\}d\xi$$

$$=\int_{\mathbb{R}^n}\{|\xi|^2|\widehat{f}|^2+|\widehat{g}|^2\}d\xi$$

となり,t について一定であることがわかる.

$n=2,3$ の場合に,(7.82)をもっと具体的な形に計算してみよう.

まず,$\mathbb{R}^3$ の場合を考えよう.(実は,波の方程式は,n が奇数の場合と偶数の場合で,少し性質が異なり,奇数次元の場合の方が扱いやすい.)

$\mathbb{R}^3$ での極座標は,x_3 軸を南北方向にとれば,緯度 θ と経度 φ を用いて,
$$x_1=r\sin\theta\cos\varphi, \quad x_2=r\sin\theta\sin\varphi, \quad x_3=\cos\theta$$
$$(0\leqq\theta\leqq\pi,\ 0\leqq\varphi<2\pi)$$

となるから,球面 $|x|=r$ 上の面積要素を $d\omega$ で表すと

(7.83) $$dω = r^2 \sin θ \, dθ dφ$$

となる.

実際の球面上での積分計算においては,南北方向は必要に応じて選び直すとよい.

補題 7.41

(7.84) $$\int_{x \in \mathbb{R}^3, \, |x|=r} e^{i\langle ξ,x \rangle} dω = 4πr \frac{\sin t|ξ|}{|ξ|}.$$

[証明] $ξ$ 方向を南北方向に選べば,$\langle ξ, x \rangle = |ξ|r\cos θ$ となるから,

$$\int_{|x|=r} e^{i\langle ξ,x \rangle} dω = \int_0^π \int_0^{2π} e^{ir|ξ|\cos θ} r^2 \sin θ \, dθ dφ$$

$$= 2πr \int_0^π e^{ir|ξ|\cos θ} r \sin θ \, dθ$$

$$= 2πr \cdot \frac{2\sin r|ξ|}{|ξ|} = 4πr \frac{\sin r|ξ|}{|ξ|}.$$

$f=0$ の場合は,この補題より,(7.82)の右辺が計算できて,

$$u(t,x) = \left(\frac{1}{2π}\right)^{3/2} \int_{\mathbb{R}^3} \widehat{g}(ξ) \frac{\sin t|ξ|}{|ξ|} e^{i\langle ξ,x \rangle} dξ$$

$$= \left(\frac{1}{2π}\right)^{3/2} \int_{\mathbb{R}^3} \widehat{g}(ξ) \left(\frac{1}{4πt} \int_{|y|=t} e^{i\langle ξ,y \rangle} dω_y \right) e^{i\langle ξ,x \rangle} dξ$$

$$= \left(\frac{1}{2π}\right)^{3/2} \frac{1}{4πt} \int_{|y|=t} dω_y \int_{\mathbb{R}^3} \widehat{g}(ξ) e^{i\langle ξ,x+y \rangle} dξ$$

($dω_y$ は y に関する面積要素を表す)

よって,

(7.85) $$u(t,x) = \frac{1}{4πt} \int_{|y|=t} g(x+y) dω_y.$$

つまり,$f=0$ の場合の解 $u(t,x)$ は,中心が x で半径 t の球面上での g の平均値になる.とくに,g の台が原点付近に集中していれば(理想化すれば,$g = δ_0$),(7.85)は球面状に進行する波面を表すことになる.このような解

を**球面波**(spherical wave)といい，(7.85)が表す波の伝わり方を **Huygens の原理**という．

$\mathbb{R}^3$ における一般の解は，$\cos t|\xi| = \partial/\partial t(\sin t|\xi|/|\xi|)$ より，

$$(7.86) \quad u(t,x) = \frac{\partial}{\partial t}\left(\frac{1}{4\pi t}\int_{|y|=t} f(x+y)d\omega_y\right) + \frac{1}{4\pi t}\int_{|y|=t} g(x+y)d\omega_y$$

と書けることが，(7.82)と(7.85)よりわかる．

やや意外であるが，$\mathbb{R}^2$ の場合の結果を $\mathbb{R}^3$ での上の結果から導くことができる．

実際，$\xi \in \mathbb{R}^2$ に $(\xi, 0) \in \mathbb{R}^3$ を対応させれば，

$$4\pi r \frac{\sin r|\xi|}{|\xi|} = \int_{x\in\mathbb{R}^3,\ |x|=r} e^{i\langle(\xi,0),x\rangle} d\omega$$

$$= \int_0^{2\pi} d\varphi \int_0^{\pi} e^{ir\sin\theta(\xi_1\cos\varphi+\xi_2\sin\varphi)} r^2 \sin\theta\, d\theta$$

$$= 2\int_0^{2\pi} d\varphi \int_0^r e^{is(\xi_1\cos\varphi+\xi_2\sin\varphi)} \frac{rs\,ds}{(r^2-s^2)^{1/2}}$$

$$= 2r \int_{x\in\mathbb{R}^2,\ |x|\leq r} \frac{e^{i\langle\xi,x\rangle}}{(r^2-|x|^2)^{1/2}} dx.$$

よって，$f=0$ の場合の $\mathbb{R}^2$ での解は，

$$(7.87) \quad u(t,x) = \frac{1}{2\pi}\int_{\mathbb{R}^2}\widehat{g}(\xi)\frac{\sin t|\xi|}{|\xi|}e^{i\langle\xi,x\rangle}d\xi$$

$$= \frac{1}{2\pi}\int_{\mathbb{R}^2}\widehat{g}(\xi)\left(\frac{1}{2\pi}\int_{|y|\leq t}\frac{e^{i\langle\xi,y\rangle}}{(t^2-|y|^2)^{1/2}}dy\right)e^{i\langle\xi,x\rangle}d\xi$$

$$= \frac{1}{2\pi}\int_{|y|\leq t}\frac{dy}{(t^2-|y|^2)^{1/2}}\frac{1}{2\pi}\int_{\mathbb{R}^2}\widehat{g}(\xi)e^{i\langle\xi,x+y\rangle}d\xi$$

$$= \frac{1}{2\pi}\int_{|y|\leq t}\frac{g(x+y)}{(t^2-|y|^2)^{1/2}}dy.$$

したがって，再び理想化した形で述べれば，球面波解

$$u(t,x) = \begin{cases} (2\pi)^{-1}(t^2-|x|^2)^{-1/2} & (|x|<t) \\ 0 & (|x|>t) \end{cases}$$

が得られた.

注意 7.42 $\mathbb{R}^3$ の場合に上で得られた球面波は,速度 1 で膨張する球面上に鋭く切り立った波であるのに対して,$\mathbb{R}^2$ の場合は,球面内に尾を引く波であり,原点付近にいつまでも影響が残る.$\mathbb{R}^2$ での解の一般形は,$\mathbb{R}^3$ の場合と同様に導けば,

$$(7.88) \quad u(t,x) = \frac{\partial}{\partial t}\left(\frac{1}{2\pi}\int_{|y|\le t}\frac{f(x+y)}{(t^2-|y|^2)^{1/2}}dy\right) + \frac{1}{2\pi}\int_{|y|\le t}\frac{g(x+y)}{(t^2-|y|^2)^{1/2}}dy$$

となることがわかる.

(b) Radon 変換と平面波

単位ベクトル $e\in\mathbb{R}^3$ を法線ベクトルとする平面は方程式

$$(7.89) \quad \langle x,e\rangle = p \quad (p\in\mathbb{R})$$

で表される.(e,p の符号を反転させても同じ平面であることに注意.)p を動かせば,これらの平面は $\mathbb{R}^3$ 全体を覆うから,$\xi\in\mathbb{R}^3$ に対して,$\xi/|\xi|=e$ と書くと,

$$\widehat{f}(\xi) = \left(\frac{1}{2\pi}\right)^{3/2}\int_{\mathbb{R}^3}e^{i\langle\xi,x\rangle}f(x)dx$$
$$= \left(\frac{1}{2\pi}\right)^{3/2}\int_{-\infty}^{\infty}e^{i|\xi|p}dp\int_{\langle x,e\rangle=p}f(x)d\sigma$$

となる.ただし,平面 $\langle x,e\rangle=p$ 上の面積要素を $d\sigma$ と書いた.

以下,

$$(7.90) \quad f^\sharp(p,e) = \frac{1}{2\pi}\int_{\langle x,e\rangle=p}f(x)d\sigma$$

とおこう.したがって,

$$(7.91) \quad \widehat{f}(\xi) = \frac{1}{\sqrt{2\pi}}\int_{-\infty}^{\infty}e^{i|\xi|p}f^\sharp(p,e)dp, \quad e=\xi/|\xi|$$

となり,$\widehat{f}$ は $f^\sharp$ の 1 次元 Fourier 変換で表される.

定義 7.43 $f\in\mathcal{S}(\mathbb{R}^3)$ に対して,上の(7.90)で定めた $f^\sharp$ を f の **Radon 変換**という.また,

294──第7章　Fourier 変換の応用

(7.92) $$f^\flat(p,e) = -\frac{1}{\sqrt{2\pi}} \frac{\partial^2}{\partial p^2} f^\sharp(p,e)$$

とおく。

定理 7.44 $f \in \mathcal{S}(\mathbb{R}^3)$ のとき，

(7.93) $$f(x) = \frac{1}{2} \int_{|e|=1} f^\flat(\langle x, e\rangle, e) d\omega.$$

[証明]

$$\begin{aligned}
f(x) &= \left(\frac{1}{2\pi}\right)^{3/2} \int_{\mathbb{R}^3} \widehat{f}(\xi) e^{i\langle \xi, x\rangle} d\xi \\
&= \frac{1}{\sqrt{2\pi}} \int_{\mathbb{R}^3} \left(\int_{-\infty}^{\infty} e^{i|\xi|p} f^\sharp(p,e) dp\right) e^{i\langle \xi, x\rangle} d\xi \\
&= \frac{1}{\sqrt{2\pi}} \int_0^\infty \int_{|e|=1} \left(\int_{-\infty}^{\infty} e^{irp} f^\sharp(p,e) dp\right) e^{ir\langle x, e\rangle} r^2 dr d\omega \\
&= \frac{1}{2\sqrt{2\pi}} \int_{|e|=1} d\omega \int_{-\infty}^{\infty} \left(y^2 \int_{-\infty}^{\infty} e^{iyp} f^\sharp(p,e) dp\right) e^{iy\langle x, e\rangle} dy \\
&= \frac{1}{2\sqrt{2\pi}} \int_{|e|=1} d\omega \int_{-\infty}^{\infty} \left(\int_{-\infty}^{\infty} e^{iyp} \left(-\frac{\partial^2}{\partial p^2} f^\sharp(p,e)\right) dp\right) e^{iy\langle x, e\rangle} dy \\
&= \frac{1}{4\pi} \int_{|e|=1} d\omega \int_{-\infty}^{\infty} \left(\int_{-\infty}^{\infty} e^{iyp} f^\flat(p,e) dp\right) e^{iy\langle x, e\rangle} dy \\
&= \frac{1}{2} \int_{|e|=1} f^\flat(\langle x, e\rangle, e) d\omega.
\end{aligned}$$

注意 7.45

（1） $f \in \mathcal{S}(\mathbb{R}^3)$ のとき，

$$\begin{aligned}
(\Delta f)^\wedge(\xi) &= -|\xi|^2 \widehat{f}(\xi) \\
&= -(2\pi)^{-1/2} |\xi|^2 \int_{-\infty}^{\infty} e^{i|\xi|p} f^\sharp(p,e) dp \\
&= (2\pi)^{-1/2} \int_{-\infty}^{\infty} e^{i|\xi|p} \left(\frac{\partial^2}{\partial p^2} f^\sharp(p,e)\right) dp
\end{aligned}$$

となる。したがって，(7.91)と見較べれば，

(7.94) $$(\Delta f)^\sharp = \partial^2 f^\sharp / \partial p^2.$$

(2) また，
$$\int e^{-i|\xi|p}\partial f^\sharp/\partial p\,dp = i|\xi|\int e^{-i|\xi|p}f^\sharp dp = i|\xi|\sqrt{2\pi}\,\widehat{f}(\xi)$$
だから，
$$\|f\|_2^2 = \|\widehat{f}\|_2^2 = \int |\widehat{f}(\xi)|^2 d\xi$$
$$= \int_{|e|=1} d\omega \int_0^\infty |\widehat{f}(re)|^2 r^2 dr$$
$$= \int_{|e|=1} d\omega \int_0^\infty \frac{1}{2\pi}\left|\int_{-\infty}^\infty e^{-irp}\frac{\partial f^\sharp}{\partial p}(p,e)dp\right| dr$$
$$= \frac{1}{2}\int_{|e|=1} d\omega \int_{-\infty}^\infty \left|\frac{1}{\sqrt{2\pi}}\int_{-\infty}^\infty e^{-iyp}\frac{\partial f^\sharp}{\partial p}(p,e)dp\right|^2 dy.$$
よって，1次元の場合の Plancherel の公式より，

(7.95) $$\|f\|_2^2 = \frac{1}{2}\int_{|e|=1} d\omega \int_{-\infty}^\infty \left|\frac{\partial f^\sharp}{\partial p}(p,e)\right|^2 dp.$$

Radon 変換を用いると，$\mathbb{R}^3$ での波の方程式は1次元の場合に帰着されることが知られている．

実際，$\partial^2 u/\partial t^2 = \Delta u$ ならば，上の注意の(1)より，方程式

(7.96) $$\frac{\partial^2 u^\sharp}{\partial t^2} = (\Delta u)^\sharp = \frac{\partial^2 u^\sharp}{\partial p^2}$$

が，任意の単位ベクトル e に対して成り立つ．したがって，d'Alembert の公式により，

$$u^\sharp(t,p,e) = \frac{1}{2}\{f^\sharp(p+t,e)+f^\sharp(p-t,e)\} + \frac{1}{2}\int_{p-t}^{p+t} g^\sharp(\ell,e)d\ell$$

となる．ただし，$f(x)=u(0,x)$，$g(x)=\partial u/\partial t(0,x)$．ゆえに，

(7.97) $$u(t,x) = \frac{1}{4}\int_{|e|=1} f^\flat(\langle x,e\rangle+t,e)d\omega + \frac{1}{4}\int_{|e|=1} f^\flat(\langle x,e\rangle-t,e)d\omega$$
$$+ \frac{1}{4}\int_{|e|=1} d\omega \int_{\langle x,e\rangle-t}^{\langle x,e\rangle+t} g^\flat(\ell,e)d\ell.$$

この公式より，$\mathbb{R}^3$ での波は，各方向への速さ1の**平面波**(plane wave)の重

ね合せであることが結論される.

なお, Radon 変換については, §8.4 で少し別の視点から詳しく扱うことにする.

(c) 定数係数線形微分作用素の表象

一般に, 多重指数 $\alpha = (\alpha_1, \cdots, \alpha_n) \in \mathbb{N}^n$ が $|\alpha| = \alpha_1 + \cdots + \alpha_n \leqq m$ の範囲を動くとき,

$$(7.98) \qquad L = \sum_{|\alpha| \leqq m} a_\alpha \partial^\alpha = \sum_{|\alpha| \leqq m} a_\alpha \frac{\partial^{|\alpha|}}{\partial x_1^{\alpha_1} \cdots \partial x_n^{\alpha_n}}$$

を m 階の**線形微分作用素**という. 以下, 各係数 a_α が定数の場合を考える.

このとき, L を $e^{i\langle \xi, x \rangle}$ に施せば, L は掛け算に化けて,

$$Le^{i\langle \xi, x \rangle} = \sum_{|\alpha| \leqq m} a_\alpha (i\xi)^\alpha e^{i\langle \xi, x \rangle} = \sum_{|\alpha| \leqq m} i^{|\alpha|} a_\alpha \xi_1^{\alpha_1} \cdots \xi_n^{\alpha_n} e^{i\langle \xi, x \rangle}$$

となる.

定義 7.46 $\xi_1, \cdots, \xi_n$ についての多項式

$$(7.99) \qquad p(\xi) = \sum_{|\alpha| \leqq m} a_\alpha (i\xi)^\alpha$$

を微分作用素 L の**表象**(symbol)という. □

例 7.47

(1) 波の方程式は,

$$\Box = \frac{\partial^2}{\partial t^2} - \Delta = \frac{\partial^2}{\partial t^2} - \sum_{j=1}^n \frac{\partial^2}{\partial x_j^2}$$

とおくと, $\Box u = 0$ と表される. ($\Box$ を **d'Alembert 作用素**と呼ぶ.) 微分作用素 $\Box$ の表象は, $t = x_0$ として,

$$p(\widetilde{\xi}) = |\xi|^2 - \xi_0^2 \quad \text{ただし}, \quad \widetilde{\xi} = (\xi_0, \xi) = (\xi_0, \xi_1, \cdots, \xi_n).$$

(2) 熱の方程式を表す微分作用素は $\partial/\partial t - \Delta$ である. この作用素の表象は, やはり $t = x_0$ として,

$$p(\widetilde{\xi}) = \xi_1^2 + \cdots + \xi_n^2 - i\xi_0.$$

(3) Poisson の方程式 $\Delta u = f$ は Laplace 作用素 Δ に支配され, Δ の表

§7.3 微分方程式と Fourier 変換

象は
$$p(\xi) = \xi_1^2 + \cdots + \xi_n^2.$$

（4） Schrödinger 作用素 $i\partial/\partial t + \Delta$ の表象は
$$p(\widetilde{\xi}) = \xi_1^2 + \cdots + \xi_n^2 + \xi_0. \qquad \square$$

さて，(a)において，波の方程式は，空間の部分だけ Fourier 変換して，
$$\frac{\partial^2 \widehat{u}}{\partial t^2} + |\xi|^2 \widehat{u} = 0 \quad (\xi \in \mathbb{R}^n)$$

の形にして解いたが，さらに，t についても Fourier 変換できれば，
$$-\xi_0^2 w + |\xi|^2 w = 0$$

の形の方程式になる．すると，$w(\widetilde{\xi}) \neq 0$ となり得るのは集合 $\{\widetilde{\xi} = (\xi_0, \xi) \in \mathbb{R} \times \mathbb{R}^n \mid |\xi|^2 - \xi_0^2 = 0\}$ の上だけである．

(a)において求めた $\widehat{u}$ を用いて，これを確かめてみよう．

$$\widehat{u}(t, \xi) = \widehat{f}(\xi) \cos t|\xi| + \widehat{g}(\xi) \frac{\sin t|\xi|}{|\xi|}$$
$$= \frac{1}{2}\left(\widehat{f}(\xi) + \frac{\widehat{g}(\xi)}{i|\xi|}\right) e^{it|\xi|} + \frac{1}{2}\left(\widehat{f}(\xi) - \frac{\widehat{g}(\xi)}{i|\xi|}\right) e^{-it|\xi|}$$

と書ける．ここで，デルタ関数を用いることにすると，
$$e^{ita} = \int e^{-it\xi_0} \delta(\xi_0 + a) d\xi_0$$

であるから，
$$w(\widetilde{\xi}) = \frac{1}{2}\left(\widehat{f}(\xi) - \frac{\widehat{g}(\xi)}{i|\xi|}\right) \delta(\xi_0 - |\xi|) + \frac{1}{2}\left(\widehat{f}(\xi) + \frac{\widehat{g}(\xi)}{i|\xi|}\right) \delta(\xi_0 + |\xi|)$$

と書ける．したがって，超関数の意味で，$\widetilde{w}(\widetilde{\xi}) \neq 0$ となるのは，$\xi_0 = \pm |\xi|$ の場合に限ることがわかる．

一般に，定数係数線形微分作用素 L に対応する方程式
$$Lu = 0$$

を考えると，(超関数の世界まで広げてみれば) u の Fourier 変換の台は，L の表象 $p(\xi)$ の零点集合 $p^{-1}\{0\} = \{\xi \mid p(\xi) = 0\}$ に含まれることがわかる．

定義 7.48 微分作用素 $L = \sum\limits_{|\alpha| \leq m} a_\alpha \partial^\alpha$ に対して, $p(\xi) = \sum a_\alpha \xi^\alpha = 0$ となるとき, ξ を L の**特性方向**(characteristic direction)という. また, 曲面 $F(x) = 0$ の各点での法線が特性方向のとき, この曲面を**特性曲面**(characteristic surface)という. □

例 7.49 次のものは $\mathbb{R}^3$ における波の方程式の特性曲面である.
（1） 球面 $|x| = t$, $t \geq 0$（正しくは, $\mathbb{R}^4$ の中の $|x| = t$ で定まる"球錐"）.
（2） 平面 $\langle x, e \rangle = t$, $t \in \mathbb{R}$. ただし, $e \in \mathbb{R}^3$ は単位ベクトルとする.（正しくは, $\mathbb{R}^4$ 内の"超平面"$\langle x, e \rangle - t = 0$.）

実際, $F(t, x_1, x_2, x_3) = |x| - t$ あるいは $\langle x, e \rangle - t$ のとき,

$$(7.100) \quad \left(\frac{\partial F}{\partial t}\right)^2 = \left(\frac{\partial F}{\partial x_1}\right)^2 + \left(\frac{\partial F}{\partial x_2}\right)^2 + \left(\frac{\partial F}{\partial x_3}\right)^2$$

が成り立つ.
なお, この(7.100)は, 波の方程式の**特性方程式**と呼ばれている. □

(d) 双曲型方程式の表象

表象 $p(\xi) = p(\xi_1, \cdots, \xi_n)$ あるいは $p(\widetilde{\xi}) = p(\xi_0, \xi) = p(\xi_0, \xi_1, \cdots, \xi_n)$ を用いると, 微分作用素 L は,

$$(7.101) \quad L = p\left(\frac{\partial}{\partial x_1}, \cdots, \frac{\partial}{\partial x_n}\right) = \sum_{|\alpha| \leq m} a_\alpha p_\alpha \frac{\partial^{|\alpha|}}{\partial x^\alpha}$$

あるいは, $L = p\left(\dfrac{\partial}{\partial t}, \dfrac{\partial}{\partial x_1}, \cdots, \dfrac{\partial}{\partial x_n}\right)$ などと書くことができる.

前項で挙げた例のうち, 波の方程式は次の意味で双曲型である.

定義 7.50 $p(\xi_0, \xi)$ が $\xi_0, \xi_1, \cdots, \xi_n$ についての m 次の実係数斉次式で, かつ, 各 $\xi \in \mathbb{R}^n$, $\xi \neq 0$ に対して, λ に関する m 次斉次方程式

$$(7.102) \quad p(\lambda, \xi) = 0$$

がちょうど m 個の相異なる実根 $\lambda_1 > \lambda_2 > \cdots > \lambda_m$ をもつとき, 微分作用素 $L = p(\partial/\partial t, \partial/\partial x_1, \cdots, \partial/\partial x_n)$ を**狭義双曲型**という. □

注意 7.51 陰関数定理により, 上の m 個の実根 $\lambda_k = \lambda_k(\xi)$ は ξ についての連続関数になる. したがって,

$$(7.103) \quad (\lambda_k(\xi), \xi) \quad (k = 1, 2, \cdots, m)$$

§7.3 微分方程式と Fourier 変換

は L の特性方向である.

以下，狭義双曲型の実数係数線形微分作用素 L を考え，簡単のため，表象 $p(\xi_0, \xi)$ の最高次の係数は 1 としておく.

このとき，特性方向を利用すると，沢山の解を作ることができる.

補題 7.52 $g: \mathbb{R} \to \mathbb{C}$ が C^m 級関数で，$\xi \in \mathbb{R}^n$, $\xi \neq 0$ のとき，

$$(7.104) \quad u = \sum_{k=1}^{m} g(\langle x-y, \xi \rangle + \lambda_k(\xi) t) \Big/ \frac{\partial p}{\partial \xi_0}(\lambda_k(\xi), \xi)$$

とおくと，u は，y を固定するごとに，$Lu = 0$ の解であり，その初期値は次のようになる.

$$(7.105) \quad \frac{\partial^j u}{\partial t^j}(0, x) = \begin{cases} 0 & (j = 0, 1, \cdots, m-2) \\ g^{(m-1)}(\langle x-y, \xi \rangle) & (j = m-1). \end{cases}$$

[証明] まず，

$$(7.106) \quad \sum_{k=1}^{m} \lambda_k(\xi)^j \Big/ \frac{\partial p}{\partial \xi_0}(\lambda_k(\xi), \xi) = \begin{cases} 0 & (j = 0, 1, \cdots, m-2) \\ 1 & (j = m-1) \end{cases}$$

に注意しよう.（複素平面上で $\lambda_1, \cdots, \lambda_m$ を囲む円 C 上で複素積分

$$(2\pi i)^{-1} \int_C \lambda^j p(\lambda, \xi)^{-1} d\lambda$$

を考えよ.）

これより，初期値に関する主張は明らかであろう.
また，$\alpha_0 + \alpha_1 + \cdots + \alpha_n = m$ のとき，

$$\frac{\partial^m}{\partial t^{\alpha_0} \partial x_1^{\alpha_1} \cdots \partial x_n^{\alpha_n}} g(\langle x, \xi \rangle + \lambda t) = \lambda^{\alpha_0} \xi_1^{\alpha_1} \cdots \xi_n^{\alpha_n} g^{(m)}(\langle x, \xi \rangle + \lambda t)$$

となるから，

$$Lu = \sum_{k=1}^{m} p(\lambda_k(\xi), \xi) g^{(m)}(\langle x, \xi \rangle + \lambda_k(\xi) t) \Big/ \frac{\partial p}{\partial \xi_0}(\lambda_k(\xi), \xi) = 0. \quad \blacksquare$$

注意 7.53 上の補題の形の解は十分に沢山あり，これを利用して，任意の解

が構成されることが知られている.例えば,n を奇数として,

$$(7.107) \qquad K(t, x-y) = \frac{1}{4(2\pi i)^{n-1}} \int_{|\xi|=1} \mathrm{sgn}(\langle x-y, \xi \rangle + t) d\omega$$

とおくと,$\mathbb{R}^n$ における波の方程式の初期値問題

$$\begin{cases} \dfrac{\partial^2 u}{\partial t^2} - \Delta u = 0 \\ u(0, x) = 0, \quad \dfrac{\partial u}{\partial t}(0, x) = f(x) \end{cases}$$

の解に対する次の公式が得られる.

$$(7.108) \qquad u(t, x) = \frac{\partial^{n-1}}{\partial t^{n-1}} \int_{\mathbb{R}^n} K(t, x-y) f(y) dy$$

この右辺を計算すると,

$$u(t, x) = \frac{1}{(n-2)!} \frac{\partial^{n-2}}{\partial t^{n-2}} \int_0^t (t^2 - r^2)^{(n-3)/2} dr \frac{1}{\omega^n} \int_{|y|=r} f(x+y) r^{1-n} d\omega$$

となり,$n = 3$ の場合には公式(7.85)が得られる.

(e) $\mathbb{R}^n$ における熱半群

波の方程式は,エネルギー保存則など $L^2(\mathbb{R}^n)$ の構造と相性が良かった.しかし,熱方程式

$$(7.109) \qquad \frac{\partial u}{\partial t} = \frac{1}{2} \Delta u, \quad \Delta = \sum_{j=1}^n \frac{\partial^2}{\partial \lambda_j^2}$$

においては,解 $u(t, x)$ が表すのは,時刻 t,位置 x における温度であり,2乗可積分性は物理的要請に基づくものではない.

しかし,やはり $L^2(\mathbb{R}^n)$ での解析は Fourier 変換が自由に使えて扱いやすい.

方程式(7.109)の解 $u(t, x)$ に対して,波の場合と同様に,Fourier 変換

$$(7.110) \qquad \hat{u}(t, \xi) = \left(\frac{1}{2\pi}\right)^{n/2} \int_{\mathbb{R}^n} u(t, x) e^{-i\langle \xi, x \rangle} dx$$

を考えることにすると,(7.109)は

§7.3 微分方程式と Fourier 変換

$$\frac{\partial \widehat{u}}{\partial t}(t,\xi) = -(|\xi|^2/2)\widehat{u}(t,\xi)$$

となる．よって，初期値 $u(0,\cdot) = f \in \mathcal{S}(\mathbb{R}^n)$ のとき，

$$\widehat{u}(t,\xi) = \widehat{f}(\xi)\exp(-t|\xi|^2/2)$$

もまた，$\mathcal{S}(\mathbb{R}^n)$ の元であり，したがって

$$u(t,x) = \left(\frac{1}{2\pi}\right)^{n/2} \int_{\mathbb{R}^n} e^{i\langle \xi, x\rangle} \widehat{u}(t,\xi) d\xi$$

も $\mathcal{S}(\mathbb{R}^n)$ の元である．これを計算してみると，

$$\begin{aligned}
u(t,x) &= \left(\frac{1}{2\pi}\right)^{n/2} \int_{\mathbb{R}^n} \widehat{f}(\xi) e^{i\langle\xi,x\rangle - t|\xi|^2/2} d\xi \\
&= \left(\frac{1}{2\pi}\right)^n \int_{\mathbb{R}^n} f(y)dy \int_{\mathbb{R}^n} e^{i\langle\xi,x-y\rangle - t|\xi|^2/2} d\xi \\
&= \int_{\mathbb{R}^n} \left(\frac{1}{2\pi t}\right)^{n/2} e^{-|x-y|^2/2t} f(y) dy.
\end{aligned}$$

そこで，1次元のときと同様に，**熱核**を

(7.111) $$g(t,x) = \left(\frac{1}{2\pi t}\right)^{n/2} \exp\left(-\frac{|x|^2}{2t}\right)$$

で定めると，$g(t,x) \geq 0$, $\int_{\mathbb{R}^n} g(t,x)dx = 1$ が成り立つ．

補題 7.54 $f \in \mathcal{S}(\mathbb{R}^n)$ のとき，$u = g(t,\cdot) * f$ つまり

(7.112) $$u(t,x) = \int_{\mathbb{R}^n} g(t,x-y)f(y)dy \quad (t>0,\ x \in \mathbb{R}^n)$$

とおくと，次のことが成り立つ．
(i) 任意の $t>0$ に対して，$u(t,\cdot) \in \mathcal{S}(\mathbb{R}^n)$．
(ii) u は熱方程式(7.109)の解．
(iii) 任意の $1 \leq p \leq \infty$ に対して，
(7.113) $$\|u(t,\cdot) - f\|_p \to 0 \quad (t \to 0).$$
(iv) 任意の $t>0$ と $1 \leq p \leq \infty$ に対して，
$$\|u(t,\cdot)\|_p \leq \|f\|_p.$$

[証明] (i), (ii) はもはや明らかであろう．(iv) は Hölder の不等式より従

う．実際，$1<p<\infty$, $1/p+1/q=1$ とすると，

$$\left|\int_{\mathbb{R}^n}g(t,x-y)f(y)dy\right| \leq \int_{\mathbb{R}^n}g(t,x-y)^{1/q}\cdot g(t,x-y)^{1/p}|f(y)|dy$$

$$\leq \left(\int_{\mathbb{R}^n}g(t,x-y)dy\right)^{1/q}\left(\int_{\mathbb{R}^n}g(t,x-y)|f(y)|^pdy\right)^{1/p}$$

$$= \left(\int_{\mathbb{R}^n}g(t,x-y)|f(y)|^pdy\right)^{1/p}$$

より，$\|g(t,\cdot)*f\|_p^p \leq \iint g(t,x-y)|f(y)|^pdxdy = \int |f(y)|^pdy = \|f\|_p^p$.
（$p=1,\infty$ のときは容易であるので略す．）

(iii)を示そう．

$$\|u(t,\cdot)-f\|_p^p = \int\left\{\int g(t,y)|f(x-y)-f(x)|dy\right\}^p dx$$

$$\leq \iint g(t,y)|f(x-y)-f(x)|^p dy dx$$

$$= \int g(t,y)\|f(\cdot-y)-f\|_p^p dy.$$

ここで，$\|f(\cdot-y)-f\|_p$ は y について有界連続で，任意の $\varepsilon>0$ に対して，

$$\int_{|y|>\varepsilon}g(t,y)dy \to 0 \quad (t\to 0)$$

である．よって，（1次元のときと同様の論法により）$\lim_{t\to 0}\|u(t,\cdot)-f\|_p = 0$. ∎

関数空間 $L^p(\mathbb{R}^n)$ $(1\leq p<\infty)$ において，任意の元は $\mathcal{S}(\mathbb{R}^n)$ に属する関数列の極限だから，上の補題より次がいえる．

定理 7.55 $1\leq p<\infty$, $f\in L^p(\mathbb{R}^n)$ のとき，$u=g(t,\cdot)*f$ とおくと，
（i） $\|u(t,\cdot)\|_p \leq \|f\|_p$. とくに，$u(t,\cdot)\in L^p(\mathbb{R}^n)$.
（ii） $L^p(\mathbb{R}^n)$ において，熱方程式(7.109)が成り立つ．
（iii） $\lim_{t\to 0}\|u(t,\cdot)-f\|_p = 0$. □

注意 7.56
（1） $\mathbb{R}^n$ 上の有界連続関数全体の空間を $\mathcal{C}_b(\mathbb{R}^n)$ とすると，上の定理は $p=\infty$ として，$\mathcal{C}_b(\mathbb{R}^n)$ においても成り立つ．なお，温度 $u(t,x)$ に対する方程式としては，熱方程式は $\mathcal{C}_b(\mathbb{R}^n)$ で考えるのが自然であろう．

（2） $g(t,\cdot) \in \mathcal{S}(\mathbb{R}^n)$ より，$g(t,\cdot)$ の任意階の導関数はすべて $\mathcal{S}(\mathbb{R}^n)$ の元であるから，$u(t,\cdot) = g(t,\cdot) * f$ は C^∞ 級関数である．

以下，次のような記法を用いよう．

(7.114) $$T_t f(x) = g(t,\cdot) * f(x) = \int_{\mathbb{R}^n} g(t,y) f(x-y) dy.$$

補題 7.57

（ⅰ） $1 \leqq p < \infty$ のとき，T_t は $L^p(\mathbb{R}^n)$ 上の線形作用素であり，縮小的である：

(7.115) $$\|T_t f\|_p \leqq \|f\|_p \quad (t > 0).$$

また，T_t は $C_b(\mathbb{R}^n)$ 上の線形作用素でもあり，

(7.116) $$\|T_t f\|_\infty \leqq \|f\|_\infty \quad (t > 0).$$

（ⅱ） 上のいずれの場合にも，$\{T_t\}_{t>0}$ は半群をなし，t について強連続である：

(7.117) $$T_t(T_s f) = T_{t+s} f \quad (t, s > 0),$$

(7.118) $$\|T_t f - f\|_p \to 0 \quad (t \to 0).$$
□

定義 7.58 上の (7.114) で定めた線形作用素の族 $\{T_t\}_{t>0}$ を**熱半群**(heat semigroup)という．なお，一般に (7.115)–(7.118) をみたす線形作用素の族 $\{T_t\}_{t>0}$ を**強連続縮小半群**(strongly continuous contraction semigroup)ということがある．
□

熱核の性質は，次元 n によらず共通のものも多いが，次の点では次元によって性格を異にする．（酔歩の場合の再帰性とまったく同様である．）

定理 7.59

（ⅰ） $n = 1, 2$ のとき，f が非負連続関数で，$f \equiv 0$ でなければ，

(7.119) $$\int_0^\infty T_t f(x) dt = \infty \quad (x \in \mathbb{R}).$$

（ⅱ） $n > 2$ のとき，f がコンパクトな台をもつ非負連続関数ならば，

(7.120) $$v(x) = \int_0^\infty T_t f(x)dt < \infty \quad (x \in \mathbb{R}).$$

注意 7.60 以下に示すように,

(7.121) $$v(x) = 2^{-1}\Gamma\left(\frac{n-2}{2}\right)\pi^{-n/2}\int_{\mathbb{R}^n}\frac{f(y)}{|x-y|^{n-2}}dy$$

となる. v が Poisson 方程式

(7.122) $$\frac{1}{2}\Delta v = -f$$

の解であることは既知であろう. なお, 上の(ii)において $n > 2$ と書いたのは, $n = 2$ が境い目であることを強調するためである. 実際, 負曲率をもつ曲面, 例えば Riemann 面では, $n = 2$ でも(ii)が成り立つ(角谷静夫, 1953 年公表).

[証明] (i) $n = 1, 2$ のとき, 任意の $x \in \mathbb{R}^n$ に対して,

$$\int_0^\infty t^{-n/2}e^{-|x|^2/2t}dt \geqq \int_1^\infty t^{-n/2}e^{-|x|^2/2}dt = \infty.$$

したがって, (7.119)が成り立つ.

(ii) $n > 2$ のとき, $|x|^2/2t = s$ と変数変換すると,

$$\int_0^\infty t^{-n/2}e^{-|x|^2/2t}dt = |x|^{-n+2}\int_0^\infty 2^{n/2-1}s^{n/2-2}e^{-s}ds$$
$$= 2^{n/2-1}\Gamma((n-2)/2)|x|^{-n+2}.$$

よって, $f \geqq 0$ であるから, $\infty = \infty$ も許せば,

$$v(x) = \int_{\mathbb{R}^n}\int_0^\infty (2\pi t)^{-n/2}e^{-|x-y|^2/2t}f(y)dydt$$
$$= 2^{-1}\Gamma\left(\frac{n-2}{2}\right)\pi^{-n/2}\int_{\mathbb{R}^n}|x-y|^{-n+2}f(y)dy.$$

ここで, 積分

$$\int_{\mathbb{R}^n}|x-y|^{-n+2}f(y)dy = \int_{\mathbb{R}^n}|y|^{-n+2}f(x-y)dy$$

が有限であることを示そう. この右辺を 2 つに分けると,

$$\int_{|y|\leqq 1} |y|^{-n+2} f(x-y)dy \leqq \max_x f(x) \int_{|y|\leqq 1} |y|^{-n+2} dy$$
$$= \|f\|_\infty \int_0^1 \Omega_n r^{-n+2} \cdot r^{n-1} dr = \|f\|_\infty \Omega_n/2 < \infty.$$

また,
$$\int_{|y|>1} |y|^{-n+2} f(x-y)dy \leqq \int_{|y|>1} f(x-y)dy \leqq \int_{\mathbb{R}^n} f(x-y)dy = \|f\|_1 < \infty.$$

よって, $v(x)<\infty$. ∎

注意 7.61 一般に, 強連続縮小半群 $\{T_t\}_{t>0}$ に対して,

(7.123) $$Gf(x) = \int_0^\infty T_t f(x)dt$$

が存在するとき, G を **Green 作用素** という. また, $\lambda>0$ のときは, つねに

(7.124) $$G_\lambda f(x) = \int_0^\infty e^{-\lambda t} T_t f(x)dt$$

が存在する. この作用素 G_λ を**レゾルベント**(resolvent)という.

上記の (7.115)–(7.118) より, レゾルベントについて次のことがいえる.

(i) $1\leqq p<\infty$ のとき, G_λ は $L^p(\mathbb{R}^n)$ 上の線形作用素で,

(7.125) $$\|G_\lambda f\|_p \leqq \lambda^{-1} \|f\|_p.$$

また, G_λ は $\mathcal{C}_b(\mathbb{R}^n)$ 上の線形作用素で, $p=\infty$ として (7.125) が成り立つ.

(ii) $\lambda,\mu>0$ のとき,

(7.126) $$G_\lambda f - G_\mu f + (\lambda-\mu)R_\lambda R_\mu f = 0.$$

(iii) $\lim_{\lambda\to\infty} \|\lambda G_\lambda f - f\|_p = 0.$

(iv) $n\geqq 3$ のときは, さらに f の台がコンパクトと仮定すると,

(7.127) $$Gf = \lim_{\lambda\to 0} G_\lambda f.$$

上の (ii) の (7.126) 式は, **レゾルベント方程式**ということがある. さらに, 次のことが知られている. 以下, X で $L^p(\mathbb{R}^n)$ または $\mathcal{C}_b(\mathbb{R}^n)$ を表す.

(v) $D = \{R_\lambda f \mid f \in X\}$ とおくと, D は $\lambda>0$ によらない. そして, $u\in D$ に対して, $u=R_\lambda f$ をみたす $\lambda>0$, $f\in X$ をとり,

(7.128) $$Lu = \lambda u - f$$

とおくと, これは, u の表し方によらない. つまり, $u=R_\mu g$ とすれば, $\lambda u - f =$

$\mu u - g$. (以上は,レゾルベント方程式からわかる.)

(vi) D は X で稠密である. (これは (iii) より従う.)

(vii) $u \in D$ のとき, $t=0$ における $T_t u$ の微分が Lu である. すなわち,

(7.129)
$$\left\| \frac{1}{t}(T_t u - u) - Lu \right\|_p \to 0 \quad (t \to 0).$$

とくに, $u \in D \cap C^2(\mathbb{R}^n)$ ならば, 次の等式が成り立つ.

(7.130)
$$Lu = \frac{1}{2} \Delta u.$$

したがって, 定義域 D の線形作用素 L は, (必ずしも 2 回微分可能でない関数に対しても定義されている) $(1/2)\Delta$ の拡張であり, 熱半群の**生成作用素**と呼ばれている. とくに, $p=2$ のとき, Fourier 変換を用いると, 次のように表される.
$$D = \{ u \in L^2(\mathbb{R}^n) \mid |\xi|^2 \hat{u} \in L^2 \}, \quad Lu = [(-|\xi|^2/2)\hat{u}]^{\vee}.$$

§7.4 いろいろな変換

Fourier 変換がその中で最も基本的なものであるが, 積分を用いて定義されるさまざまな変換があり, 対象に応じて使い分けられている.

ここでは, まず, Laplace 変換と Hilbert 変換について, 基礎的な事実を紹介する. Laplace 変換についての少し詳しい性質は §8.2 で扱う. Hilbert 変換については, 複素関数の境界値との関係にも触れる. 次に, Newton ポテンシャルの一般化である Riesz ポテンシャルの基礎的な事項を, 球面平均を利用して調べておく. これは §8.4 の Radon 変換その他でしばしば必要となる.

最後の項では, 群の上の Fourier 変換という視点について触れておく.

(a) Laplace 変換

半直線 $[0, \infty)$ 上の関数 f が与えられたとき, $\lambda \in \mathbb{C}$ として

(7.131)
$$\varphi(\lambda) = \int_0^\infty e^{-\lambda x} f(x) dx$$

の形の積分を **Laplace 積分** という. 通常, ある $\lambda_0 \in \mathbb{R}$ がとれて, $\lambda \geq \lambda_0$ の

とき（したがって，$\operatorname{Re}\lambda \geqq \lambda_0$ のとき），積分(7.131)が存在すれば，関数 $\varphi(\lambda)$ を f の **Laplace 変換**と呼ぶ．

例 7.62

（1） $\alpha \in \mathbb{R}$ のとき，
$$\int_0^\infty e^{-\lambda x} e^{-\alpha x} dx = (\lambda+\alpha)^{-1} \quad (\operatorname{Re}\lambda > -\alpha).$$

（2） n が非負整数のとき，
$$\int_0^\infty e^{-\lambda x} \frac{x^n}{n!} dx = \lambda^{-n-1} \quad (\operatorname{Re}\lambda > 0).$$

より一般に，$s > 0$ のとき，
$$\int_0^\infty e^{-\lambda x} x^{s-1} dx = \lambda^{-s} \Gamma(s) \quad (\operatorname{Re}\lambda > 0).$$

Laplace 変換については，第 8 章でやや詳しく扱うので，ここでは簡単なことがらだけを述べておく．

補題 7.63 $f: [0,\infty) \to \mathbb{C}$ が有界で，任意の有界閉区間 $[0,T]$ ($T > 0$) 上で可積分であれば，f の Laplace 変換 $\varphi(\lambda)$ は，$\operatorname{Re}\lambda > 0$ の範囲で定義された解析関数となる．

［証明］ $\operatorname{Re}\lambda > 0$ とすると，
$$\int_0^\infty |e^{-\lambda x} f(x)| dx \leqq \|f\|_\infty \int_0^\infty e^{-x \operatorname{Re}\lambda} dx = \|f\|_\infty / \operatorname{Re}\lambda < \infty.$$

よって，$\varphi(\lambda)$ は存在する．解析性を示そう．$\mu \in \mathbb{C}$，$|\mu-\lambda| < \operatorname{Re}\lambda$ とすれば，$\operatorname{Re}\mu > 0$ であり，
$$\int_0^\infty |e^{-\lambda x} x^n/n!| |f(x)| dx \leqq \|f\|_\infty \int_0^\infty e^{-x \operatorname{Re}\lambda} (x^n/n!) dx = \|f\|_\infty / (\operatorname{Re}\lambda)^{n+1}.$$

よって，$\varphi(\mu)$ は，
$$\varphi(\mu) = \int_0^\infty e^{-\mu x} f(x) dx = \sum_{n=0}^\infty \frac{(\mu-\lambda)^n}{n!} \int_0^\infty e^{-\lambda x} x^n dx$$

と，ベキ級数展開できる．ゆえに，$\varphi(\lambda)$ は $\operatorname{Re}\lambda > 0$ で解析的である． ∎

上の補題から，Fourier 逆変換を用いて，Laplace 変換の逆変換を導くこと

定理 7.64 $f:[0,\infty)\to\mathbb{C}$ が有界連続関数のとき，任意の $\lambda>0$ と $x>0$ に対して，

(7.132) $$f(x)=\lim_{T\to\infty}\frac{1}{2\pi}\int_{-T}^{T}e^{(\lambda+i\xi)x}\varphi(\lambda+i\xi)d\xi.$$

[証明]（§6.1 の後半を思い出せば，）

$$\int_{-T}^{T}e^{(\lambda+i\xi)x}\varphi(\lambda+i\xi)d\xi = \int_{-T}^{T}e^{(\lambda+i\xi)x}\Big(\int_{0}^{\infty}e^{-(\lambda+i\xi)y}f(y)dy\Big)d\xi$$

$$= e^{\lambda x}\int_{0}^{\infty}\Big(\int_{-T}^{T}e^{i\xi(x-y)}d\xi\Big)e^{-\lambda y}f(y)dy$$

$$= e^{\lambda x}\int_{0}^{\infty}\frac{2\sin(x-y)T}{x-y}e^{-\lambda y}f(y)dy$$

$$\to e^{\lambda x}\cdot e^{-\lambda x}f(x) = f(x) \quad (T\to\infty). \quad \blacksquare$$

注意 7.65 $\lambda>0$ とのき，

$$f_\lambda(x)=\begin{cases} e^{-\lambda x}f(x) & (x>0) \\ 0 & (x\leqq 0) \end{cases}$$

とおくと，$f_\lambda\in L^2(\mathbb{R})$．したがって，$f$ が有界で，任意の閉区間上で可積分ならば，$L^2(\mathbb{R})$ の意味でも等式(7.132)が成り立つ．

半直線 $[0,\infty)$ 上の 2 つの関数 f,g に対して，

(7.133) $$f*g(x)=\int_{0}^{x}f(x-y)g(y)dy=\int_{0}^{x}f(y)g(x-y)dy \quad (x>0)$$

が存在するとき，これを f,g のたたみこみという．

例えば，連続関数 f,g が有界であっても，たたみこみ $f*g$ はもはや有界とは限らないが，ここまでの議論を見直せば，$f*g$ の Laplace 変換が $\mathrm{Re}\,\lambda>0$ で定義された解析関数となることは明らかであろう．

定理 7.66 関数 $f_1,f_2:[0,\infty)\to\mathbb{C}$ が有界で，任意の閉区間上で可積分ならば，たたみこみ f_1*f_2 の Laplace 変換 φ は，f_1 と f_2 の Laplace 変換

φ_1, φ_2 の積である.すなわち,
(7.134) $$\varphi(\lambda) = \varphi_1(\lambda)\varphi_2(\lambda).$$
[証明] 実際,積分の順序交換に少し注意すれば,
$$\varphi(\lambda) = \int_0^\infty e^{-\lambda x}\left(\int_0^x f_1(x-y)f_2(y)dy\right)dx$$
$$= \int_0^\infty e^{-\lambda y}f_2(y)\left(\int_y^\infty e^{-\lambda(x-y)}f_1(x-y)dx\right)dy$$
$$= \int_0^\infty e^{-\lambda y}f_2(y)\left(\int_0^\infty e^{-\lambda x}f_1(x)dx\right)dy = \varphi_1(\lambda)\varphi_2(\lambda).$$ ∎

(b) Hilbert 変換と Cauchy の特異積分

Hilbert 変換には,幾通りかの定義の仕方がある.ここでは,$L^2(\mathbb{R})$ における Hilbert 変換を,Fourier 変換をもとにして定義し,他の形との同等性を見る.

定義 7.67 $f \in L^2(\mathbb{R})$ に対して,
(7.135) $$Hf(x) = (\mathrm{sgn}(\xi)\widehat{f})^\vee(x)$$
とおき,Hf を f の **Hilbert 変換**という.この形から形式的には,
(7.136) $$H^2 f = f.$$ □

補題 7.68 $f \in L^2(\mathbb{R})$ のとき,$Hf \in L^2(\mathbb{R})$ で,
(7.137) $$\|Hf\|_2 = \|f\|_2.$$
とくに,$H^2 f \in L^2(\mathbb{R})$ となり,$(\mathrm{sgn}\,\xi)^2 = 1\,(\xi \neq 0)$ より,(7.136) が成り立つ.

[証明] $|\mathrm{sgn}(\xi)| = 1\,(\xi \neq 0)$ であるから,
$$\|f\|_2 = \|\widehat{f}\|_2 = \|(\mathrm{sgn}\,\xi)\widehat{f}\|_2 = \|((\mathrm{sgn}\,\xi)\widehat{f})^\vee\|_2.$$ ∎

定理 7.69 $f \in L^2(\mathbb{R})$ のとき,(L^2 の意味で)
$$Hf(x) = -\frac{1}{\pi i}\mathrm{p.v.}\int_{-\infty}^\infty \frac{f(y)}{y-x}dy.$$
(主値 p.v. については,定義 5.59 参照.)

[証明] $\varepsilon > 0$ として,
$$g_\varepsilon(x) = \int_{|y|>\varepsilon} \frac{f(x-y)}{y}dy = f*(y^{-1}1(|y|>\varepsilon))$$

とおくと，$f_\varepsilon\, x^{-1}1(|x|>\varepsilon) \in L^2(\mathbb{R})$ ゆえ，$g_\varepsilon \in L^2(\mathbb{R})$ で，
$$\int_{-\infty}^{\infty} e^{-i\xi x} g_\varepsilon(x) dx = \left(\int_{-\infty}^{\infty} e^{-i\xi x} f(x) dx\right) \left(\int_{|y|>\varepsilon} e^{-i\xi y} y^{-1} dy\right).$$
したがって，
$$\widehat{g_\varepsilon}(\xi) = -2i \int_\varepsilon^\infty \frac{\sin \xi y}{y} dy\, \widehat{f}(\xi) = -2i\, \mathrm{sgn}(\xi) \int_\varepsilon^\infty \frac{\sin t}{t} dt\, \widehat{f}(\xi).$$
よって，
$$\|\widehat{g_\varepsilon} + \pi i\, \mathrm{sgn}(\xi)\widehat{f}\|_2 \leqq 2\left(\frac{\pi}{2} - \int_\varepsilon^\infty \frac{\sin t}{t}\right) dt \to 0 \quad (\varepsilon \to 0).$$
ゆえに，
$$\|g_\varepsilon/\pi i + Hf\|_2 = \|\widehat{g_\varepsilon}/\pi i - \mathrm{sgn}(\xi)\widehat{f}\|_2 \to 0 \quad (\varepsilon \to 0). \quad\blacksquare$$

以上で，Hilbert 変換について本書で最小限必要な事実は終りであるが，やはり，複素関数論的な見方も紹介しておかなければその数学的な全体像は見えてこない．（詳しくは，§8.1 Hardy 空間を参照.）

補題 7.70 $f \in L^2(\mathbb{R})$ のとき，$z = x+iy \in \mathbb{C}^+ \cup \mathbb{C}^- = \mathbb{C}\setminus\mathbb{R}$ ならば，積分

(7.138) $$\varphi(z) = \frac{1}{2\pi i} \int_{-\infty}^{\infty} \frac{f(t)dt}{t-z}$$

は収束し，$\varphi: \mathbb{C}^+ \cup \mathbb{C}^- \to \mathbb{C}$ は解析的である．

[証明] $z = x+iy,\ y \neq 0$ のとき，
$$\int_{-\infty}^{\infty} \left|\frac{f(t)}{t-z}\right| dt = \int_{-\infty}^{\infty} \left|\frac{f(t)}{(t-x)-iy}\right| dt$$
$$\leqq \left(\int_{-\infty}^{\infty} |f(t)|^2 dt\right)\left(\int_{-\infty}^{\infty} \frac{dt}{(t-x)^2+y^2}\right) = (\pi/|y|)\|f\|_2^2.$$
よって，この積分は確定する．また，$\zeta = \xi+i\eta,\ |\zeta-z| < |y_0|$ ならば，$\eta \neq 0$ であり，$|\zeta-z| < |t-z|\ (t \in \mathbb{R})$ となるから，
$$\int_{-\infty}^{\infty} \frac{f(t)}{t-\zeta} dt = \int_{-\infty}^{\infty} \frac{f(t)}{t-z-(\zeta-z)} dt$$
$$= \int_{-\infty}^{\infty} \sum_{n=0}^{\infty} \frac{f(t)}{(t-z)^{n+1}} (\zeta-z)^n dt$$

$$= \sum_{n=0}^{\infty} \left(\int_{-\infty}^{\infty} \frac{f(t)}{(t-z)^{n+1}} dt \right) (\zeta-z)^n$$

が成り立つ．(右辺の $(\zeta-z)^n$ の係数として現れる積分の収束も明らかだろう．) ゆえに，$\varphi(z)$ は解析的で，

$$\frac{1}{n!} \varphi^{(n)}(z) = \int_{-\infty}^{\infty} \frac{f(t)}{(t-z)^{n+1}} dt.$$

系 7.71 $f \in L^2(\mathbb{R})$ に対して，$\varphi: \mathbb{C}^+ \cup \mathbb{C}^- \to \mathbb{C}$ を (7.138) で定めれば，

(7.139) $\qquad \varphi(x+i\delta) - \varphi(x-i\delta) \to f(x) \quad (\delta \downarrow 0)$．

[証明]

$$\varphi(x+i\delta) - \varphi(x-i\delta) = \frac{1}{2\pi i} \int_{-\infty}^{\infty} \left(\frac{1}{t-x-i\delta} - \frac{1}{t-x+i\delta} \right) f(t) dt$$
$$= \frac{1}{\pi} \int_{-\infty}^{\infty} \frac{\delta}{(t-x)^2+\delta^2} f(t) dt.$$

したがって，

$$\|\varphi(\cdot+i\delta) - \varphi(\cdot-i\delta) - f\|_2$$
$$\leq \frac{1}{\pi} \int_{-\infty}^{\infty} \frac{\delta}{t^2+\delta^2} \|f(\cdot-t) - f\|_2 dt \to 0 \quad (\delta \to 0).$$

この結果を見ると，上下からの実軸上での "境界値"

$$\varphi(x \pm i0) = \lim_{\delta \downarrow 0} \varphi(x \pm i\delta)$$

の存在を問題としたくなる．この精密化のために，ひとまず土俵を少し限定する．

補題 7.72 有界閉区間 $[a,b]$ 上の関数 f が Hölder 連続のとき，

(7.140)

$$\lim_{\delta \downarrow 0} \frac{1}{2\pi i} \int_a^b \frac{f(t) dt}{t-(x \pm i\delta)}$$
$$= \pm \frac{1}{2} f(x) + \frac{1}{2\pi i} \left\{ f(x) \log \frac{b-x}{x-a} + \int_a^b \frac{f(t)-f(x)}{t-x} dt \right\} \quad (複号同順).$$

[証明] まず，右辺に現れる積分の意味を確認しておこう．f は Hölder 連

続であるから，ある正定数 α, C に対して不等式
$$|f(x)-f(y)| \leqq C|x-y|^{\alpha} \quad (a \leqq x, y \leqq b)$$
が成立する．したがって，
$$|f(x)-f(y)|/|x-y| \leqq C|x-y|^{\alpha-1} \quad (a \leqq x < y \leqq b).$$
よって，広義積分として $\int_a^b (t-x)^{-1}\{f(t)-f(x)\}dt$ は確定する．

これから，
$$(7.141) \quad \lim_{\delta \downarrow 0} \frac{1}{2\pi i}\int_a^b \frac{f(t)-f(x)}{t-(x\pm i\delta)}dt = \frac{1}{2\pi i}\int_a^b \frac{f(t)-f(x)}{t-x}dt.$$

さて，$\delta > 0$ のときは，
$$\frac{1}{2\pi i}\int_a^b \frac{dt}{t-(x+i\delta)} = \frac{1}{2\pi i}\{\log(b-x-i\delta)-\log(a-x-i\delta)\}.$$

ただし，ここで，log の分枝としては，
$$\log z = \log r + i\theta \quad (z=re^{i\theta},\ r>0,\ -\pi < \theta < \pi)$$
を選ぶ．すると，$a < x < b$ より，
$$\lim_{\delta \downarrow 0} \log(b-x-i\delta) = \log(b-x),$$
$$\lim_{\delta \downarrow 0} \log(a-x-i\delta) = \log(x-a) - i\pi.$$

よって，
$$(7.142) \quad \lim_{\delta \downarrow 0} \frac{1}{2\pi i}\int_a^b \frac{f(x)dt}{t-(x+i\delta)} = \frac{1}{2\pi i}f(x)\log\frac{b-x}{x-a} + \frac{1}{2}f(x).$$

同様にして，
$$(7.143) \quad \lim_{\delta \downarrow 0} \frac{1}{2\pi i}\int_a^b \frac{f(x)dt}{t-(x-i\delta)} = \frac{1}{2\pi i}f(x)\log\frac{b-x}{x-a} - \frac{1}{2}f(x).$$

ゆえに，(7.141)と合わせれば，(7.140)が得られる．∎

注意 7.73 一般に，複素平面 $\mathbb{C}$ 上で，長さが有限の自己交叉しない曲線 Γ（閉曲線でもよい）に対しても，上と同様に
$$\lim_{\delta \downarrow 0} \frac{1}{2\pi i}\int_\Gamma \frac{f(t)dt}{t-(x+i\delta)}$$
を考えることができる．一般に，

(7.144) $$\frac{1}{2\pi i}\int_\Gamma \frac{f(t)dt}{t-z} \quad (z\in\mathbb{C})$$

の形の積分を **Cauchy 積分**(または **Cauchy の特異積分**(singular integral))と総称する．(この種の話は N. I. Muskhelishvili, *Singular integral equations*, Dover, 1992 (ロシア語第 2 版(1946)の翻訳)に詳しい．)

系 7.74 上の補題 7.72 と同様に，$f\colon [a,b]\to\mathbb{C}$ が Hölder 連続のとき，

(7.145)
$$\lim_{\delta\downarrow 0}\frac{1}{2\pi i}\int_a^b \frac{f(t)dt}{t-(x\pm i\delta)} = \pm\frac{1}{2}f(x)+\frac{1}{2\pi i}\text{p.v.}\int_a^b \frac{f(t)dt}{t-x} \quad (a<x<b).$$

[証明] Cauchy の主値を計算すると，

$$\text{p.v.}\int_a^b \frac{f(t)dt}{t-x} = \lim_{\varepsilon\downarrow 0}\left(\int_a^{x-\varepsilon}+\int_{x+\varepsilon}^b\right)\frac{f(t)dt}{t-x}$$

$$= \lim_{\varepsilon\downarrow 0}\left(\int_a^{x-\varepsilon}+\int_{x+\varepsilon}^b\right)\frac{f(t)-f(x)+f(x)}{t-x}dt$$

$$= \int_a^b \frac{f(t)-f(x)}{t-x}dt + f(x)\lim_{\varepsilon\downarrow 0}\left(\int_a^{x-\varepsilon}+\int_{x+\varepsilon}^b\right)\frac{dt}{t-x}$$

$$= \int_a^b \frac{f(t)-f(x)}{t-x}dt$$
$$+ f(x)\lim_{\varepsilon\downarrow 0}\{\log|\varepsilon|-\log|a-x|+\log|b-x|-\log|\varepsilon|\}$$

$$= \int_a^b \frac{f(t)-f(x)}{t-x}dt + f(x)\log\frac{b-x}{x-a}.$$

よって，求める関係式が得られる． ∎

上の系より，次の結果が得られる．

定理 7.75 関数 $f\colon\mathbb{R}\to\mathbb{C}$ が連続で，2 乗可積分であれば，

(7.146) $$\lim_{\delta\downarrow 0}\frac{1}{2\pi i}\int_{-\infty}^\infty \frac{f(t)dt}{t-(x\pm i\delta)} = \pm\frac{1}{2}f(x)+\frac{1}{2}Hf(x).$$

つまり，$\varphi(z)=(2\pi i)^{-1}\int_{-\infty}^\infty (t-z)^{-1}f(t)dt\ (z\in\mathbb{C}^+\cup\mathbb{C}^-)$ とおけば，

$$(7.147)\quad \begin{cases} f(x) = \varphi(x+i0) - \varphi(x-i0), \\ Hf(x) = \varphi(x+i0) + \varphi(x-i0). \end{cases}$$

[証明] f が C^∞ 級かつコンパクトな台をもつ場合は, 上の系7.74より, (7.146)は成り立つ.

一般の f の場合は, このような関数により $L^2(\mathbb{R})$ で近似すればよい. ∎

注意7.76 上の定理7.75より, 解析関数

$$(7.148)\quad h(z) = \frac{1}{\pi i}\int_{-\infty}^{\infty}\frac{f(t)dt}{t-z}\quad (z\in\mathbb{C}^+)$$

に対して,

$$\begin{aligned} h(x+i0) &= f(x) + Hf(x) \\ &= f(x) + \frac{i}{\pi}\mathrm{p.v.}\int_{-\infty}^{\infty}\frac{f(t)}{t-x}dt. \end{aligned}$$

よって, f を実数値関数とすれば, $f(x)=\mathrm{Re}\,h(x+i0)$ であり,

$$(7.149)\quad g(x) = \frac{1}{\pi}\mathrm{p.v.}\int_{-\infty}^{\infty}\frac{f(t)}{t-x}dt$$

とおけば, $g(x)=\mathrm{Im}\,h(x+i0)$ である. このとき, もちろん,

$$(7.150)\quad f(x) = -\frac{1}{\pi}\mathrm{p.v.}\int_{-\infty}^{\infty}\frac{g(t)}{t-x}dt.$$

そして, $\|Hf\|_2=\|f\|_2$ より, 等式
$$(7.151)\quad \|f\|_2 = \|g\|_2$$

が成り立つ. この3つの関係式は, 解析関数 h に対して, 例えば,

$$\sup_{y>0}\|h(\cdot+iy)\|_2 < \infty$$

のときには一般に成り立つ. (§8.1, Hardy空間参照.)

一般に, $g(x)=\mathrm{Im}\,h(\cdot+i0)$ を $f(x)=\mathrm{Re}\,h(\cdot+i0)$ の**共役関数**(conjugate function)といい, 上の(7.149)の形のものを**Hilbert変換**, (7.151)を**Parseval の等式**ということもある.

円板 $|z|<1$ 内の解析関数の境界値についても, 類似の結果が得られる.

なお, (7.147)は, 佐藤の超関数(hyperfunction)の出発点ともなった等式である.

(c) Riesz ポテンシャル

$\mathbb{R}^3$ において,

(7.152) $$u(x) = \frac{1}{4\pi} \int_{\mathbb{R}^3} \frac{f(y)}{|x-y|} dy$$

は, f に対する **Newton** ポテンシャルと呼ばれ, Poisson 方程式

$$\Delta u = -f$$

の解を与えることは, よく知られている.

一般に, $\alpha > 0$ のとき, (§5.3(a) と記号は異なるが)

(7.153) $$I^\alpha f(x) = \frac{1}{c_n(\alpha)} \int_{\mathbb{R}^n} f(y)|x-y|^{\alpha-n} dy$$

を f の **Riesz** ポテンシャルという. ただし,

(7.154) $$c_n(\alpha) = 2^\alpha \pi^{n/2} \Gamma(\alpha/2)/\Gamma((n-\alpha)/2).$$

もちろん, $n=3$ のとき, $I^2 f(x)$ は Newton ポテンシャルとなる.

補題 7.77 $f \in \mathcal{S}(\mathbb{R}^n)$ ならば, $\alpha > 0$ に対して, f の Riesz ポテンシャル $I^\alpha f$ が存在する.

[証明] 積分

$$\int_{\mathbb{R}^n} |f(y)| |x-y|^{\alpha-n} dy = \int_{\mathbb{R}^n} |f(x-y)| |y|^{\alpha-n} dy$$

を, $|y| \leq 1$ と $|y| > 1$ に分けて評価する. まず,

$$\int_{|y| \leq 1} |f(x-y)| |y|^{\alpha-n} dy \leq \|f\|_\infty \int_{|y| \leq 1} |y|^{\alpha-n} dy$$

$$= \|f\|_\infty \Omega_n \int_0^1 r^{\alpha-n} \cdot r^{n-1} dr = \|f\|_\infty \Omega_n/\alpha < \infty.$$

また,

$$\int_{|y|>1} |f(x-y)| |y|^{\alpha-n} dy \leq \int_{|y|>1} |f(x-y)| dy \leq \|f\|_1 < \infty.$$

よって, $I^\alpha f(x)$ は任意の $x \in \mathbb{R}^n$ に対して存在する. ∎

Riesz ポテンシャル $I^\alpha f$ は, 次のような面白い性質をもつ.

補題 7.78 $f \in \mathcal{S}(\mathbb{R}^n)$, $\alpha > 0$, $\beta > 0$, $\alpha + \beta < n$ のとき,
(7.155) $$I^\alpha(I^\beta f) = I^{\alpha+\beta} f.$$

[証明] まず, $x, y \in \mathbb{R}^n$ のとき, 変数変換 $w = (x-z)/|x-y|$ を施すと,
$$\int_{\mathbb{R}^n} |x-z|^{\alpha-n} |z-y|^{\beta-n} dz$$
$$= |x-y|^{\alpha+\beta-n} \int_{\mathbb{R}^n} |w|^{\alpha-n} |e-w|^{\beta-n} dw.$$

ここで, $e = (x-y)/|x-y|$. (実は, e は任意の単位ベクトルに置き換えても上の等式は成立している.) この右辺に現れた積分は, 次のことから, 収束することがわかる.

1° $w = 0$ の近くでは, $\alpha - n > -n$.
2° $w = e$ の近くでは, $\beta - n > -n$.
3° $w = \infty$ の近くでは, $(\alpha-n)+(\beta-n) = (\alpha+\beta-n)-n < -n$.

したがって,
$$I^\alpha(I^\beta f)(x) = C I^{\alpha+\beta} f(x).$$
ここで,
$$C = \frac{C_n(\alpha+\beta)}{C_n(\alpha) C_n(\beta)} \int_{\mathbb{R}^n} |x|^{\alpha-n} |e-x|^{\beta-n} dx.$$

これを計算すれば $C = 1$ となることがわかるが, ここではその計算は略す. ∎

さらに, Newton ポテンシャルが Poisson 方程式の解を与えたことの一般化として, 次のことが成り立つ.

定理 7.79 $\alpha > 2$ のとき,
(7.156) $$\Delta I^\alpha f = -I^{\alpha-2} f \quad (f \in \mathcal{S}(\mathbb{R}^n)).$$
これを, 象徴的に表すと,
(7.157) $$-\Delta = I^{-2}. \qquad \square$$

証明の準備のため, まず, **球面平均**(spherical mean)
(7.158) $$M^r f(x) = \frac{1}{r^{n-1} \Omega_n} \int_{|y|=r} f(x+y) d\omega_y = \frac{1}{\Omega_n} \int_{|e|=1} f(x+re) d\omega$$
の性質を調べておこう.

補題 7.80 $r > 0$, f は C^2 級とする.

（ i ） $\Delta M^r f = M^r \Delta f$.

（ ii ） 次の等式が成り立つ.

(7.159) $$\Delta M^r f(x) = \left(\frac{\partial^2}{\partial r^2} + \frac{n-1}{r} \frac{\partial}{\partial r} \right) M^r f(x).$$

したがって, $F(x,y) = M^{|y|}f(x)$ とおくと,

(7.160) $$\Delta_x F = \Delta_y F.$$

［証明］ 球面平均を, 回転に関する平均に読み替えて,

(7.161) $$M^r f(x) = \int_{O(n)} f(x+gy)dg \quad (y \in \mathbb{R}^n, \ |y| = r)$$

を用いると見やすい（§8.4参照）. まず,

$$\Delta M^r f(x) = \int_{O(n)} \Delta_x f(x+gy)dg = \int_{O(n)} (\Delta f)(x+gy)dg = M^r \Delta f(x).$$

また, Δ は回転不変であり, 平行移動で不変でもあるから,

$$\Delta_y [f(x+gy)] = \Delta f(x+gy).$$

したがって,

$$\int_{O(n)} \Delta f(x+gy)dg = \int_{O(n)} \Delta_y f(x+gy)dg = \Delta_y \int_{O(n)} f(x+gy)dg.$$

後は, 半径のみの関数 $f(x) = F(|x|)$ に対しては,

(7.162) $$\Delta f(x) = \frac{\partial^2 F}{\partial r^2}(r) + \frac{n-1}{r} \frac{\partial F}{\partial r}(r) \quad (|x| = r)$$

となることを思い出せばよい. ∎

［定理7.79の証明］ まず, 球面平均 $M^r f(x)$ を用いて書き換えると,

$$I^\alpha f(x) = c_n(\alpha)^{-1} \int_{\mathbb{R}^n} |y|^{\alpha-n} f(x-y) dy$$
$$= c_n(\alpha)^{-1} \int_0^\infty r^{\alpha-1} M^r f(x) dr.$$

ここで, $f \in \mathcal{S}(\mathbb{R}^n)$ より, 積分記号下で微分できるから,

$$\Delta I^\alpha f(x) = c_n(\alpha)^{-1} \int_0^\infty r^{\alpha-1} \Delta M^r f(x) dr.$$

よって，補題 7.80 より，
$$\Delta I^\alpha f(x) = c_n(\alpha)^{-1} \int_0^\infty r^{\alpha-1} \left(\frac{\partial^2}{\partial r^2} + \frac{n-1}{r} \frac{\partial}{\partial r} \right) M^r f(x) dr.$$
この右辺を部分積分すれば，$\alpha > 2$ より，2回ともお釣りの項は消えて，
$$\Delta I^\alpha f(x) = -c_n(\alpha)^{-1}(\alpha-2)(n-\alpha) \int_0^\infty r^{\alpha-3} M^r f(x) dr$$
$$= -c_n(\alpha-2)^{-1} I^{\alpha-2} f(x).$$ ∎

注意 7.81 球面平均は次のように表すこともできる．
$$\int_{|x|=t} f(x) d\omega = -t \frac{\partial}{\partial t} \int_{|x|>t} f(x)|x|^{-1} dx$$
$$= t \frac{\partial}{\partial t} \int_{|x|\leq t} f(x)|x|^{-1} dx.$$

注意 7.82 関数 f の Riesz ポテンシャル $I^\alpha f$ は，f と $|x|^{\alpha-n}$ のたたみこみ（の定数倍）である．また，
$$I^\alpha(I^\beta f) = I^{\alpha+\beta} f \quad (\alpha, \beta > 0,\ \alpha+\beta < n),$$
$$-\Delta I^\alpha f = I^{\alpha-2} f \quad (\alpha > 2)$$
が成り立つから，次のことが期待される．
(7.163) $\qquad (I^\alpha f)^\wedge(\xi) = |\xi|^{-\alpha} \hat{f}(\xi) \quad (\alpha > 0).$
しかし，任意の実数 β に対して，$\int_0^\infty r^{-\beta} dr = \infty$ であるから，本書で述べた範囲内では，等式(7.158)を正当化できない．これは，主値を考え，超関数に対しての Fourier 変換論によって解決できることが知られている．

(d) 付記: 群の上の Fourier 変換について

$\mathbb{R}_+^* = (0, \infty)$ は，乗法に関して群である．このとき，通常の dx に関する $\mathbb{R}$ 上での積分
$$\int_\mathbb{R} f(x) dx$$
が平行移動 $x \mapsto x+a$ に関して不変であった，つまり，
(7.164) $\qquad \int_\mathbb{R} f(x+a) dx = \int_\mathbb{R} f(x) dx$

が成り立ったのと同様に，$\mathbb{R}_+^*$ での平行移動 $x \mapsto ax$ に関して，積分

$$\int_{\mathbb{R}_+^*} f(x) \frac{dx}{x}$$

は不変である．加えて，通常の積分が反転 $x \mapsto -x$ に関しても不変であったのと同様に，反転 $x \mapsto x^{-1}$ に関して不変で，

(7.165) $$\int_{\mathbb{R}_+^*} f\left(\frac{1}{x}\right) \frac{dx}{x} = \int_{\mathbb{R}_+^*} f(x) \frac{dx}{x}$$

が成り立つ．（直接証明してもよいが，乗法群 $\mathbb{R}_+^*$ と加法群 $\mathbb{R}$ の間の同型写像 $x = e^t$ により $dx/x = dt$ となることを用いれば自明となる.)

この事実を念頭におくと，次の変換について，Fourier 変換や Laplace 変換の諸結果の類比がすべて可能であることは不思議ではない．

定理 7.83 $f: [0, \infty) \to \mathbb{C}$ に対して，積分

(7.166) $$\varphi(s) = \int_0^\infty x^{s-1} f(x) dx$$

が存在するとき，φ を f の **Mellin 変換**という． □

一般に，群 G に，(例えば距離によって)収束の概念が与えられていて(そのような群を**位相群**(topological group)という)，コンパクトあるいは局所コンパクトであり，かつ，G が可換群のときは，Fourier 解析(の類比)が構築できることが知られている(例えば，[10]参照).

定義 7.84 位相群 G から $\mathbb{T}^1 = \{z \in \mathbb{C};\ |z|=1\}$ への連続な準同型を，G の**指標**(character)という．つまり，$\chi: G \to \mathbb{T}^1$ が G の指標であるとは，χ が連続で，

(7.167) $\chi(gh) = \chi(g)\chi(h) \quad (g, h \in G), \quad \chi(g^{-1}) = \chi(g)^{-1} \quad (g \in G)$

をみたすことをいう．G の指標の全体を $\widehat{G}$ と書き，G の**指標群**(あるいは**双対群**)という． □

例 7.85

(1) $G = \mathbb{R}$ のとき，$\chi(x+y) = \chi(x)\chi(y)\ (x, y \in \mathbb{R}),\ |\chi(x)| = 1\ (x \in \mathbb{R})$ をみたす連続関数 χ は，ある $\xi \in \mathbb{R}$ により，

(7.168) $$\chi(x) = e^{i\xi x}$$

と書ける．逆に，$\chi(x) = e^{i\xi x}$ が指標となることは明らかである．したがって，$G = \mathbb{R}$ のとき，$\widehat{G}$ も $\mathbb{R}$ と同一視できる．まったく同様にして，$G = \mathbb{R}^n$ のとき，$\widehat{G} = \mathbb{R}^n$ となる．

（2） $G = \mathbb{T}^1$ のとき，$\chi(e^{i\theta}e^{i\varphi}) = \chi(e^{i\theta})\chi(e^{i\varphi})$ かつ $|\chi(e^{i\theta})| = 1$ となる連続関数 $\chi: \mathbb{T}^1 \to \mathbb{T}^1$ は，

(7.169) $$\chi(e^{i\theta}) = e^{2\pi i n\theta} \quad (n \in \mathbb{Z})$$

に限る．したがって，$G = \mathbb{T}^1$ のとき，$\widehat{G} = \mathbb{Z}$ である．

（3） $G = \mathbb{Z}/p\mathbb{Z}$，すなわち，$G$ を，整数全体 $\mathbb{Z}$ を法 $(\mathrm{mod})\, p$ で考えた加法群とする．このとき，G の指標 χ は

(7.170) $$\chi(n) = e^{2\pi i n k/p} \quad (k = 0, 1, \cdots, n-1)$$

と書ける．したがって，$\widehat{G} = G$ となる． □

コンパクトあるいは局所コンパクトな群 G の上では，$\mathbb{R}$ や $\mathbb{R}_+^*$ の場合と同様に，平行移動 $x \mapsto ax$ と反転 $x \mapsto x^{-1}$ に関して不変な積分が存在して，この積分に関する G 上の 2 乗可積分関数の空間 $L^2(G)$ において，次のような定理が成り立つことが知られている．（例えば，[10]）．

定理 7.86 G がコンパクトな可換群のとき，$\widehat{G}$ は離散的な可換群である．さらに $\widehat{G}$ の指標群は G 自身（と同型）である． □

定理 7.87 G がコンパクトな可換群のとき，$f \in L^2(G)$ に対して，$\widehat{G}$ 上の関数 $\widehat{f}$ を

$$\widehat{f}(\chi) = \langle f, \chi \rangle$$

で定める．このとき，Parseval の等式

$$\sum_{\chi \in \widehat{G}} |\widehat{f}(\chi)|^2 = \|f\|^2$$

および，$L^2(G)$ における等式

$$f(x) = \sum_{\chi \in \widehat{G}} \widehat{f}(\chi) \chi(x)$$

が成り立つ． □

《 要 約 》

7.1 目標

§7.1 Fourier 変換が適用できる簡単で美しい諸定理を概観.

§7.2 関数論と Fourier 変換の深い結び付きと,Paley–Wiener の定理等の理解.

§7.3 定数係数偏微分方程式の Fourier 変換による解法と表象の意味,および半群論的な見方.

§7.4 Fourier 変換と密接に関連する基本的な変換(Laplace, Hilbert, Riesz など).

7.2 主な用語

§7.1 Poisson の和公式(1 次元,多次元),(斜交)格子,Euler–Maclaurin の公式,Minkowski の格子点定理,確率密度関数と平均・分散・モーメント,中心極限定理,正定値(正型)関数,Bochner の定理,(長時間)移動平均,強連続ユニタリ半群,間隙級数

§7.2 角領域における最大値原理と平均値の定理(Phragmèn–Lindelöf の定理),(Poisson–)Jensen の公式,指数型整関数,Hardy の定理,Paley–Wiener の定理,標本公式

§7.3 球面波と Huygens の原理,平面波,Radon 変換,(定数係数線形)微分作用素と表象,特性方向・曲面,(狭義)双曲型,熱核と熱半群(多次元),Green 作用素,レゾルベント

§7.4 Laplace 変換とその逆変換,Hilbert 変換,Cauchy の(特異)積分,(解析関数の)共役関数・Hilbert 変換・Parseval の等式,Newton・Riesz ポテンシャル,球面平均,Mellin 変換,指数群(双対群)

──────── 演習問題 ────────

7.1 関数 f が,$f_n(x) = \sum_{k=1}^{n} a_k e^{i\lambda_k x}$ ($a_k \in \mathbb{C}, \lambda_k \in \mathbb{R}$) の $n \to \infty$ での一様極限であるとき,次式を示せ.

$$\lim_{T \to \infty} \int_0^T f(t+x)\overline{f(t)}dt = \sum_{k=1}^{\infty} |a_k|^2 e^{i\lambda_k x}.$$

ただし，λ_k は互いに異なる実数とする．

7.2 $f \in L^2(\mathbb{R})$，$\check{f}(\xi) = 0$ $(|\xi| > T)$ ならば，次の不等式が成り立つことを示せ．

$$|f(x+iy)|^2 \leqq \frac{\sinh 2Ty}{2\pi y} \|f\|_2^2 \quad (x+iy \in \mathbb{C},\ y > 0).$$

7.3 $f, f' \in L^2(\mathbb{R})$ のとき，波の方程式の初期値問題

$$\frac{\partial^2 u}{\partial t^2} = \frac{\partial^2 u}{\partial x^2}, \quad u(0,\cdot) = f, \quad \frac{\partial u}{\partial t}(0,\cdot) = Hf'$$

の解を $u(t,x)$ とする．ただし，H は Hilbert 変換とする．このとき，

$$w(t,x) = (2\pi t)^{-1/2} \int_{-\infty}^{\infty} e^{-s^2/2t} u(s,x) ds$$

とおくと，$w(t,x)$ は $L^2(\mathbb{R})$ における熱方程式の初期値問題

$$\frac{\partial w}{\partial t} = \frac{1}{2} \frac{\partial^2 w}{\partial x^2}, \quad w(0+,\cdot) = f$$

の解であることを示せ．

7.4 $\lambda > 0$ のとき，次の等式を示せ．

$$\frac{1}{\sqrt{2\pi t}} \int_{-\infty}^{\infty} e^{-\lambda t} e^{-\frac{x^2}{2t}} dt = \frac{1}{\sqrt{2\lambda}} e^{-\sqrt{2\lambda}|x|} \quad (x \in \mathbb{R}).$$

7.5 $k > 0$，$f(x)x^{k-1/2} \in L^2(0,\infty)$ のとき，Mellin 変換

$$F(s) = \int_0^{\infty} f(x) x^{s-1} dx \quad (\operatorname{Re} s > k)$$

に対して，次の反転公式が成り立つことを示せ．

$$f(x) = \frac{1}{2\pi i} \int_{k-i\infty}^{k+i\infty} F(s) x^{-s} ds.$$

関連する話題

　この章では，第7章までに述べたことの発展に加えて，基本的ではあっても，講義などで扱われることの少ない(あるいは抽象化された形でのみ扱われる)事柄を扱う．したがって，前章までに引き続いて本章を読んでもよいし，また，より先に進んだ段階で，ここに立ち戻って基本的でやさしい場合が何であるかを確認することも想定している．

　§8.1 は「関数論と Fourier 変換」(§7.2)の続き，§8.2 は，分布関数と Laplace 変換の話題，§8.3 は Fourier 積分や Laplace 変換の漸近挙動に関する基本的な結果をまとめてある．最後の §8.4 は積分幾何的な話題として，CT スキャンその他の応用でも有名な Radon 変換を紹介する．

§8.1　Hardy 空間

　この節は，§7.2 に引き続き，上半平面の上の Hardy 空間を主題として，関数論と Fourier 変換の深いつながり(というよりも，ほとんど一体のものである)に触れる．なお，一般には L^p ノルムを用いて，Hardy 空間 $\mathcal{H}^{p+}$ が定義できるが，本書では，$p=2$ の場合に限定する．

(a)　上半平面上の Hardy 空間

　§5.3(a)では，単位円板上の Hardy 関数について触れたが，以下では，上

半平面

(8.1) $$\mathbb{C}^+ = \{z = x+iy \mid x \in \mathbb{R}, y > 0\}$$

の上の Hardy 関数について調べる．(後に，両者は本質的に同じものであることがわかるが，場面に応じてそれぞれの利点がある．)

まず，上半平面上の解析関数が豊富にあることを示す例を挙げておこう．

例 8.1 $F \colon \mathbb{R} \to \mathbb{C}$ を有界変動関数として，

(8.2) $$h(z) = \int_{-\infty}^{\infty} \frac{1}{\xi - z} dF(\xi) \quad (z \in \mathbb{C}^+)$$

とおくと，$h \colon \mathbb{C}^+ \to \mathbb{C}$ は解析関数である．さらに，F が単調非減少であれば，$h(\mathbb{C}^+) \subset \mathbb{C}^+$ となる．h は F の **Stieltjes 変換**ということがある．

実際，$z = x+iy$, $y>0$ のとき，

(8.3) $$\frac{1}{\xi - z} = \frac{\xi - x + iy}{(\xi - x)^2 + y^2}$$

だから，$(\xi - z)^{-1}$ は，z を固定すれば ξ について有界連続関数．したがって，(8.2) の右辺の積分は確定し，z に関して解析関数となる．とくに，例えば

$$\frac{1}{n!} \frac{d^n h}{dz^n}(z) = \int_{-\infty}^{\infty} \frac{1}{(\xi - z)^n} dF(\xi).$$

さらに，(8.3) より，$\mathrm{Im}\{(\xi - z)^{-1}\} > 0$ であるから，F が単調非減少ならば，$\mathrm{Im}\, h(z) > 0$. □

注意 8.2 Stieltjes 変換はさらに拡張できて，例えば，広義積分として，

(8.4) $$\frac{1}{2\pi i} \int_{-\infty}^{\infty} \frac{e^{it\xi}}{\xi - z} d\xi = \begin{cases} e^{izt} & (t > 0) \\ 0 & (t < 0). \end{cases}$$

ただし，$z \in \mathbb{C}^+$. この証明のためには，t の値の正負に応じて，原点を中心とする半径 R の上下の半円を考え，Cauchy の積分公式を用いればよい．(このヒントでピンとこない場合は，手を動かして確かめよ．) なお，容易にわかるように，上の等式は $L^2(\mathbb{R})$ の意味でも成り立つ．

さて，上半平面 $\mathbb{C}^+$ 上の Hardy 空間は，次のように定義される．

定義 8.3 解析関数 $h \colon \mathbb{C}^+ \to \mathbb{C}$ に対して，

(8.5) $\qquad\qquad h_y = h(\cdot + iy) \quad (y > 0)$

が $L^2(\mathbb{R})$ に属し,

(8.6) $\qquad\qquad\qquad \sup_{y>0} \|h_y\|_2 < \infty$

のとき, h を **Hardy 関数** といい, その全体を $\mathcal{H}^{2+} = \mathcal{H}^2(\mathbb{C}^+)$ と書く. □

補題 8.4 $f \in L^2(\mathbb{R})$, $f(t) = 0$ $(t < 0)$ のとき,

(8.7) $\qquad\qquad h(z) = \dfrac{1}{\sqrt{2\pi}} \displaystyle\int_0^\infty e^{itz} f(t) dt \quad (z \in \mathbb{C}^+)$

とおくと, 等式

(8.8) $\qquad\qquad h(z) = \dfrac{1}{2\pi i} \displaystyle\int_{-\infty}^\infty \dfrac{\widehat{f}(\xi)}{\xi - z} d\xi \quad (z \in \mathbb{C}^+)$

が成り立つ. これらより, 次のことがいえる.

 (i) $h \in \mathcal{H}^{2+}$ で, $\sup_{y>0} \|h_y\|_2 \leqq \|f\|_2$.
 (ii) $\widehat{f}$ は, 次の意味で, h の $\mathbb{R}$ 上での境界値である.
$$\|h_y - \widehat{f}\|_2 \to 0 \quad (y \to 0).$$

[証明] $z \in \mathbb{C}^+$ に対して,

$$c_z(\xi) = \dfrac{1}{2\pi i} \dfrac{1}{\xi - z} \quad (\xi \in \mathbb{R})$$

とおくと, (8.3) より, $c_z \in L^2(\mathbb{R})$. そして, 注意 8.2 より,

$$\check{c}_z(t) = \begin{cases} e^{izt} & (t > 0) \\ 0 & (t < 0). \end{cases}$$

したがって, Plancherel の等式を用いると,

$$\dfrac{1}{2\pi i} \int_{-\infty}^\infty \dfrac{\widehat{f}(\xi)}{\xi - z} d\xi = \langle \widehat{f}, \overline{c_z} \rangle = \langle f, (\overline{c_z})^\vee \rangle = \int_0^\infty f(t) e^{izt} dt.$$

よって, (8.8) が成り立ち, (8.8) の形から, h は $\mathbb{C}^+$ 上で解析的である.

次に, $z = x + iy \in \mathbb{C}$ のとき, (8.7) より,

$$h(x+iy) = \frac{1}{\sqrt{2\pi}} \int_0^\infty e^{itx} e^{-ty} f(y) dy = \frac{1}{\sqrt{2\pi}} \int_{-\infty}^\infty e^{itx} e^{-ty} f(y) dy.$$

よって,
$$\|h_y\|_2^2 = \int_0^\infty e^{-2ty} |f(y)|^2 dy \leqq \int_0^\infty |f(y)|^2 dy = \|f\|_2^2.$$

また,
$$\|h_y - \widehat{f}\|_2^2 = \int_0^\infty (1 - e^{-ty}) |f(y)|^2 dy \to 0 \quad (t \to 0).$$

(b) Hardy 関数の特徴付け

ここでの目標は，次の特徴付けである．

定理 8.5 $h \in \mathcal{H}^{2+}$ であるための必要十分条件は，
$$f(t) = 0 \quad (t < 0)$$
をみたす $f \in L^2(\mathbb{R})$ によって，

(8.9) $\quad h(z) = \dfrac{1}{2\pi i} \displaystyle\int_{-\infty}^\infty \dfrac{\widehat{f}(\xi)}{\xi - z} d\xi = \dfrac{1}{\sqrt{2\pi}} \int_0^\infty e^{itz} f(t) dt \quad (z \in \mathbb{C}^+)$

と書けることである．したがって，(8.9)の最後の辺を $\widehat{f}(z)$ と表せば，

(8.10) $\quad \mathcal{H}^{2+} = \{\widehat{f} \mid f \in L^2(\mathbb{R}), \ f(t) = 0 \ (t < 0)\}.$

[証明] 補題 8.4 より，残るのは，$h \in \mathcal{H}^{2+}$ に対して，f が存在することの証明である．

$1°$ まず，$t > 0$ のとき，次の形の Cauchy の公式が成り立つことを示す．

(8.11) $\quad h_t(z) = h(z + it) = \dfrac{1}{2\pi i} \displaystyle\int_{-\infty}^\infty \dfrac{h_t(\xi)}{\xi - z} d\xi.$

(この等式は，もし $|z| \to \infty$ のとき，$h_t(z)$ が十分速く 0 に収束するのならば，半円に対して Cauchy の積分公式を適用すればわかる．しかし，$h \in \mathcal{H}^{2+}$ という仮定だけではこの前提がみたされない．そこで一工夫する．)

$\varepsilon > 0$ として，

(8.12) $\quad g(z) = e^{i\varepsilon z} \varepsilon^{-1} \displaystyle\int_0^\varepsilon h_t(z + s) ds \quad (z \in \mathbb{C}^+)$

とおくと，g は $\mathbb{C}^+$ 上で解析的であり，

$$|g(Re^{i\theta})| = e^{-\varepsilon R\sin\theta}\left|\varepsilon^{-1}\int_0^\varepsilon h_t(z+s)ds\right|$$

$$\leqq e^{-\varepsilon R\sin\theta}\left(\varepsilon^{-1}\int_0^\varepsilon |h_t(z+s)|^2 ds\right)^{1/2}$$

$$\leqq e^{-\varepsilon R\sin\theta}\varepsilon^{-1/2}\|h_t+R\sin\theta\|_2$$

$$\leqq e^{-\varepsilon R\sin\theta}\varepsilon^{-1/2}\left(\sup_{y>0}\|h_y\|_2\right).$$

したがって，

$$\int_0^\pi |g(Re^{i\theta})|d\theta \to 0 \quad (R\to\infty)$$

となるから，Cauchy の積分公式

$$g(z) = \frac{1}{2\pi i}\int_{-R}^R \frac{g(\xi)}{\xi-z}d\xi + \frac{1}{2\pi}\int_0^\pi \frac{g(Re^{i\theta})}{Re^{i\theta}-z}Re^{i\theta}d\theta$$

において，$R\to\infty$ での極限移行ができて，

(8.13) $$g(z) = \frac{1}{2\pi i}\int_{-\infty}^\infty \frac{g(\xi)}{\xi-z}d\xi = \langle g, c_z\rangle.$$

ここで，g の定義式(8.12)を想起すれば，$z=x+iy$ のとき，

$$g(\xi)-h_t(\xi) = e^{i\varepsilon\xi}\varepsilon^{-1}\int_0^\varepsilon (h_t(\xi+s)-h_t(\xi))ds + (1-e^{i\varepsilon\xi})h_t(\xi)$$

より，$\varepsilon\to 0$ のとき，$\|g-h_t\|_2\to 0$. ゆえに，(8.13)から，

$$h_t(z) = \langle h_t, c_z\rangle = \frac{1}{2\pi i}\int_{-\infty}^\infty \frac{h_t(\xi)}{\xi-z}d\xi.$$

2° Cauchy の公式(8.11)を認めれば，後はやさしい．実際，

(8.14) $$h_t(a+ib) = h_{t+b}(a)$$

$$= \int_0^\infty \check{h}_t(x)e^{i(a+ib)x}dx = \int_0^\infty e^{iax}\check{h}_t(x)e^{-bx}dx$$

したがって $s,t>0$ のとき，$\check{h}_{t+s}(x) = e^{-sx}\check{h}_t(x)$. よって，$e^{tx}\check{h}_t(x)$ は，$t>0$ によらない．そこで

(8.15) $$f(x) = e^{tx}\check{h}_t(x) \quad (x > 0)$$
とおけば，

$$\int_0^\infty |f(x)|^2 dx = \lim_{t\downarrow 0} \int_0^\infty e^{-2tx}|f(x)|^2 dx$$
$$= \lim_{t\downarrow 0} \int_0^\infty |\check{h}_t(x)|^2 dx = \lim_{t\downarrow 0} \|h_t\|_2^2 < \infty.$$

よって，$f(x)=0$ $(x<0)$ とすれば，$f \in L^2(\mathbb{R})$．そして，$\|h_t - f\|_2 \to 0$ $(t \to 0)$ となるから，(8.14)で $t \to 0$ として，

$$h(z) = \int_0^\infty f(x)e^{izx} dx.$$

注意 8.6 上の定理で得られた公式

(8.16) $$h(z) = \frac{1}{2\pi i}\int_{-\infty}^\infty \frac{\widehat{f}(\xi)}{\xi - z} d\xi = \int_0^\infty f(t)e^{itz} dt \quad (z \in \mathbb{C}^+)$$

は，実軸上の関数 $\lim_{y\to 0} h_y = \widehat{f}$ の上半平面 $\mathbb{C}^+$ への解析関数としての拡張と考えることができる．($\S 7.4(b)$ との関係を考えてみよ．)

このとき，$f \in L^2(\mathbb{R})$，$f(t) = 0$ $(t<0)$，$z \in \mathbb{C}^+$ のとき，

$$h(z) = \frac{1}{2\pi i}\int_{-\infty}^\infty \frac{\widehat{f}(\xi)}{\xi - z} d\xi, \quad \frac{1}{2\pi i}\int_{-\infty}^\infty \frac{\widehat{f}(\xi)}{\xi - \overline{z}} d\xi = 0$$

であるから，

(8.17) $$h(z) = \frac{1}{2\pi i}\int_{-\infty}^\infty \frac{\widehat{f}(\xi)}{\xi - z} d\xi - \frac{1}{2\pi i}\int_{-\infty}^\infty \frac{\widehat{f}(\xi)}{\xi - \overline{z}} d\xi$$
$$= \frac{y}{\pi}\int_{-\infty}^\infty \frac{\widehat{f}(\xi)}{(\xi - x)^2 + y^2} d\xi.$$

これは，上半平面に関する **Poisson の公式** と呼ばれている．

まったく同様にして，$f \in L^2(\mathbb{R})$，$f(t) = 0$ $(t > 0)$ に対しては，下半平面 $\mathbb{C}^- = \{x+iy \mid x \in \mathbb{R}, y<0\}$ 上の解析関数に拡張され，下半平面上の Hardy 空間 $\mathcal{H}^{2-}$ を定義することができる．

言い換えれば，Hilbert 空間としての同型の意味で

$$\mathcal{H}^{2+} \cong L^2[0, \infty), \quad \mathcal{H}^{2-} \cong L^2(-\infty, 0].$$

したがって，Hilbert 空間の直和として，次のようになる．

(8.18) $$L^2(\mathbb{R}) \cong \mathcal{H}^{2+} \oplus \mathcal{H}^{2-}.$$

(c) 単位円板上の Hardy 関数との関係

関数 $e_n: \mathbb{R} \to \mathbb{C}$ $(n \in \mathbb{Z})$ を

(8.19) $$e_n(\xi) = \left(\frac{1}{\pi}\right)^{1/2} \frac{1}{i\xi - 1} \left(\frac{i\xi + 1}{i\xi - 1}\right)^n$$

で定める.

定理 8.7
(i) $\{e_n; n \in \mathbb{Z}\}$ は $L^2(\mathbb{R})$ の正規直交基底である.
(ii) $\{e_n; n \geq 0\}$ は $\mathcal{H}^{2+}$ の正規直交基底である.
(iii) $\{e_n; n \leq 0\}$ は $\mathcal{H}^{2-}$ の正規直交基底である.

［証明］ 1° $\langle e_n, e_m \rangle = 0$ $(n \neq m)$, $\|e_n\| = 1$ が成り立つことは，例えば，Cauchy の定理を用いて，積分を計算すればよい.

2° $f \in L^2(\mathbb{R})$ のとき，
$$h(z) = \int_{-\infty}^{\infty} \frac{\widehat{f}(\xi)}{\xi - z} d\xi$$
とおくと，h は $\mathbb{C}^+ \cup \mathbb{C}^- = \mathbb{C} \backslash \mathbb{R}$ 上で解析的であった.

3° $|z - i| < 1$ のとき，$(\xi - z)^{-1}$ を等比級数に展開すれば，
$$h(z) = \int_{-\infty}^{\infty} \frac{\widehat{f}(\xi) d\xi}{(\xi - i) - (z - i)} = \sum_{n=0}^{\infty} \left(\int_{-\infty}^{\infty} \frac{\widehat{f}(\xi) d\xi}{(\xi - i)^{n+1}}\right) (z - i)^n.$$
ここで，右辺の各項に現れる積分を見直してみると，
$$\int_{-\infty}^{\infty} (\xi - i)^{-n-1} f(\xi) d\xi = \langle f, (\cdot + i)^{-n-1} \rangle.$$
そして，
$$\left(\frac{1}{\xi + i}\right)^{n+1} = \frac{1}{\xi + i} \left(\frac{1}{2i}\right)^n \left(1 - \frac{\xi - i}{\xi + i}\right)^n$$
$$= \left(\frac{1}{2i}\right)^n \sum_{m=0}^{n} \binom{n}{m} \frac{(-1)^m}{\xi + i} \left(\frac{\xi - i}{\xi + i}\right)^n.$$
よって，関数 $(\cdot + i)^{-n-1}$ は $e_0, e_1, \cdots, e_n$ の線形結合である．逆にまた，e_n は $(\cdot + i)^{-m-1}$ $(0 \leq m \leq n)$ の線形結合となる.

したがって，$\hat{f}$ が $\{e_n; n \geq 0\}$ と直交すれば，h は $\mathbb{C}^+$ 上で 0 となり，よって，$h \in \mathcal{H}^{2-}$．

4° 同様にして，$\hat{f}$ が $\{e_n; n \leq 0\}$ と直交すれば，$h \in \mathcal{H}^{2+}$．

5° 3°, 4° から，$\hat{f}$ が $\{e_n; n \in \mathbb{Z}\}$ と直交すれば，$h = 0$．

さて，単位円上の Hardy 関数との対応を見よう．

補題 8.8 $\xi = -\tan \pi t \; (-1/2 < t < 1/2)$ とおくと，

$$(8.20) \qquad e_n(\xi) = -e^{-\pi i t} \cdot e^{2\pi i n t} \left(\frac{dt}{d\xi} \right)^{1/2}.$$

[証明]

$$\frac{i\xi + 1}{i\xi - 1} = \frac{\xi - i}{\xi + i} = \frac{\xi^2 - 1}{\xi^2 + 1} - i \frac{2\xi}{\xi^2 + 1} = e^{2\pi i t},$$

$$\frac{dt}{d\xi} = \frac{1}{\pi} \frac{1}{\xi^2 + 1} = \frac{1}{\pi} \cos \pi t$$

より，明らか．

注意 8.9 上の関係式 (8.20) より，

$$\langle e_n, e_m \rangle = \int_{-\infty}^{\infty} e^{2\pi i n t} \left(\frac{dt}{d\xi} \right)^{1/2} \overline{e^{2\pi i m t}} \left(\frac{dt}{d\xi} \right)^{1/2} d\xi$$

$$= \int_{-1/2}^{1/2} e^{2\pi i n t} \overline{e^{2\pi i m t}} dt = \begin{cases} 1 & (n = m) \\ 0 & (n \neq m) \end{cases}$$

となり，定理 8.7 の別証明が得られる．

上の定理 8.5 より，次のことがいえる．

$$\mathcal{H}^{2+} = \mathcal{H}^2(\mathbb{C}^+) = \left\{ h(z) = \int_{-\infty}^{\infty} \frac{\hat{f}(\xi) d\xi}{\xi - z}; f \in L^2(\mathbb{R}), f(x) = 0 \; (x < 0) \right\}$$

$$= \left\{ h(z) = \int_{-\infty}^{\infty} \frac{\hat{f}(\xi) d\xi}{\xi - z}; \hat{f} \in L^2(\mathbb{R}), \langle \hat{f}, e_n \rangle = 0 \; (n \leq 0) \right\}.$$

そして，絶対値 1 の関数 $|i\xi - 1|(i\xi - 1)^{-1}$ を掛けても，内積は保たれるから，対応

$$\widehat{f}(\xi) = \sum_{n \in \mathbb{Z}} c_n e_n(\xi) \in L^2(\mathbb{R}) \leftrightarrow f(t) = \sum_{n \in \mathbb{Z}} c_n e^{2\pi i n t} \in L^2(\mathbb{T})$$

を介して，$\mathcal{H}^{2+} = \mathcal{H}^2(\mathbb{C}^+)$ は §5.3(a) で述べた

$$\mathcal{H}_+ = \mathcal{H}^2(\mathbb{D}) = \left\{ h(z) = \sum_{n \geq 0} c_n r^n e^{in\theta} \right\}$$

と同一視することができる．

最後に，Hardy 関数については，例えば，次のような著しい諸性質が知られていることを注意して，この節を終わる．

注意 8.10 任意の Hardy 関数 h に対して，

$$\int_{-\infty}^{\infty} \frac{\log |h(x)|}{1+x^2} dx > -\infty$$

が成り立つ．（この積分が $+\infty$ に発散しないことは，$\log x \leq x$ より明らか．）

§8.2 分布関数の収束と Laplace 変換

この節は，分布関数の収束の概念と点列コンパクト性(Helly の選出定理)を述べ，§7.1 で扱った Bochner の定理や中心極限定理の一般の場合，また，分布関数の Laplace 変換および関連する話題を述べる．

最後に，コンパクト凸集合における端点表示定理に触れてある．

(a) 分布関数の収束と Helly の選出定理

この項で扱うのは，有界で右連続な単調非減少関数 $F: \mathbb{R} \to \mathbb{R}$ であるが，次のように規格化しておく．

定義 8.11 $F: \mathbb{R} \to \mathbb{R}$ が**確率分布関数**(probability distribution function)であるとは，次の条件が成り立つことをいう．

(i) F は右連続で単調非減少関数．

(ii) $F(-\infty) = \lim_{x \to -\infty} F(x) = 0$, $F(\infty) = \lim_{x \to \infty} F(x) = 1$.

また，実数 $a < b$ で，$F(a) = 0$, $F(b) = 1$ をみたすものがあるとき，F は区間 $[a,b]$ 上の確率分布関数という． □

§7.1(e) の Bochner の定理は特別な場合に証明したのみであった．また，(d) の中心極限定理も，確率密度関数に関する積分 $f(x)dx$ を確率分布関数に関する Stieltjes 積分 $dF(x)$ に置き換えても成立することが知られている．

このような空白を埋めるのが，次の2つの定理である．

定理 8.12 確率分布関数 F_n ($1 \leq n \leq \infty$) に関する次の2つの言明は互いに同値である．

(i) $F_n(x)$ は，$F_\infty(x)$ の任意の連続点 x (つまり，$F(x-0) = F(x) = F(x+0)$ をみたす点 x) において，$F_\infty(x)$ に収束する．

(ii) 任意の有界連続関数 f に対して，

$$(8.21) \qquad \lim_{n \to \infty} \int_{-\infty}^{\infty} f(x) dF_n(x) = \int_{-\infty}^{\infty} f(x) dF_\infty(x).$$

□

注意 8.13 上の (i) が成り立つとき，F_n は F_∞ に**分布の意味で収束**するといい，(ii) が成り立つことを，測度 dF_n が dF_∞ に**弱収束**するということがある．また，(ii) からは特別な場合として次のことがいえる．

(ii′) 任意の $\xi \in \mathbb{R}$ に対して，

$$(8.22) \qquad \lim_{n \to \infty} \int_{-\infty}^{\infty} e^{i\xi x} dF_n(x) = \int_{-\infty}^{\infty} e^{i\xi x} dF_\infty(x).$$

(実は，(ii′) と (ii) は同値である．)

定理 8.14 (Helly の選出定理) 任意の確率分布関数列 $\{F_n\}$ は，分布の意味で収束する部分列 $\{F_{n_j}\}$ を含む． □

注意 8.15 上の収束部分列の極限を F とすると，
$$0 \leq F(-\infty) \leq F(\infty) \leq 1$$
が成り立つ．しかし，$F(\infty) = 1$ とはいえない．実際，

$$F_n(x) = \begin{cases} 1 & (x \geq n) \\ 0 & (x < n) \end{cases}$$

とすると，$F(x) = \lim_{n \to \infty} F_n(x) \equiv 0$. よって，$F(\infty) = 0$. 同様に，$-\infty$ にすべての質量 (mass) が逃げることもあるので，$F(-\infty) = 0$ ともいえない．

§8.2 分布関数の収束と Laplace 変換

極限も確率分布関数であること,すなわち,$F(-\infty)=0$, $F(\infty)=1$ を保証するためには,次の条件が必要十分である.

任意の $\varepsilon>0$ に対して,$a<b$ が存在し,すべての n について,
$$(8.23) \qquad F_n(a) \leqq \varepsilon, \quad 1-F_n(b) \leqq \varepsilon$$
が成り立つ.

この逃亡阻止条件が成り立つとき,$\{F_n\}$ は**緊密**(tight)であるという.

もちろん,F_n が有界閉区間 $[a,b]$ 上の確率分布関数ならば,この条件は自動的に成り立つ.

[定理 8.14 の証明] 証明は対角線論法による.まず,$\mathbb{Q}=\{q_j \mid j \geqq 1\}$ と整列させておく.このとき,$0 \leqq F_n(x) \leqq 1$ がつねに成り立つから,F_n の q_1 での値が収束するように部分列 $F_{n_j^{(1)}}$ が選べる.さらに,そこから,q_2 での値が収束する部分列 $F_{n_j^{(2)}}$ が選べる.同様の操作を繰り返して,$q_1,\cdots,q_k$ での値が収束する部分列 $F_{n_j^{(k)}}$ $(k,j \geqq 1)$ を作る.ここで,$n_j = n_j^{(j)}$ とおくと,$F_{n_j}(q)$ はすべての $q \in \mathbb{Q}$ に対して,収束する.その極限を $F(q)$ $(q \in \mathbb{Q})$ とすると,F_n がすべてそうだから,F も $\mathbb{Q}$ 上で単調非減少となる.そこで,
$$F(x) = \inf_{q>x} F(q) \quad (x \in \mathbb{R})$$
と定めれば,F は $\mathbb{R}$ 全体で右連続かつ単調非減少で,$0 \leqq F(x) \leqq 1$ をみたす.

さて,x を極限 F の連続点とする.$p,q \in \mathbb{Q}$, $p<x<q$ のとき,
$$F(p) = \lim_{j\to\infty} F_{n_j}(p) \leqq \liminf_{j\to\infty} F_{n_j}(x)$$
$$\leqq \limsup_{j\to\infty} F_{n_j}(x) \leqq \lim_{j\to\infty} F_{n_j}(q) = F(q).$$

よって,F の単調性より,
$$F(x-0) \leqq \liminf_{j\to\infty} F_{n_j}(x) \leqq \limsup_{j\to\infty} F_{n_j}(x) \leqq F(x+0).$$

ゆえに,$F(x-0) = F(x+0) = F(x)$ より,$F_{n_j}(x)$ は $j \to \infty$ のとき,$F(x)$ に収束する. ∎

[定理 8.12 の証明] (i) $\Longrightarrow$ (ii) 単調非減少関数 $F_\infty(x)$ の不連続点は高々可算個であることを利用する.

1° 半開区間 $(a,b]$ の端点 a,b が F_∞ の連続点ならば，
$$\int_{(a,b]} dF_n(x) = F_n(b) - F_n(a) \to F_\infty(b) - F_\infty(a) = \int_{(a,b]} dF_\infty(x) \quad (n \to \infty).$$
同様にして，区間 $[a,b], (a,b), [a,b)$ の定義関数についても，a,b が F_∞ の連続点である限り，積分の収束がわかる．よって，単関数 s についても，その定義に現れる区間の端点がすべて F_∞ の連続点である限り，
$$\int_{-\infty}^{\infty} s(x) dF_n(x) \to \int_{-\infty}^{\infty} s(x) dF_\infty(x) \quad (n \to \infty).$$

2° 任意の有界閉区間 $[a,b]$ 上で連続関数 f は単関数列 s_k で一様近似できるから，
$$\left| \int_a^b f(x) dF_n(x) - \int_a^b s_k(x) dF_n(x) \right| \leq \|f - s_k\|_\infty \quad (1 \leq n \leq \infty).$$
よって，a,b が F_∞ の連続点であれば，
$$\lim_{n \to \infty} \int_a^b f(x) dF_n(x) = \int_a^b f(x) dF_\infty(x).$$

3° 最後に，f が有界連続関数の場合を証明しよう．任意の $\varepsilon > 0$ に対して，F_∞ の連続点 a,b を
$$F_\infty(a) < \varepsilon/2, \quad 1 - F_n(b) < \varepsilon/2$$
が成り立つように選んでおけば，十分大きな任意の n に対して，
$$F_n(a) < \varepsilon/2, \quad 1 - F_n(b) < \varepsilon/2,$$
したがって，
$$\left| \int_{-\infty}^a f\, dF_n \right| + \left| \int_b^\infty f\, dF_n \right| \leq \|f\|_\infty (F_n(a) + 1 - F_n(b)) \leq \varepsilon \|f\|_\infty$$
が成り立つ．よって，
$$\left| \int_{-\infty}^\infty f\, dF_n - \int_{-\infty}^\infty f\, dF_\infty \right| \leq \left| \int_a^b f\, dF_n - \int_a^b f\, dF_\infty \right| + 2\varepsilon \|f_\infty\|$$
$$\to 2\varepsilon \|f\|_\infty \quad (n \to \infty).$$
$\varepsilon > 0$ は任意だから，(ii) が成り立つ．

(ii) $\Longrightarrow$ (i) a を F_∞ の任意の連続点とし，連続関数 $\overline{f}_k, \underline{f}_k$ を

$$0 \leq \underline{f}_k(x) \leq \overline{f}_k(x) \leq 1,$$

$$\underline{f}_k(x) = \begin{cases} 1 & (x \leq a - 1/k) \\ 0 & (x \geq a) \end{cases}, \quad \overline{f}_k(x) = \begin{cases} 1 & (x \leq a) \\ 0 & (x \geq a + 1/k) \end{cases}$$

をみたすように選ぶと,

$$\int \underline{f}_k(x) dF_\infty(x) = \lim_{n \to \infty} \int \underline{f}_k(x) dF_n(x) \leq \liminf_{n \to \infty} F_n(a)$$

$$\leq \limsup_{n \to \infty} F_n(a) \leq \lim_{n \to \infty} \int \overline{f}_k(x) dF_n(x) = \int \overline{f}_k(x) dF_\infty(x).$$

ここで,a は F_∞ の連続点であったから

$$\left| \int \overline{f}_k dF_\infty - \int \underline{f}_k dF_\infty \right| \leq \int |\overline{f}_k - \underline{f}_k| dF_\infty$$

$$\leq F_\infty(a + 1/k) - F_\infty(a - 1/k) \to 0 \quad (k \to \infty).$$

したがって,

$$\lim_{k \to \infty} \int \overline{f}_k dF_\infty = \lim_{k \to \infty} \int \underline{f}_k dF_\infty = F_\infty(a).$$

ゆえに,$\lim_{n \to \infty} F_n(a)$ は存在して,$F_\infty(a)$ に等しい. ∎

(b) Bochnerの定理

以上の事実を利用して,Bochner の定理(§7.1(e))の証明を完結させよう.念のため,定理を再掲しておこう.

定理 7.17(Bochner の定理) $f(0) = 1$ をみたす連続関数 $f: \mathbb{R} \to \mathbb{C}$ が正定値であるための必要十分条件は,ある確率分布関数 F の特性関数となることである. すなわち

(8.24) $$f(x) = \int_{-\infty}^{\infty} e^{i\xi x} dF(\xi).$$

[証明]

1° 正定値連続関数 f に対して,
$$f_a(x) = e^{-ax^2} f(x) \quad (a > 0)$$
もまた正定値連続関数であった(補題 7.21.また,f は有界だから,f_a は可

積分である.よって,§7.1(e)ですでに証明したことから,

$$f_a(x) = \int e^{i\xi x} dF_a(x)$$

をみたす有界で右連続な単調非減少関数 F_a が存在する.このとき,一般性を失わずに,次のことを仮定してよい.

(8.25) $F_a(-\infty) = 0, \quad F_a(\infty) = f_a(0) = f(0)$.

2° (8.25)より,Helly の選出定理を $\{F_a \mid a > 0\}$ に適用することができて,分布の意味で収束する部分列 F_{a_j} が得られる.その極限を F_∞ とすると,定理 8.12 より,

$$f(x) = \lim_{a \to 0} f_a(x) = \lim_{a \to 0} \int e^{i\xi x} dF_a(\xi)$$
$$= \lim_{j \to \infty} \int e^{i\xi x} dF_{a_j}(\xi) = \int e^{i\xi x} dF(\xi)$$

となり,めでたく証明は完結する. ∎

(c) 中心極限定理(一般の場合)

§7.1(d)で扱った中心極限定理の一般の場合を証明しよう.

定理 8.16 確率分布関数 $F(x)$ は,2次モーメント

(8.26) $$\sigma^2 = \int_{-\infty}^{\infty} x^2 dF(x) < \infty$$

をもち,平均は 0 と仮定する.

$$\mu = \int_{-\infty}^{\infty} x \, dF(x) = 0.$$

このとき,任意の $a < b$ に対して,

(8.27) $$\int\cdots\int_{a\sqrt{n} \leq \sum_{j=1}^{n} x_j \leq b\sqrt{n}} dF(x_1)\cdots dF(x_n) = \int_a^b \frac{1}{\sqrt{2\pi\sigma^2}} e^{-x^2/2\sigma^2} dx.$$

□

注意 8.17 §7.1(d)における議論と同様に,(8.27)は次のことと同値である.
任意の有界連続関数 $f: \mathbb{R} \to \mathbb{C}$ に対して,

(8.28)
$$\int\cdots\int f\left(\frac{x_1+\cdots+x_n}{\sqrt{n}}\right)dF(x_1)\cdots dF(x_n) = \frac{1}{\sqrt{2\pi\sigma^2}}\int f(x)e^{-x^2/2\sigma^2}dx.$$

また，確率分布関数 F, G に対して，そのたたみこみを

(8.29)
$$F*G(x) = \int_{-\infty}^{\infty} G(x-y)dF(y)$$

で定義することにすれば，(8.27) は次のように表現することもできる.

(8.30)
$$F^{*n}(\sqrt{n}\,x) \to \int_{-\infty}^{\infty} \frac{1}{\sqrt{2\pi\sigma^2}} e^{-x^2/2\sigma^2} dx.$$

ここで，$F^{*n}(x) = \underbrace{F*\cdots*F}_{n\text{個}}(x)$.

[定理 8.16 の証明]　Fourier–Stieltjes 変換

$$\widehat{F}(\xi) = \int_{-\infty}^{\infty} e^{i\xi x} dF(x)$$

を考えると，2 次モーメントの存在を仮定しているから，$\widehat{F}$ は C^2 級で，

$$\widehat{F}(0) = 1, \quad \widehat{F}'(0) = \int_{-\infty}^{\infty} ix\,dF(x) = 0, \quad \widehat{F}''(0) = \int_{-\infty}^{\infty} (ix)^2 dF(x) = -\sigma^2.$$

また，一般に，確率分布関数 F, G のたたみこみに関して，

$$(F*G)^{\widehat{\,}}(\xi) = \widehat{F}(\xi)\widehat{G}(\xi)$$

が成り立つから，$n \to \infty$ のとき

$$(F^{*n})^{\widehat{\,}}(\xi/\sqrt{n}) = \widehat{F}(\xi/\sqrt{n})^n$$
$$= (1 - \sigma^2\xi^2/2n + o(\xi^2/n))^n \to e^{-\sigma^2\xi^2/2}.$$

証明の残りの部分は，定理 7.8 の証明と同様にしてできる. ∎

(d)　分布関数の Laplace 変換

以下，$F: \mathbb{R} \to \mathbb{R}$ は有界で右連続な単調非減少関数として，

(8.31)　　　　　　$F(-\infty) = 0, \quad F(+\infty) = 1$

と規格化しておく. 言い換えれば，F を確率分布関数とする.

定義 8.18 確率分布関数 F に対して,上半平面 $\mathbb{C}^+ = \{\lambda \in \mathbb{C};\ \mathrm{Re}\,\lambda > 0\}$ 上の関数

(8.32) $$\varphi(\lambda) = \int_0^\infty e^{-\lambda t} dF(t)$$

を F の **Laplace–Stieltjes 変換**という. □

注意 8.19 一般に,(複素数値の)有界変動関数 F に対しても (8.32) により,F の Laplace–Stieltjes 変換を定義できる.(ii) より,一般に,任意の有界区間上で有界変動な関数 F に対して,(8.32) が,ある半平面 $\mathrm{Re}\,\lambda > a$ で収束するとき,これを F の Laplace–Stieltjes 変換ということもある.一般の Laplace–Stieltjes 変換の諸性質の本質的な部分は,分布関数に関する結果から導くことができるので,ここでは分布関数のみ考える.

以下,関数 f の Laplace 変換 $\int_0^\infty e^{-\lambda t} f(t)dt$ との誤解がない限り,φ を単に,分布関数 F の Laplace 変換という.

定理 8.20(Laplace 変換の一意性) 2 つの分布関数 F_1, F_2 に対して,その Laplace 変換 φ_1, φ_2 が一致すれば,$F_1 = F_2$.

[証明] $F: [0, \infty) \to \mathbb{R}$ を確率分布関数,$x = e^{-t}$,$G(x) = 1 - F(t)$ とすると,

$$\int_0^\infty e^{-\lambda t} dF(t) = \int_0^1 x^\lambda dG(x) \quad (\lambda \geqq 0).$$

よって,$\varphi_1 = \varphi_2$ ならば,

(8.33) $$\int_0^1 x^n dG_1(x) = \int_0^1 x^n dG_2(x) \quad (n = 0, 1, 2, \cdots)$$

つまり,$[0,1]$ 上の確率分布関数 G_1, G_2 のすべてのモーメントは一致する.よって,次の定理より,$G_1 = G_2$ となる. ∎

定理 8.21(有界閉区間上でのモーメント問題の一意性) 区間 $[0,1]$ 上の分布関数 G_1, G_2 に対して,(8.33) が成り立てば,$G_1 = G_2$.

[証明] Weierstrass の多項式近似定理により,(8.33) が成り立てば,任意の連続関数 f に対して,

§8.2 分布関数の収束と Laplace 変換 —— *339*

(8.34) $$\int_0^1 f(x)dG_1(x) = \int_0^1 f(x)dG_2(x)$$

が成り立つ.

とくに, $0 \leqq a < 1$ として, $n \geqq 1$ に対して

$$f_n(x) = \begin{cases} 1 & (0 \leqq x \leqq a) \\ n(x-a) & (a \leqq x \leqq a+1/n) \\ 0 & (a+1/n \leqq x \leqq 1) \end{cases}$$

と定めると, $G_1(0) = 0$ より,

$$G_1(a) = \int_0^a dG_1(x) = \lim_{n\to\infty} \int_0^1 f_n(x)dG_1(x)$$
$$= \lim_{n\to\infty} \int_0^1 f_n(x)dG_2(x) = \int_0^a dG_2(x) = G_2(a).$$

また, $G_1(1) = G_2(1) = 1$ だから, すべての $a \in [0,1]$ に対して, $G_1(a) = G_2(a)$. ∎

注意 8.22 無限区間において, モーメント問題の一意性は成り立たない. 実際, $-1 \leqq \alpha \leqq 1$ のとき,

(8.35) $$F_\alpha(t) = c^{-1} \int_0^t \exp(-x^{1/4})(1+\alpha \sin(x^{1/4}))dx$$
$$\left(c = \int_0^\infty \exp(-x^{1/4})dx\right)$$

のモーメントは, α によらず, すべて $F_0(t)$ のものと一致する.

定理 8.23(連続性定理) $[0, \infty)$ 上の分布関数 F_n の Laplace 変換を φ_n とする $(n \geqq 1)$.

(i) 分布関数 F_n が F に収束すれば, 各点 $\lambda > 0$ で $\varphi_n(\lambda)$ は F の Laplace 変換 $\varphi(\lambda)$ に収束する.

(ii) もし $\varphi_n(\lambda)$ が各点 $\lambda > 0$ で収束すれば, その極限 $\varphi(\lambda)$ は, ある分布関数 F の Laplace 変換である. (ここで, $F(-\infty) = 0$ だが, $F(\infty) \leqq 1$ でもよい.)

さらに, もし $\lim_{\lambda \to 0} \varphi(\lambda) = 1$ ならば, $F(\infty) = 1$.

[証明] (i)は, $e^{-\lambda t}$ が連続関数であるから, 定理 8.12 より明らか.

(ii)を示そう. Helly の選出定理により, $\{F_n\}$ の部分列 $\{F_{n_j}\}$ で, 分布関数として, ある F に収束するものがとれる. このとき, (i)より, $\varphi_{n_j}(\lambda)$ は各点 $\lambda > 0$ で F の Laplace 変換に収束する. したがって, $\varphi(\lambda)$ は F の Laplace 変換である.

すると, $\{F_n\}$ から任意の収束部分列 $\{F_{n'_k}\}$ を選ぶとき, その極限は F となる.

よって, 再び Helly の選出定理により, $\{F_n\}$ 自身が F に収束しなければならない.

最後に, さらにもし $\lim_{\lambda \to 0} \varphi(\lambda) = 1$ が成り立てば, $F(\infty) = 1$ となる. ゆえに, このとき, F も確率分布関数である. ∎

(e) 確率母関数とモーメント問題

分布関数 $F: [0, \infty) \to \mathbb{R}$ が階段関数で, 跳躍点(不連続点)が非負整数のみの場合は, Laplace 変換を用いるよりも, 母関数

$$(8.36) \quad G(x) = \int_0^\infty x^t dF(t) = \sum_{n=0}^\infty p_n x^n \quad (0 \leq x \leq 1)$$

の方が扱いやすいことが多い. ただし, $p_n = F(n) - F(n-1)$. なお, $G(1) = \sum_{n=0}^\infty p_n = F(\infty) = 1$ なので, 上の関数 $G(x)$ を $\{p_n\}_{n \geq 0}$ の**確率母関数**(probability generating function)という.

補題 8.24 次の3つの条件は互いに同値である.

(i) $G(x)$ は確率母関数である.

(ii) 任意の $0 < x < 1$ に対して, すべての導関数 $G^{(n)}(x)$ が存在して, $G^{(n)}(x) \geq 0$. そして, $\lim_{x \to 1} G(x) = 1$.

(iii) $G(1) = 1$. そして $0 < x \leq 1$ に対して, $n \geq 1$, $1 \leq m \leq n$ のとき,

$$(8.37) \quad \Delta_h^m G(0) = \sum_{m=0}^n \binom{n}{m} (-1)^{n-m} G(mh) \geq 0$$

ただし, 差分幅は $h = 1/n$ とする.

§8.2 分布関数の収束と Laplace 変換

[証明] (i) $\Longrightarrow$ (ii), (ii) $\Longrightarrow$ (iii) は明らかだから, (iii) $\Longrightarrow$ (i) を示す.

ここで, Weierstrass の多項式近似定理の Bernstein による証明方法(例えば, 高橋陽一郎『微分と積分2』(岩波書店)§2.2 定理 2.27)を思い出すと, G から作った Bernstein 多項式

$$(8.38) \quad G_n(x) = \sum_{k=0}^{n} G(kh) \binom{n}{k} x^k (1-x)^{n-k} \quad (k = 1/n)$$

は連続関数 $G(x)$ に $[0,1]$ 上で一様収束した. ところで $G_n(x)$ を整理すると,

$$(8.39) \quad G_n(x) = \sum_{m=0}^{n} \binom{n}{m} h^m \Delta_h^m u(0) x^m.$$

よって, (iii) より, $G_n(x)$ は, 非負係数の多項式であり, もともと $G_n(1) = 1$. つまり, G_n は確率母関数である.

したがって, 連続性定理により, その極限 G も確率母関数である. ∎

注意 8.25 一般に, C^∞ 級関数 $f: (a,b) \to \mathbb{R}$ は,
$$f^{(n)}(x) \geqq 0 \quad (n = 0, 1, 2, \cdots; a < x < b)$$
が成り立つとき, 絶対単調関数ということがある. (このような用語を覚える必要はない.) 例えば, $f(x) = (1-x)^{-1}$ は区間 $(0,1)$ 上で絶対単調である. しかし, $(0,1)$ 上で有界ではない.

一般に, 区間 (a,b) 上の絶対単調関数 f に対して, $0 < r < b-a$ のとき, $G(x) = f(a+rx)/f(a+r)$ $(0 \leqq x \leqq 1)$ は確率母関数だから, ある $c_n \geqq 0$ によって,

$$(8.40) \quad f(x) = \sum_{n=0}^{\infty} c_n (x-a)^n \quad (a \leqq x \leqq a+r < b)$$

とベキ級数展開できる.

Bernstein 多項式を利用すると, $[0,1]$ 上の確率分布関数に対するモーメント問題の反転公式も得られる.

$F: [0,1] \to [0,1]$ を確率分布関数として, その n 次モーメントを

$$(8.41) \quad \mu(n) = \int_0^1 x^n dF(x) \quad (n = 0, 1, 2, \cdots)$$

とする. このとき, 連続関数 f から作った Bernstein 多項式

$$(8.42) \qquad B_{n,f}(x) = \sum_{k=0}^{n} f(k/n)\binom{n}{k} x^k(1-x)^{n-k}$$

を F で積分すると,

$$(8.43) \qquad \int_0^1 B_{n,f}(x)dF(x) = \sum_{k=0}^{n} f(k/n)\binom{n}{k} \int_0^1 x^k(1-x)^{n-k}dF(x).$$

ここで,

$$(8.44) \qquad p_k^{(n)} = \binom{n}{k} \int_0^1 x^k(1-x)^{n-k}dF(x)$$

とおくと, $p_k^{(n)} \geqq 0$. また, 容易にわかるように,

$$(8.45) \qquad p_k^{(n)} = \binom{n}{k}(-1)^{n-k}\Delta_1^{n-k}\mu(k).$$

定理 8.26 $[0,1]$ 上の確率分布関数 F の n 次モーメントを $\mu(n)$ $(n \geqq 0)$ とすると, F の任意の連続点 t において,

$$(8.46) \qquad F_n(t) = \sum_{k \leqq nt} \binom{n}{k}(-1)^{n-k}\Delta_1^{n-k}\mu(k) \to F(t) \quad (n \to \infty).$$

[証明] 上述の(8.42)より, 任意の連続関数 f に対して,

$$\int_0^1 f(t)dF_n(t) = \int_0^1 B_{n,f}(x)dF(x) \to \int_0^1 f(x)dF(x) \quad (n \to \infty).$$

ゆえに, 定理 8.12 より, (8.46)が成り立つ. ∎

系 8.27 実数列 $\mu(n)$ $(n \geqq 0)$ がある確率分布関数のモーメントであるための必要十分条件は,

$$(8.47) \qquad (-1)^m \Delta_1^m \mu(k) \geqq 0 \quad (k, m \geqq 0)$$

が成り立つことである.

[証明] 必要であることは, 定理の直前ですでに示した.

十分であることを示そう. (8.47)が成り立つとき, (8.45)により $p_k^{(n)}$ を定め, 確率分布関数列

$$F_n(t) = \sum_{k \leqq nt} p_k^{(n)} \quad (n \geqq 0)$$

から収束部分列を選出し, その極限を F とする. すると, 上の議論をたどれ

ば，$\mu(n)$ は F の n 次モーメントであることがわかる. ∎

(f) Bernstein の定理と逆変換公式

定義 8.28 関数 $\varphi: (0, \infty) \to \mathbb{R}$ が C^∞ 級で，任意の非負整数 n に対して，
$$(8.48) \qquad (-1)^n \varphi^{(n)}(\lambda) \geqq 0 \quad (\lambda \geqq 0)$$
が成り立つとき，φ を**完全単調関数**という. □

明らかに，分布関数の Laplace 変換は完全単調関数である.

定理 8.29（Bernstein の定理） 関数 $\varphi: (0, \infty) \to \mathbb{R}$ が確率分布関数 F の Laplace 変換
$$(8.49) \qquad \varphi(\lambda) = \int_0^\infty e^{-\lambda t} dF(t) \quad (\lambda \geqq 0)$$
であるための必要十分条件は，φ が完全単調で，$\varphi(0) = 1$ をみたすことである.

［証明］ φ を完全単調関数，$a > 0$ とする. $0 < x < 1$ の関数 $u(x) = \varphi(a - ax)$ を考えると，任意の $n \geqq 0$ に対して，
$$u^{(n)}(x) = (-a)^n \varphi^{(n)}(a - ax) \geqq 0.$$
よって，注意 8.25 により，u は Taylor 展開できて，
$$u(x) = \sum_{n=0}^\infty \frac{1}{n!} u^{(n)}(0) x^n \quad (0 \leqq x < 1).$$
つまり，
$$\varphi(a - ax) = \sum_{n=0}^\infty \frac{1}{n!} (-a)^n \varphi^{(n)}(a) x^n.$$
したがって，$\varphi_a(\lambda) = \varphi(a - ae^{-\lambda/a})$ とおくと，$\varphi_a(\lambda)$ は，点 n/a において，$(-a)^n \varphi^{(n)}(a)/n!$ の跳躍をもつ確率分布関数（これを F_a とおく）の Laplace 変換である.

ここで，$a \to \infty$ とすると，$a(1 - e^{-\lambda/a}) \to \lambda$ だから，$\varphi_a(\lambda) \to \varphi(\lambda)$. よって，$\varphi(\lambda)$ も，ある分布関数 F の Laplace 変換. さらに，$\lim_{\lambda \to 0} \varphi(\lambda) = \varphi(0) = 1$ より，$F(\infty) = 1$. ∎

定理 8.30（Laplace 変換の反転公式） 分布関数 F の Laplace 変換を φ と

すると, F の任意の連続点 x において,

(8.50) $$F(x) = \lim_{a \to \infty} \sum_{n \leq ax} \frac{(-a)^n}{n!} \varphi^{(n)}(a).$$

[証明] 前定理の証明から, F の連続点 x においては, $F(x) = \lim_{a \to \infty} F_a(x)$ が成り立つ. ∎

注意 8.31 上の反転公式は, 高階の導関数 $\varphi^{(n)}$ を用いているので, 数値計算などには不向きであろうが, 例えば, 次の事実は (8.50) よりただちにわかる.

関数 $\varphi : (0,\infty) \to \mathbb{R}$ が $0 \leq f \leq C$ (C は定数) をみたす関数 f により,

(8.51) $$\varphi(\lambda) = \int_0^\infty e^{-\lambda x} f(x) dx \quad (\lambda > 0)$$

と表されるための必要十分条件は, すべての $a > 0$ に対して, 不等式
(8.52) $$0 \leq (-a)^n \varphi^{(n)}(a)/n! \leq C$$
が成り立つことである.

(g) 付記: Krein–Milman の端点表示定理

ベクトル空間 V の部分集合 C は, C の任意の 2 点 x, y を結ぶ線分 $\overline{xy}$ が C に含まれるとき, すなわち

$$x, y \in C, \ 0 \leq t \leq 1 \implies (1-t)x + ty \in C$$

が成り立つとき, **凸集合**と呼ばれる. 凸集合 C の点 x に対して,

$$x = (1-t)x_0 + tx_1, \ x_0 \in C, \ x_1 \in C, \ 0 < t < 1 \implies x = x_0 = x_1$$

が成り立つとき, x を C の**端点**といい, その全体を C の**端点集合**と呼んで, $\mathrm{ex}\, C$ と表す. (x が端点でないときは, 相異なる 2 点 $x_0, x_1 \in C$ と $0 < t < 1$ によって

$$x = (1-t)x_0 + tx_1$$

と表示できることとなる. この方がわかりやすいかもしれない.)

Euclid 空間においては, 次のことが成り立つ.

定理 8.32 (Minkowski の定理) $\mathbb{R}^n$ のコンパクトな凸集合 C の任意の点 x は, C の有限個の端点の重み付き重心である. すなわち, $m \geq 1$, $y_i \in \mathrm{ex}\, C$, $t_i \geq 0 \ (1 \leq i \leq m)$ で,

(8.53) $$x = t_1 x_1 + \cdots + t_m x_m, \quad t_1 + \cdots + t_m = 1$$

をみたすものがある. □

注意 8.33 （i） Carathéodory は，必要な端点の個数 m は $n+1$ 以下であることを指摘した．(この形の方が，次元 n についての帰納法が使いやすく，かえって証明しやすい．試みてみよ．)

（ii） 上の定理で，コンパクト性の仮定は落とせない．実際，$\mathbb{R}^n$ 自身，凸集合であるが，$\text{ex}\,\mathbb{R}^n = \varnothing$.

ここで，幾つかの定理を想い起こしてみよう．

（1） Bochner の定理：正定値連続関数 $f: \mathbb{R} \to \mathbb{C}$ は $f(0) = 1$ のとき，ある確率分布関数 F を用いて，

$$(8.54) \qquad f(x) = \int_{\mathbb{R}} e^{i\xi x} dF(\xi)$$

と表現できる．(さらに，F は一意的に定まる．)

（2） Bernstein の定理：完全単調な連続関数 $f: (0, \infty) \to \mathbb{R}$ は，$0 \leq f(0+) \leq 1$ のとき，$[0, \infty]$ 上のある確率分布関数 F を用いて，

$$(8.55) \qquad f(x) = \int_{[0,\infty]} e^{-\xi x} dF(\xi)$$

と表現できる．ただし，$e^{-\infty x} = 1\ (x=0);\ = 0\ (x>0)$ と定める．(さらに，このときも F は一意的に定まる．)

（3） Poisson の公式（の系）：単位開円板 $\{z \in \mathbb{C};\ |z| < 1\}$ の非負調和関数 u で，その閉包 $\{z \in \mathbb{C};\ |z| \leq 1\}$ で連続，かつ $u(0) = 1$ をみたすものは

$$(8.56) \qquad u(z) = \frac{1}{2\pi} \int_0^{2\pi} \frac{1-|z|^2}{|e^{i\theta}-z|^2} f(\theta) d\theta,$$

$$\text{ただし，} f \geq 0,\ \frac{1}{2\pi} \int_0^{2\pi} f(\theta) d\theta = 1$$

と表現できる．(もちろん，$f(\theta) = u(e^{i\theta})$ である．)

（3'） より一般に，単位開円板上の非負調和関数で，$u(0) = 1$ をみたすものは，ある確率分布関数 F により，

$$
(8.57) \qquad u(z) = \frac{1}{2\pi} \int_0^{2\pi} \frac{1-|z|^2}{|e^{i\theta}-z|^2} dF(\theta)
$$

と唯一通りに表現できることが知られている．これは演習問題とする．

上記の(8.54)–(8.57)の類のものを**重心表現**ということがある．これをより明確にしたのが次の定理である．

定理 8.34（Krein–Milman の端点表示定理） ある距離に関してコンパクトな凸集合 C の任意の点 x は，その端点集合 $\mathrm{ex}\,C$ 上のある確率分布 F の重心である．すなわち，

$$
x = \int_{\mathrm{ex}\,C} \xi \, dF(\xi).
$$
□

上の定理は，本書の範囲を超えるものなので，詳しい説明は割愛せざるを得ないが，上述のような諸定理の幾何学的な理解の助けになる．以下では，Bernstein の定理について，(8.55)の積分範囲 $[0,\infty]$ が，実は，端点集合の座標表示となっていることのみを示しておこう．

定理 8.35 $0 \leqq f(0+) \leqq 1$ をみたす完全単調関数の全体を C とする．すなわち，
$$
C = \{f \in \mathcal{C}^\infty((0,\infty);\mathbb{R}); \ (-1)^n f^{(n)} \geqq 0 \ (n=0,1,2,\cdots), \ 0 \leqq f(0+) \leqq 1\}
$$
とし，$f \in \mathrm{ex}\,C$ とする．このとき，ある $\alpha \in [0,\infty]$ に対して，
$$
f(x) = e^{-\alpha x} \quad (x > 0).
$$

［証明］ 1° $f(0+)=0$ または $f(0+)=1$．

実際，もし，$0 < f(0+) < 1$ ならば，$g(x)=f(x)/f(0+)$ とおくと，$g \in C$ となる．すると，$g(x) \neq e^{-\infty x}$ だから，
$$
f(x) = f(0+)g(x) + (1-f(0+))e^{-\infty x}, \quad 0 < f(0+) < 1
$$
となり，$f \in \mathrm{ex}\,C$ に矛盾．

2° $f(0+)=0$ のとき，$f(x) = e^{-\infty x}$．

実際，$f(x) \geqq 0,\ f'(x) \leqq 0$ より，$f(x) \equiv 0 = e^{-\infty x}\ (x>0)$．

3° ある $\delta > 0$ に対して，$f(\delta)=1$ ならば，$f(x) \equiv 1 = e^{-0x}$．

実際，このとき，$f(x)=1\ (0 \leqq x \leqq \delta)$ となるから，$f'(x)=0\ (0 \leqq x \leqq \delta)$．すると，$f' \leqq 0,\ f'' \geqq 0$ より，$f'(x) \equiv 0$．よって，$f(x) \equiv 1$．

4° $f(0+)$ で，$0 < f(x) < 1$ $(x>0)$ の場合，ある $\alpha \in (0,\infty)$ に対して，$f(x) = e^{-\alpha x}$.

実際，$x_0 > 0$ を任意に固定し，
$$f_0(x) = f_0(x+x_0)/f(x_0), \quad f_1(x) = [f(x)-f(x+x_0)]/[1-f(x_0)]$$
とおくと，容易にわかるように，$f_0, f_1 \in C$. すると，
$$f(x) = f(x_0)f_0(x) + (1-f(x_0))f_1(x), \quad 0 < f(x_0) < 1.$$
したがって，$f \in \mathrm{ex}\,C$ より，$f(x) = f_0(x) = f_1(x)$. とくに，
$$f(x)f(x_0) = f(x+x_0) \quad (x > 0).$$
ここで，$x_0 > 0$ は任意であったから，$f(x) = e^{-\alpha x}$ となる $\alpha \in (0,\infty)$ がある. ∎

§8.3 漸近挙動

通常，数学のおもしろさの理解は等式から始まり，不等式のおもしろさを理解するためには，ある程度の数学上の知識が必要となる．さらに，漸近挙動は，比較的やさしく導くことができるにもかかわらず，その意味を実感できるまでの閾値が高いようである．また，大学での数学の専門教育においても触れる機会は少ない．

(a) Stirling の公式

今日，Stirling の公式というと通常
$$(8.58) \qquad n! \sim \sqrt{2\pi n}\, n^n e^{-n} \quad (n \to \infty)$$
を指すことが多いが，彼自身は 1730 年に次のような展開式を導いた．
$$(8.59) \quad \log(n!) = z\log z - z + \frac{1}{2}\log(2\pi) + \sum_{k=1}^{\infty} \frac{B_{2k}(1/2)}{(2k-1)2k z^{2k-1}}.$$
ただし，$z = n + 1/2$.

ここで，$B_n(x)$ は Bernoulli の多項式と呼ばれるもので，
$$\frac{ze^{xz}}{e^z - 1} = \sum_{n=0}^{\infty} B_n(x) \frac{z^n}{n!}$$
により定義される．また，de Moivre は公式

(8.60)
$$\log(n!) = \left(n+\frac{1}{2}\right)\log n - n + \frac{1}{2}\log(2\pi) + \sum_{k=1}^{\infty}\frac{B_{2k}(0)}{(2k-1)2kn^{2k-1}}$$
を示している．

実は，これらの級数は収束しない．しかし，Stirling 自身が(8.59)の最初の数項をとって $\log(1000!)$ の近似値を求めたように，無限和(8.59), (8.60)を途中で打ち切ると，$\log(n!)$ の近似値を求めることができる．

同様の級数として有名なものには，Euler による

(8.61)
$$\sum_{k=1}^{n}\frac{1}{k} - \log n = C + \frac{1}{2n} - \sum_{k=1}^{\infty}\frac{B_{2k}(0)}{2kn^{2k}}$$

などもある．

これらは今日，漸近級数と呼ばれている．

定義 8.36 形式的な級数
$$\sum_{k=0}^{\infty} f_k(x)$$
が点 x_0 における**漸近級数**(asymptotic series)であるとは，各 k について

(8.62)
$$f_{k+1}(x) = o(f_k(x)) \quad (x \to x_0)$$
が成り立つことをいう． □

例 8.37

(1) $z \in \mathbb{C}\setminus\{x \in \mathbb{R} \mid x \leqq 0\}$ のとき，部分積分を繰り返すと，等式
$$\int_{0}^{\infty}\frac{e^{-t}dt}{t+z} = \sum_{k=1}^{n}\frac{(-1)^{k-1}(k-1)!}{z^k} + (-1)^n n! \int_{0}^{\infty}\frac{e^{-t}dt}{(t+z)^{n+1}}$$
が得られる．このとき，$\sum_{k=1}^{\infty}(-1)^{k-1}(k-1)!z^{-k}$ は $z \to \infty$ における漸近級数である(Stieltjes, 1886)．

(2) Γ 関数と不完全 Γ 関数の差についても部分積分により，漸近級数
$$\int_{x}^{\infty}t^{\alpha-1}e^{-t}dt \sim \sum_{k=1}^{\infty}\frac{\Gamma(\alpha)}{\Gamma(\alpha-k+1)}x^{\alpha-k}e^{-x}$$
が得られる．とくに

$$\int_x^\infty e^{-u^2} du \sim \frac{1}{2\sqrt{\pi}} e^{-x^2} \sum_{k=1}^\infty \Gamma\left(k-\frac{1}{2}\right)(-1)^{k-1} x^{-(2k-1)}.$$
□

注意 8.38 漸近級数については次の2点に注意する必要がある.

(a) 漸近級数は収束するとは限らない.(通常,発散する場合に漸近級数と呼ぶ.)

(b) 漸近級数がたとえある点で収束したとしても,もとの関数の値と一致する保証はない.

(漸近級数はいまだ神秘的なところがあり,その各項は深い意味をもつことも多い.一方,ある積分を表す発散級数が振動してくれれば,真の積分値を知るものは,部分和を選ぶことにより,手品を見せることができる!)

なお,Stirling の漸近展開は,次のように示される.

1° Γ 関数に対する Euler の公式

(8.63) $$\Gamma(s) = \lim_{k\to\infty} \frac{k!}{s(s+1)\cdots(s+k-1)} k^n$$

より,$s>0$ (Re $s>0$ でよい)のとき,

(8.64) $$\psi(s) = \Gamma'(s)/\Gamma(s) = \lim_{k\to\infty}\left\{\log k - \frac{1}{s} - \frac{1}{s+1} - \cdots - \frac{1}{s+k-1}\right\}$$

が成り立つ.

2° (8.64)を変形すると,

$$\psi(s) = \lim_{k\to\infty}\left\{\int_0^\infty \frac{e^{-t}-e^{-kt}}{t}dt - \sum_{j=0}^{k-1}\int_0^\infty e^{-(s+j)t}dt\right\}$$

$$= \lim_{k\to\infty}\left\{\int_0^\infty \frac{e^{-t}-e^{-kt}}{t}dt - \int_0^\infty \frac{1-e^{-kt}}{1-e^{-t}}e^{-st}dt\right\}$$

$$= \lim_{k\to\infty}\left\{\int_0^\infty \left(\frac{e^{-t}}{t} - \frac{e^{-st}}{1-e^{-t}}\right)dt - \int_0^\infty \left(\frac{1}{t} - \frac{e^{-st}}{1-e^{-t}}\right)e^{-kt}dt\right\}$$

$$= \int_0^\infty \left(\frac{e^{-t}}{t} - \frac{e^{-st}}{1-e^{-t}}\right)dt$$

$$= \int_0^\infty \frac{e^{-t}-e^{-st}}{t}dt + \int_0^\infty \left(\frac{1}{t} - \frac{1}{1-e^{-t}}\right)e^{-st}dt$$

$$= \log s + \int_0^\infty \left(\frac{1}{t} - \frac{1}{1-e^{-t}}\right)e^{-st}dt.$$

3° $t^{-1}-(1-e^{-t})^{-1}$ は $|t|<2\pi$ で解析的となる.その Taylor 展開は,Bernoulli

数 $B_n = B_n(0)$ を用いて

(8.65) $$\frac{1}{t} - \frac{1}{1-e^{-t}} = \sum_{m=0}^{\infty} \frac{B_{m+1}}{(m+1)!}(-1)^m t^m$$

となる．ちなみに，

$B_1 = -1/2, \quad B_2 = 1/6, \quad B_4 = -1/30, \quad B_6 = 1/42; \quad B_{2n+3} = 0.$

4° 2° の結果に 3° の Taylor 展開を代入して計算すれば，漸近展開

$$\psi(s) \sim \log s - \frac{1}{2s} - \sum_{m=0}^{\infty} \frac{B_{2m}}{2m} s^{-2m} \quad (s \to \infty,\ |\arg s| < \pi/2)$$

が得られ，これを積分すれば(8.58)が得られる．

(b) Laplace の方法

階乗 $n!$ は積分を用いて

(8.66) $$n! = \Gamma(n+1) = \int_0^{\infty} x^n e^{-x} dx$$

と表すことができる．Laplace は以下のような方法で，今日 Stirling の公式と呼ばれる漸近公式

(8.67) $$n! \sim \sqrt{2\pi n}\, n^n e^{-n} \quad (n \to \infty)$$

に証明を与えた．

まず，$x^n e^{-x}$ は $x = n$ において最大値 $n^n e^{-n}$ をとることに着目して，$x = ny$ と変数変換すれば，

(8.68) $$\Gamma(n+1) = n^{n+1} e^{-n} \int_0^{\infty} y^n e^{-n(y-1)} dy.$$

ここで，$f(y) = y - \log y - 1 \ (0 < y < \infty)$ とおけば，

(8.69) $$\begin{cases} f(1) = 0, \quad f'(1) = 0, \quad f''(1) = 1, \\ f'(y) > 0 \ (y > 1) \text{で}, \ \lim_{y \to \infty} f(y) = \infty, \\ f'(y) < 0 \ (0 < y < 1) \text{で}, \ \lim_{y \to 0} f(y) = \infty. \end{cases}$$

ここからは，Laplace 自身の議論（変数変換 $f(y) = u^2/2$ を用いる，(8.36)参照）から少しはずれて，高次元にも適用しやすい見方をする．

第 1 に，Taylor の定理により，

$$f(y) = \frac{1}{2}(y-1)^2(1+o(1)) \quad (y \to 1)$$

したがって，任意の正数 ε に対して，$\delta > 0$ がとれて

$$\frac{1}{2}(1-\varepsilon)(y-1)^2 \leqq f(y) \leqq \frac{1}{2}(1+\varepsilon)(y-1)^2 \quad (|y-1| \leqq \delta).$$

そして，

$$n^{1/2} \int_{1-\delta}^{1+\delta} \exp\left\{-\frac{n}{2}(1\pm\varepsilon)(y-1)^2\right\} dy = \int_{-(n(1\pm\varepsilon))^{1/2}}^{(n(1\pm\varepsilon))^{1/2}} (1\pm\varepsilon)^{-1/2} \exp\left(-\frac{u^2}{2}\right) du$$
$$\to (1\pm\varepsilon)^{-1/2}(2\pi)^{1/2} \quad (n \to \infty).$$

よって，

(8.70)
$$(1+\varepsilon)^{-1/2}(2\pi)^{1/2} \leqq \liminf_{n\to\infty} n^{1/2} \int_{1-\delta}^{1+\delta} \exp(-nf(y)) dy$$
$$\leqq \limsup_{n\to\infty} n^{1/2} \int_{1-\delta}^{1+\delta} \exp(-nf(y)) dy \leqq (1-\varepsilon)^{-1/2}(2\pi)^{1/2}.$$

第2に，容易にわかるように，任意の $\delta > 0$ に対して，

(8.71) $$\int_{|y-1|>\delta} \exp\{-nf(y)\} dy \to 0 \quad (n \to \infty)$$

ゆえに，原点近くの評価(8.70)と遠方での評価(8.71)より，$\varepsilon > 0$ は任意に選べたから，

(8.72) $$\lim_{n\to\infty} n^{1/2} \int_0^\infty e^{-nf(y)} dy = (2\pi)^{1/2}.$$

したがって，

(8.73) $$\lim_{n\to\infty} n^{-n-1/2} e^n \int_0^\infty x^n e^{-x} dx = (2\pi)^{1/2}.$$

これで，Stirling の公式(8.67)の証明は完了した．

上の議論を読み直せば，次のことがただちに従う．

定理 8.39 $B \subset \mathbb{R}^n$ を有界閉領域(例えば，球)とし，連続関数 $f, g: B \to \mathbb{R}$ に次の条件を仮定する．ただし，$x_0 \in B$ とする．

(i) f は，x_0 において最小値をとり，
(8.74) $$f(x) > f(x_0) \quad (x \neq x_0).$$
(ii) f は x_0 において 2 回微分可能で，$f'(x_0) = 0$,
(8.75) $$\mathrm{Hess}_f(x_0) = \det\left(\frac{\partial^2 f}{\partial x_i \partial x_j}(x_0)\right)_{1 \leq i,j \leq n} > 0.$$

このとき，

(8.76) $$\lim_{\lambda \to \infty} e^{\lambda f(x_0)} \left(\frac{\lambda}{2\pi}\right)^{n/2} \int_B e^{-\lambda f(x)} g(x) dx = (\mathrm{Hess}_f(x_0))^{1/2} g(x_0).$$ □

系 8.40 連続関数 $f: \mathbb{R}^n \to \mathbb{R}$ に対して，上の 2 条件(i),(ii)に加えて，遠方での条件

(iii) ある $\delta > 0$, $\varepsilon > 0$ が存在して，
$$\lim_{\lambda \to \infty} e^{\lambda(f(x_0)-\varepsilon)} \int_{|x-x_0|>\delta} e^{-\lambda f(x)} dx = 0$$

がみたされれば，

(8.77) $$\int_{\mathbb{R}^n} e^{-\lambda f(x)} dx \sim e^{-\lambda f(x_0)}(\lambda/2\pi)^{-n/2}(\mathrm{Hess}_f(x_0))^{1/2} \quad (\lambda \to \infty).$$ □

注意 8.41 (i) f の最小点が複数ある(ただし，有限個の)場合は，(8.77)の右辺は，最小点についての和に置き換えれば，成立する．
(ii) f が最小点において 2 回微分可能でない場合も類似の議論ができる．例えば $f: [-1,1] \to \mathbb{R}$, $0 < \alpha < 2$,
(8.78) $$f(x) = A|x|^\alpha + o(|x|^\alpha) \quad (x \to 0)$$
の場合は次のようになる．
(8.79) $$\int_{-1}^1 e^{-\lambda f(x)} dx \sim \int_{-1}^1 e^{-\lambda A|x|^\alpha} dx = 2\alpha^{-1}(\lambda A)^{-1/\alpha} \int_0^{\lambda A} t^{1/\alpha - 1} e^{-t} dt$$
$$\sim 2\alpha^{-1} A^{-1/\alpha} \Gamma(1/\alpha) \lambda^{-1/\alpha} \quad (\lambda \to \infty).$$

(c) 停留位相法

Laplace の方法に対比して，

(8.80) $$\int_a^b e^{i\lambda f(x)} g(x) dx$$

の $\lambda \to \pm\infty$ での挙動を調べる手法を**停留位相法**(stationary phase method)という．(ここでの位相とは，偏角 $i\lambda f(x)$ を指し，物理学等では日常的に使われているが，数学としては，トポロジーの訳語としての位相が定着してからは廃れてしまった用語法で，今は単に相ということが多い．また，f の臨界点，すなわち $f'(x)=0$ となる点は，f の停留点とも呼ばれてきた．)

まず，相つまり偏角が 2 次式の場合を調べてみよう．

補題 8.42 $a<0<b$ のとき

(8.81) $$\int_a^b e^{i\lambda x^2}dx \sim \sqrt{\pi}\,e^{\frac{\pi}{4}i}\lambda^{-1/2} \quad (\lambda \to \infty),$$

(8.82) $$\int_a^b e^{-i\lambda x^2}dx \sim \sqrt{\pi}\,e^{-\frac{\pi}{4}i}\lambda^{-1/2} \quad (\lambda \to \infty).$$

[証明] まず，

$$\int_a^b e^{i\lambda x^2}dx = \lambda^{-\frac{1}{2}}\int_{\sqrt{\lambda}a}^{\sqrt{\lambda}b} e^{ix^2}dx = \lambda^{-\frac{1}{2}}\left\{\int_0^{\sqrt{\lambda}b} + \int_0^{\sqrt{\lambda}|a|}\right\}e^{ix^2}dx.$$

ここで，解析関数 e^{iz^2} を扇形 $\{z\in\mathbb{C}\,|\,0\leqq \arg z \leqq \pi/4,\,|z|\leqq R\}$ の周上で積分すれば，

$$\int_0^R e^{ix^2}dx + \int_0^{\pi/4} e^{iR^2 e^{i\theta}}iRe^{i\theta}d\theta = \int_0^R e^{-t^2}e^{\frac{\pi}{4}i}dt.$$

ここで，

$$\left|\int_0^{\pi/4} e^{iR^2 e^{i\theta}}iRe^{i\theta}d\theta\right| \leqq \int_0^{\pi/4} e^{-R^2\sin\theta}R\,d\theta \to 0 \quad (R\to\infty).$$

したがって，

$$\int_0^\infty e^{ix^2}dx = e^{\frac{\pi}{4}i}\int_0^\infty e^{-t^2}dt = \sqrt{\pi}\,e^{\frac{\pi}{4}i}/2.$$

よって，

$$\int_a^b e^{i\lambda x^2}dx \sim \sqrt{\pi}\,e^{\frac{\pi}{4}i}\lambda^{-1/2} \quad (\lambda\to\infty).$$

また，e^{-iz^2} を下半平面の扇形 $\{z\in\mathbb{C}\,|\,0\geqq \arg z \geqq -\pi/4,\,|z|\leqq R\}$ の周上で積分すれば，

$$\int_0^R e^{-ix^2}dx + \int_0^{-\pi/4} e^{-iR^2 e^{i\theta}} iRe^{i\theta}d\theta = \int_0^R e^{-t^2}e^{-\frac{\pi}{4}i}dt.$$

ここで,

$$\left|\int_0^{-\pi/4} e^{-iR^2 e^{i\theta}} iRe^{i\theta}d\theta\right| = R\int_{-\pi/4}^0 e^{R^2\sin\theta}d\theta \to 0 \quad (R\to\infty)$$

より,

$$\int_a^b e^{-i\lambda x^2}dx \sim \sqrt{\pi}e^{-\frac{\pi}{4}i}\lambda^{-1/2} \quad (\lambda\to\infty).$$

停留位相法においては,Laplace 法と異なり,関数 f, g 双方に滑らかさが必要になる.

定理 8.43 関数 $f:[a,b]\to\mathbb{R}$ は $\mathcal{C}^2$ 級,$g:[a,b]\to\mathbb{C}$ も $\mathcal{C}^2$ 級とする.
(i) f が $[a,b]$ 内に臨界点(停留点)をもたないとき,
(8.83)
$$\int_a^b e^{i\lambda f(x)}g(x)dx = \frac{1}{i\lambda}\left\{\frac{g(b)}{f'(b)}e^{i\lambda f(b)} - \frac{g(a)}{f'(a)}e^{i\lambda f(a)}\right\} + O\left(\frac{1}{\lambda^2}\right) \quad (\lambda\to\infty).$$

(ii) f が $[a,b]$ 内に唯一つの臨界点(停留点) c をもつとき,
$f''(c)>0$ ならば,
(8.84)
$$\int_a^b e^{i\lambda f(x)}g(x)dx = \left(\frac{2\pi}{\lambda f''(c)}\right)^{1/2} g(c) e^{i(\lambda f(c)+\pi/4)} + O\left(\frac{1}{\lambda}\right) \quad (\lambda\to\infty).$$

$f''(c)<0$ ならば,
(8.85)
$$\int_a^b e^{i\lambda f(x)}g(x)dx = \left(\frac{2\pi}{-\lambda f''(c)}\right)^{1/2} g(c) e^{i(\lambda f(c)-\pi/4)} + O\left(\frac{1}{\lambda}\right) \quad (\lambda\to\infty).$$

[証明] (i) $f'(x)\neq 0$ $(a\leq x\leq b)$ だから,部分積分できて,

$$\int_a^b e^{i\lambda f(x)}g(x)dx = \int_a^b \left(\frac{1}{i\lambda}e^{i\lambda f(x)}\right)' \frac{g(x)}{f'(x)}dx$$

$$= \frac{1}{i\lambda}e^{i\lambda f(x)}\frac{g(x)}{f'(x)}\bigg|_a^b - \frac{1}{i\lambda}\int_a^b e^{i\lambda f(x)}\left(\frac{g(x)}{f'(x)}\right)'dx.$$

この最後の辺に現れた積分は，いま用いたものと同じ論法が適用できる形をしているから，第2項は $O(\lambda^{-2})$ となる．

(ii) $f''(c)>0$ の場合に証明する．まず，(i) より，臨界点を含まない区間上での積分は $O(1/\lambda)$ であるから，積分範囲を c 近くに縮めて示せばよい．よって，$[a,b]$ 上で $f''(x)>0$ と仮定して，証明を与える．

さて，変数を x から

$$u = \begin{cases} -\sqrt{f(x)-f(c)} & (a \leqq x \leqq c) \\ \sqrt{f(x)-f(c)} & (c \leqq x \leqq b) \end{cases}$$

に変換すると，

(8.86)
$$\int_a^b e^{i\lambda f(x)}g(x)dx = e^{i\lambda f(c)} \int_\alpha^\beta e^{i\lambda u^2} g(x) \frac{dx}{du} du$$

$$(\alpha = -\sqrt{f(a)-f(c)}, \ \beta = \sqrt{f(b)-f(c)}).$$

ここで，$f'(c)=0$, $f''(c)>0$ より，

$$u^2 = f(x)-f(c) = f'(c)(x-c) + \frac{1}{2}f''(c)(x-c)^2 + o((x-c)^2)$$

$$= \frac{1}{2}f''(c)(1+o(1))(x-c)^2$$

であるから，

$$u = \sqrt{f''(c)/2}\,(1+o(1))(x-c) \quad (x \to c).$$

そこで，

$$\varphi(u) = g(x)\frac{dx}{du}$$

とおくと，φ は C^1 級で，$\varphi(0) = g(c)(2/f''(0))^{1/2}$.

さて，補題 8.42 より，

(8.87)
$$\int_\alpha^\beta e^{i\lambda u^2}\varphi(0)du = \varphi(0)\pi^{1/2}e^{\pi i/4}\lambda^{-1/2} + O(\lambda^{-1}) \quad (\lambda \to \infty).$$

また，$\psi(u)=(\varphi(u)-\varphi(0))/u$ とおくと，C^2 級だから，

(8.88)
$$\int_\alpha^\beta e^{i\lambda u^2} u\psi(u)du = \int_\alpha^\beta \left(\frac{e^{i\lambda u^2}}{2i\lambda}\right)' \psi(u)du$$
$$= \frac{e^{i\lambda u^2}}{2i\lambda}\bigg|_{u=\alpha}^\beta - \frac{1}{2i\lambda}\int_\alpha^\beta e^{i\lambda u^2}\psi(u)du = O(\lambda^{-1}).$$

ゆえに，(8.87)，(8.88)より，$\lambda\to\infty$ のとき，

$$e^{-i\lambda f(c)}\int_a^b e^{i\lambda f(x)}g(x)dx = \int_\alpha^\beta e^{i\lambda u^2}\varphi(u)du$$
$$= \varphi(0)\pi^{1/2}e^{\pi i/4}\lambda^{-1/2}+O(\lambda^{-1})$$
$$= g(c)(2\pi/f''(0))^{1/2}e^{\pi i/4}\lambda^{-1/2}+O(\lambda^{-1}). \blacksquare$$

(d) 鞍点法

Riemann は 1863 年に，超幾何関数 $F(n-c, n+a+1; 2n+a+b+2; s)$ に対して，n が大きいときの漸近近似を求めるために，今日，**鞍点法**(saddle point method)と呼ばれる手法を用いた．この関数は積分

$$\int_0^1 z^{n+a}(1-z)^{n+b}(1-sz)^{c-n}dz$$

の定数倍であるから，この積分について話を進めよう．以下，簡単のため，$|s|<1$ とする．この積分は，

(8.89)
$$\int_0^1 f(z)^n g(z)dz$$

の形に書ける．ただし，

(8.90)　　$f(z)=z(1-z)(1-sz)^{-1}, \quad g(z)=z^a(1-z)^b(1-sz)^c.$

Riemann は，Cauchy の定理を利用して，積分路を都合のよいものに取り替えることを思い立ち，まず，等高線 $|f(x+iy)|=k$ を調べた．この等高線は，図 8.1 のようになり，

(1) $k=0$ のときは，2 点 $z=0, z=1$ で，t が少し大きくなると，$z=0$ と $z=1$ を囲む 2 つの小さな，自己交差しない閉曲線からなる．

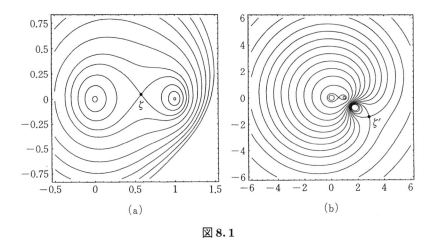

図 8.1

(2) k がある値 κ になると,横 8 の字形の,2 重点 ζ をもつ単一の閉曲線となる.

(3) これより,k が大きくなると,この 8 の字形を囲む大きな閉曲線となる.

(4) さらに,k がある値 κ' になると,再び,(変形した) 8 の字形の 2 重点 ζ' をもつ単一の閉曲線となる.

これより大きな k については略.

ここで現れる 2 重点は,Cauchy–Riemann の関係式を考えればすぐにわかるように,$f'(z)=0$ の根であり,
$$\zeta = \{1+(1-s)^{1/2}\}^{-1}, \quad \zeta' = \{1-(1-s)^{1/2}\}^{-1}$$
となる.ただし,$(1-s)^{1/2}$ は $|s|<1$ で正の実部をもつ分枝を選ぶ.

すると,$f(0)=f(1)=0$, $f(\zeta)=\zeta^2$, $|f(\zeta)|>0$ であるから,0 から ζ を通って 1 に至る曲線 $z=z(t)$ $(0 \leqq t \leqq 2\kappa)$ で

$$|f(z(t))| = \begin{cases} t & (0 \leqq t \leqq \kappa) \\ 2\kappa - t & (\kappa \leqq t \leqq 2\kappa) \end{cases}$$

をみたすものが存在する.このような曲線を**最大傾斜線**という.そのココロ

は，この等高線で記述される山に登ることを想定すれば，すぐにわかることだろう．このとき，2重点 ζ は峠に当たり，鞍点と呼ばれる．

さて，積分路を線分 $[0,1]$ から最大傾斜線に変更すると，$n \to \infty$ のときの漸近挙動を支配するのは，$|f(z(t))|$ が最大値 κ に近い所，つまり，$z=\zeta$ の近くである．この近くだけになれば，さらに積分路を変更し，複素数の部分を定数にして，

$$f(z)^n = \zeta^{2n} e^{-nt^2} \quad (t \in \mathbb{R})$$

の形となる曲線をとることができ，Laplace の方法に帰着させて答を得ることができる．これが Riemann の実行した方法である．この着想は現在，無限次元空間上の積分にも有効であることがわかってきている．

1910 年頃になって，Debye は，最大傾斜線そのものの上での積分を考えることにより，より詳しく漸近展開が求められることを発見した．（ただし，もはや，Laplace の方法に帰着することは一般には無理となる．）この方法を，**最大傾斜法**という．

長口上になってしまったが，この考え方が見事に適用できる例として，**Airy 関数**

(8.91) $$\mathrm{Ai}(z) = \frac{1}{2\pi} \int_{-\infty i}^{\infty i} e^{zs - s^3/3} ds$$

を取り上げよう．$w = \mathrm{Ai}(z)$ は常微分方程式

(8.92) $$\frac{d^2 w}{dz^2} = zw$$

をみたし，光の回折などに現れる重要な関数である．

定理 8.44 $|\arg z| < \pi/3$ で，$|z| \to \infty$ のとき，

(8.93) $$\mathrm{Ai}(z) \sim \frac{1}{2\pi^{1/2}} z^{-1/4} \exp\left(-\frac{2}{3} z^{3/2}\right).$$

[証明] $z = \lambda^2$, $|\arg \lambda| < \pi/6$ として，$s = \lambda w$ と変数変換すると，

$$\mathrm{Ai}(\lambda^2) = \frac{\lambda}{2\pi i} \int_{-\infty i}^{\infty i} e^{\lambda^3 (w - w^3/3)} dw.$$

すると，$f(w) = w - w^3/3$ についての鞍点は，$f'(w) = 1 - w^2$ より，$w = \pm 1$.

ここで，$w=-1$ を選ぶことにすると，この点を通る等高線は，$w=u+iv$ として，3次曲線
$$u^3 - 3uv^2 - 3u - 2 = 0$$
であり，最大傾斜線として
$$v(3u^2 - v^2 - 3) = 0$$
つまり，実軸と双曲線(の一方)を選ぶことができる．この曲線を
$$w - w^3/3 = -2/3 - t^2$$
と径数表示すれば，

(8.94) $\quad\quad \text{Ai}(\lambda^2) = \dfrac{\lambda}{2\pi i} e^{-2\lambda^3/3} \displaystyle\int_{-\infty}^{\infty} e^{-\lambda^3 t^2} \dfrac{dw}{dt} dt.$

ここで，$t=0$ のとき，$dw/dt=i$ であるから，この(8.94)に Laplace の方法を適用すれば，

$$\text{Ai}(\lambda^2) \sim \dfrac{\lambda}{2\pi} e^{-2\lambda^3/3} \int_{-\infty}^{\infty} e^{-\lambda^3 t^2} dt = 2^{-1}(\pi\lambda)^{-1/2} e^{-2\lambda^3/3}$$

となる． ∎

(e) Abel 型定理と Tauber 型定理

F を右連続な単調非減少関数として，Laplace 積分

(8.95) $\quad\quad \varphi(\lambda) = \displaystyle\int_0^{\infty} e^{-\lambda x} dF(x)$

の $\lambda \to \infty$ での振る舞い方について述べよう．

例 8.45 $\alpha > 0$ のとき，任意の $c > 0$ に対して，

(8.96) $\quad\quad \displaystyle\int_0^c e^{-\lambda x} d(x^\alpha) \sim \Gamma(\alpha+1)\lambda^{-\alpha} \quad (\lambda \to \infty),$

(8.97) $\quad\quad \displaystyle\int_c^{\infty} e^{-\lambda x} d(x^\alpha) = O(e^{-\lambda c}) \quad (\lambda \to \infty).$

実際，
$$\int_0^c e^{-\lambda x} d(x^\alpha) = \alpha \int_0^c e^{-\lambda x} x^{\alpha-1} dx = \alpha \lambda^{-\alpha} \int_0^{\lambda c} e^{-y} y^{\alpha-1} dy$$

$$\sim \alpha \lambda^{-\alpha} \Gamma(\alpha) = \Gamma(\alpha+1)\lambda^{-\alpha} \quad (\lambda \to \infty).$$

また,

$$\int_c^\infty \alpha e^{-\lambda x} x^{\alpha-1} dx = \int_0^\infty \alpha e^{-\lambda(c+x)} (c+x)^{\alpha-1} dx = O(e^{-\lambda c}).$$
□

注意 8.46 上の例で, $\lambda \to 0$ での挙動を見ると, 区間 $[0,c]$ と $[c,\infty)$ の立場が逆転して,

(8.98) $$\int_0^c e^{-\lambda x} d(x^\alpha) = O(1) \quad (\lambda \to 0),$$

(8.99) $$\int_c^\infty e^{-\lambda x} d(x^\alpha) \sim \Gamma(\alpha+1)\lambda^{-\alpha} \quad (\lambda \to 0).$$

一般に, 分布関数 F の挙動から Laplace 変換 φ の挙動を与える定理を **Abel 型定理**, 逆に, φ の挙動から F の挙動を導く定理を **Tauber 型定理** という. 歴史的に, 前者が容易であるのに対して, 後者は, 素数の分布の研究などにも自然に現れ, Hardy と Littlewood 以来, 多くの人々の苦労があった. 以下, 右連続な単調非減少関数 F が有界であると仮定して, 簡単になった議論を紹介しよう.

そのために, ことばを準備する. まず, 次の事実に注意する.

補題 8.47 正実数値単調関数 φ に対して, 極限

(8.100) $$\lim_{x \to \infty} \varphi(\lambda x)/\varphi(x) = \psi(\lambda) \in (0,\infty)$$

が, $(0,\infty)$ の稠密な部分集合 Λ 上で存在すれば, ある実数 α に対して,

(8.101) $$\psi(\lambda) = \lambda^\alpha.$$

[証明] $\lambda_1, \lambda_2 \in \Lambda$ ならば,

$$\lim_{x \to \infty} \frac{\varphi(\lambda_1 \lambda_2 x)}{\varphi(x)} = \lim_{x \to \infty} \frac{\varphi(\lambda_1 \lambda_2 x)}{\varphi(\lambda_2 x)} \frac{\varphi(\lambda_2 x)}{\varphi(x)} = \psi(\lambda_1)\psi(\lambda_2)$$

となるから, $\psi(\lambda_1 \lambda_2)$ も存在して,

$$\psi(\lambda_1 \lambda_2) = \psi(\lambda_1)\psi(\lambda_2).$$

また, φ が単調であるから, ψ も単調. したがって, 任意の有界閉区間上で, ψ は有界である. ゆえに, $\psi(\lambda) = \lambda^\alpha$ と書ける. ∎

注意 8.48 (1) 最後の部分はもう少し説明しておいた方が良いかもしれない.

まず，ψ が連続関数に拡張される場合は，帰納法を用いて，$\psi(x^n)=\psi(x)^n$ ($n\in\mathbb{Z}$)，$\psi(x^p)=\psi(x)^p$ ($p\in\mathbb{Q}$) を示して，連続性に訴えればよいことは既知であろう．このとき，連続性がなくても，右連続性があれば十分である．

上の場合，ψ の単調性から，右連続関数 $\overline{\psi}(\lambda)=\lim_{\mu\downarrow\lambda}\psi(\lambda)$ を作れば，$\overline{\psi}$ については上の議論が使える．そこで再び単調性に着目すれば，$\psi(x)=\overline{\psi}(x)=x^\alpha$ がわかる．

なお，$f(x+y)=f(x)+f(y)$ あるいは $f(x+y)=f(x)f(y)$ より，$f(x)=cx$，$f(x)=x^\alpha$ を導くためには，f が有界閉区間上で有界であること，あるいは，f が有界閉区間上で可積分であることを仮定すれば十分である．

(2) 上の補題は，(8.100)で，$\psi(\lambda)\in[0,\infty]$ と仮定しても，$\alpha\in[-\infty,\infty]$ とすれば成り立つ．ただし，

$$x^\infty=\begin{cases}\infty & (x>1)\\ 1 & (x=1)\\ 0 & (x<1)\end{cases}, \quad x^{-\infty}=\begin{cases}0 & (x>1)\\ 1 & (x=1)\\ \infty & (x<1).\end{cases}$$

上の補題の結果を見直せば，φ,ψ の単調性より，極限(8.100)はすべての $\lambda>0$ に対して存在することがわかる．

定義 8.49 関数 $f:(0,\infty)\to(0,\infty)$ に対して，
(8.102) $$\lim_{x\to\infty}f(\lambda x)/f(x)$$
が任意の λ に対して存在するとき，φ は $x\to\infty$ で**正則変動**であるという．□

注意 8.50 f が $x\to\infty$ で正則変動ならば，補題 8.47 より
$$\lim_{x\to\infty}f(\lambda x)/f(x)=\lambda^\alpha$$
と書けるから，$L(x)=x^{-\alpha}f(x)$ とおくと，任意の $\lambda>0$ に対して，
(8.103) $$\lim_{x\to\infty}L(\lambda x)/L(x)=1$$
となる．一般に，(8.103)が成り立つとき，L は $x\to\infty$ で**緩変動関数**であるという．例えば，
(8.104) $$(\log x)^\alpha(\log\log x)^\beta$$
は緩変動関数の代表例である．なお，$x\to\infty$ で緩変動な関数 L は，
(8.105) $$L(x)=a(x)\exp\int_1^x y^{-1}\varepsilon(y)dy$$

と書けること (Karamata の定理) が知られている. ここで, $x \to \infty$ のとき, $\varepsilon(x) \to 0$, $a(x)$ はある有限値に収束するものとする.

さて，主定理を述べよう.

定理 8.51 F は, 有界な右連続単調非減少関数とし, φ をその Laplace 変換, L を $x \to \infty$ で緩増加な関数, $\alpha \geq 0$ とする. このとき, 次の2つの主張は互いに同値である.

(i) $\varphi(\lambda) \sim \lambda^{-\alpha} L(1/\lambda) \Gamma(\alpha+1) \quad (\lambda \to \infty)$.

(ii) $F(x) \sim x^{\alpha} L(x) \qquad\qquad (x \to 0)$.

また, (i), (ii) で, ∞ と 0 を入れ替えても, (i) と (ii) は同値である. 通常, (ii)$\Longrightarrow$(i) を Abel 型定理, (i)$\Longrightarrow$(ii) を Tauber 型定理という.

[証明] (i) を仮定すると,
$$\lim_{t \to \infty} \frac{\varphi(\lambda t)}{\varphi(t)} = \lambda^{-\alpha} = \int_0^{\infty} e^{-\lambda x} d(x^{\alpha}/\Gamma(\alpha+1)) \quad (\lambda > 0).$$

よって,
$$\lim_{t \to \infty} \int_0^{\infty} e^{-\lambda x} dx(F(x/t)/\varphi(t)) = \int_0^{\infty} e^{-\lambda x} d(x^{\alpha}/\Gamma(\alpha+1)) \quad (\lambda > 0).$$

したがって, 任意の有界連続関数 f に対して,
$$\lim_{t \to \infty} \int_0^{\infty} f(x) dx(F(x/t)/\varphi(t)) = \int_0^{\infty} e^{-\lambda x} d(x^{\alpha}/\Gamma(\alpha+1)).$$

(変数変換 $z = e^{-x}$ によって, $[0, \infty)$ を $(0, 1]$ に対応させると, Weierstrass の多項式近似定理が利用できる.) ここで, $x^{\alpha}/\Gamma(\alpha+1)$ は連続だから, 分布関数の収束から各点 x での収束がわかり,

(8.106) $\qquad \lim_{t \to \infty} F(x/t)/\varphi(t) = x^{\alpha}/\Gamma(\alpha+1) \quad (x > 0).$

すると,

(8.107) $\qquad \lim_{x \to 0} F(\lambda x)/F(x) = \lim_{t \to \infty} F(\lambda/t)/F(1/t) = \lambda^{\alpha}.$

ゆえに, F は $x \to 0$ で正則変動. そして, (8.106) で $x = 1$ とおくと,

$$F(1/t) \sim \varphi(t)/\Gamma(\alpha+1) \quad (t \to \infty).$$

したがって，(ii)が示された．

(ii)を仮定して(i)を示そう．まず，(ii)より，
$$\lim_{t \to 0} F(xt)/F(t) = x^\alpha.$$

つまり，右連続な単調非減少関数 $F_t(x) = F(xt)/F(t)$ は各点で，x^α に収束している．そして，

$$\int_0^\infty e^{-\lambda x} dF_t(x) = \varphi(\lambda/t)/F(t).$$

これより，(若干の議論が必要だが)

(8.108) $$\lim_{t \to 0} \varphi(\lambda/t)/F(t) = \int_0^\infty e^{-\lambda x} d(x^\alpha) = \Gamma(\alpha+1)\lambda^{-\alpha}.$$

よって，
$$\lim_{x \to \infty} \varphi(\lambda x)/\varphi(x) = \lambda^{-\alpha}.$$

(8.108)で $\lambda = 1$ とすれば，(i)がわかる． ∎

§8.4　Radon 変換

波の方程式に関して §7.3 で利用した Radon 変換は 1917 年に J. Radon により導入された．Buffon の針の問題まで遡れる古典的な積分幾何学は，微分方程式の他にも確率幾何などの形で生き続けているが，1950 年代後半以後，Gelfand あるいは Helgason などの人々により新たな視点から見直され，発展している．ここで取り上げた Radon 変換は，この積分幾何学の原型ともいえるものである．

同時に，今日，CT スキャン，超音波診断等の医療関係，電子顕微鏡，X 線天文学など多方面で Radon 変換が利用されている．とくに，筆者にとっては，1979 年 A. M. Cormak がその応用でノーベル医学賞を受賞したことは，基本的な数学的認識方法が(実用化のためには現実的な計算方法の開発が不可欠ではあったが)そのまま応用に直結し得ることを目の当りにした"事件"として記憶に新しい．

(a) $\mathbb{R}^n$ における Radon 変換

§7.3(b)にも顔を出した Radon 変換は次のように一般化される.

関数 $f: \mathbb{R}^n \to \mathbb{C}$ に対して, e を $\mathbb{R}^n$ の単位ベクトル, $p \in \mathbb{R}$ として, 超平面 $\langle x, e \rangle = p$ 上での積分

$$(8.109) \qquad f^\sharp(p, e) = \int_{\langle x, e \rangle = p} f(x) d\sigma$$

がつねに存在するとき, $f^\sharp(p, e)$ を f の **Radon 変換** という.

この変換が J. Radon により導入されたもので, 例えば,

$$(8.110) \qquad f(x) = -\frac{1}{8\pi^2} \Delta_x \left(\int_{\mathbb{S}^2} f^\sharp(\langle x, e \rangle, e) d\omega \right)$$

が成り立つことなどを示している. ここで, Δ_x は変数 x に関する Δ であることを表す. §7.3(b)で示したことは, $f \in L^2(\mathbb{R}^3)$ のとき, 滑らかさの仮定なしに, 等式

$$f(x) = -\frac{1}{8\pi^2} \int_{\mathbb{S}^2} \Delta_x(f^\sharp(\langle x, e \rangle, e)) d\omega$$

が成り立つことであった.

以下, (積分可能性や微分可能性の検証に煩わされたくないこともあり) $f \in \mathcal{S}(\mathbb{R}^n)$ と仮定して話を進める.

補題 8.52

(i) $a \in \mathbb{R}^n$ に対して,

$$(8.111) \qquad f(\cdot + a)^\sharp(p, e) = f^\sharp(p + \langle a, e \rangle, e).$$

(ii) $f^\sharp$ は微分可能で, $e = (e_1, \cdots, e_n)$ とすると

$$(8.112) \qquad \left(\frac{\partial f}{\partial x_i} \right)^\sharp(p, e) = e_i \frac{\partial f^\sharp}{\partial p}(p, e) \quad (i = 1, 2, \cdots, n).$$

[証明]

$$f(\cdot + a)^\sharp(p, e) = \int_{\langle x, e \rangle = p} f(x + a) d\sigma_x = \int_{\langle y, e \rangle = p + \langle a, e \rangle} f(y) d\sigma_y$$
$$= f^\sharp(p + \langle a, e \rangle, e).$$

よって，(i)がいえる．(i)より(ii)は明らか． ∎

さらに，

(8.113) $$\Box\varphi(p,e) = \frac{\partial^2\varphi}{\partial p^2}(p,e),$$

(8.114) $$\varphi^\flat(x) = \frac{1}{\Omega_n}\int_{\mathbb{S}^{n-1}}\varphi(\langle x,e\rangle,e)d\omega$$

とおく．ただし，Ω_n は $\mathbb{S}^{n-1}$ の表面積とする．

注意 8.53 (1) $(p,e) \in \mathbb{R} \times \mathbb{S}^{n-1}$ が定める超平面
$$\alpha : \langle x,e\rangle = p$$
は，$(-p,-e)$ が定める超平面と同一である．つまり，超平面の全体を $\mathbb{P}^n$ で表すと，$\mathbb{R} \times \mathbb{S}^{n-1}$ から $\mathbb{P}^n$ への写像
$$(p,e) \mapsto \alpha$$
は2対1の全射である．よって，上の(8.114)では，
$$\varphi(-p,-e) = \varphi(p,e)$$
をみたす関数 φ のみを考えるのが自然である．なお，$\mathbb{P}^n$ は，実数の $(n+1)$ 組 $(\xi_0,\xi_1,\cdots,\xi_n)$ について，
$$\xi_1' : \xi_1' : \cdots : \xi_n' = \xi_0 : \xi_1 : \cdots : \xi_n$$
のとき同一視したものの全体として定義する方が普通であり，実射影空間と呼ばれている．($\xi_1^2 + \cdots + \xi_n^2 \neq 0$ のとき，これを規格化しておいて $(p,e) = (\xi_0,\xi_1,\cdots,\xi_n) \in \mathbb{R} \times \mathbb{S}^{n-1}$ とおくと(このような規格化は2通りあり)，平面 $\langle x,e\rangle = p$ と対応させることができる．$\xi_0 = 1$, $\xi_1 = \cdots = \xi_n = 0$ のときは，"無限遠にある超平面"と考える．)

(2) $x \in \mathbb{R}^n$ のとき，点 x を通る超平面の全体 $\{\alpha \in \mathbb{P} | x \in \alpha\}$ には，x を中心とする任意の回転 g が作用している．上の(8.114)に用いた積分は，$\varphi(\alpha) = \varphi(p,e)$ のこれらの回転に関する平均値でもある．

補題 8.54 $f \in \mathcal{S}(\mathbb{R}^n)$, $\varphi = f^\sharp$ とすると，
(8.115) $\qquad (\triangle f)^\sharp = \Box f^\sharp, \quad (\Box\varphi)^\flat = \triangle\varphi^\flat.$
(英語では，$\sharp$, $\flat$ は $\triangle$, $\Box$ の intertwining operator であるという．)

[証明] 補題 8.52(ii)を2回用いれば，定義式(8.113)より，第1の等式を得る．第2の等式も容易で，

$$(\Box\varphi)^{\flat}(x) = \frac{1}{\Omega_n}\int_{\mathbb{S}^{n-1}}\frac{\partial^2\varphi}{\partial p^2}(\langle x,e\rangle,e)d\omega$$
$$= \frac{1}{\Omega_n}\int_{\mathbb{S}^{n-1}}\sum_{j=1}^{n}\frac{\partial^2}{\partial x_j^2}\varphi(\langle x,e\rangle,e)d\omega = \triangle\varphi^{\flat}(x).$$

Radon 変換は Fourier 変換とも, たたみこみとも相性が良い. (この本で扱うのは, 相性の良いものに限定されている.)

補題 8.55

(i) $f\in\mathcal{S}(\mathbb{R}^n)$ のとき, その Fourier 変換を $\widehat{f}$ とすると,

(8.116) $$\widehat{f}(re) = \frac{1}{\sqrt{2\pi}}\int_{-\infty}^{\infty}f^{\sharp}(p,e)e^{-ipr}dp.$$

(ii) $f_1, f_2 \in \mathcal{S}(\mathbb{R}^n)$, $f = f_1 * f_2$ のとき,

(8.117) $$f^{\sharp}(p,e) = \int_{\mathbb{R}}f_1^{\sharp}(p-q,e)f_2^{\sharp}(q,e)dq.$$

(iii) 整数 $k \geqq 0$ に対して, 積分

$$\int_{-\infty}^{\infty}p^k f^{\sharp}(p,e)dp$$

は, $e_1,\cdots,e_n$ についての k 次の斉次多項式である.

[証明] (i)は明らか. (ii)も明らかであろう. 実際,

$$f^{\sharp}(p,e) = \int_{\langle x,e\rangle = p}f(x)d\sigma = \int_{x'\perp e}f(pe+x')dx'$$
$$= \int_{x'\perp e}\Bigl(\int_{y'\perp e}\int_{-\infty}^{\infty}f_1((p-q)e+x'-y')f_2(qe+y')dqdy'\Bigr)dx'$$
$$= \int_{-\infty}^{\infty}f_1^{\sharp}(p-q,e)f_2^{\sharp}(q,e)dq.$$

(iii)もほとんど明らかである. 実際,

$$\int_{\mathbb{R}}p^k f^{\sharp}(p,e)dp = \int_{\mathbb{R}^n}\langle x,e\rangle^k f(x)dx$$
$$= \sum_{j_1+\cdots+j_n=k}\Bigl(\int_{\mathbb{R}^n}x_1^{j_1}\cdots x_n^{j_n}f(x)dx\Bigr)e_1^{j_1}\cdots e_n^{j_n}.$$

以下,

(8.118)
$$\mathcal{S}_H(\mathbb{P}^n) = \{F \in \mathcal{S}(\mathbb{R}\times\mathbb{S}^{n-1});\ \int p^k F(p,e)dp \text{ は } k \text{ 次斉次 } (k \geqq 0)\}$$
とおく．ただし，

(8.119)
$$\mathcal{S}(\mathbb{R}\times\mathbb{S}^{n-1}) = \Big\{F \in C^\infty(\mathbb{R}\times\mathbb{S}^{n-1});\ \mathbb{S}^{n-1} \text{ 上の任意の微分作用素 } D \text{ と,}$$
$$k,\ell \geqq 1 \text{ に対して } \sup_{e\in\mathbb{S}^{n-1}}\sup_{p\in\mathbb{R}}|p|^k\left|\left(\frac{d}{dp}\right)^\ell DF\right| < \infty\Big\}.$$

定理 8.56 Radon 変換 $f \mapsto f^\sharp$ は，$\mathcal{S}(\mathbb{R}^n)$ から $\mathcal{S}_H(\mathbb{P}^n)$ の上への 1 対 1 の線形写像である．

[証明] 1° $f \in \mathcal{S}(\mathbb{R}^n)$ のとき，各 $e \in \mathbb{S}^{n-1}$ ごとに，$f^\sharp(\cdot, e) \in \mathcal{S}(\mathbb{R})$ となることは，Fourier 変換 $\hat{f}$ を用いると
$$\frac{\partial}{\partial p}\hat{f}(pe) = \sum_{j=1}^n e_i \frac{\partial \hat{f}}{\partial \xi_i}$$
より明らかであろう．また，球面 $\mathbb{S}^{n-1}$ 上の任意の微分作用素 D に対して，
$$\sup_e \sup_p |p|^k \left|\left(\frac{\partial}{\partial p}\right)^\ell DF\right| < \infty$$
となることは，球面上の座標として $e_1, \cdots, e_{n-1}$ をとるとき，
$$\frac{\partial}{\partial e_i}\hat{f}(pe) = p\frac{\partial \hat{f}}{\partial \xi_i} - pe_i(1-e_1^2-\cdots-e_{n-1}^2)^{-1/2}\frac{\partial \hat{f}}{\partial \xi_n} \quad (i=1,\cdots,n-1)$$
となることから，容易にわかる．

したがって，補題 8.55(iii) より，$f^\sharp \in \mathcal{S}_H(\mathbb{P}^n)$ となる．

2° $\ \hat{}\ : \mathcal{S}(\mathbb{R}^n) \to \mathcal{S}(\mathbb{R}^n)$ は全単射であったから，補題 8.55(i) より，$f \mapsto f^\sharp$ は 1 対 1 である．

3° 最後に，$f \in \mathcal{S}_H(\mathbb{R}^n)$ として，$\hat{f} = \varphi$ となる $f \in \mathcal{S}(\mathbb{R}^n)$ の存在を示そう．まず，
$$\Phi(p,e) = \int_{-\infty}^{\infty} \varphi(r,e)e^{-irp}dr$$

とおくと，$\Phi(-p,-e)=\Phi(p,e)$ であり，また，$\Phi(0,e)$ は，$e_1,\cdots,e_n$ についての 0 次斉次式となる．したがって，$\Phi(0,e)$ は定数．よって，$F\colon\mathbb{R}^n\to\mathbb{C}$ が存在して，$F(pe)=\Phi(p,e)$ と書ける．つまり，

$$F(pe)=\Phi(p,e)=\int_{-\infty}^{\infty}\varphi(r,e)e^{-irp}dr.$$

このとき，原点近くを除けば，F が C^∞ 級であることは明らか．

4° よって，F が原点近くでも滑らかなことを示せばよい．ここで，仮定 $\varphi\in\mathcal{S}_H(\mathbb{P}^n)$ の意味も自然に明らかとなる．まず，連続であることを示そう．

(8.120) $\qquad F(pe)=\int_{-\infty}^{\infty}\varphi(r,e)dr+\int_{-\infty}^{\infty}\varphi(r,e)(e^{-irp}-1)dr$

と変形してみると，右辺の第 1 項は，上述と同様の議論により，定数であり，第 2 項は $p\to 0$ のとき 0 に収束する．よって，$F(x)$ は $x=0$ で連続．

次に，$p\ne 0$ のとき，(8.120) を e_j について微分して p で割ると，

$$\frac{1}{p}\frac{\partial}{\partial e_j}F(pe)=\int_{-\infty}^{\infty}\frac{\partial\varphi}{\partial e_j}(r,e)\frac{e^{-irp}-1}{p}dr$$
$$\to\int_{-\infty}^{\infty}\frac{\partial\varphi}{\partial e_j}(r,e)(-ir)dr\quad(p\to 0).$$

ここで，$\int_{-\infty}^{\infty}\varphi(r,e)(-ir)dr$ は $e_1,\cdots,e_n$ について 1 次斉次式だから，$\sum_{j=1}^{n}c_j e_j$ とおくと，

$$\frac{1}{p}\frac{\partial}{\partial e_j}F(pe)\to\frac{\partial}{\partial e_j}\int_{-\infty}^{\infty}\varphi(r,e)(-ir)dr=c_j\quad(p\to 0).$$

また，

$$\frac{\partial}{\partial p}F(pe)=\int_{-\infty}^{\infty}\varphi(r,e)(-ir)e^{-irp}dr$$
$$\to\int_{-\infty}^{\infty}\varphi(r,e)(-ir)dr=\sum_{j=1}^{n}c_j e_j\quad(p\to 0).$$

よって，

$$\frac{\partial F}{\partial x_k}(pe)=\frac{\partial p}{\partial x_k}\frac{\partial}{\partial p}F(pe)+\sum_{j=1}^{n}\frac{\partial e_j}{\partial x_k}\frac{\partial}{\partial e_j}F(pe)$$

$$= e_k \frac{\partial}{\partial p} F(pe) + \sum_{j=1}^{n} \frac{1}{p}(\delta_{kj} - e_k e_j) \frac{\partial}{\partial e_j} F(pe)$$
$$\to e_k \sum_{j=1}^{n} c_j e_j + \sum_{j=1}^{n} (\delta_{kj} - e_k e_j) c_j = c_k \quad (p \to 0).$$

ゆえに，$\partial F/\partial x_k$ も $x=0$ で連続で，$x=0$ での値 c_k は 1 次斉次式 $\int_{-\infty}^{\infty} \varphi(r,e) \cdot (-ir) dr$ より定まる．

同様にして，F の k 階の偏微分たちも $x=0$ で連続で，その値は k 次斉次式 $\int_{-\infty}^{\infty} \varphi(r,e)(-ir)^k dr$ より定まることがわかる．

以上から，F が $\mathcal{C}^\infty$ 級であることがわかった．急減少であることは，定義式よりただちにわかるから，$\check{f} = F$ となる $f \in \mathcal{S}(\mathbb{R}^n)$ をとれば，$\varphi(r,e) = \hat{f}(re)$ となる． ∎

注意 8.57 Radon 変換に対しても，次の Paley–Wiener 型の定理が成り立つ．
$f \in \mathcal{C}(\mathbb{R}^n)$ に対して，$|x|^k f(x)$ は各自然数 k に対して有界とすると，
(8.121) $\qquad f^\sharp(p, e) = 0 \ (|p| > A)$ のとき，$f(x) = 0 \ (|x| > A)$．

これより，台がコンパクトな $\mathcal{C}^\infty$ 級関数の全体についても，定理 8.56 の類似を導くことができる．

(b) Radon 変換の逆変換

まず，次の事実を示しておこう．

補題 8.58 $f \in \mathcal{S}(\mathbb{R}^n)$ のとき，

(8.122) $\qquad f^{\sharp\flat}(x) = \frac{\Omega_{n-1}}{\Omega_n} \int_{\mathbb{R}^n} \frac{f(y)}{|x-y|} dy.$

ただし，Ω_k は $\mathbb{R}^k$ における単位球の表面積とする．

［証明］このような計算においては，回転群 $O(n)$ に関しての関数 f の平均

$$\int_{O(n)} f(gx) dg$$

を用いると，考えやすい．（ただし，本書では，$\int_{O(n)} dg = 1$ と規格化しておく．）$x \in \mathbb{R}^n$，$|x| = r$ のとき，

$$(8.123) \quad \int_{O(n)} f(gx)dg = \frac{1}{\Omega_n}\int_{\mathbb{S}^{n-1}} f(re)d\omega = \frac{1}{r^{n-1}\Omega_n}\int_{|y|=r} f(y)d\omega_y$$

となることに注意する．したがって，$e_0 \in \mathbb{S}^{n-1}$ を任意に固定するとき，

$$\varphi^{\flat}(x) = \frac{1}{\Omega_n}\int_{\mathbb{S}^{n-1}} \varphi(\langle x,e\rangle,e)d\omega = \int_{O(n)} \varphi(\langle x,ge_0\rangle,ge_0)dg.$$

とくに，$e_0 = (0,\cdots,0,1) \in \mathbb{R}^n$ とすれば，e_0 の直交補空間は $\mathbb{R}^{n-1} \cong \{(x_1,\cdots,x_{n-1},0) \in \mathbb{R}^n\}$ である．さて，$e = ge_0$ のとき，

$$\begin{aligned}
(f^{\sharp})^{\flat}(x) &= \int_{O(n)} f^{\sharp}(\langle x,ge_0\rangle,ge_0)dg \\
&= \int_{O(n)} dg \int_{\langle y,ge_0\rangle = \langle x,ge_0\rangle} f(y)dy \\
&= \int_{O(n)} dg \int_{y' \in \{ge_0\}^{\perp}} f(\langle x,ge_0\rangle ge_0 + y')dy' \\
&= \int_{O(n)} dg \int_{x' \in \{ge_0\}^{\perp}} f(x+x')dx' \\
&= \int_{O(n)} dg \int_{z' \in \mathbb{R}^{n-1}} f(x+gz')dz' \\
&= \int_{O(n)} dg \int_0^{\infty} r^{n-2}dr \int_{\mathbb{S}^{n-2}} f(x+rge')d\omega' \\
&= \int_0^{\infty} r^{n-2}dr \int_{\mathbb{S}^{n-2}} d\omega' \int_{O(n)} f(x+rge')dg \\
&= \int_0^{\infty} r^{n-2}dr \int_{\mathbb{S}^{n-2}} d\omega' \frac{1}{\Omega_n} \int_{\mathbb{S}^{n-1}} f(x+re)d\omega \\
&= \frac{\Omega_{n-1}}{\Omega_n} \int_0^{\infty} r^{n-2}dr \int_{\mathbb{S}^{n-1}} f(x+re)d\omega \\
&= \frac{\Omega_{n-1}}{\Omega_n} \int_{\mathbb{R}^n} \frac{f(x+y)}{|y|}dy.
\end{aligned}$$

ここでの最終目標は，次の定理である．

定理 8.59 $f \in \mathcal{S}(\mathbb{R}^n)$ のとき，

$$(8.124) \qquad f = \frac{1}{C_n}\Delta^{(n-1)/2}(f^{\sharp\flat}).$$

ただし，

§8.4 Radon 変換 —— 371

$$C_n = (-4\pi)^{(n-1)/2} \Gamma(n/2)/\Gamma(1/2).$$ □

注意 8.60 上記の形は S.Helgason が与えたもので，n が奇数のときはまったく問題はないが，n が偶数の場合は，$(n-1)/2$ は半整数であり，$\triangle^{(n-1)/2}$ は $\triangle$ の分数ベキであり注意を要する．むしろよく知られた古典的な形で，n の偶奇で分けて，次のように表現した方がわかりやすいかもしれない．

定理 8.59′ $f \in \mathcal{S}(\mathbb{R}^n)$ とする．
（ⅰ） n が奇数ならば，

$$(8.125) \quad f(x) = \frac{1}{C_n} \triangle^{(n-1)/2}(f^{\sharp\flat})(x)$$
$$= \frac{1}{4(2\pi)^{(n-1)/2}} \triangle^{(n+1)/2} \int_{|e|=1} d\omega \int_{\mathbb{R}^n} f(y)|\langle y-x, e\rangle| dy.$$

（ⅱ） n が偶数ならば，

$$(8.126) \quad f(x) = \frac{1}{2i(2\pi i)^{n-1}} \int_{|e|=1} d\omega H\left[\left(\frac{\partial}{\partial p}\right)^{n-1} f^{\sharp}\right](\langle x, e\rangle, e)$$
$$= \frac{1}{(2\pi)^{(n-2)/2}} \triangle_x^{n/2} \int_{|e|=1} d\omega \int_{\mathbb{R}^n} f(y) \log|\langle y-x, e\rangle| dy.$$

ただし，H は Hilbert 変換で，変数 p について作用させる． □

[定理 8.59 の証明] 1° 補題 8.58 で得た等式(8.122)を，球面平均 M^r を用いて書き直すと，

$$(8.127) \qquad f^{\sharp\flat}(x) = \Omega_{n-1} \int_0^\infty M^r f(x) r^{n-2} dr.$$

よって，§7.4(e)の補題 7.80 より，

$$\triangle(f^{\sharp\flat})(x) = \Omega_{n-1} \int_0^\infty \left(F''(r) + \frac{n-1}{r} F'(r)\right) r^{n-2} dr.$$

ただし，$x \in \mathbb{R}^n$ を固定して，$F(r) = M^r f(x)$ とおいた．
ここで，$f \in \mathcal{S}(\mathbb{R}^n)$ より，$\lim_{r \to \infty} r^k F(r) = 0$，また，$F(0) = f(x)$ だから，部分積分すれば，

$$
(8.128)\quad \triangle(f^{\#\flat})(x) = \begin{cases} -\Omega_{n-1}f(x) & (n=3) \\ -(n-3)\Omega_{n-1}\int_0^\infty F(r)r^{n-4}dr & (n>3) \end{cases}
$$

より一般に，

(8.129)
$$
\triangle_x\Bigl(\int_0^\infty M^r f(x)r^k dr\Bigr) = \begin{cases} -(n-2)f(x) & (k=1) \\ -(n-1-k)(k-1)\int_0^\infty F(r)r^{n-2}dr & (k>1) \end{cases}
$$

となるから，n が奇数ならば，これで証明は終わる．

2° n を偶数としよう．このときは，次の公式を用いる．

(8.130) $$(-\triangle)^p f = I^{-2p}f.$$

ここで，I^α は Riesz ポテンシャル

(8.131) $$I^\alpha f(x) = \frac{1}{C_n(\alpha)}\int_{\mathbb{R}^n} f(y)|x-y|^{\alpha-n}dy,$$

ただし，$C_n(\alpha) = 2^\alpha \pi^{n/2}\Gamma(\alpha/2)/\Gamma((n-\alpha)/2)$

である．（定理 7.79 参照）．

この公式を用いて，補題 8.58 の結果を書き直すと，
$$f^{\#\flat} = 2^{n-1}\pi^{n/2-1}\Gamma(n/2)I^{n-1}f.$$

よって，
$$\triangle^{(n-1)/2}(f^{\#\flat}) = 2^{n-1}\pi^{n/2-1}\Gamma(n/2)\triangle^{(n-1)/2}(-\triangle)^{-(n-1)/2}f$$
$$= C_n f.$$

この証明はスマートであるが，別証を与えておこう．

[定理 8.59 の証明（その 2）]　1°　Hilbert 変換

(8.132) $$HF(t) = \frac{i}{\pi}\int_{-\infty}^\infty \frac{F(s)}{t-s}ds \quad (F\in\mathcal{S}(\mathbb{R}))$$

を思い出そう．ここで，右辺の積分は Cauchy の主値である．さらに，

$$
(8.133) \quad \Lambda\varphi(p,e) = \begin{cases} \left(\dfrac{\partial}{\partial p}\right)^{n-1} \varphi(p,e) & (n \text{ は奇数}) \\ H_p\left(\dfrac{\partial}{\partial p}\right)^{n-1} \varphi(p,e) & (n \text{ は偶数}) \end{cases}
$$

によって $\mathcal{S}(\mathbb{P}^n)$ 上の作用素 Λ を定めよう. このとき, $\Lambda\varphi(-p,-e) = \Lambda\varphi(p,e)$ である.

2° f の Fourier 変換 $\hat{f}$ は,

$$\hat{f}(pe) = \left(\frac{1}{2\pi}\right)^{1/2} \int_{-\infty}^{\infty} f^\sharp(r,e) e^{-ipr} dr$$

と表せたから, Fourier 変換の逆変換公式により,

$$f(x) = \left(\frac{1}{2\pi}\right)^n \int_{\mathbb{S}^{n-1}} d\omega \int_0^\infty r^{n-1} dr \left(\int_{-\infty}^\infty e^{-irp}\hat{f}(p,e) dp\right) e^{i\langle x, re\rangle}$$

となる. よって, $f^\sharp(-p,-e) = f^\sharp(p,e)$ より,

(8.134)
$$f(x) = \frac{1}{2}\left(\frac{1}{2\pi}\right)^n \int_{\mathbb{S}^{n-1}} d\omega \int_{-\infty}^{\infty} |s|^{n-1} ds\, e^{is\langle x,e\rangle} \int_{-\infty}^{\infty} e^{-isp} f^\sharp(p,e) dp.$$

3° n が奇数のとき, (8.134)において絶対値は不要であり,

$$s^{n-1}\int_{-\infty}^{\infty} e^{-isp} f^\sharp(p,e) dp = (-i)^{n-1}\int_{-\infty}^{\infty} e^{-isp} \frac{\partial^{n-1} f^\sharp}{\partial p^{n-1}}(p,e) dp.$$

よって,

$$(8.135) \qquad f(x) = \frac{1}{C_n}(\Lambda f^\sharp)^\flat(x).$$

これから, $f = C_n^{-1} \Delta^{(n-1)/2} f^{\sharp\flat}$ を導くのは容易であろう.

4° n が偶数のとき, (8.134)は, $\mathrm{sgn}(x) = 1\ (x>0);\ = -1\ (x<0)$ を用いて書き直すと,

$$f(x) = \frac{1}{2}\left(\frac{1}{2\pi}\right)^n \int_{\mathbb{S}^{n-1}} d\omega \int_{-\infty}^{\infty} (\mathrm{sgn}\, s) e^{i\langle x,e\rangle} ds \int_{-\infty}^{\infty} \frac{\partial^{n-1} f^\sharp}{\partial p^{n-1}}(p,e) e^{-isp} dp$$

となる. ところで,

$$H\hat{f}(\xi) = (\mathrm{sgn}\, \xi)\hat{f}(\xi)$$

であったから，Λ の定義より，

$$(8.136) \qquad f = \frac{1}{C_n}(\Lambda f^\sharp)^\flat$$

を得る.

これから，$f = C_n^{-1} \Delta^{(n-1)/2} f^\sharp$ を導くのは少し大変であるが，§7.4 を参照すればよい. ∎

(c) エックス線変換

前項までは，$\mathbb{R}^n$ 内の $(n-1)$ 次元の超平面についての Radon 変換を考えてきたが，一般に，$0 < d < n$ として，$\mathbb{R}^n$ 内の d 次元超平面 ξ に関しても Radon 変換

$$(8.137) \qquad f^\sharp(\xi) = \int_\xi f(x) d\sigma$$

($d\sigma$ は $\xi \cong \mathbb{R}^d$ 上での体積要素)

を考えることができ，これまでと類似の議論が展開できる.

ここでは，とくに，$n \geq 3, d = 1$ の場合を考えよう．この場合の Radon 変換は，**エックス線変換**(X-ray transform) と称される.

直線 ξ は，その単位方向ベクトル $e \in \mathbb{S}^{n-1}$ と，ξ 上の 1 点 z を与えれば，一意的に定まる．以下，必要があるときは，$z \in \xi$ の選び方として，

$$\{z\} = \xi \cap \{e\}^\perp$$

を採用する．ここで，$\{e\}^\perp = \{x \in \mathbb{R}^n \mid \langle x, e \rangle = 0\}$ は e の直交補空間である.

このとき，Radon 変換(8.137)は

$$(8.138) \qquad f^\sharp(\xi) = \int_{-\infty}^\infty f(z + se) ds$$

と書くことができる.

例 8.61 一定密度 m の物体内を距離 R だけ透過したとき，エックス線の強度は

$$I(R) = e^{-cmR} I(0) \quad (c \text{ は物理定数})$$

となる．したがって，物体 $B \subset \mathbb{R}^n$ の各点 x における密度が $f(x)$ のとき，直

線 ξ に沿って B を通過した後のエックス線の強度 I は，物体への入射時の強度を I_0 とすると，

$$\log(I/I_0) = \int_\xi f(x) ds,$$

つまり，エックス線変換 $f^\sharp(\xi)$ となる．ただし，B の外では $f=0$ とする．

上の例が示すように，エックス線変換の逆変換を求めれば（そして，それが数値的にも計算しやすいものであれば），エックス線断層写真の濃度 $f^\sharp(\xi)$ から，物体 B の密度の形状 f が復元されることになる．

さて，逆変換の定義をしよう．そのために，まず，次の点に着眼する．

任意の $x \in \mathbb{R}^n$ を固定するとき，x を通る直線 ξ はその方向ベクトルと1対1に対応させることができる．つまり，

$$x \in \xi$$

をみたす直線 ξ の全体は単位球面 $\mathbb{S}^{n-1} = \{e \in \mathbb{R}^n ; |e|=1\}$ と同一視できる．

そこで，直線 ξ の関数 $\varphi(\xi)$ に対して，

$$(8.139) \qquad \varphi^\flat(x) = \int_{\xi : x \in \xi} \varphi(\xi) d\xi = \int_{\mathbb{S}^{n-1}} \varphi(x+\mathbb{R}e) d\omega$$

と定めることにする．

前項までと類似の議論をすれば，以下の類似の定理が得られる．

まず，Paley-Wiener の定理の類比（[16]では台(support)定理）が成り立つ．

定理 8.62 $f \in \mathcal{C}(\mathbb{R}^n)$ が急減少条件

任意の自然数 m に対して，

$$(8.140) \qquad \sup_{x \in \mathbb{R}^n} |x|^m |f(x)| < \infty$$

をみたすとき，単位球 $\{x \in \mathbb{R}^n ; |x| < 1\}$ の外にある任意の直線 ξ に対して，

$$f^\sharp(\xi) = 0$$

であれば，

$$f(x) = 0 \quad (|x| > 1). \qquad \square$$

系 8.63 $f, g \in \mathcal{C}(\mathbb{R}^n)$ が急減少条件(8.140)をみたし，単位球外にある任意の直線 ξ に対して，

$$f^{\sharp}(\xi) = g^{\sharp}(\xi)$$

が成り立てば，
$$f(x) = g(x) \quad (|x| > 1).$$
□

2つの変換 $\sharp, \flat$ の合成はやはり，Riesz ポテンシャルである．

定理 8.64 $f \in \mathcal{S}(\mathbb{R}^n)$ のとき，

(8.141) $\quad f^{\sharp\flat}(x) = \Omega_1 \int_0^\infty M^r f(x) r^{d-1} dr = \dfrac{\Omega_1}{\Omega_n} \int_{\mathbb{R}^n} |x-y|^{1-n} f(y) dy.$

(Ω_k は $\mathbb{R}^k$ 内の単位球面の表面積，とくに，$\Omega_1 = \sharp\{-1, +1\} = 2$.) □

したがって，$\triangle$ の $1/2$ ベキ $\triangle^{1/2}$ を用いれば，

定理 8.65 $f \in \mathcal{S}(\mathbb{R}^n)$ のとき，

(8.142) $\quad\quad\quad\quad f = \dfrac{1}{C_{n,1}} \triangle^{1/2}(f^{\sharp\flat}).$

ただし，
$$C_{n,d} = (-4\pi)^{d/2} \Gamma(n/2)/\Gamma((n-d)/2).$$
□

もう少し具体的に見てみよう．

定義 8.66 $e \in \mathbb{S}^{n-1}$, $z \in \{e\}^\perp$ のとき，$f \in \mathcal{S}(\mathbb{R}^n)$ に対して，

(8.143) $\quad\quad\quad\quad P_e f(z) = f^{\sharp}(\xi)$

とおく．ただし，ξ は (e, z) で定まる直線とする．ここで，$\{e\}^\perp$ 上の関数 $P_e f$ を $(e$ 方向の$)$**エックス線画像**（radiograph）ということがある． □

e 方向のエックス線画像のもつ情報量はかなりのものである．

補題 8.67 $f \in \mathcal{S}(\mathbb{R}^n)$, $e \in \mathbb{S}^{n-1}$ のとき，Fourier 変換 $\widehat{f}$ に対して，

(8.144) $\quad (2\pi)^{n/2} \widehat{f}(\zeta) = \int_{\{e\}^\perp} e^{-i\langle z, \zeta\rangle} P_e f(z) dz \quad (\zeta \in \{e\}^\perp).$

[証明] $\zeta \perp e$ のとき，
$$\begin{aligned}
(8.144)\text{の右辺} &= \int_{\{e\}^\perp} e^{-i\langle z,\zeta\rangle} \Big(\int_{-\infty}^\infty f(z+se) ds\Big) dz \\
&= \int_{\{e\}^\perp} \int_{-\infty}^\infty e^{-i\langle z+se,\zeta\rangle} f(z+se) dz ds \\
&= \int_{\mathbb{R}^n} e^{-i\langle x,\zeta\rangle} f(x) dx = (2\pi)^{n/2} \widehat{f}(\zeta).
\end{aligned}$$
∎

エックス線画像 $P_e f$ が "沢山" あれば, 物体の形状がわかる.

定理 8.68 f の台がコンパクトのとき, 無限個の e の値に対する $P_e f$ がわかれば, f は唯一つに定まる.

［証明］ f の台がコンパクトならば, $\widehat{f}: \mathbb{R}^n \to \mathbb{C}$ は, 1次元の場合と同様に, $\mathbb{C}^n$ 上の解析関数に拡張できる.

よって, もし $\widehat{f}(\zeta) = 0$ ($\zeta \in \{e\}^\perp$) ならば, つまり, $\langle \xi, e \rangle = 0$ のとき $\widehat{f}(\xi) = 0$ ならば, 割り算をして,
$$g(\xi) = \widehat{f}(\xi)/\langle \xi, e \rangle \quad (\xi \in \mathbb{C}^n)$$
とおくと, g も解析関数となる.

したがって, 帰納的に, $\widehat{f}(\zeta) = 0$ ($\zeta \in \{e_j\}^\perp$, $1 \leq j \leq k$) ならば,

(8.145) $$\widehat{f}(\xi) = \left(\prod_{j=1}^{k} \langle \xi, e_j \rangle \right) g_k(\xi) \quad (\xi \in \mathbb{C}^n)$$

と書け, g_k は解析的である. とくに,
$$\widehat{f}(\xi) = O(|\xi|^k) \quad (\xi \to 0)$$
となる.

すると, 無限個の e_j に対して, $\widehat{f}(\zeta) = 0$ ($\zeta \in \{e_j\}^\perp$) ならば, 任意の自然数 k に対して,
$$\widehat{f}(\xi) = O(|\xi|^k) \quad (\xi \to 0)$$
となる. これは(Taylor展開を考えればわかるように), 解析関数 $\widehat{f}$ が恒等的に 0 であることを示している.

ゆえに, $f = 0$, したがって, 無限個の e_j に対して $P_{e_j} f = P_{e_j} g$ ならば, $f = g$ となる. ∎

注意 8.69 有限個の e_j に対して, $\widehat{f}(\zeta) = 0$ ($\zeta \in \{e_j\}^\perp$, $1 \leq j \leq k$) であることは, (8.145)の形からわかるように,
$$f = D_{e_1} \cdots D_{e_k} g$$
と書けることと同値である. ただし, D_e は e 方向の微分とする.

上の定理 8.68 を利用して, 無限個の $P_{e_j} f$ のデータから f を復元する手法, あるいは, 十分に多くの(有限個の) $P_{e_j} f$ のデータから, 満足のいく f の近似

を計算するアルゴリズムの開発が，応用数学としてのトモグラフィである．

その理論的根拠を与える数学的な事実を述べておこう．この事実を，P_j が $N_j = \ker P_{e_j}$ への直交射影の場合に用いることになる．

Hilbert 空間 $\mathcal{H}$ において，P_j をその部分空間 N_j への直交射影とする $(1 \leq j \leq k)$．このとき，$P = P_1 \cdots P_k$ とおくと，P^n は，$n \to \infty$ のとき，部分空間 $\bigcap_{j=1}^{k} N_j$ への直交射影に収束する．

《 要 約 》

8.1 目標

§8.1 上半平面上の Hardy 関数と Stieltjes 変換の意味．

§8.2 分布関数とその Laplace 変換およびそれらの収束の意味，種々の応用例．

§8.3 Laplace の方法，停留位相法，Tauber 型定理等の漸近挙動の理解．

§8.4 $\mathbb{R}^n$ における Radon 変換の理解とエックス線変換の意義．

8.2 主な用語

§8.1 Stieltjes 変換，Hardy 空間，Poisson の公式(上半平面)

§8.2 分布関数の収束，Helly の選出定理，Bochner の定理，中心極限定理(一般の場合)，分布関数の Laplace 変換，確率母関数，モーメント問題，Bernstein の定理，Krein–Milman の端点表示定理

§8.3 Stirling の公式，漸近級数，Laplace の方法，停留位相法，鞍点法，最大傾斜線，Airy 関数，Abel 型・Tauber 型定理，正則・緩変動

§8.4 (一般の)Radon 変換，エックス線変換

──────── 演習問題 ────────

8.1 非負実数値で 2 乗可積分な関数 f に対して

$$\int_{-\infty}^{\infty} |\log f(t)| \frac{dt}{1+t^2} < \infty$$

のとき，
$$h(z) = \exp\left\{\frac{1}{\pi i}\int_{-\infty}^{\infty}\frac{tz+1}{t-z}\log f(t)\frac{dt}{1+t^2}\right\} \quad (z\in\mathbb{C}^+)$$
は Hardy 関数であることを示せ．

8.2 単位開円板 $\{z\in\mathbb{C};\,|z|<1\}$ 上の非負調和関数 $u(z)$ で, $u(0)=1$ をみたすものは, $[0, 2\pi]$ 上の確率分布関数 F によって,
$$u(z) = \int_0^{2\pi}\frac{1-|z|^2}{|e^{i\theta}-z|^2}dF(\theta) \quad (|z|<1)$$
と表されることを示せ．

8.3 n 次 Bessel 関数
$$J_n(x) = \frac{1}{\pi}\int_0^{\pi}e^{x\cos\theta}\cos n\theta\,d\theta$$
に対して，次の漸近挙動を導け．
$$J_n(x) \sim (2\pi x)^{-1/2}e^x \quad (x\to\infty)$$

8.4 平面上で，原点から直線 ξ までの(符号つき)距離を p, 垂線の方向を θ ($\theta\in[0,\pi)$) とし，直線からなる集合 A に対して
$$m(A) = \iint_A dpd\theta$$
とおく．このとき以下を示せ．
(1) 平面の運動(平行移動，回転，折り返し)に関して，$m(A)$ は不変である．
 (ただし，折り返しに関しては符号が変わる．)
(2) 長さ L をもつ閉曲線 C の囲む領域が凸集合のとき，
$$L = \iint_A dpd\theta = \int_0^{\pi}D(\theta)d\theta.$$
ただし，$A = \{\xi\,|\,\xi\cap C\neq\emptyset\}$, $D(\theta)$ は θ 方向の C の幅とする．

参考文献

[1] H. Dym and H. P. McKean, *Fourier series and Fourier integrals*, Academic Press, 1972.
[2] 藤田宏・吉田耕作, 現代解析入門, 岩波書店, 1991.
[3] 猪狩惺, フーリエ級数, 岩波書店, 1975.
[4] O. H. Körner, *Fourier analysis*, Cambridge Univ. Press, 1990. (邦訳) フーリエ解析大全, 高橋陽一郎訳, 朝倉書店, 1996.
[5] A. Sommerfeld, *Partial differential equations in physics*, Academic Press, 1949.
[6] 洲之内源一郎, フーリエ解析, 共立出版, 1956.
[7] G. Szegö, *Orthogonal polynomials*, Amer. Math. Soc., 1939, 1975.
[8] A. Zygmund, *Trigonometrical series*, Warszawa, 1935; Dover, 1955.
[9] A. Zygmund, *Trigonometric series*, 2nd ed., I, II combined, Cambridge Univ. Press, 1988.
[10] Л. С. Понтрягин, *Непрерывные группы*(改訂第 3 版), Гостехиздат, 1973(ロシア語). (邦訳) ポントリャーギン, 連続群論(上・下), 柴岡泰光他訳, 岩波書店, 1974. (なお, 各国語訳あり.)
[11] 杉原正顯・室田一雄, 数値計算法の数理, 岩波書店, 1994.

個別の話題については以下の本を参考にした.
[12] S. Bochner, *Vorlesungen über Fouriersche Integrale*, Chelsea, 1948.(英訳) *Lectures on Fourier integrals*, Princeton Univ. Press, 1959.
[13] H. Bohr, *Almost periodic functions*, Chelsea, 1951.
[14] H. Dym and H. P. McKean, *Gaussian processes, function theory and inverse spectrum problem*, Academic Press, 1976.
[15] W. Feller, *An introduction to probability theory and its applications vol. 2*, John Wiley, 1966. (邦訳) 確率論とその応用 II(上・下), 国沢清典監訳, 紀伊

國屋書店, 1961.
[16] S. Helgason, *The Radon transform*, Birkhäuser, 1980.
[17] G. H. Hardy, J. E. Littlewood and G. Polya, *Inequalities*, 2nd ed, Cambridge Univ. Press, 1988(初版は 1934 年).
[18] F. John, *Plane waves and spherical means applied to partial differential equations*, Interscience, 1955.
[19] D. S. Mitrinovic, J. E. Pecaric and A. M. Fink, *Classical and new inequalities in analysis*, Kluwer Academic Publishers, 1993, p. 740.
[20] N. I. Muskhelishvili, *Singular integral equations*, Dover, 1992(ロシア語の原著 1946 の英訳).
[21] R. R. Phelps, *Lectures on Choquet's theorem*, Van Nostrand, 1966.

今後の学習のために

　数学は，長い伝統に支えられ，一歩ずつ積み上げられてきた学問である．そして，その中にはいくつかの大きな転機がある．17 世紀の微分積分の誕生から，微分方程式論，変分法，複素関数論等が発展した．19 世紀初めに熱伝導の理解という応用上の視点から産声を上げた Fourier 解析は，その有用さを証明するとともに，数学に対する問題提起となり，現代の解析学が形作られる土壌となった．

　しかし，それゆえに，Fourier 解析あるいは古典解析の世界は現代数学の共通基盤としてあまりに基礎的であり，かつ，純粋，応用を問わず広範な領域で用いられているものであるため，この世界から現代数学への展望は文字どおり茫洋としている．したがって，以下は，引き続いて現代の解析学の基本である Lebesgue 積分論，関数解析，偏微分方程式論，確率論，また，Lie 群論などに進む読者へのメッセージである．なお，Fourier 解析の世界，つまり「すべての関数は波の重ね合わせとして表現できる」ことを巡る数学あるいはその帰結として生まれた数学の広がりについては[4]を見ればよくわかる(が，これでもすべてではない)．

　手短に本書の構成を復習しておこう．全体としては，古典解析学の世界から現代解析学の世界への橋渡しとなることを意図している．

　第 1 章は，微分積分，線形代数等のまとめと補足である．第 2 章は，Fourier 級数論の基本的事項，第 3 章では，その典型的な適用例を，古典的な形で扱っている．第 4 章では，実変数関数の連続性，微分積分等に関してより進んだ内容を述べ，第 5 章では，その続きに加えて，関数空間の考え方を導入した．第 6 章は Fourier 積分の基本的な事項をやや現代的な視点から扱っている．ここまでが基本的な事項である．

　第 7 章では，その直接的な適用例とともに，関数論，微分方程式論などと

Fourier 変換論との関わり方(現代ではそれらは一体のものとなっている)を示した.第8章では,さらに進んだ内容の中から,とくに,一度は読者に触れておいてほしいと考えるものを選んで紹介している.これは次の苦い経験に基づいている.やさしくて基本的な例を一度見ていれば,後にそれ(その高尚な発展形)に出会ったときに受け入れる準備が,いつの間にか,整っているが,逆に,まったく見たことのないものは,後になっても,気付かずに,見過ごしてしまうことが多いものである.

まえがきにも触れたように,本書では,Lebesgue 積分論の知識を前提とせず,§5.2 に述べてある事項を認めれば,読破できるように配慮したつもりである.本書に記述されているような内容に触れることにより,より高度で抽象的な数学の修得への意欲が湧いてくること,同時に,そこで何が抽象化され,より美しくあるいはより強力にあるいはより豊かになっているかを(さらには何が捨象されたかを)理解できるようになることを期待している.

その際,もともとは岩波講座『現代数学の基礎』の分冊として書かれた,小谷眞一『測度と確率』,岡本久・中村周『関数解析』,村田實・倉田和浩『楕円型・放物型偏微分方程式』,井川満『双曲型偏微分方程式と波動現象』,とくにそれらの「理論の概要と目標」,「現代数学への展望」は一読に値する手引きとなるはずである.

以下,文献紹介を中心に補足する.

主に第2〜3章で扱った Fourier 級数論は,数学以外の分野でさまざまな方程式などに応用され,数値的な計算にも用いられている.この種の応用に関しては,その対象に応じたそれぞれの文献を参照していただきたい.ただし,数理的な本質を本格的に知りたい読者には[11]をぜひ薦めたい.なお,純粋数学畑で育ったものが数学の一般教育に携わるにあたっては,この本や[4]を一読しておくと,数学への視野が広がることと思う.また,応用面から入った人の場合は,例えばシリーズ「現代数学への入門」全体に目を通しておくと,相互に支えあった数学の全体像が見えてくることと思う.

§5.1 の不等式については,さらに興味があれば古典的名著[17]を見て頂きたい.なお,[19]など博物館のような著書は退屈したときに眺めると楽しい.

Fourier 解析に関する古典的な諸結果はほぼ[9]に集大成されているが，現代数学としての Fourier 解析は，§5.2 に紹介した関数空間の考え方を進めて，Lebesgue 測度・積分論を基礎として関数解析という形で完結する．(完結したと現時点での数学者の大多数は考えている．)これらについては，例えば，上述の『測度と確率』，『関数解析』およびその参考文献を参照してほしい．その中からとくに，簡潔にまとめられた次の本を，初めて学ぶ人には薦めたい(原著はロシア語)．

コルモゴロフ，フォーミン，函数解析の基礎，山崎三郎訳，岩波書店，1962，(同第2版) 岩波書店，1971．

A. N. Kolmogorov and S. V. Fomin, *Introductory real analysis*, Dover, 1970.

この本は改版ごとに大幅に増補され，第2版はともかく，第4版(邦訳は上下2冊，岩波書店，1979)になると，辞書代わりに手元に置くのによいが，もはや初学者向きではない．上記の英語版の方が入手が容易かもしれない．

なお，Lebesgue 積分論(測度論)は，修得に手こずる学生諸君が多いものである．例えば，上述の『測度と確率』あるいは

M. Loève, *Probability theory I, II*, Springer, 1977.

のように，直観的な理解のしやすい確率論と併行して測度論を学習するのも一法である．また，Lebesgue 積分論そのものは後に回し，解析学，理論物理，確率論などの興味ある内容を先にして，その適用の効用を理解した後に学習するのも一法と考える．次の本は，Lebesgue 積分論の骨格の理解にはよく工夫された教科書である．数学科の学生にも薦められる．

G. Temple, *The structure of Lebesgue integration theory*, Oxford Univ. Press, 1971．(邦訳) G. テンプル，ルベーグ積分入門，江沢洋・南條昌司訳，ダイヤモンド社，1981．

さて，Fourier 解析の直系の分野は，調和解析(harmonic analysis)と呼ばれ，コンパクト可換群上の Fourier 解析を核に，解析数論から確率論やエルゴード理論に至る広い範囲と関わり，欧米にはその専門家と名乗る人も多い．比較的入手しやすく，やさしい入門書を挙げておくと，

Y. Katznelson, *An introduction to harmonic analysis*, Dover, 1976(1st ed., John Wiley, 1968).

また，大学院レベルであるが，将来は次のような解析学に触れる機会もあることを期待している．

　　E. M. Stein, *Topics in harmonic analysis related to the Littlewood-Paley theory*, Ann. Math. Studies No. 63, Princeton Univ. Press, 1970.

偏微分方程式については，他の良書もあるが，例えば上述の『楕円型・放物型偏微分方程式』，『双曲型偏微分方程式と波動現象』に読み進めばよいであろう．なお，この方向で将来確実に出会うであろう Fourier 積分作用素論の直前の姿について，次の本を忘れることはできない．この本には変数係数微分作用素の表象の意味が述べられていると見ることもできよう．

　　熊ノ郷準，擬微分作用素，岩波書店，1974．

Hardy 関数については，[1], [14] などに記述されている内容のうち，本質的に Lebesgue 積分論の理解を必要とする内容には触れなかった．よってまた，BMO(有界平均振動)関数などにも本書ではまったく触れなかった．

確率論および確率分布の収束に関する事柄は，まずは，上述の『測度と確率』に読み進めばよい．なお，高校数学の確率論の先にあるものに興味があれば，文献[15]の第1巻の方を読むことを薦める．この第1巻は名著の誉れが高く，初学者には読み易い．しかし，大学院レベル以後になってから読み直すと，V. I. Arnold の教科書などと同様に，立ち止まって考え込むことの多い含蓄のある本である．

Radon 変換については，現代的な入門書[16]を参考にした．なお，この本には，Radon の原論文

　　"Über die Bestimmung von Funktionen durch ihre Integralwerte längs gewisser Mannigfaltigkeiten"(全集第2巻，Birkhäuser，1987)

が写真収録されている．さらに，例えば，実際の応用場面の解説に詳しい次の本には，その英訳が掲載されている．

　　S. R. Deans, *The Radon transform and some of its applications*, John Wiley, 1983.

現代的な意味での積分幾何としては,超関数のシリーズの中の次のもの(ロシア語からの英訳)の影響が大きい.

 I. M. Gelfand et al., *Generalized functions vol.5: integral geometry and representation theory*, Academic Press, 1966.

なお,これ以前から,Radon 変換は確率論(Cramér-Wold, 1936; Rényi, 1952)や微分方程式(F. John, 1934)など([18]参照)に応用されてきた.古典的な意味での積分幾何もなかなか楽しいものである.これについて知りたければ,

 L. A. Santaló, *Integral geometry and geometric probability*, Addison-Wesley, 1976.

 栗田稔,積分幾何学,共立出版,1956.

がある.

Laplace 変換の特徴付けや Tauber 型定理については,主に[15]を参照したが,漸近展開については次の小冊子を薦める.

 A. Erdélyi, *Asymptotic expansions*, Dover, 1956.

これは名著として名高い.また,次の本も参考にした.

 E. T. Copson, *Asymptotic expansions*, Cambridge Univ. Press, 1967.

歴史的な経緯は次の大著から窺うことができる.Littlewood による短い序文中の解題も印象的である.

 G. H. Hardy, *Divergent series*, Oxford Univ. Press, 1949.

解析数論は Fourier 級数論と歴史的に深く関わっているだけでなく,例えば次の(ややレベルの高い)本のかなりの部分は漸近理論である.

 А. Г. Постников, *Введение в аналитическую теорыии чисел*, Наука, 1971. (英訳) A. G. Postnikov, *Introduction to analytic number theory*, Amer. Math. Soc., 1988.

最後に,本書で扱いたいと企画時には考えたが,結局,触れることができなかった応用を2つ挙げておく.1つは,時系列解析である.Fourier 解析の応用として,例えば,電気信号のような時系列のスペクトル解析は重要であるが,本書では,標本定理,Bochner の定理,概周期関数のパワースペクト

ルなどを，これとの関連の説明なしに，挙げるのみに留まっている．これについては[1], [14]に，ある範囲は触れられている．もう1つは，積分方程式への応用である．Fourier 級数などを利用して解けるさまざまな積分方程式の例については，例えば次の本がある．

D. Porter and D. G. Stirling, *Integral equations, a practical treatment, from spectral theory to applications*, Cambridge Univ. Press, 1990.

なお，Lie 群に関するよい入門書の1つである[10]を見れば，積分方程式論の1つの典型的な適用例を発見できる．

演習問題解答

第1章

1.1 任意の $\varepsilon>0$ に対して，$\sum_{n=N+1}^{\infty}|a_n-a_{n-1}|<\varepsilon$ をみたす自然数 N をとれば，
$n>m \geqq N \implies$
$$|a_n-a_m| \leqq |a_n-a_{n-1}|+|a_{n-1}-a_{n-2}|+\cdots+|a_{m+1}-a_m| < \varepsilon.$$
よって，(a_n) は Cauchy 列.

1.2 $\log(1+x) \leqq |x|$ より，$\sum a_n$ が絶対収束すれば $\prod(1+a_n)$ も絶対収束するから，無限積 $\prod(1-x^2/n^2)$ の絶対収束は明らか．さらに，$\sum x^2/n^2$ は，x が有界閉区間を動く限り，一様収束するから，この無限積も（比較定理により）一様収束する．よって，連続関数列の一様極限ゆえ，$\prod(1-x^2/n^2)$ は x について連続.

1.3 $\sum_{n=1}^{\infty} n^{-\beta}\cos nx$ は $\beta>0$ のときに収束して，x について連続関数である．よって，$\sum_{n=1}^{\infty} n^{-\alpha}\sin nx = \int_0^x \sum_{n=1}^{\infty} n^{-\alpha+1}\cos nt\, dt$ は C^1 級.

第2章

2.1 色々なやり方がありうるが，基礎となるのは次の事実である：F が f の原始関数ならば $\widehat{F}(n) = \widehat{f}(n)/2\pi in$.

2.2 (1)は明らか．(2)は Fejér の定理の証明にならえばよい．

2.3 $a=0,\ b=1/2$ のとき，$g(x)=f(x)$ $(0\leqq x\leqq 1/2)$, $g(x)=-f(-x)$ $(0\geqq x \geqq -1/2)$ とおけば，$\widehat{g}(0)=0$ より，
$$\int_{-1/2}^{1/2} |g'(x)|^2 dx = \sum |2\pi in\widehat{g}(n)|^2 \geqq 4\pi^2 \sum |\widehat{g}(n)|^2 = 4\pi^2 \int_{-1/2}^{1/2} |g(x)|^2 dx.$$
（したがって，等号は $f(x)=\exp(\pm 2\pi x)$ のときに成立する．）

第3章

3.1 任意の自然数 r に対して，$\sum (2\pi in)^r c_n e^{2\pi int}$ は絶対一様収束しているから，$f(t)$ は r 回項別微分できる．

3.2 奇関数に拡張して論じた §3.5(b) を，偶関数に関して逐語訳すればよい．（ただし，$f_0(x)\equiv 1$ に注意.）

3.3 $\sigma_{kn,(k+1)n}(f,t) = (k+1+1/n)\sigma_{(k+1)n}(f,t) - (k+1)\sigma_{kn}(f,t)$ と変形できるから，Fejér の定理より，$\sigma_{kn,(k+1)n} \to (k+1)f - kf = f \ (n \to \infty)$（一様収束）．

不等式 $|\sigma_{kn,(k+1)n} - S_m| \leqq 2C/k \ (kn \leqq m < (k+1)n)$ は直接確かめればよい．

以上をあわせれば，$S_m(f,t)$ が $m \to \infty$ のとき $f(t)$ に一様収束することがわかる．

3.4 固有関数 $f_n(t) = \sqrt{2} \sin \pi(n+1/2)t$，固有値 $\lambda_n = -\pi^2(n+1/2)^2 \ (n=0,1,2,\cdots)$ として固有関数展開できる．注：Kelvin 流の鏡映原理を用いるならば，この境界条件をみたす関数 f は，$\mathbb{T}$ 上の奇関数 $\widetilde{f}$ で，$\widetilde{f}(1/4-t) = \widetilde{f}(1/4+t)$ をみたすものに対応する．

第4章

4.1 $\Delta : (a<) x_0 < x_1 < \cdots < x_n (<b)$ に対して，
$$\sum_{i=1}^n |f(x_i) - f(x_{i-1})| \leqq \int_a^b |f'(x)|dx$$
が成り立つから，$V(f;(a,b)) \leqq \int_a^b |f'(x)|dx$ は明らか．

逆向きの不等式を示そう．（代数学における等式は恒等式であるが，解析学における等式は2つの不等式である！）

集合 $\{x \mid f(x) > 0\}$ は高々可算個の開区間の和集合である．それらを長さの順に $I_1, I_2, \cdots$ とする．同様に，$\{x \mid f(x) < 0\}$ も開区間 $J_1, J_2, \cdots$ の和集合である．そこで，$n \geqq 1$ として，区間 $I_1, I_2, \cdots, I_n, J_1, J_2, \cdots, J_n$ を端点とする分割 Δ を考えると，
$$V(f;(a,b)) \geqq V_\Delta(f) \geqq \sum_{i=1}^n \left\{ \int_{I_i} f'(x)dx - \int_{J_i} f'(x)dx \right\}$$
$$= \int_{\bigcup_{i=1}^n (I_i \cup J_i)} |f'(x)|dx.$$

よって，$n \to \infty$ とすれば，求める不等式
$$V(f;(a,b)) \geqq \int_a^b |f'(x)|dx$$
を得る．

4.2 n^p

4.3 定理 1.64 の証明は，dx を Stieltjes 積分の $dF(x)$（記号が重複してしまうが）に置きかえてもそのまま成り立っている．

第5章

5.1 $b_0^2 > \sum_{i=1}^{n} b_i^2$ として証明する.

$$f(x) = \left(b_0^2 - \sum_{i=1}^{n} b_i^2\right)x^2 - 2\left(a_0 b_0 - \sum_{i=1}^{n} a_i b_i\right)x + \left(a_0^2 - \sum_{i=1}^{n} a_i^2\right)$$

とおくと, $x \to \pm\infty$ のとき, $f(x) \to \infty$. ところで,

$$f(x) = (b_0 x - a_0)^2 - \sum_{i=1}^{n}(b_i x - a_i)^2$$

であり, $b_0 \neq 0$ だから, $f(a_0/b_0) \leqq 0$. よって, 2次方程式 $f(x) = 0$ は実根をもつ. ゆえに, 判別式は非負である.

5.2 $R > 0$ のとき,

$$\int_0^R \{f^2 - f'^2 + f''^2 - (f + f' + f'')^2\}dx = -2\int_0^R (f'^2 + ff' + ff'' + f'f'')dx$$

$$= -\int_0^R \{(f + f')^2\}'dx = \{f(0) + f'(0)\}^2 - \{f(R) + f'(R)\}^2.$$

ここで, f, f' が2乗可積分だから, $\lim_{R \to \infty} f(R) = 0$. また, f', f'' が2乗可積分だから, $\lim_{R \to \infty} f'(R) = 0$. したがって,

$$\int_0^\infty \{f^2 - f'^2 + f''^2\}dx = \int_0^\infty (f + f' + f'')^2 dx + \{f(0) + f'(0)\}^2 \geqq 0.$$

(実は, 上のことを見直せば, f, f'' の2乗可積分性の仮定のみから, f' の2乗可積分性を証明することができる. また, 不等式

$$\left(\int_0^\infty f'^2 dx\right)^2 \leqq 4\left(\int_0^\infty f^2 dx\right)\left(\int_0^\infty f''^2 dx\right)$$

も成り立つ.)

5.3 $z = re^{i\varphi}$ とすると,

$$|h(z)|^2 = \exp\left\{2 \cdot \frac{1}{2\pi}\int_0^{2\pi} \frac{1 - |z|^2}{|e^{i\theta} - z|^2} \log g(\theta)d\theta\right\}$$

$$= \exp\left\{2 \cdot \frac{1}{2\pi}\int_0^{2\pi} P_r(\theta - \varphi) \log g(\theta)d\theta\right\}.$$

Poisson核 $P_r(\theta)$ は非負で, $\frac{1}{2\pi}\int_0^{2\pi} P_r(\theta)d\theta = 1$ だから, Jensen の不等式より,

$$|h(z)|^2 \leqq \exp\left[2\log\left\{\frac{1}{2\pi}\int_0^{2\pi} P_r(\theta - \varphi) g(\theta) d\theta\right\}\right]$$

$$= \Big(\frac{1}{2\pi}\int_0^{2\pi} P_r(\theta-\varphi)g(\theta)d\theta\Big)^2 \leq \frac{1}{2\pi}\int_0^{2\pi} g(\theta)^2 d\theta.$$

ゆえに，$\|h\|_{\mathcal{H}_+} = \sup_{r<1}\|h_r\|_2 \leq \|g\|_2 < \infty$.

第6章

6.1 （イ）$f \in L^1(\mathbb{R})$ の場合，$|\sin Rt| \leq R|t|$ より明らか．（ロ）$f \in L^p(\mathbb{R})$, $p>1$ の場合，$q=(1-1/p)^{-1}$ とすると，Hölder の不等式より，

$$\int_{-\infty}^{\infty}\Big|\frac{\sin Rt}{t}f(x-t)\Big|dt$$

$$\leq \Big(\int_{-\infty}^{\infty}\Big|\frac{\sin Rt}{t}\Big|^q dt\Big)^{1/q}\Big(\int_{-\infty}^{\infty}|f(x-t)|^p dt\Big)^{1/p}$$

$$\leq \Big(\int_{|t|\geq 1}\frac{1}{|t|^q}dt + \int_{|t|\leq 1}R^q dt\Big)^{1/q}\Big(\int_{-\infty}^{\infty}|f(t)|^p dt\Big)^{1/p} < \infty.$$

6.2 $1<p<\infty$, $1/p+1/q=1$ とすると，

$$\Big(\int|f(x-y)||g(y)|dy\Big)^p = \Big(\int|f(x-y)||g(y)|^{1/p}|g(y)|^{1/q}dy\Big)^p$$

$$\leq \Big(\int|f(x-y)|^p|g(y)|dy\Big)\Big(\int|g(y)|dy\Big)^{p/q}$$

となるから（この変形を自分で見出すのは難しかったかもしれない），

$$\int|f*g(x)|^p dx \leq \int\Big(\int|f(x-y)|^p|g(y)|dy\Big)dx \cdot \|g\|_1^{p/q}$$

$$= \int\Big(\int|f(x-y)|^p dx\Big)|g(y)|dy \cdot \|g\|_1^{p/q}$$

$$= \|f\|_p^p \|g\|_1 \cdot \|g\|_1^{p/q} = \|f\|_p^p \|g\|_1^p.$$

ゆえに，$\|f*g\|_p \leq \|f\|_p \|g\|_1$.

6.3 $(1+x^2)^{q/2}|f^{(p)}(x)|^2 = (1+x^2)^{-1}\cdot(1+x^2)^{(q+2)/2}|f^{(p)}(x)|^2$ より前半は明らか．後半を示そう．$g(x) = (1+x^2)^{q/4}f^{(p)}(x)$ を考えると，

$$g'(x) = (qx/2)(1+x^2)^{q/4-1}f^{(p)}(x) + (1+x^2)^{q/4}f^{(p+1)}(x).$$

ここで，$|(qx/2)(1+x^2)^{q/4-1}| \leq (q/4)(1+x^2)^{q/4}$ だから，$g' \in L^2(\mathbb{R})$．よって，$g, g' \in L^2(\mathbb{R})$ より，$\lim_{x\to\pm\infty}g(x)=0$．よって，$g$ は有界．ゆえに，$f \in \mathcal{S}(\mathbb{R})$.

6.4 $1°$ $f \in \mathcal{S}(\mathbb{R})$ のとき，

$$\left(\int x^2|f(x)|^2 dx\right)\left(\int \xi^2|\widehat{f}(\xi)|^2 d\xi\right)$$
$$=\left(\int x^2|f(x)|^2 dx\right)\left(\int |\widehat{f'}(\xi)|^2 d\xi\right)$$
$$=\left(\int x^2|f(x)|^2 dx\right)\int |f'(x)|^2 dx \quad \text{(Plancherel の等式)}$$
$$\geqq \left(\int |xf'\overline{f}|dx\right)^2 \quad \text{(Schwarz の不等式)}$$
$$\geqq \left(\int |x(f'\overline{f}+\overline{f'}f)/2|dx\right)^2 = \frac{1}{4}\left(\int |x|(|f|^2)' dx\right)^2$$
$$= \frac{1}{4}\left(\int |f(x)|^2 dx\right)^2 = \frac{1}{4}\|f\|_2^4.$$

$2°$ $f \in L^2(\mathbb{R})$ の場合. $\int x^2|f(x)|^2 dx < \infty$ かつ $\int \xi^2|\widehat{f}(\xi)|^2 d\xi < \infty$ と仮定して示せばよい. 後者より, f の L^2 微分 Df が存在して, $\|Df\|_2^2 = \int \xi^2|\widehat{f}(\xi)|^2 d\xi$ となる. したがって, $1°$ の f' を Df に置き換えれば, 上の証明がそのまま使える. ただし, $D(|f|^2) = \overline{f}Df + \overline{f}Df$, $\int |x|D(|f|^2) dx = -\int |f|^2 dx$ の 2 つの等式が成り立つことを確認する必要がある.

6.5 $f \in L^1(\mathbb{R})$ だから, 以下の積分計算が正当化できる.

$$\frac{1}{T}\int_0^T dt \int_{-t}^t e^{i\xi x}\widehat{f}(\xi)d\xi = \int_{-T}^T e^{i\xi x}\widehat{f}(\xi)\left(\frac{1}{T}\int_{|\xi|<t<T} dt\right) d\xi$$
$$= \int_{-T}^T \left(1-\frac{|\xi|}{T}\right)e^{i\xi x}\widehat{f}(\xi)d\xi$$
$$= \int_{-T}^T \left(1-\frac{|\xi|}{T}\right)e^{i\xi x}\left(\int_{-\infty}^\infty e^{-i\xi y}f(y)dy\right)d\xi$$
$$= \int_{-\infty}^\infty \left(\int_{-T}^T \left(1-\frac{|\xi|}{T}\right)e^{i\xi(x-y)}d\xi\right)f(y)dy = F_T * f(x).$$

ただし, $F_T(x) = \dfrac{1}{T}\left(\dfrac{\sin(Tx/2)}{x/2}\right)^2$.

6.6
$$\widehat{u}(\xi) = \frac{1}{\sqrt{2\pi}}\int_{\mathbb{R}^2} f(|x|)e^{-i\langle\xi,x\rangle}dx$$
$$= \frac{1}{\sqrt{2\pi}}\int_0^\infty \int_0^{2\pi} f(r)e^{-i\langle\xi,x\rangle}r\,dr\,d\theta$$
$$= \frac{1}{\sqrt{2\pi}}\int_0^\infty \int_0^{2\pi} f(r)e^{ir|\xi|\cos\varphi}r\,dr\,d\varphi$$

$$= \sqrt{2\pi} \int_0^\infty f(r) \Big(\frac{1}{2\pi} \int_0^{2\pi} e^{ir|\xi|\cos\varphi} d\varphi \Big) r\, dr$$
$$= \sqrt{2\pi} \int_0^\infty f(r) J_0(r|\xi|) r\, dr.$$

注. f に対して，$g(s) = \sqrt{2\pi} \int_0^\infty f(r) J_0(rs) r dr$ を対応させる変換を **Bessel 変換**という．$\hat{u}$ の逆 Fourier 変換を考えれば，Bessel 変換の逆変換は Bessel 変換自身であることがわかる．

第7章

7.1

$$\Big| \frac{1}{T} \int_0^T f(t+x) \overline{f(t)} dt - \frac{1}{T} \int_0^T f_n(t+x) \overline{f_n(t)} dt \Big|$$

は，T について一様に，$n \to \infty$ のとき 0 に収束する．ところで，$\lambda_j \neq \lambda_k$ ($j \neq k$) だから，

$$\frac{1}{T} \int_0^T f_n(t+x) \overline{f_n(t)} dt = \sum_{j,k=1}^n a_j \overline{a_k} e^{i\lambda_j x} \frac{1}{T} \int_0^T e^{i(\lambda_j - \lambda_k)t} dt$$
$$\to \sum_{j=1}^n |a_j|^2 e^{i\lambda_j x} \quad (T \to \infty).$$

ゆえに，$T^{-1} \int_0^T f(t+x) \overline{f(t)} dt \to \sum_{k=1}^\infty |a_k|^2 e^{i\lambda_k x}$．

上の f のように，三角和の一様極限として得られる連続関数を (Bohr の意味での) **概周期関数**という．

付記．H. Bohr は，概周期関数を次の条件で定義し，実はそれは三角和の一様極限であることを，長時間平均に関する Fourier 級数論を展開することにより証明した．(N. Wiener はこれらを調和解析と称し，発展させた．)

任意の $\varepsilon > 0$ に対して，ある長さ L が存在して，長さ L の任意の区間内に，

$$\|f(\cdot + \tau) - f\|_\infty = \sup_{x \in \mathbb{R}} |f(x+\tau) - f(x)| \leq \varepsilon$$

をみたす τ が存在する．

また，例 7.15 に Bochner の定理を適用すれば，相関関数を分布関数の Fourier 変換で表示できることがわかる．これを **Wiener–Khinchin の定理**という．

7.2
$f(x+iy) = \dfrac{1}{\sqrt{2\pi}} \int_{-T}^T e^{-\xi y} \cdot e^{i\xi x} \check{f}(\xi) d\xi$ に Cauchy–Schwarz の不等式を適

用すればよい.

7.3 $(i|\xi|\widehat{f})^{\vee} = (\text{sgn}(\xi)\widehat{f'})^{\vee} = Hf'$ より, $u(t,x) = (e^{i|\xi|t}\widehat{f})^{\vee}$ となるから,

$$w(t,x) = (2\pi)^{-1/2} \int_{-\infty}^{\infty} e^{i\xi x} \left((2\pi t)^{-1/2} \int_{-\infty}^{\infty} e^{i|\xi|s - s^2/2t} ds \right) \widehat{f}(\xi) d\xi$$

$$= (2\pi)^{-1/2} \int_{-\infty}^{\infty} e^{i\xi t} e^{-t|\xi|^2/2} \widehat{f}(\xi) d\xi.$$

したがって, $w(0+,\cdot) = f$ で, w は $\partial w/\partial t = (1/2)\partial^2 w/\partial x^2$ の解となる.

付記. 一般に, 変換群 $\{T_t\}_{t\in\mathbb{R}}$ (半群 $\{T_t\}_{t\geq 0}$ でもよい) が与えられたとき, 関数 $p_t(s)$ を用いた積分

$$S_t f = \int p_t(s) T_s f ds$$

によって, 新しい群あるいは半群 $\{S_t\}$ を作ることができる. このとき, $\{S_t\}$ を $\{T_t\}$ の subordination という. ただし, $\{S_t\}$ が群[半群]になるためには, $p_t(s)$ は

$$p_{t_1} * p_{t_2} = p_{t_1+t_2} \quad (t_1, t_2 \in \mathbb{R} \ [t_1, t_2 \geq 0])$$

をみたすものでなければならない. したがって, p_t の Fourier 変換は,

$$\widehat{p_t}(\xi) = e^{-t\psi(\xi)}$$

となる. 上の問題では, $\psi(\xi) = \xi^2/2$ である.

7.4 まず,

$$\int_0^{\infty} e^{-\lambda t} t^{-1/2} e^{-x^2/2t} dt = 2\int_0^{\infty} e^{-\lambda u^2} e^{-x^2/2u^2} du = \int_{-\infty}^{\infty} e^{-\lambda u^2 - x^2/2u^2} du.$$

そこで,

$$F(a,b) = \int_{-\infty}^{\infty} \exp\left(-\frac{1}{2}a^2 u^2 - \frac{b^2}{2u^2}\right) du$$

とおくと,

(1) $\quad F(ca,b) = \int_{-\infty}^{\infty} \exp(-c^2 a^2 u^2/2 - b^2/2u^2) du$

$$= \int_{-\infty}^{\infty} \exp(-a^2 v^2/2 - c^2 b^2/2v^2) dv/c = c^{-1} F(a,bc).$$

また,

(2) $\quad \dfrac{\partial F}{\partial b}(a,b) = -b\int_{-\infty}^{\infty} \dfrac{1}{u^2} \exp\left(-\dfrac{1}{2}a^2 u^2 - \dfrac{b^2}{2u^2}\right) du$

$$= -b \int_{-\infty}^{\infty} \exp\left(-\frac{a^2}{2v^2} - \frac{1}{2}b^2 v^2\right) dv = -bF(b,a).$$

したがって，式(1)で，$c := b/a$, $b := a$ とすると，

(3) $\quad \dfrac{\partial F}{\partial b}(a,b) = bF(b,a) = bF((b/a)a, a)$

$$= -b(b/a)^{-1} F(a, (b/a)a) = -aF(a,b).$$

また，$F(a, 0) = \int_{-\infty}^{\infty} \exp(-a^2 u^2/2) du = (2\pi)^{-1/2} |a|^{-1}$. よって，
$$F(a,b) = e^{-ab} F(a,0) = (2\pi)^{1/2} |a|^{-1} e^{-ab}.$$

ゆえに，
$$\int_0^{\infty} e^{-\lambda t} (2\pi t)^{-1/2} e^{-x^2/2t} dt = (2\lambda)^{-1/2} e^{-(2\lambda)^{1/2}|x|}.$$

7.5 変数変換 $x = e^{-t}$ により，$\mathbb{R}$ 上の Fourier 変換の結果に帰着すればよい．

第8章

8.1 h の定義式の積分の存在は，仮定より保証されている．
$$\operatorname{Re} \frac{1}{\pi i} \frac{tz+1}{t-z} = \frac{2}{\pi} \frac{(1+t^2)y}{(t-x)^2 + y^2} \quad (z = x+iy)$$

より，Jensen の不等式を用いれば，
$$|h(x+iy)|^2 = \exp \frac{y}{\pi} \int_{-\infty}^{\infty} \frac{\log f(t)^2}{(t-x)^2 + y^2} dt \leq \frac{y}{\pi} \int_{-\infty}^{\infty} \frac{f(t)^2}{(t-x)^2 + y^2} dt.$$

よって，
$$\|h_y\|_2^2 = \int_{-\infty}^{\infty} |h(x+iy)|^2 dx \leq \int_{-\infty}^{\infty} f(t)^2 dt \frac{y}{\pi} \int_{-\infty}^{\infty} \frac{dx}{(t-x)^2 + y^2} = \|f\|_2^2.$$

ゆえに，$\sup_{y > 0} \|h_y\|_2 \leq \|f\|_2 < \infty$.

注意 $\log x \leq x$ より，$\int_{-\infty}^{\infty} \max\{\log f(t), 0\}(1+t^2)^{-1} dt < \infty$ が成り立つので，問題文中の仮定は，$\int_{-\infty}^{\infty} \log f(t)(1+t^2)^{-1} dt > -\infty$ だけあればよい．また，この h に対しては，
$$|h(x+i0)| = \lim_{y \downarrow 0} |h(x+iy)| = f(x)$$

が成り立つ．

8.2 $0<r<1$ とすると, $|z|<r$ のとき, $u(z) = \dfrac{1}{2\pi}\displaystyle\int_0^{2\pi}\dfrac{r^2-|z|^2}{|re^{i\theta}-z|^2}u(re^{i\theta})d\theta$. よって, $F_r(\theta) = (2\pi)^{-1}\displaystyle\int_0^{\theta}u(re^{i\varphi})d\varphi$ $(0\leqq\theta\leqq 2\pi)$ とおくと, $F_r(2\pi) = u(0) = 1$ だから, $F_r(\theta)$ は $[0,2\pi]$ 上の確率分布関数となる. したがって, Helly の選出定理より, $r_n\to 1$ で $F_{r_n}(\theta)$ が分布関数として収束するものをとり, その極限を $F(\theta)$ とすれば, $u(z)$ $(|z|<1)$ の求める積分表示が得られる.

8.3 $f(\theta)=\cos\theta,\ g(\theta)=\cos n\theta$ とおく. $0\leqq\theta\leqq\pi$ における f の最大点は $\theta=0$ で, $f(0)=1,\ f'(0)=0,\ f''(0)=-1$. また, $g(0)=1$. よって, Laplace の方法により結論を得る.

8.4 直線 ξ の方程式は $x\cos\theta+y\sin\theta=p$ である. (1)略. (2)C 上の点 P を弧長 s で座標表示し, 点 P における接線と角 φ をなし, P を通る直線 ξ を考えると, $dpd\theta=\sin\varphi\,dsd\varphi$. C の囲む領域は凸だから, (ほとんどすべての)直線 ξ は 2 組の (s,φ) に対応する. よって, $\displaystyle\iint_A dpd\theta=\frac{1}{2}\iint_A\sin\varphi\,dsd\varphi=\int_0^L\left(\frac{1}{2}\int_0^\pi\sin\varphi\,d\varphi\right)ds=L$. これより, 最初の等号を得る. 第 2 の等号は明らかであろう.

注. $D(\theta)$ が一定の閉曲線を定幅曲線という. したがって, 幅 D の定幅曲線の周長は $L=\pi D$. また, その中で, 囲む面積が最大のものは円, 最小のものは, 正三角形の各頂点を中心として他の 2 頂点を通る円弧で対辺を置き換えて得られる図形で, Reuleaux の三角形という.

欧文索引

absolute 4
absolutely converge 5
alternating series 5
asymptotic series 348
basis 27, 244
best approximation 167
bilinear form 29
cancellation 4
character 319
characteristic direction 298
characteristic function 113
characteristic surface 298
closed curve 85
complete 201, 244
conjugate function 314
converge 2
convex function 149
convex set 150
convolution 222
correlation function 268
derivative 18
differentiable 18
dimension 28
distribution 215
diverge 2
dominant 5
dominated convergence theorem 5
double series 10
dual 260
ergodic hypothesis 83
exponential type 278
field of scalars 27

function of bounded variation 158
generalized function 215
heat kernel 93, 222
heat semigroup 303
inner product 30
interpolation 29
intertwining operator 365
isoperimetric inequality 85
Jacobi's identity 80
lacunary series 273
lattice 260
lift 35
limit 2
linear combination 27
linear form 29
linearly independent 28
L^p-derivative 210
L^p-differentiable 210
majorant 5
majorizing function 22
mean 263
moment 264
monotone increasing 154
monotone nondecreasing 154
multi-index 252
norm 30
orthonormal basis 30
orthonormal set 31
parallelogram law 200
piecewise continuous 17
plane wave 295
point of discontinuity 155

pointwise converge 14
Poisson kernel 105
Poisson's formula 106
positive definite 267
positive term series 5
positive type 267
principal value 213
probability density function 263
probability distribution function 331
probability generating function 340
radiograph 376
random walk 113
rapidly decreasing 227
recurrent 116
saddle point method 356
sampling theorem 288
saw function 46
series 4
simple converge 14
singular integral 203, 313
spherical mean 316

spherical wave 292
stationary phase method 353
strongly continuous contraction semi-group 303
subordination 393
supporting line 154
symbol 296
theta function 80
tight 333
topological group 319
torus 35
total variation 158
transform 220
transient 116
uniform convergence in the wider sense 17
uniform convergence on compact sets 17
uniform distribution 81
variance 264
vector space 27
weight function 134
X-ray transform 374

和文索引

∞ノルム 109
Abel 型定理 360, 362
Abel の定理 12
Abel の判定法 8
Abel の変形 8
Airy 関数 358
α 階の原始関数 216
α 次の導関数 217
Ascoli–Arzelà の定理 39

Banach 空間 201
Bernstein の定理 343
Bernstein の不等式 192
Bessel の不等式 51, 139
Bessel 変換 392
Bochner の定理 251, 268, 335
Cantor 関数 155
Cauchy 核 258
Cauchy 積分 313

Cauchy の特異積分　313
Cauchy 列　3, 36, 201
Cauchy–Schwarz の不等式　184
Cesàro 平均　2
Chebyshev 多項式　18, 138
Christoffel 数　143
Christoffel–Darboux の公式　136
d'Alembert 作用素　296
de la Vallée Poussin 和　108
Dirichlet 核　53
Dirichlet 境界条件　97
Dirichlet の境界値問題　102
Dirichlet の定理　58
Euler–Maclaurin の公式　260
Fejér 核　55
Fejér の定理　56
Fejér 和　55
Fourier 級数　44, 137
Fourier 係数　43, 137
Fourier 積分　220
Fourier 展開　43
Fourier 変換　220, 234
Fourier 和　47, 137
Fourier–Stieltjes 変換　250
Gauss 核　258
Gauss の公式(格子点数)　261
Gauss–Jacobi の(数値積分)公式　143
Gegenbauer 多項式　138
Gibbs の現象　63
Gram 行列式　136
Green 核　130
Green 関数　126
Green 作用素　130, 305
Hadamard 積　282
Hadamard の不等式　191

Hadamard の有限部分　216
Hardy 関数　206, 325
Hardy の定理　282
Hausdorff 距離　19
Heisenberg の不等式　254
Helly の選出定理　332
Herglotz の定理　269
Hermite 多項式　138
Hermite 展開　244
Hermite 内積　30, 49, 200
Hermite 内積空間　30, 200
Hilbert 空間　201
Hilbert ノルム　200
Hilbert 変換　309
Hilbert 変換(解析関数に対する)　314
Hölder の不等式　187
Huygens の原理　292
Jacobi 多項式　138
Jacobi の等式　80
Jensen の公式　280
Jensen の不等式　185
Jensen の不等式(解析関数に対する)　280
Karamata の定理　362
Kelvin の鏡映原理　98, 100
Krein–Milman の端点表示定理　346
Ky Fan の不等式　190
L^2 導関数　240
L^2 ノルム　49
L^2 微分可能　240
Lagrange の補間公式　29
Lagrange の補間法　143
Laguerre 多項式　138
Landau の記号　21
Laplace 積分　306

Laplace の方法　*350*
Laplace 変換　*307*
Laplace 変換(分布関数の)　*338*
　——の一意性　*338*
　——の反転公式　*343*
Laplace–Stieltjes 変換　*338*
Legendre 多項式　*138*
Legendre 変換　*154*
Liouville–Riemann の意味での分数階の導関数　*217*
L^p 導関数　*210*
L^p ノルム　*194*
L^p 微分可能　*210*
Markov 性　*117*
Mellin 変換　*319*
Minkowski の格子点定理　*262*
Minkowski の定理　*344*
Minkowski の不等式　*188*
Neumann 境界条件　*100*
Newton ポテンシャル　*203, 315*
p ノルム　*7, 109*
Paley–Wiener の定理　*286*
Parseval の等式　*60, 140*
Parseval の等式(解析関数に対する)　*314*
Phragmén–Lindelöf の定理　*278*
Plancherel の等式　*228, 238*
Poisson 核　*105*
Poisson の公式　*106, 328*
Poisson の公式(調和関数)　*280*
Poisson の和公式　*258*
　多次元の——　*260*
Poisson–Jensen の公式　*280*
Polya の公式　*115*
Radon 変換　*293, 364*
Riemann 積分　*16*

Riemann 積分可能　*17*
Riemann 和　*17*
Riemann–Lebesgue の定理　*72, 195*
Riemann–Stieltjes 積分　*172*
Riemann–Stieltjes 積分可能　*172*
Riesz ポテンシャル　*315*
Rodrigues の公式
　一般化された——　*146*
Schmidt の正規直交化　*30*
Stieltjes 積分　*172*
Stieltjes 変換　*324*
Stirling の公式　*347*
Szegö の定理　*88*
Tauber 型定理　*360, 362*
Toeplitz 行列　*90*
Toeplitz 行列式　*91*
Weierstrass の M テスト　*16*
Weierstrass の多項式近似定理　*18, 160*
Weyl の一様分布定理　*81*
Wiener–Khinchin の定理　*393*
Wirtinger の不等式　*78*
Young の不等式　*186*

ア 行

鞍点法　*356*
位相群　*319*
位相的基羣　*32, 244*
1対1の写像　*34*
一様極限　*16*
一様収束　*15*
一様ノルム　*7, 109, 161*
一様分布　*81*
一般化関数　*215*
上への写像　*34*
エックス線画像　*376*

エックス線変換　374
エネルギー　289
エルゴード仮説　83
押さえこみの原理　25
重み関数　134

カ 行

概周期関数　392
開集合　36
各点収束　14
確率分布関数　331
確率母関数　340
確率密度関数　263
確率列　112
下降回数　164
下積分　172
過渡的　116
間隙級数　273
関数のグラフ　19
完全正規直交系　32, 244
完全単調関数　343
完備　36, 201
緩変動関数　361
擬距離　35
期待値　113
基底　27
基本解　94
逆 Fourier 変換　220
逆関数　178
急減少　227
級数　4
球面波　292
球面平均　316
境界値(解析関数の)　311
境界値問題　126
狭義双曲型　298

共通集合
　集合族の——　33
共役関数(解析関数に対する)　314
強連続縮小半群　303
強連続ユニタリ群　268
極限　2, 12
極限をもつ　36
極小　27
鋸歯関数　46
距離　35
距離空間　35
緊密　333
区分的に連続　17
係数体　27
広義一様収束　17
広義積分　20
広義積分可能　20
交項級数　5
格子　260
交代級数　5
固有関数　132
固有値　132
コンパクト一様収束　17

サ 行

再帰性　303
再帰的　116
最大傾斜線　357
最大傾斜法　358
最大値原理　96, 278
　——の方法　108
最大値の定理　15
最良近似　167
最良近似多項式の存在　161
三角多項式　48
算術・幾何平均の間の不等式　185

次元　28
支持直線　154
指数型 $\leq T$　281
指数型（整関数）　278
指数型整関数　281
実ベクトル空間　27
指標　319
指標群　319
弱収束　332
弱導関数　212
弱微分可能　212
重心表現　346
収束　2, 12, 36
　相殺による――　4
収束列　2
主値　213
巡回群　121
商空間　35
昇降回数　164
上昇回数　163
上積分　172
酔歩　113
　公平な――　113, 119
　不公平な――　113
正規直交基底　30, 32, 244
正規直交系　31, 49
整型　204
正型　267
正弦展開　122
正項級数　5
生成作用素　306
正則　204
正則変動　361
正定値　251, 267, 269
正定値関数　251
積分　17

積分と極限の交換　22
積率　113
接線　154
絶対可積分　20
絶対収束
　級数の――　5
　積分の――　20
　2重級数の――　11
絶対単調　341
漸近級数　348
線形形式　29
線形結合　27
線形独立　28
線形微分作用素　296
全射　34
全単射　34
選点直交性　144
全変動　158
相関関数　268
双線形形式　29
相対収束　4
双対群　319
双対格子　260
素解　94, 99
測度零の集合　199

タ 行

代数的基底　27
多重指数　252
たたみこみ　69, 109, 222, 308
たたみこみ積　69, 222
単射　34
単純極限　15
単純収束　14
単調増加　154
単調非減少　154

端点　　*344*
端点集合　　*344*
地球の温度　　*100*
中間値の定理　　*15*
中心極限定理　　*264, 336*
中線定理　　*200*
超関数　　*215*
直積集合
　　集合族の——　　*34*
直交多項式
　　正規化された——　　*134*
停留位相法　　*353*
テータ関数　　*80*
デルタ関数　　*214*
点列連続　　*36*
導関数　　*18*
等周不等式　　*85*
同値関係　　*34*
同値類　　*34*
特異積分　　*203*
特性関数　　*113*
特性曲面　　*298*
特性方向　　*298*
特性方程式　　*298*
凸関数　　*149, 154*
凸集合　　*150, 344*
トーラス　　*35*
　　斜交した——　　*77*

ナ 行

内積　　*30, 199*
内積空間　　*30, 199*
波の方程式　　*232, 289*
2重級数　　*10*
熱核　　*93, 99, 222*
　　——(多次元)　　*301*

熱半群　　*303*
熱方程式　　*92, 222*
ノルム　　*30, 37, 200, 201*
ノルム空間　　*37, 201*

ハ 行

発散　　*2*
速い変数による平均化　　*73, 197*
比較定理
　　積分の——　　*21*
非再帰的　　*116*
左微分　　*151*
非負定値　　*251*
微分可能　　*18*
微分係数　　*204*
微分作用素　　*128*
表象　　*296*
標本公式　　*288*
複素微分可能　　*204*
複素ベクトル空間　　*27*
不連続点　　*155*
分散　　*264*
分布関数　　*181*
分布の意味で収束　　*332*
閉曲線　　*85*
平均　　*113, 263*
閉集合　　*36*
平面波　　*295*
ベクトル空間　　*27*
　　——を張る　　*27*
ほとんどすべての点で等しい　　*199*

マ 行

右微分　　*151*
無限回微分可能で急減少　　*227*
無限次元　　*28*

持ち上げ　35
モーメント　113, 264
モーメント問題　141

ヤ 行

有界単調増大列　3
有界変動関数　158
有界列　2
優関数　22
優級数　5
有限次元　28
優収束定理　5, 22
余弦展開　125
弱い意味で微分可能　212

ラ 行

離散距離　37
両側無限列　9
レゾルベント　305
レゾルベント方程式　305
連続　36
連続性定理　339

ワ 行

和集合
　集合族の――　33

■岩波オンデマンドブックス■

実関数とフーリエ解析

2006 年 7 月 7 日　第 1 刷発行
2016 年 11 月 10 日　オンデマンド版発行

著　者　高橋陽一郎
　　　　（たかはしよういちろう）

発行者　岡　本　厚

発行所　株式会社　岩波書店
　　　　〒101-8002　東京都千代田区一ツ橋 2-5-5
　　　　電話案内　03-5210-4000
　　　　http://www.iwanami.co.jp/

印刷／製本・法令印刷

© Yoichiro Takahashi 2016
ISBN 978-4-00-730536-8　　Printed in Japan